INTRODUCTION A L'ÉTUDE

DE

LA MÉTALLURGIE

LE CHAUFFAGE INDUSTRIEL

PAR

HENRY LE CHATELIER

MEMBRE DE L'INSTITUT

TROISIÈME ÉDITION

PARIS

DUNOD

92, RUE BONAPARTE (VI)

1925

INTRODUCTION A L'ÉTUDE DE LA MÉTALLURGIE

LE CHAUFFAGE INDUSTRIEL

I. D.-MÉT.

INTRODUCTION À L'ÉTUDE

DE

LA MÉTALLURGIE

LE CHAUFFAGE INDUSTRIEL

PAR

HENRY LE CHATELIER

MEMBRE DE L'INSTITUT

TROISIÈME ÉDITION

PARIS

92, RUE BONAPARTE (VI)

1925

INTRODUCTION À L'ÉTUDE
DE LA MÉTALLURGIE

PREFACE

DE LA SCIENCE INDUSTRIELLE

Ce petit volume est la reproduction des leçons du cours de *Métallurgie générale*, professé à l'Ecole des Mines. Le titre exact serait plutôt : *Leçons de Science industrielle*. A mon avis, en effet, l'enseignement dans les écoles techniques supérieures doit aujourd'hui tendre à devenir exclusivement scientifique et ne plus se contenter d'être simplement professionnel. En publiant ces leçons, mon intention est de joindre l'exemple au précepte ; cette préface a pour but d'expliquer d'abord, de justifier ensuite la méthode suivie. Nous commencerons par établir les relations réciproques entre la Science et l'Industrie, puis, en montrant la corrélation évidente qui rattache la grande révolution industrielle du XIXe siècle au développement des sciences expérimentales, nous établirons la nécessité de subordonner complètement l'enseignement technique aux méthodes scientifiques.

Science. — Commençons par définir exactement la nature de la Science. Les objets naturels, les phénomènes dont ces objets sont le siège, nous apparaissent infiniment nombreux dans le temps et l'espace. La vie d'un homme ne permettrait d'atteindre, par l'observation directe des faits, qu'un nombre infime d'entre eux.

Heureusement, tous ces faits ne sont pas indépendants, ils sont reliés entre eux par des relations de répétition, d'analogie, de causalité, etc... Une fois maître de ces relations, notre esprit acquiert une puissance d'investigation hors de proportion avec la grandeur de notre champ d'observation direct. Voici quelques exemples :

Le jour et la nuit se succèdent indéfiniment l'un à l'autre, toujours semblables à eux-mêmes. Cette *répétition* une fois reconnue nous donne la connaissance, indirecte, il est vrai, mais cependant très précise, de la même succession du jour et de la nuit sur la surface entière de la terre et depuis l'origine des temps historiques.

Un grand nombre d'animaux possèdent quatre pattes, sont couverts de poils et allaitent leurs petits. Cette simple relation *d'analogie* nous permet d'arriver à la connaissance d'animaux préhistoriques, sur le simple examen de leur squelette.

La pluie, en tombant à la surface de la terre, a toujours pour effet de l'imprégner et de la ramollir. Le cultivateur sait, sans avoir besoin d'aller le vérifier sur place, qu'il peut partir au labour, quand après une période de sécheresse, il voit tomber la pluie. Cette relation de *causalité* entre la chute d'eau et le changement de la terre le dispense d'une nouvelle observation directe.

La Science a pour but essentiel, unique même peut-on dire, la connaissance de ces relations des objets ou des phénomènes entre eux. Elle est évidemment aussi ancienne que l'homme, et elle a progressé peu à peu sous la pression de nos besoins journaliers. La production du feu, la fabrication des haches en silex ont exigé la connaissance préalable des relations entre le frottement et le dégagement de la chaleur, entre le choc et la rupture des pierres. Pendant des siècles, l'observation continue de la Nature a multiplié le nombre et l'étendue des relations ainsi reconnues.

Sans nous proposer de suivre, étapes par étapes, ce développement lent et pénible des connaissances scientifiques, nous arriverons immédiatement à la définition de la science sous sa forme actuelle la plus parfaite.

Déterminisme. — La base fondamentale de toute science est la croyance inébranlable au *déterminisme*, c'est-à-dire à l'existence de relations inéluctables entre les divers phénomènes naturels. Chacun d'eux peut être envisagé comme la conséquence d'autres phénomènes antérieurs d'un caractère plus général ; ceux-ci, de proche en proche, peuvent être rattachés à un petit nombre de phénomènes élémentaires d'une simplicité relative. Pour exprimer cette notion en langage algébrique, on dit que la grandeur Z d'un phénomène donné est une fonction déterminée d'un nombre limité de variables indépendantes x, y, z, qui sont les *facteurs* du phénomène considéré.

$$Z=f(x, y, z)$$

Chaque fois que ces variables x, y, z, repassent par la même valeur, leur fonction Z en fait autant. Si donc on arrive à déterminer la forme exacte de cette fonction, on pourra calculer, *a priori*, les valeurs de la fonction correspondant à des grandeurs quelconques de ces facteurs indépendants.

La connaissance de ces fonctions algébriques, c'est-à-dire des *lois* des phénomènes naturels, est le but ultime de la Science, mais, pour y arriver, le chemin est long et difficile. Il faut d'abord faire *l'énumération* complète des facteurs de chaque phénomène ; se rendre compte ensuite de leur *importance relative*, puis chercher à débrouiller les *relations approchées* entre ces facteurs, en tendant, sans espoir de jamais y atteindre, vers la connaissance rigoureuse des *fonctions algébriques*, auxquelles se réduit, en fin de compte, la science parfaite.

La *pression* d'une masse gazeuse dépend, comme facteurs essentiels de son état *chimique*, de son *volume* et de sa *température*, elle dépend accessoirement de l'étendue des *surfaces solides* en contact avec elle, sans doute aussi dans une certaine mesure de son état *électrique* et peut-être encore d'autres facteurs inconnus moins importants. Etat chimique, volume et température sont les trois facteurs dominateurs. Les lois de Mariotte et de Gay-Lussac nous donnent, comme première approximation, pour une masse donnée à un état chimique déterminé,

$$P=R\frac{T}{V}.$$

Ce n'est là encore qu'une approximation relativement grossière. La loi de Van der Waals, d'une forme plus compliquée,

$$P = R \frac{T}{V - \alpha} + \frac{k}{(V + \beta)^2}$$

serre de plus près la réalité des faits, ce n'est pas encore la relation rigoureuse, nous l'ignorons encore et l'ignorerons peut-être toujours.

Complexité de la nature. — Une des grandes difficultés de la Science, provient de la complexité des divers phénomènes naturels et de la répercussion mutuelle de chacun des phénomènes élémentaires groupés ensemble. L'élévation de température d'une masse gazeuse ne fait pas seulement changer sa pression, elle peut provoquer sa dissociation chimique et cette dissociation réagit à son tour sur la pression.

Dans les premières recherches scientifiques, on étudiait les corps et leurs phénomènes dans toute leur complexité. Il fallut bientôt renoncer à cette méthode de travail ; on sépara l'étude de chacun des changements, dont un même corps peut être le siège, en faisant momentanément abstraction des autres. La Science s'est alors divisée en une série de branches concernant chacune une seule espèce de changement. Il y a la science de la chaleur, celle de l'électricité, celle de la mécanique, avec leurs subdivisions en chaleur sensible, chaleur rayonnante, thermodynamique ; en cinématique, statique, dynamique, etc... Ces sciences partielles constituent ce que l'on appelle aujourd'hui la science pure ou science théorique. C'est essentiellement une science abstraite, analytique et par là même forcément incomplète.

Théories scientifiques. — Sur la Science proprement dite, conséquence immédiate de l'observation des faits, sont venues se greffer une série d'hypothèses arbitraires, relatives à la constitution des corps, à la nature intime des phénomènes, hypothèses tendant à établir des analogies entre des faits complètement distincts à première vue. Elles ont pour but essentiel de rattacher les phénomènes dont nous avons la connaissance moins complète à d'autres que nous connaissons, ou du moins croyons mieux connaitre. Presque toutes ces hypothèses sont d'ordre mécanique, elles visent à ramener les phénomènes de la chaleur, de l'électricité, de la chimie, à des mouvements matériels, à expliquer les propriétés des corps par les déplacements relatifs de petites particules isolées. La théorie cinétique des gaz, la théorie mécanique de la chaleur et de l'électricité, la théorie des ions et des électrons sont de cette nature. Elles ont pris une grande place dans la Science. Quelques-unes d'entre elles fournissent certainement d'excellents procédés mnémotechniques et facilitent ainsi grandement l'étude des phénomènes réels : la théorie des ondulations pour la lumière par exemple. Mais souvent aussi elles sont la source de graves confusions. L'étude de ces hypothèses est souvent désignée sous le nom de science théorique. C'est là une expression impropre, car la Science ne vise que les relations précises entre grandeurs mesurables et aucun de ces corps, aucune de ces forces hypothétiques ne comportent de mesures, ne sont même accessibles à l'expérience.

Nature de l'Industrie. — Définissons maintenant l'Industrie. Son objet essentiel est la transformation des objets et des énergies naturelles pour les amener à un état mieux adapté à nos besoins. Les premiers hommes sur la terre ont fait de l'industrie, le jour où ils ont fabriqué des pieux en cassant des branches d'arbres et en leur taillant une pointe avec le tranchant d'une coquille, ou encore quand ils ont fait du feu en allumant deux morceaux de bois par frottement.

Nous faisons des opérations industrielles infiniment plus perfectionnées en allant chercher les minerais de fer dans la terre, en les transportant dans nos usines métallurgiques pour les transformer en acier et en faire, finalement, dans nos ateliers de construction, des charpentes destinées à la construction des grands ponts métalliques. L'exploitation des mines, la fabrication de la fonte et de l'acier, le travail des métaux, les constructions métalliques et les transports, constituent une série d'industries distinctes dont les effets, en se superposant sur une même matière, l'amènent à une forme définitive très éloignée de son état primitif, mais éminemment utile à nos besoins.

Nous accomplissons une opération industrielle plus remarquable encore en produisant de l'électricité par la combustion du charbon. L'énergie chimique du charbon et de l'oxygène de l'air se transforment, dans le foyer de la chaudière à vapeur, en énergie calorifique où elle revient en partie à l'état d'énergie physicochimique dans la vaporisation de l'eau. Elle se transforme ensuite, dans le cylindre de la machine, en énergie mécanique, que des arbres de transmission et des courroies transmettent à une dynamo pour la changer en énergie électrique. Des conducteurs l'envoient sous cette nouvelle forme à des accumulateurs où elle repasse momentanément à l'état d'énergie chimique et nous est bientôt rendue pour l'éclairage sous forme d'énergie lumineuse. Cette énumération rapide suffit pour faire comprendre la complication des opérations industrielles les plus usuelles aujourd'hui.

Développement de l'Industrie. — L'industrie a pris naissance avec le premier homme, elle s'est d'abord développée d'une façon purement empirique et inconsciente.

L'esprit d'observation, qualité essentielle de l'homme, lui a suffi pour les premières fabrications ; il a regardé autour de lui les objets immédiatement utilisables et s'est efforcé d'en tirer parti. Les pierres pointues peuvent servir à couper le bois, et par le choc de deux pierres, on produit des éclats pointus, convenables à cet usage. De ces deux observations rudimentaires, est née l'industrie des silex taillés, si répandus pendant les premiers âges de l'humanité.

L'esprit d'initiative, qualité non moins inhérente à la nature de l'homme, l'a conduit à essayer successivement toutes les matières, même les plus inutiles au premier abord. Il a progressivement augmenté le nombre des produits artificiels pouvant servir à ses besoins, le nombre des procédés de transformations permettant de les obtenir.

Lentement, les efforts accumulés de millions d'hommes, travaillant sans relâche, pendant des siècles, sur toute la surface de la terre sont arrivés à créer les rudiments d'industries qui ont pris, dans le dernier siècle, un si prodigieux essor. Ces efforts ont longtemps continué à être faits sans aucune méthode, sont restés purement empiriques. Les recettes pharmaceutiques sont un vestige encore vivant de cette époque héroïque. Pour un essai réussi, des milliers, faits dans des directions voisines, ont échoué. Il est effrayant de songer à la somme d'énergie dépensée par l'homme pour arriver aux éléments limités de bien-être dont il dispose aujourd'hui.

Pendant 30 siècles consécutifs, les progrès ont été tellement lents, que les pays les plus civilisés n'avaient guère dépassé, au point de vue industriel, le niveau actuel des nègres de l'Afrique centrale. Puis, brusquement, au XVIIIe siècle, une révolution inouïe s'accomplit, les progrès se précipitent avec une violence dont nous n'apercevons pas encore le ralentissement. La machine à vapeur nous donne les chemins de fer, les bateaux à vapeur et toute la puissance mécanique employée dans nos usines modernes. Elle nous permet d'aller chercher la houille au sein de la terre jusqu'à plus de 1.000 m. de profondeur. L'électricité nous ouvre un champ d'action resté insoupçonné jusque-là ; la télégraphie électrique, la téléphonie, la télégraphie sans fil, dépassent les prévisions les plus optimistes. La transmission de la force à des centaines de kilomètres de distance met à notre disposition toute la puissance disponible dans les torrents de nos montagnes, restée inutilisée depuis l'origine du monde. L'usage des gaz et des vapeurs combustibles nous donne l'éclairage public des villes, l'automobilisme et l'aviation. Aujourd'hui, une seule de nos usines métallurgiques produit plus de fonte en une seule journée que les usines du monde entier en produisaient autrefois au cours d'une année. Des métaux autrefois inconnus sont devenus d'un usage courant. La métallurgie de l'aluminium, créée il y a 50 ans à peine, met à notre disposition un métal qui deviendra un jour le plus commun après le fer. Les matières organiques sont transformées de toutes façons : le goudron de houille nous donne les couleurs d'aniline ; nous savons fabriquer de toutes pièces, quantité de corps naturels : la garance, l'indigo, le camphre. On n'oserait plus traiter aujourd'hui de chimère le rêve si longtemps caressé par Berthelot, d'arriver à fabriquer à bon compte tous les aliments de l'homme aux dépens du charbon de terre.

Cette transformation absolument imprévue de l'industrie, est un événement d'une importance capitale. Ses causes ne sauraient être recherchées avec trop de soin, si l'on se propose de donner à l'enseignement technique l'orientation la plus favorable pour contribuer au développement de ce magnifique essor de l'activité humaine.

Relations de la Science et de l'Industrie. — La Science et l'Industrie sont deux sœurs jumelles, vieilles aujourd'hui comme le monde. Dans leur jeunesse, elles ont grandi côte à côte dans les échoppes des forgerons, les ateliers des fondeurs en métaux et les officines des pharmaciens. Elles étaient si semblables que personne ne les distinguait l'une de l'autre, à peine même savaient-elles se reconnaître entre elles. Arrivées à leur maturité depuis un siècle environ, elles ont pris conscience de leur individualité, elles ont éprouvé le besoin de vivre chacune de leur côté. La Science s'est logée dans les établissements d'instruction publique, dans les Académies, ayant le verbe haut et cherchant à faire parler d'elle. L'Industrie, plus modeste, mais non moins active, s'est cachée dans les usines et s'est mise au travail avec une ardeur inlassable, sans se préoccuper d'attirer l'attention publique. Les rapports se sont tendus et l'on en est vite arrivé aux mots aigres, chacune des deux sœurs prétendant n'avoir rien de commun avec l'autre. La Science reprochait à l'Industrie la grossièreté de ses préoccupations et l'Industrie, à la Science, la futilité de ses études. Malgré les apparences, malgré les désirs des intéressés, les rapports, quoique moins directs, n'en ont pas moins, par la force même des choses, été incessants. L'Industrie en protestant de son mépris pour la Science, a tous les jours fait un plus large usage de ses méthodes et la Science, malgré sa répugnance pour les préoccupations terre à terre de l'Industrie, est bien obligée d'aller périodiquement s'y retremper pour éviter de mourir d'inanition.

C'est là une situation profondément regrettable. Il appartient à l'enseignement technique de rétablir la paix dans ce ménage momentanément désuni en rappelant à chacun des services réciproques rendus et en dissipant les malentendus sans fondement.

Voyons d'abord quels services la Science a rendus à l'Industrie, puis nous discuterons les griefs que cette dernière allègue contre sa collaboratrice.

Services rendus par la Science à l'Industrie. — Ces services ont existé de tout temps. L'homme primitif, allumant son feu en frottant deux bûches, avait commencé par reconnaître l'existence d'une relation constante entre le frottement et la production de la chaleur. Il avait donc fait de la science et même jeté ainsi les premiers fondements d'une de nos plus belles sciences modernes, la thermodynamique. Les services rendus par la Science à l'Industrie moderne, sont plus éclatants encore. Ils sont si nombreux et si manifestes que leur énumération pourra sembler ici un peu oiseuse. Elle est cependant indispensable pour discuter, en connaissance de cause, l'orientation la plus désirable pour l'enseignement.

Le magnifique essor de l'industrie pendant tout le XIXe siècle est exclusivement dû aux progrès des sciences expérimentales. La mécanique ébauchée par Galilée, Pascal, Descartes, achève de se constituer au milieu du XVIIe siècle avec Huyghens et Newton. La chimie, est créée à la limite des deux siècles. par Lavoisier, Berthollet et Gay-Lussac. Enfin, les débuts du XIXe siècle sont inaugurés par la création de la science de la chaleur, due à Sadi Carnot ; de l'optique, due à Fresnel et surtout de l'électricité dynamique due à Œrstedt et à Ampère. La répercussion de ces jeunes sciences sur l'Industrie a souvent été absolument directe. Le préparateur d'Huyghens invente la machine à vapeur. Les laboratoires de Berthollet, Gay-Lussac, Sainte-Claire Deville voient éclore une foule d'industries nouvelles : celle des chlorures décolorants, celle de l'acide sulfurique, la métallurgie de l'aluminium et celle du platine. Enfin l'électricité industrielle est née de toutes pièces dans les laboratoires scientifiques.

Les progrès industriels accomplis dans les usines éloignées des laboratoires scientifiques ne donnent pas des exemples moins concluants. La loi de conservation du poids dans les combinaisons chimiques et celle de conservation des éléments, découvertes toutes deux par Lavoisier, sont la base indispensable de l'analyse chimique, sans laquelle on ne saurait plus comprendre aujourd'hui aucune fabrication industrielle. Toutes les lois de la mécanique chimique sont incessamment utilisées dans les usines et elles y sont même plus généralement connues que dans les laboratoires scientifiques. La fabrication de l'acide sulfurique de synthèse et celle de l'acide nitrique par les gaz de l'air ont trouvé leur premier germe dans les intégrales servant à exprimer sous leur forme mathématique rigoureuse les lois de l'équilibre chimique. La raison de ce rôle bienfaisant de la Science est facile à comprendre.

La connaissance préalable des lois des phénomènes naturels limite considérablement le nombre des tâtonnements empiriques nécessaires pour l'établissement d'un nouveau procédé de fabrication. Ainsi, dans la recherche des meilleures conditions de la trempe d'un acier, il est inutile d'étudier les températures inférieures à 700°. Les relations connues entre les points de transformation des aciers et la trempe délimitent rigoureusement le champ des températures à explorer. La connaissance des équilibres entre le charbon et les oxydes métalliques fournit un guide aujourd'hui indispensable pour l'étude de la réduction de nouveaux minerais non encore utilisés.

L'Industrie a peut-être tiré un parti plus avantageux encore de l'adaptation à ses besoins des méthodes scientifiques en usage dans les laboratoires de recherches. L'habitude de ne faire varier dans l'étude de tout problème qu'un seul facteur à la fois, la mesure précise de toutes les grandeurs dont dépend le phénomène étudié, le développement de l'esprit d'observation par la recherche scientifique, ont joué un rôle prépondérant dans le progrès de nos plus belles industries. On ne saurait en citer d'exemple plus saisissant que la découverte, par Taylor, des aciers rapides, dont l'emploi a brusquement révolutionné la construction mécanique dans le monde entier. Dans son étude aujourd'hui classique sur les procédés pour la *coupe des métaux*, il établit au début que le problème étudié dépend d'une douzaine de variables indépendantes et déclare qu'il s'astreindra à ne jamais faire changer qu'une de ces variables à la fois. Il s'est tenu parole pendant des études prolongées 25 années consécutives et il a ainsi abouti, en fin de compte, à une magnifique découverte industrielle.

Cette puissance de la Science sur le monde matériel a été proclamée par Taine dans une page magistrale, dont la reproduction ne paraîtra pas déplacée au cours d'une étude sur la science industrielle.

« Les sciences physiques ont donné aux hommes les moyens de prévoir et de modifier, jusqu'à un certain point, les événements de la Nature. Lorsque nous sommes parvenus à connaître la condition nécessaire et suffisante d'un fait, la condition de cette condition et ainsi de suite, nous avons sous les yeux une chaîne de données dans laquelle il suffit de déplacer un anneau pour déplacer ceux qui suivent ; en sorte que les derniers, même situés en dehors de notre action, s'y soumettent par contre-coup dès que l'un des précédents tombe sous nos prises. Tout le secret de nos progrès pratiques depuis trois cents ans est enfermé là. Nous avons dégagé et défini des couples de faits tellement liés, que, le premier apparaissant, le second ne manque jamais de suivre; d'où il arrive qu'en opérant directement sur le premier nous pouvons agir indirectement sur le second. C'est de cette façon que la connaissance accrue accroît la puissance ; et la conséquence manifeste est que la recherche fructueuse est celle qui, démêlant les couples, c'est-à-dire les conditions et dépendances des choses, permet parfois à la main de l'homme de s'interposer dans le grand mécanisme pour déranger ou redresser quelque petit rouage, un rouage assez léger pour être remué par une main d'homme, mais tellement important que son déplacement ou son raccord puisse amener un changement énorme dans le jeu de la machine, et l'employer tout entier au profit de l'insecte intelligent par lequel l'économie de sa structure aura été précisée. »

Reproches adressés à la Science par l'Industrie. — Malgré les services incontestables et incontestés rendus par la Science à l'Industrie, on entend constamment les industriels se plaindre de la Science et des savants. Ils ne le font peut-être pas sans raison, car si les services rendus sont importants, ils pourraient être bien plus grands encore.

Quand un industriel ouvre un livre de science, pour y chercher un renseignement utile à son industrie, sur quelques propriétés du fer, de la chaux ou de tout autre corps usuel, il est sûr de n'y rien trouver ou d'y trouver seulement des résultats vieux de 25 ans et généralement inexacts ; on n'y parle pas de ces corps vulgaires, sans aucune renommée scientifique. Le niobium, l'argon, le radium, sont seuls dignes de l'attention des savants ; on ne peut décemment faire une thèse de doctorat sur un corps usuel, censé connu de tout le monde.

Les renseignements sur ces corps utiles, sinon intéressants, ne font pas cependant complètement défaut, mais il faut aller les chercher dans des publications variées, souvent dans des revues industrielles peu connues des savants de profession. Et surtout, pour faire un livre d'enseignement, il est beaucoup plus simple d'utiliser les livres de ses prédécesseurs, de garder les mêmes faits en variant seulement un peu l'assaisonnement. S'il s'agit d'un traité général de chimie, d'un grand dictionnaire, il est bien plus difficile encore de remonter aux sources, il faudrait plusieurs existences d'hommes pour faire ce travail.

Les lois générales sont, il est vrai, indépendantes des corps particuliers, donnés seulement à titre d'exemple ; peu importe, semble-t-il, de citer à propos des lois de la solubilité des sels, le plâtre ou le sulfate de thorium, qui sont caractérisés tous deux par les mêmes anomalies, cela est certainement vrai en théorie, et cependant un ingénieur, depuis longtemps sorti des écoles, trouvera plus de clarté dans un exemple emprunté à la pratique de son industrie. Les industriels ont, en somme, parfaitement raison de se plaindre de ne pas trouver dans les enseignements de la science pure, toutes les ressources désirables.

Il est un reproche plus grave encore, adressé par eux aux savants ; quand on prend dans une usine quelque produit fraîchement émoulu de l'enseignement scientifique, on a de grandes chances de tomber sur un esprit faux, incapable de voir autre chose dans une machine à vapeur que le principe de Carnot, dans la fabrication de la soude, que les lois de Berthollet, ou dans les matières colorantes, que des hexagones ; rendant par suite moins de services que le moindre des praticiens formés à l'usine.

L'enseignement essentiellement analytique de la science pure est en effet nuisible à la formation du jugement, quand il n'est pas suivi d'un enseignement synthétique, rapprochant et comparant l'importance relative des différents phénomènes élémentaires entrant simultanément en jeu dans les opérations de la Nature. Le danger de cet enseignement analytique est d'autant plus grave que la place faite à chacune des sciences partielles, dépend soit de la perfection plus ou moins grande à laquelle elle est arrivée, soit de préoccupations se rattachant à des questions de mode et nullement de la place qu'elle occupe réellement dans le monde.

Science industrielle. — Les considérations développées dans les lignes précédentes, font immédiatement comprendre la nature de la science industrielle et son intérêt. Dans son essence, elle ne diffère pas de la Science proprement dite, elle en constitue seulement le développement complet. La science industrielle, au lieu de s'attacher exclusivement aux corps rares, concentre ses efforts sur les corps usuels, ou paraissant susceptibles de le devenir dans un avenir rapproché. De plus, la science industrielle, sans méconnaître les avantages de la méthode analytique, si précieuse pour le développement progressif de nos connaissances, croit nécessaire de la compléter par une revision synthétique, dans laquelle les relations des faits entre eux, les notions abstraites, ne sont plus groupées d'après leurs analogies, mais sont, au contraire, réunies autour des objets matériels, des phénomènes réels auxquels elles appartiennent effectivement. Ces rapprochements sont faits en attribuant à chaque facteur élémentaire une attention proportionnée à son importance ou, suivant l'expression de Taine, à son caractère de *bienfaisance* (vis-à-vis du résultat industriel cherché).

La science du chauffage par exemple, à laquelle ce volume est consacré, groupe, autour des combustibles, les notions relatives aux réactions d'oxydation, au dégagement de chaleur par la combustion, aux chaleurs spécifiques des gaz, à leur dilatation, à la dissociation, aux échanges de chaleur par rayonnement et conductibilité, etc..., en faisant ressortir l'importance relative de chacun de ces facteurs sur le résultat cherché, le *chauffage*.

C'est donc seulement un résumé et un groupement différent de sujets déjà étudiés ailleurs, sous des rubriques scientifiques différentes. En chimie, on a déjà vu la loi des proportions définies et celle de Gay-Lussac, reprises ici, à l'occasion du carbone et coordonnées en vue de leurs conséquences relatives au chauffage. De même, la loi de Mariotte, celle de la détente adiabatique, si importantes pour l'étude de la détonation en vase clos des mélanges gazeux explosifs, appartiennent au domaine de la physique. Les propriétés et les conditions de gisements des matériaux réfractaires employés dans la construction des appareils de chauffage, dépendent des sciences géologiques. Non content de réunir ainsi des données éparses dans d'autres sciences, on les précise et on les complète, suivant leur degré d'utilité. On étudiera, par exemple, la question capitale des changements de volume de l'argile et du quartz sous l'action de la chaleur avec plus de soin qu'on n'a pu le faire en minéralogie, où le quartz et l'argile comptent seulement pour deux unités, au milieu des centaines de minéraux de la croûte terrestre.

Enseignement professionnel. — L'utilité de la science industrielle ainsi comprise est difficilement contestable, mais suffit-elle pour la formation complète des ingénieurs. Les avis diffèrent. On pense souvent devoir la compléter, parfois même la remplacer, par une description méthodique et minutieuse des procédés de fabrication employés dans l'industrie. Les partisans systématiques de la science industrielle rejettent au contraire l'acquisition des notions pratiques, aux époques de séjour dans les usines, soit au moment des stages effectués pendant les périodes de vacances des écoles techniques, soit mieux pendant une période d'apprentissage véritable, précédant l'entrée définitive en fonctions. Cette question ne comporte pas une solution générale et unique, parce que tous les jeunes gens ne viennent pas demander à l'enseignement les mêmes connaissances. Les élèves possédant une instruction scientifique peu développée, désirant rapidement commencer à gagner leur vie et n'ayant pas pour l'avenir d'ambitions exagérées, préfèreront un enseignement spécialisé, avec des cours strictement professionnels, qui les mettent en état de rendre des services aussitôt leur entrée dans les usines.

Mais pour des établissements d'enseignement technique supérieur, prétendant, comme l'Ecole des Mines de Paris, former de jeunes ingénieurs capables de devenir un jour directeurs d'affaires importantes, il faut un enseignement encyclopédique. Un directeur de mines doit, outre l'exploitation proprement dite des mines, connaître la géologie nécessaire pour se retrouver au milieu des irrégularités de son gisement ; les machines indispensables pour l'abatage et l'extraction de la houille ; l'électricité qu'il fabrique et vend ou consomme sur place pour utiliser les gaz de ses fours à coke ; la métallurgie et les principales industries auxquelles il vend son charbon ; les chemins de fer dont les transports grèvent fortement son prix de revient ; la législation et tout particulièrement les lois ouvrières ; l'économie politique, etc..., etc... Il est impossible aujourd'hui d'étudier par le détail les différentes branches de l'industrie, dont les procédés varient d'un pays, d'un district, ou même d'une usine à l'autre. La vie d'un homme ne suffirait pas à accomplir un pareil travail. Si l'on tient à conserver un enseignement descriptif, il faut, ou bien se contenter d'une revue sommaire, faite au pas de course, c'est-à-dire de simple vulgarisation sans intérêt pour un ingénieur, ou se limiter à quelques détails, à quelques méthodes spéciales, que bien peu des élèves auront sans doute l'occasion de rencontrer au cours de leur existence. Qu'on le veuille ou non, il est impossible aujourd'hui, dans les écoles supérieures, de ne pas faire de l'enseignement scientifique. Mieux vaut le faire systématiquement et ouvertement, sacrifier résolument l'enseignement purement professionnel et renvoyer nettement aux séjours dans les usines, l'étude des détails d'application.

Cela ne veut pas dire que dans un enseignement de science industrielle on doive s'abstenir de parler des procédés de fabrication ; on en parle au contraire constamment, mais en se limitant à un exposé schématique, sans s'astreindre à photographier, en quelque sorte, toutes les dimensions des appareils, ou à cinématographier tous les détails des procédés opératoires. On en dit seulement assez pour mettre en évidence les facteurs du succès dans chaque opération. *Les faits sont l'accessoire, les relations des faits entre eux méritent seules d'être étudiées d'une façon approfondie.*

Efficacité de la Science Industrielle. — Le grand avantage des méthodes scientifiques d'enseignement est que les phénomènes élémentaires, dont dépendent les phénomènes complexes, sont relativement peu nombreux et par suite accessibles à la connaissance d'un seul homme. C'est ainsi qu'aujourd'hui, un directeur d'usine pourra, à la fois, construire des ponts, faire des installations électriques et diriger des fabrications métallurgiques. Le nombre des conséquences complexes de quelques phénomènes simples est extraordinairement grand, comme l'est le nombre des combinaisons et permutations d'un nombre très limité d'objets différents ; avec les vingt-cinq lettres de l'alphabet, on construit des millions de mots. Par contre, en se proposant l'étude directe des phénomènes complexes, on est obligé de se limiter à un très petit nombre de catégories. Les ouvriers et contremaîtres, auxquels les méthodes empiriques sont pour le moment les seules accessibles, sont obligés de se spécialiser complètement pour arriver, chacun dans leur partie, à des connaissances de quelque valeur. L'ouvrier céramiste serait incapable de faire le métier de forgeron et de fondeur ; c'était autrefois la même situation pour les chefs d'industrie.

Les ingénieurs formés par les méthodes scientifiques fournissent un travail d'un rendement beaucoup plus élevé que les ingénieurs formés empiriquement. Un exemple typique de cette nature est fourni par la comparaison de l'œuvre de Bessemer et de celle de Siemens. Sir William Siemens était un savant, un mathématicien, membre de la Société Royale de Londres. Ses premiers travaux sur la récupération ont eu pour point de départ les notions fondamentales de la thermodynamique. Sir Henry Bessemer était plutôt un contremaître, en tous cas, un ingénieur dépourvu de toute instruction scientifique ; il s'était formé tout seul en travaillant dans un petit atelier de fonderie appartenant à son père.

La découverte, par Bessemer, de son procédé de fabrication de l'acier a certainement révolutionné toute la métallurgie ; son importance est comparable à la découverte de Siemens. Il a eu là une idée heureuse, une véritable inspiration, mais elle fut sans lendemain. Son activité d'inventeur ne s'est pas bornée à la métallurgie ; en laissant de côté toutes ses inventions de jeunesse, on peut rappeler cependant quelques inventions de l'âge mûr, qui firent un certain bruit : son bateau anti-mal de mer ne fit qu'une seule sortie et faillit naufrager à la sortie du port ; son canon monstre, avec des chambres de poudre espacées de mètre en mètre, ne fut jamais essayé. La somme énorme de travail qu'il a dépensée dans les 85 années de son existence ne fut couronnée qu'une seule fois par le succès, et encore, grâce à la collaboration d'ingénieurs possédant des connaissances scientifiques et techniques plus développées que les siennes. Bien peu s'en est fallu, d'ailleurs, qu'il n'ait vu sombrer aussi son invention relative à la fabrication de l'acier, et il serait mort alors pauvre et inconnu de tout le monde.

Mettons en regard l'œuvre de Sir William Siemens : ses fours à récupération ont révolutionné non seulement la métallurgie, mais la céramique, la verrerie et bien d'autres industries. Il les a étudiés seul, sans aucun concours étranger, et ce n'est pas là sa seule invention heureuse. En dehors de ses fours, il a créé la construction des câbles sous-marins et en a, pendant longtemps fourni à lui seul le monde entier. Un jour même, il eut le caprice de poser lui-même un câble entre l'Angleterre et les Etats-Unis, en concurrence avec l'unique compagnie qui les avait tous posés jusque-là et qui disposait seule d'un matériel éprouvé, d'un personnel expérimenté. Pour cette audacieuse entreprise, il osa en outre faire construire sur ses propres plans, un navire spécial, le *Faraday* et confia la pose de son câble à un personnel entièrement formé par lui et placé sous la direction de l'un de ses frères. Il réussit heureusement la pose de son câble, contre les prévisions unanimes de tous les hommes du métier. Il installa également le premier, le sytème de poste pneumatique, si répandu aujourd'hui, en le combinant avec un aspirateur éjecteur à vapeur, entièrement de son invention. Il faut enfin mentionner son pyromètre électrique, longtemps méconnu, mais considéré aujourd'hui comme l'appareil le plus précis pour la mesure des températures élevées, et devenu d'un usage courant dans les laboratoires scientifiques.

Cet exemple montre, sans qu'il soit nécessaire d'insister plus longuement, les avantages de la méthode scientifique pour l'étude des nouveaux procédés industriels. Cette instruction scientifique très développée est également utile pour l'ingénieur chargé seulement de diriger une fabrication courante, parce qu'il y a tous les jours des perfectionnements de détails à réaliser et la méthode scientifique s'y applique aussi avantageusement qu'aux études visant de grandes découvertes. En outre, l'éducation scientifique a le grand avantage de conduire à une régularité de fabrication inconnue avec les anciennes méthodes empiriques. L'habitude de rechercher les facteurs du succès dans chaque opération et de mesurer aussi souvent que possible leurs grandeurs est précieuse dans les usines.

Enfin, la méthode scientifique permet de diminuer énormément le prix de revient des recherches et essais de toutes natures que l'on doit faire journellement pour améliorer sa fabrication. Elle apprend comment tirer, d'expériences faites sur 1 kg., voire même sur 1 g., des conclusions applicables à des fabrications industrielles portant sur des milliers de tonnes. Les essais empiriques n'ont de valeur au contraire, que lorsqu'ils sont faits à une échelle voisine de la pratique. Comme exemple remarquable de ces procédés de travail, on peut citer l'organisation de la maison Smidth et Cie, de Copenhague. Elle a installé dans le monde entier de grandes usines à ciment, en réglant à distance toute la fabrication : fours de cuisson et appareils de broyage, au moyen d'essais faits sur quelques kilos de matière, dans un petit laboratoire annexé à ses bureaux. Elle peut ainsi déterminer *a priori* et garantir sur l'étude d'un simple échantillon les quantités de combustible nécessaire pour la cuisson, les dépenses de force exigées pour le broyage.

Procédés de mesures. — D'après la définition donnée plus haut, la Science en général, et par conséquent aussi la science industrielle, a pour objet essentiel d'établir d'abord, d'utiliser ensuite des relations numériques entre toutes les grandeurs dépendant les unes des autres. On doit donc, dans un cours de science industrielle, se préoccuper avant tout de l'étude des procédés de mesures ; leur emploi incessant dans les usines est indispensable pour utiliser la connaissance des lois des phénomènes naturels et en faire l'application aux différentes opérations industrielles. Le premier chapitre d'un volume sur la science industrielle devrait donc être consacré à l'étude des procédés de mesures convenables pour les usines, c'est-à-dire, joignant à une précision suffisante, une facilité d'emploi et un prix de revient compatibles avec les exigences d'un service journalier. Autrefois les quatre premières leçons de mon cours étaient en effet consacrées à l'étude de ces procédés de mesures ; elles ont été ultérieurement remplacées par des conférences faites à l'occasion des manipulations. Ces manipulations sont en effet indispensables pour arriver à une connaissance réelle des méthodes expérimentales de mesures ; elles sont beaucoup plus importantes que le cours oral.

Je me contenterai de donner ici un sommaire du programme des manipulations que j'avais organisées, lorsque j'ai créé, à l'Ecole des Mines, le laboratoire des mesures physico-chimiques destinées aux études métallurgiques.

Calorimétrie. — Emploi de la bombe Vieille-Mahler pour la détermination des pouvoirs calorifiques des combustibles solides liquides et gazeux, pour la mesure des chaleurs de formation des silicates et des chaleurs d'oxydation de quelques métaux.

Emploi du calorimètre à circulation d'eau, pour la détermination du pouvoir calorifique des gaz et des pertes de chaleur par les parois des fours.

Emploi du calorimètre Berthelot, pour la mesure des chaleurs spécifiques des métaux et des produits réfractaires.

Pyrométrie. — Graduation et emploi du couple thermo-électrique ; application à la détermination des points critiques des aciers, des points de fusion des alliages métalliques.

Etalonnage et comparaison du pyromètre optique monochromatique, du pyromètre à radiation totale de Féry.

Emploi des montres Seger pour la détermination de la fusibilité des cendres de combustibles, des matériaux réfractaires et laitiers, de la température d'affaissement des verres, et de celle de glaçage des couvertes céramiques.

Dilatation. — Emploi de la méthode de Fizeau simplifiée, pour l'étude des alliages entre 0 et 100°.

Emploi de la méthode par comparaison, pour l'étude des produits réfractaires et la détermination des points critiques des métaux.

Aérodynamique. — Mesures correspondantes de pression et de débit dans l'écoulement des gaz à travers des orifices en minces parois, des tubes droits ou anguleux, des matières en grains, des corps poreux : briques et sables de fonderie.

Mesure de la vitesse dans les cheminées au moyen du tube de Pitot relié à un manomètre de grande sensibilité.

Mesure du rendement des souffleurs à jet d'air central avec tube divergent.

Analyse rapide des gaz. — Dosage des gaz combustibles dans l'air par la méthode des limites d'inflammabilité ou par l'appareil Coquillon. Reconnaissance qualitative des mêmes gaz par l'oxyde de cuivre.

Emploi de la burette de Bunte pour l'essai des gaz de gazogènes et des fumées.

Détermination de la densité des fumées.

Métallographie. — Etude des alliages, influence du traitement thermique et mécanique sur les aciers. Cémentation et trempe.

Résistance mécanique. — Etude des métaux par la méthode de la bille de Brinell et par l'essai de fragilité au mouton Guillery.

Résistance à la traction et à la compression des ciments en pâte pure et en mortier ; des produits réfractaires.

Résistance à l'écrasement des sables de fonderie secs et cuits.

Granulométrie. — Classement des ciments par tamisage. Lévigation et tamisage des argiles, des sables de fonderie et des matières à polir.

Taylorisme. — Un grand ingénieur américain, Frédérick Winslow Taylor, a fait une application plus générale encore des méthodes scientifiques aux problèmes industriels. Non content d'étudier par ces méthodes les procédés de fabrication proprement dits, il a étendu les mêmes principes à toutes les questions d'organisation du travail dans les usines, et a obtenu ainsi des résultats tout à fait remarquables. Il a résumé ses idées dans une brochure de vulgarisation, intitulée : *Principes d'organisation scientifique* (Dunod, éditeur).

Le système Taylor résulte de l'amalgamation des principes généraux d'organisation avec la méthode scientifique. Rappelons en quoi consistent ces deux disciplines.

L'organisation comprend cinq parties successives :

1° Définition précise du but poursuivi.

2° Etude des moyens à mettre en œuvre pour atteindre le but poursuivi.

3° Réunion des moyens d'action reconnus nécessaires.

4° Action, c'est-à-dire mise en œuvre des moyens réunis, de façon à atteindre le but cherché.

5° Contrôle et discussion du résultat obtenu pour s'assurer que l'on a bien obtenu ce que l'on cherchait.

Ces principes d'organisation sont tout à fait semblables à ce que Claude Bernard appelle, un peu improprement, la méthode scientifique, qu'il devrait plutôt appeler l'organisation de la recherche scientifique. Voici sa division :

1° Idée scientifique ou hypothèse à vérifier.

2° Programme des expériences à faire pour vérifier l'hypothèse.

3° Préparation des expériences, montage des appareils.

4° Réalisation des expériences.

5° Discussion des résultats pour voir dans quelle mesure ils confirment ou infirment l'hypothèse faite.

La véritable méthode scientifique telle que l'applique Taylor est un peu différente. Elle comprend les parties suivantes :

1° Division de la question étudiée en toutes ses parties élémentaires. C'est en somme la règle Cartésienne du discours de la méthode.

2° Enumération complète de tous les facteurs, c'est-à-dire de toutes les conditions déterminantes dont dépend chacune des parties élémentaires du problème étudié.

3° Classement de ces facteurs par ordre d'importance. C'est le conseil donné par Taine dans ses principes de philosophie de l'Art.

4° Etude, au moyen de mesures précises, de l'influence de la variation de chacun de ces facteurs, tous les autres étant maintenus invariables, sur la grandeur du phénomène élémentaire étudié.

5° Résumé et synthèse de toutes ces relations partielles de façon à avoir la loi complète du phénomène étudié.

Pour mieux faire comprendre comment s'appliquent ces principes, nous prendrons un exemple concret : La fabrication des projectiles, par exemple. Nous supposons une usine ayant travaillé pendant la guerre, un peu au hasard et par des procédés empiriques, des moyens de fortune, comme y obligeait la nécessité de faire vite et se proposant maintenant de régulariser et de perfectionner sa fabrication pour le temps de paix.

1° *Définition précise du but poursuivi.* — Il ne suffit pas de savoir que l'on fera des projectiles, mais encore quel projectile ? Supposons que cela soit du 75. Il faut encore préciser. Sera-ce de la fonte aciérée ou de l'acier. Fabriquera-t-on le modèle ancien ou celui de 1914 ? Ce sont deux fabrications toutes différentes, exigeant chacune un matériel spécial. Ce n'est pas tout. Que cherche-t-on dans cette fabrication ; une qualité supérieure ou un prix de revient très faible ? Les deux à la fois, répond-t-on généralement. Cela n'est pas un but acceptable, parce que le problème ainsi posé ne comporte pas de solutions définies. C'est un problème indéterminé. Il faut chercher, soit pour un prix de revient donné la qualité optima, ou pour une qualité donnée le prix de revient minimum. Il y a alors une réponse et une seule. On peut la trouver, en la cherchant.

2° *Etude des moyens à mettre en œuvre.* — Cette seconde partie de l'organisation peut être conduite empiriquement ou scientifiquement. Empiriquement, on consultera les fabricants compétents ; on s'assurera les services d'un ingénieur conseil réputé ; on lira les articles techniques parus dans les revues sur la matière ; on se documentera de toute façon, mais en suivant l'inspiration du moment, et sans s'astreindre à suivre aucune règle précise.

Scientifiquement, au contraire, on se conformera à certaines directives toujours les mêmes. On commencera par diviser le problème en ses parties élémentaires, indépendantes les unes des autres, et on étudiera isolément chacune de ces parties. La fabrication des projectiles, comme toute industrie, comprend quatre parties : la fabrication proprement dite ; l'administration ou direction ; la question commerciale et enfin les questions ouvrières. Celles-ci se subdivisent à leur tour en une infinité de sous-compartiments.

Prenons la fabrication par exemple. Elle comprend, le *choix des matières premières* (composition chimique de l'acier, ségrégation et défauts superficiels ; enfin dimensions des rondins. Le *découpage des lopins. L'usinage à chaud* (perçage de lopins et ogivage). *L'usinage à froid* (dégrossissage, tournage du corps, de l'ogive, de la base. Ouverture de l'œil, enlèvement du téton). Le *traitement thermique* (trempe et revenu). Enfin le *finissage* (pas de vis de l'œil, ceinturage, mise au point du poids). Soit en tout une vingtaine de questions différentes à étudier.

Comme exemple d'études scientifiques sur des questions semblables, prenons l'une des plus simples : le *découpage des lopins.* On expérimentera parallèlement les principales méthodes d'usage courant, notamment les quatre suivantes. Découpage sur le tour, sciage, entaillage et casse au marteau, ou fusion locale au chalumeau et casse au marteau.

Pour chaque méthode, on mesurera les dimensions des lopins obtenus de façon à s'assurer de la régularité de leurs surfaces de base, très importante pour l'emboutissage. On mesurera la force mécanique dépensée ; les dépenses de main d'œuvre, les consommations de matière, huile, acétylène, oxygène, etc. Enfin on évaluera l'amortissement des machines employées. Cette étude permettra d'éliminer les procédés donnant des lopins trop irréguliers et fera savoir, parmi les procédés acceptables, quel est celui qui donne le prix de revient minimum.

On fera donc son choix en connaissance de cause. Mais on utilisera encore les mêmes expériences pour deux points essentiels de la méthode scientifique. On fera une description minutieuse du procédé connu le meilleur pour faire connaître ce procédé dans tous ses détails aux ouvriers et pouvoir ainsi profiter réellement des études faites. Puis on utilisera les mêmes mesures pour déterminer le temps nécessaire à chaque opération, de façon à pouvoir donner à l'ouvrier une tâche précise, sans avoir à faire aucun marchandage avec lui.

Ces deux points : enseignement aux ouvriers des meilleures méthodes de travail et détermination expérimentale de la tâche normale fixée à chaque ouvrier sont les parties essentielles du système Taylor.

Mais pour faire ces expériences, pour rédiger ces fiches, il faut un personnel possédant des qualités très spéciales et la difficulté de recruter ce personnel est un des obstacles actuellement les plus sérieux à la diffusion du système Taylor. A première vue, il semblerait que nos ingénieurs d'usines, anciens élèves des écoles techniques, pourraient être chargés de ce rôle. Mais le plus souvent ils sont incapables de remplir ces fonctions. Ils n'ont pas l'habitude du travail manuel et ne peuvent réaliser eux-mêmes les expériences indispensables, ils ne peuvent par suite montrer aux ouvriers, comment appliquer les méthodes de travail qu'ils leur recommandent. Et cela est essentiel. De plus ils ont une habitude insuffisante de la méthode expérimentale, leur formation ayant été surtout mathématique. On obtient généralement les meilleurs résultats en choisant de bons ouvriers, paraissant intelligents et leur donnant la formation scientifique utile.

Quoiqu'il en soit, ces études exigent un personnel spécial d'employés qui coûtent très cher. La réunion de ces employés constitue le *bureau de préparation du travail.* Ce bureau d'études n'est pas nécessaire seulement à l'atelier, mais dans toutes les parties de l'usine dont on veut améliorer le rendement. On en a l'équivalent pour les bureaux de l'administration centrale, pour le service commercial. Parfois ce bureau est désigné sous le nom de service de perfectionnement, d'autres fois, Bureau d'analyse. Ces bureaux d'étude sont la pierre angulaire sur laquelle repose toute application du système Taylor. Beaucoup d'industriels reculent devant les dépenses qu'entraîne leur fonctionnement, mais ils doivent alors renoncer à toute organisation scientifique de leur industrie. Ils commettent là une erreur très fréquente : ils se laissent hypnotiser par la préoccupation de rogner sur toutes les dépenses. Or le but de l'industrie, n'est pas dépenser le moins d'argent possible, mais d'en gagner plus que l'on n'en dépense. Or partout où les bureaux d'études semblables ont été installés, leur rendement a été énorme.

3° *Réunion des moyens d'action reconnus nécessaires.* — Le bureau de préparation du travail fonctionne à loisir. Il prépare les études des divers problèmes longtemps avant que ses conclusions ne doivent être mises à profit. Les résultats de ses études, les fiches de fabrication, sont mises de côté et classées dans des cartons en attendant le jour où l'on en aura besoin. Ce bureau n'a aucune action directe à exercer sur la fabrication. Il n'a de rapport avec les ouvriers que pour les expériences nécessitées par ses études qu'il est souvent plus facile et plus économique de réaliser à l'atelier.

Un autre service est chargé de préparer la mise en œuvre des documents ainsi amassés. C'est la fonction du *bureau de fabrication.* Il concentre tous les moyens d'action nécessaires : c'est-à-dire le détail des commandes à exécuter, les fiches de fabrication décrivant le mode opératoire à employer, les dessins préparés par le bureau des projets, l'état des disponibilités de l'atelier en ouvriers et machines, l'état d'approvisionnement des magasins en pièces détachées, de même pour le magasin à outils, etc.

Avec ces données, il établit le plan de travail de l'atelier ; il prépare des fiches de travail destinées à être remises en temps utile à l'ouvrier pour lui indiquer le travail à faire, avec mention du temps alloué, salaires et primes correspondant ; il prépare des ordres de livraison pour le magasin de pièces détachées et celui des outils ; enfin un ordre de marche pour les manutentions des objets à faire parvenir à l'ouvrier : pièces en cours de fabrication, pièces détachées, outils, etc. Tous ces ordres préparés à l'avance et classés sont mis en circulation la veille du jour où le travail doit être commencé. On utilise souvent pour le classement des fiches de travail un grand tableau mural portant des crochets correspondant à chaque ouvrier. Ces crochets reçoivent les fiches de travail superposées dans l'ordre où elles doivent être employées.

4° *Réalisation du travail.* — Tous les intéressés ayant ainsi reçu les ordres nécessaires sont suivis dans leur travail par des contremaîtres fonctionnels, c'est-à-dire n'ayant chacun à s'occuper que d'une partie déterminée du travail. *Un chef d'entretien* s'assure par avance du bon état des machines et des outils, vérifie que les ouvriers prennent les soins voulus de nettoyage et de graissage de leurs machines. *Un chef des manutentions* s'assure que toutes les matières et outils sont arrivés en temps voulu à pied d'œuvre. Il donne au besoin à l'ouvrier les indications nécessaires pour la mise en place des pièces sur les machines ; son rôle cesse aussitôt le travail commencé. Arrive alors le *chef de fabrication* qui intervient seulement, en cas de besoin, pour montrer à l'ouvrier comment se conformer aux indications de la fiche de fabrication. Enfin le *chef du contrôle* s'assure que les pièces terminées satisfont bien aux conditions demandées. La fabrication est alors terminée.

Dans le système Taylor, cette seconde phase est scientifique, comme la première, parce que l'ouvrier suit son travail en s'aidant de mesures précises. Il note les temps employés ; il mesure, au moyen de jauges, les dimensions des pièces ; il analyse les fumées des fours ; il mesure leur température. L'emploi systématique de ces mesures nécessite chez les ouvriers des connaissances plus précises, une instruction plus développée que dans les usines travaillant par des procédés purement empiriques. Pour ce motif le système Taylor élève le niveau social des ouvriers, au lieu de l'abaisser, comme on l'a parfois prétendu.

5° *Statistique.* — Le travail fini, l'ouvrier remet la fiche portant l'ordre de travail après y avoir porté le temps réellement employé, en regard du temps alloué, y avoir inscrit le salaire qu'il croit avoir gagné et l'avoir fait viser par le chef du contrôle.

Cette fiche retourne au bureau du travail où elle va passer successivement entre les mains de plusieurs employés, qui l'utiliseront 1° pour noter les pièces redevenues disponibles et pouvant être envoyés à une nouvelle phase de la fabrication ; 2° pour dresser les tableaux statistiques de l'état d'avancement de chaque objet ; 3° leur prix de revient actuel, et enfin 4° pour établir la feuille de paye des ouvriers.

Le cycle est alors terminé et la fiche de travail peut être détruite. Les fiches de fabrication au contraire et les dessins retournent au bureau de préparation du travail et au bureau des projets où elles seront conservées pour reservir en cas de reprise ultérieure de la même fabrication. Elles seront corrigées, au besoin, à la suite d'observations faites au cours du travail.

C'est là une administration un peu compliquée, qui a par contre le grand avantage de supprimer bien des mouvements inutiles et des déchets de fabrication, tous très onéreux.

Sommaire du volume. — Ce volume, consacré à l'étude du chauffage, traitera successivement des *phénomènes généraux de la combustion*, des *combustibles naturels et artificiels et enfin* des *fours*.

INTRODUCTION A L'ETUDE DE LA METALLURGIE

Première partie. — *Le chauffage industriel.*

PREMIERE PARTIE

LE CHAUFFAGE

CHAPITRE PREMIER

PHÉNOMÈNES DE COMBUSTION

Importance des combustibles. — Propriétés essentielles. — Classification.

Combustion totale. — Réactions chimiques. — Combustibles gazeux. — Combustibles liquides. — Combustibles solides. — Formation d'oxyde de carbone. — Zone à combustion complète. — Irrégularité des passages d'air. — Cendres. — Matières volatiles. — Transformation du combustible. — Combustion lente. — Oxydation de la houille. — Conséquences de l'oxydation spontanée. — Incendies. — Essais d'inflammabilité.

Calorimétrie. — Quantités de chaleur. — Bombe calorimétrique. — Résultats numériques. — Chaleur de réactions diverses. — Principe de conservation de l'énergie. — Chaleur de combustion à pression constante. — Principe de l'état initial et final. — Eau vapeur. — Chaleur de formation des corps combustibles. — Chaleur de combustion aux températures élevées.

Equilibres chimiques. — Réactions limitées. — Loi de stabilité. — Loi d'isoéquilibre. — Loi de l'action de masse. — Acide carbonique. — Eau. — Oxyde de carbone. — Gaz à l'eau. — Action de l'eau sur le charbon.

Importance des combustibles. — Dans toutes les industries minérales, métallurgiques, céramiques, etc..., les dépenses de combustible sont un des éléments les plus importants du *prix de revient.*

Les combustibles servent avant tout au chauffage pour l'obtention des températures élevées nécessaires dans un grand nombre d'opérations industrielles. On les emploie encore pour la production de la force motrice, avec les machines à vapeur et les moteurs à explosion. Enfin, une quantité moins considérable est dépensée comme réducteur pour l'extraction des métaux de leurs minerais ; le fer, le zinc par exemple.

Quelques chiffres donneront une idée de l'importance de ces différents usages. Pour produire une tonne de fonte, on consomme un peu plus d'une tonne de coke et pour transformer cette tonne de fonte en acier brut, puis en rails et en tôles, on consomme encore une seconde tonne de charbon, tant pour le chauffage des fours que pour la force motrice nécessaire au laminage. En céramique, la cuisson des produits réfractaires de choix, briques de silice ou de magnésie, demande une demi tonne de charbon et celle des briques ordinaires, un quart de tonne. Cette consommation dépasse une tonne pour la porcelaine et atteint le double dans la verrerie.

La production de la force motrice exige en moyenne la consommation de 1 kg. de charbon par cheval-heure. Les grands paquebots, les navires de guerre, consomment ainsi 10 t. et plus à l'heure. Une machine de 1.000 chvx, comme l'on en rencontre fréquemment dans les usines, consommera une tonne à l'heure.

Le prix des combustibles varie beaucoup suivant les pays, suivant la position des usines par rapport aux mines ou aux forêts. Enfin, les combustibles artificiels, comme le coke ou le charbon de bois, valent plus cher que la houille ou le bois naturel. En France, on peut admettre pour les usines convenablement situées un prix de la houille compris entre 10 et 20 fr. Il s'élève jusqu'à 25 fr. et au delà pour les usines éloignées de houillères. (Année 1912.)

Le rapprochement des consommations indiquées plus haut, avec le prix d'achat des combustibles et le prix de revient des matières fabriquées, montre que dans bien des cas, la dépense de combustible représente à elle seule, la moitié du prix de revient. C'est donc un facteur essentiel à prendre en considération dans toute opération industrielle. Une économie de combustible produit immédiatement et directement un relèvement intéressant des bénéfices.

Un dernier chiffre suffira pour préciser l'importance des combustibles, celui de leur consommation annuelle dans le monde. Elle peut être évaluée à 1 milliard de tonnes.

Propriétés essentielles. — L'étude des combustibles, pour être complète, exige l'examen d'un grand nombre de points de vue différents. Quelques-uns, comme celui de leur exploitation, sont étrangers à l'objet propre de la métallurgie. Il est utile cependant de connaître les conditions les plus habituelles de leur *gisement* ; les transformations que l'on doit leur faire subir avant de les livrer au consommateur pour en faciliter l'emploi, telles que : *préparation mécanique*, destinée à réduire leur teneur en cendres ; *carbonisation*, pour enlever les matières volatiles toujours coûteuses à transporter, comme l'eau d'imbibition des bois frais, ou gênantes, comme le goudron de la houille, dans certains appareils de chauffage ; *pulvérisation* ou *agglomération* destinée à faciliter leur combustion. Il faut enfin connaître toutes leurs propriétés physiques : *densité, porosité, friabilité, fusibilité*, etc.

Un second point de vue plus important encore concerne les conditions nécessaires à réaliser pour obtenir le dégagement de la chaleur emmagasinée à l'état latent dans les combustibles. Cette étude embrasse : les *réactions chimiques* d'oxydation, plus ou moins complètes suivant les proportions relatives de l'air et du combustible ; les *vitesses d'oxydation*, croissant avec la température pour arriver finalement à la combustion vive et enfin la *propagation de l'inflammation* d'un point à un autre d'une masse de combustible.

Une fois les réactions chimiques accomplies, il y a lieu de se préoccuper de la mesure des *quantités de chaleur* dégagées, des *températures* développées par la combustion, des *propriétés oxydantes* ou *réductrices* des gaz engendrés par cette combustion, enfin de la *pression explosive*, si la combustion s'est produite en vase clos.

En dehors de ces phénomènes intimement liés aux propriétés essentielles des combustibles et aux plus importantes des conditions de leur emploi, il y a encore à se préoccuper de certaines circonstances accidentelles, sans lien nécessaire avec leur nature propre, mais jouant néanmoins un rôle très important dans les différentes applications. Par exemple, tous les combustibles naturels sont *souillés* de cendre qui encrassent les foyers et exigent des dispositions spéciales pour obtenir une combustion satisfaisante. Le *soufre* et le *phosphore* présents dans ces mêmes cendres, altèrent les métaux produits à leur contact et en dénaturent complètement certaines propriétés. D'autres fois, la combustion incomplète de matières carbonées volatiles, donnera des dépôts de *noir de fumée*, suivis d'obstruction des conduits de gaz, capables d'arrêter complètement la marche des fours. Par contre, la combustion des mêmes dépôts de carbone, donnera aux flammes lumineuses, tout leur pouvoir éclairant.

Ces quelques indications suffisent pour montrer combien la question des combustibles soulève de problèmes différents, elle résume les différents points de vue auxquels nous aurons à nous placer pour en faire une étude complète.

Classification. — Les combustibles employés dans les usines sont très différents et semblent, à première vue, n'avoir entre eux aucune relation. Le bois, la houille, le gaz d'éclairage, n'ont aucune propriété physique commune. Tous ces combustibles cependant proviennent d'une origine identique ; ils ont emprunté au soleil l'énergie latente qu'ils restituent au moment de leur combustion. Le bois se forme aux dépens de l'acide carbonique de l'air, décomposé par les feuilles sous l'influence des radiations solaires ; le carbone reste fixé dans les tissus végétaux et l'oxygène est dégagé dans l'atmosphère. Ces matières végétales enterrées dans le sol ont donné naissance, suivant l'état d'avancement de leur altération, à la tourbe, au lignite, à la houille et à l'anthracite. Il est à peu près impossible de reconnaître aujourd'hui dans la houille, aucune trace d'organisation ; on est cependant fixé sur son origine végétale par la présence, dans les terrains encaissants, de végétaux de grandes dimensions, appartenant à la famille des fougères ; le tronc et le feuillage moulés dans la terre ont conservé leurs formes premières. La houille résulte de la transformation des végétaux de dimensions comparables, sans doute, à celles des constituants actuels de la tourbe. Si certains dépôts de tourbe des Vosges venaient à être enfouis à plusieurs centaines de mètres sous terre, ils s'aggloméreraient bientôt en masses compactes où l'on ne pourrait plus distinguer aucune des brindilles apparentes aujourd'hui, mais on retrouverait sans difficulté les troncs de quelques grands sapins implantés au milieu d'elles.

Enfin les combustibles artificiels : coke, charbon de bois, gaz d'éclairage, dérivent encore de la houille ou du bois et par conséquent nous restituent, dans leur combustion, par des chemins très détournés, il est vrai, la chaleur solaire accumulée antérieurement par les végétaux vivant à la surface de la terre.

On peut diviser les combustibles en un certain nombre de groupes, possédant chacun des caractères communs, bien définis. Une première division s'impose d'elle-même entre les combustibles *naturels* et les combustibles *artificiels*. On obtient chacun d'eux par des procédés tout différents ; il suffit de recueillir les uns là où ils se trouvent dans la nature, tandis qu'il faut fabriquer les autres dans des usines appropriées à cet usage. Les prix de revient sont aussi très différents.

Au point de vue de l'emploi, il y a une autre distinction, non moins importante à faire d'après leur état physique. Les combustibles solides, liquides ou gazeux, ne se brûlent pas dans les mêmes appareils et ne servent pas aux mêmes usages.

Nous étudierons particulièrement les combustibles suivants :

Combustibles naturels. — *Bois, tourbe, lignite, houille, anthracite, pétrole* et *gaz naturel*.

Combustibles artificiels. — *Coke, charbon de bois, acétylène, gaz à l'eau, gaz d'éclairage, hydrogène* et *gaz pauvre de gazogène*.

Dans ce premier chapitre, nous commencerons par étudier les *réactions chimiques* de la combustion vive et de la combustion lente, les *quantités de chaleur* dégagées par ces réactions et enfin les *équilibres chimiques* résultant de combustions incomplètes.

COMBUSTION TOTALE

Réactions chimiques. — La combustion est essentiellement un phénomène d'oxydation ; tous les combustibles industriels renferment du *carbone* et de l'*hydrogène*, avec des proportions variables de corps non combustibles, *oxygène* et *azote*. En présence d'un excès d'air ou d'oxygène, la combustion complète donne de l'acide carboniqne, de la vapeur d'eau mêlés à un excès d'azote, provenant principalement de l'air et parfois, mais en petite quantité seulement, du corps combustible.

Il est très important au point de vue de l'emploi des combustibles, de connaître les volumes et les poids d'air, les volumes et les poids de fumée intervenant dans les phénomènes de combustion. Ces données sont indispensables pour définir les conditions du tirage des foyers, calculer les quantités de chaleur emportées par les fumées.

L'air est composé en volume de :

Azote et argon	77,6 %
Oxygène	20,4
Vapeur d'eau	2
	100

On laisse de côté ici l'acide carbonique, dont les quelques dix millièmes ne peuvent avoir aucune influence appréciable.

Pour simplifier les calculs, nous admettrons que l'air est exactement composé de 1 volume d'oxygène pour 4 de gaz inerte, azote, argon et vapeur d'eau. Suivant le cas, il peut y avoir intérêt à exprimer les quantités de matière avec les unités de poids et de volume du système décimal, *gramme* ou *kilo* et *litre* ou *mètre cube* ou avec les unités employées en chimie, c'est-à-dire *poids* et *volumes moléculaires*. Le volume d'une molécule est de 22,32 l. à 0° et 760 mm., le poids moléculaire est celui du volume moléculaire. Les formules chimiques employées correspondront toujours, au moins dans le cas des corps gazeux, à un poids moléculaire. Pour les corps solides, comme le carbone, on prendra le poids atomique.

Les tableaux suivants donnent, avec les équations des réactions de combustion avec l'air, l'indication des poids et des volumes de matières en jeu dans la réaction :

Combustion du carbone.

	C +	O^2 +	$4\ Az^2$ =	CO^2 +	$4\ Az^2$
Poids (gr.) . .	12	32	112	44	112
Volumes (lit.) . .		22,32	89,28	22,32	89,28
Molécules . . .			5		5

Cette réaction se produit sans changement de volume, le volume de l'acide carbonique étant égal à celui de l'oxygène consommé.

Combustion de l'hydrogène.

	H^2 +	$0,5\ O^2$ +	$2\ Az^2$ =	H^2O +	$2\ Az^2$
Poids (gr.) .	2	16	56	18	56
Volumes (lit.) . .	22,32	11,16	44,64	22,32	44,64
Molécules . .		3,5			3

Cette réaction est accompagnée d'une contraction de 1/2 molécule, soit 1/7 du volume du mélange gazeux primitif.

On aurait les mêmes relations pour la combustion de l'oxyde de carbone.

Combustion de l'acétylène.

	$C^2\ H^2$ +	$2,5\ O^2$ +	$10\ Az^2$ =	$2\ CO^2$ +	H^2O +	$10\ Az^2$
Poids (gr.) . .	26	80	280	88	18	280
Volumes (lit.) . .	22,32	55,80	223,2	44,65	22,32	223,2
Molécules . . .		13,5			13	

La combustion est accompagnée de la contraction de 0,5 molécule, soit 1/27 du volume primitif.

Combustion de la cellulose. — La combustion de la cellulose, le constituant essentiel des bois, se fait suivant la réaction :

	$C^6\ H^{10}\ O^5$ +	$6\ O^2$ +	$24\ Az^2$ =	$6\ CO^2$ +	$5\ H^2O$ +	$24\ Az^2$
Poids (gr.) . .	162	192	672	264	90	672
Volumes (lit.) . .	-	133,9	535,6	133,9	116,9	535,6
Molécules . .			30		35	

Il y a donc, dans ce cas, une augmentation de volume de 5 molécules, en supposant l'eau restée à l'état de vapeur, soit de 1/6 du volume gazeux primitif, c'est-à-dire du volume de l'air employé à la combustion, puisque la cellulose est un corps solide.

Combustion de la houille. — Les équations des réactions et les modes de calculs précédemment employés, ne conviennent que pour les combinaisons définies, ils ne s'appliquent pas par conséquent à la plupart des combustibles naturels, tous constitués par des mélanges très complexes. On rapporte alors les calculs à l'unité de poids, le kilog., ou, s'il s'agit de combustibles gazeux, comme le gaz d'éclairage, à l'unité de volume, le mètre cube. Nous donnerons un exemple de ces calculs appliqué à la houille.

Composition de la houille.

Éléments.	Poids en grammes.		Nombre de molécules.
Carbone	752	: 12 =	62,66
Hydrogène	52	: 2 =	26
Oxygène	82	: 32 =	2,56
Eau hygrométrique	34	: 18 =	1,90
Azote	10	: 28 =	0,35
Cendres	70		
Total	1.000 gr.		

Les quantités d'air nécessaires pour la combustion de ce kilogramme de houille et les fumées produites sont les suivantes :

Air comburant.

Corps.	Molécules.	Grammes.	Litres.
O^2	73,6	2.350	1.640
Az^2	294,2	8.250	6.560
	367,8	10.600	8.200

Fumées.

Corps.	Molécules.	Grammes.	Litres.
CO^2	62.7	2.757	1.398
H^2O	27,9	502	623
Az^2	294,5	8.271	6.600
	385,1	11.630	8.621

On voit donc que la combustion de 1 kg. de charbon exige à peu près 10 m³ d'air et donne 10 m³ environ de fumées. Pratiquement on compte de 10 à 12 m³ d'air, parce que, la combustion n'est complète qu'en présence d'un léger excès d'air. Le changement de volume de la masse gazeuse résultant de la combustion est très faible : 17,8 mol. sur 367,8 mol., soit 4,8 %.

Combustibles gazeux. — L'état physique sous lequel se trouvent les combustibles exerce une grande influence sur les conditions de leur combustion. Les *gaz* sont plus faciles à brûler que les *liquides* et ceux-ci plus que les *solides*.

Les combustibles gazeux peuvent être brûlés de deux façons différentes. Ou bien on les mêle intimement à l'air avant leur combustion ; dans ce cas la réaction correspondant à la combustion complète se produit dès le premier moment, souvent avec une grande violence en donnant lieu à une véritable explosion, si le mélange est enfermé dans un capacité close où la pression peut s'élever. En faisant au contraire sortir le mélange par un orifice avec une vitesse suffisante, on peut maintenir la flamme immobile sur l'orifice et obtenir en ce point un chauffage extraordinairement intense. C'est le principe sur lequel reposent les brûleurs Bunsen employés dans les laboratoires. Ce mode de combustion est rarement employé dans l'industrie, parce que le plus souvent on se propose d'avoir, non pas un chauffage très fort en un seul point, mais au contraire un chauffage uniforme dans une grande enceinte.

Le second procédé consiste à laisser les gaz se mêler progressivement au fur et à mesure de leur combustion. On peut ainsi obtenir des flammes très longues qui donnent un chauffage uniforme dans des fours de grande dimension. Dans ce mode de combustion il se produit des réactions successives variées avant d'arriver au terme final de la combustion : acide carbonique et vapeur d'eau. On obtient par exemple, avec les carbures d'hydrogène, des précipitations de noir de fumée, très gênantes dans certaines opérations par les obstructions qu'elles occasionnent dans les conduits de gaz, très utiles au contraire dans les flammes lumineuses dont le pouvoir éclairant résulte précisément de l'incandescence de ce charbon pendant sa combustion.

Les combustibles gazeux ont le grand avantage de se prêter à un réglage très simple des proportions relatives du gaz combustible et de l'air. En agissant sur la section des orifices d'écoulement ou sur la pression motrice, on fait instantanément varier les débits. En laissant ces grandeurs fixes, on assure la permanence de la combustion avec les proportions réglées une fois pour toutes dans les conditions les plus avantageuses. L'emploi des combustibles gazeux a encore, comme nous le verrons plus loin, le très grand avantage de se prêter à l'application du procédé de récupération des chaleurs perdues des fumées, imaginé par sir William Siemens. La combustion de ces mélanges donne lieu d'ailleurs à toute une série de phénomènes particuliers très intéressants, non seulement au point de vue scientifique, mais par les applications pratiques et nombreuses qu'ils comportent. Pour ces raisons multiples, nous aurons fréquemment à revenir dans les chapitres suivants sur la combustion des gaz. Les indications sommaires données ici n'ont d'autre but que d'appeler l'attention sur l'importance de cette question.

Pour montrer l'élasticité dans le chauffage dû à l'emploi des gaz, on mentionnera incidemment le fait suivant. Supposons plusieurs brûleurs consommant uniformément 100 l. d'acétylène à l'heure, c'est-à-dire dégageant tous la même quantité de chaleur dans le même temps. Un de ces brûleurs est un simple tube de quelques millimètres de diamètre débouchant librement dans l'air, sans mélange préalable du gaz combustible avec l'air. Nous aurons une grande flamme fuligineuse d'un volume de 100 cm^3 environ, ne se prêtant pas au chauffage et donnant un faible pouvoir éclairant. Supposons en second lieu que le gaz acétylène ait été mêlé avant sa combustion à un volume d'air convenable ; nous avons alors une petite flamme bleue de 2 à 3 cm^3 de volume, analogue à celle des brûleurs Bunsen. Placée sous un manchon Auer elle donnera une lumière très vive, environ 50 carcels. Enfin supposons ce gaz acétylène mêlé au volume d'oxygène pur nécessaire pour sa combustion complète et chassons ce mélange sous une pression de 5 m. d'eau à travers un orifice de 0,5 mm. de diamètre. Nous aurons le chalumeau oxyacétylénique, dont la flamme, sous un volume de 0,1 cm^3, renferme la même quantité de chaleur que la flamme de 100 cm^3 obtenue dans la combustion à l'air sans mélange préalable. On conçoit à quel point cette concentration de la chaleur augmente l'intensité du chauffage : le fer fond instantanément au contact du dard de ce chalumeau et coule comme de l'eau.

Combustibles liquides. — Les combustibles *liquides* possèdent, au point de vue de la facilité du réglage, les mêmes avantages que les gaz, mais leur emploi présente une difficulté spéciale. Les combustibles liquides d'un prix de revient assez bas pour être employés aux usages industriels : pétroles et goudrons, sont tous des carbures très condensés ; ils donnent facilement des dépôts abondants de noir de fumée dans les premières phases de leur combustion. Une goutte de pétrole tombant dans un milieu incandescent s'y transforme de suite en gaz formant une bouffée volumineuse. Le mélange intime de cette masse gazeuse avec la quantité d'air nécessaire pour sa combustion complète ne peut se faire que progressivement. Pendant ce temps, la masse gazeuse chemine dans le four ; si elle arrive dans des régions froides avant l'achèvement de la combustion du charbon, celui-ci s'éteint et se dépose en encrassant les conduits qu'il a bientôt fait d'obstruer. On évite cette difficulté soit en employant des chambres de combustion très volumineuses, dans lesquels les gaz tournoient longtemps avant de s'échapper, de façon à laisser au carbone précipité le temps de brûler complètement, soit, dans le cas de foyers peu volumineux, en pulvérisant très finement le liquide combustible de façon à n'avoir dans sa gazéification que de très petites bulles de vapeur qui se mêlent rapidement à l'air ; ceci exige l'emploi de pulvérisateurs à l'air comprimé ou à la vapeur, dans lesquels les pressions utilisées atteignent jusqu'à 20 atm.

Dans nos pays les combustibles liquides ont une faible importance industrielle parce que nous n'en possédons pas de gisement considérable ; les pétroles d'Amérique et de Russie sont grevés de frais de transport et de droits de douane élevés qui les rendent inutilisables en dehors de certaines industries de luxe, comme celle des automobiles. Le goudron de houille et les huiles lourdes peuvent seuls être obtenus avec un prix de revient acceptable.

Combustibles solides. — L'emploi des combustibles solides donne lieu à des difficultés très graves dues à des causes multiples ; si leur usage est très général, malgré ces inconvénients, cela tient à leur bas prix de revient. Voici les quatre difficultés principales auxquelles on se heurte dans leur emploi :

1° Formation d'oxyde de carbone avec des couches de combustible épaisses ;

2° Irrégularité des passages offerts à l'air entre les morceaux de charbon ;

3° Formation de mâchefer par la fusion des cendres et obstruction des entrées d'air ;

4° Distillation de matières volatiles sous la première action de la chaleur et combustion incomplète de ces matières.

Formation d'oxyde de carbone. — La combustion du charbon par l'air comprend deux phases successives : l'air arrivant sur du carbone incandescent, donne d'abord la réaction :

$$C + O^2 + 4\ Az^2 = CO^2 + 4\ Az^2.$$

La température croît progressivement depuis le point où l'air pénètre dans la masse de combustible, jusque dans la région où la combustion est complète, où il ne reste plus d'air en excès ; si l'épaisseur de la couche de combustible n'est pas plus grande, les produits de la combustion sortent avec toute leur chaleur, on a une flamme très chaude.

Si, au contraire, l'épaisseur de combustible est plus considérable, l'acide carbonique réagit sur le charbon incandescent, en donnant de l'oxyde de carbone :

$$CO^2 + 4\ Az^2 + C = 2\ CO + 4\ Az^2.$$

Cette réaction consomme une nouvelle quantité de charbon, mais au lieu de dégager de la chaleur, elle en absorbe une quantité considérable ; la flamme obtenue est bien moins chaude. La quantité finale de chaleur produite par la consommation d'un même poids de charbon est trois fois moindre que dans le cas de la combustion pour l'acide carbonique.

Dans une masse de charbon un peu épaisse, traversée par un courant d'air, nous trouvons donc la succession d'une série de zones jouissant de propriétés différentes. A partir de l'arrivée d'air la température croît progressivement en même temps que la quantité d'acide carbonique augmente et que celle d'oxygène diminue ; le milieu gazeux est essentiellement oxydant. On arrive à la zone à combustion complète où la température est la plus élevée ; l'atmosphère est neutre, elle est exclusivement composée d'acide carbonique et d'azote. Puis au delà, l'oxyde de carbone commence à paraître et augmente progressivement en même temps que la température baisse ; le courant gazeux devient réducteur. Puis, une fois la transformation d'acide carbonique en oxyde de carbone complète, il ne se produit plus aucun changement. Ceci suppose, bien entendu, que la masse de combustible est en feu depuis un certain temps et qu'elle est arrivée à un régime stable.

Un exemple très net de la succession de ces phénomènes se rencontre dans les *bas foyers*, fours exclusivement employés autrefois dans la métallurgie du fer. Ils consistent en une fosse rectangulaire, creusée dans le sol, et remplie de charbon de bois ; une tuyère plongeante placée à une extrémité lance un courant d'air qui descend à travers la masse du combustible et traverse tout le four dans le sens de sa longueur pour ressortir à l'extrémité opposée de la cuve. Au point le plus éloigné de la tuyère, les gaz sont réducteurs ; ils peuvent servir à réduire le minerai de fer, c'est alors l'ancienne *forge catalane ;* près de la tuyère, au contraire, la flamme est oxydante et peut servir à oxyder les impuretés de la fonte fabriquée au haut-fourneau, c'est alors le *bas foyer comtois*, employé encore dans quelques usines de l'Est de la France, et surtout en Autriche. Le même appareil remplit ainsi deux fonctions différentes, suivant la zone utilisée.

Zone à combustion complète. — La position de la zone à combustion complète et par suite à température maxima, est très importante à connaître. De sa position dépendent les dimensions données à un grand nombre d'appareils de chauffage : diamètre du haut-fourneau au niveau des tuyères, dimensions des creusets pour la fusion des alliages, épaisseur de la couche de combustible dans les gazogènes et les appareils pour la fabrication du gaz à l'eau. La position de cette zone dépend essentiellement de trois facteurs : la *grosseur* des morceaux de charbon, la *température* moyenne du foyer à l'instant considéré, et enfin la *vitesse* du courant d'air.

Dans le cas de températures suffisamment élevées et supérieures à 1.200°, condition toujours réalisée dans l'immense majorité des appareils de chauffage, les réactions chimiques sont pratiquement instantanées ; l'oxygène et l'acide carbonique, aussitôt arrivés en contact avec le charbon, réagissent sur lui. Dans ces conditions la position de la zone à combustion complète est indépendante de l'élévation de la température au-dessus de 1.200° et de la vitesse du courant gazeux à travers la masse du combustible. Avec des fragments uniformes de 1 cm. de côté, elle se trouve à une hauteur comprise entre 5 et 10 cm. au-dessus de l'arrivée d'air. Dans les fours (type Sainte-Claire Deville) pour l'essai des produits réfractaires, on emploie des creusets de 5 cm. de hauteur, placés sur un fromage de même hauteur. On réalise dans cette zone des températures supérieures à celle de fusion du platine, pouvant dépasser 1.800°, en employant du charbon de cornues sans cendres, et le brûlant à raison de 3 kg. par décimètre carré et par heure. Pour des fragments de coke d'une dizaine de centimètres, la zone à combustion maxima peut être comprise entre 0,50 m. et 1 m. à partir des tuyères ; c'est là ce qui règle le diamètre des hauts fourneaux à ce niveau. Pour avoir jusqu'au centre du creuset une température très élevée, il faut qu'en aucun point de la section la production d'oxyde de carbone ne soit déjà importante.

On peut donc admettre, au moins dans une première approximation que, dans un fourneau très chaud, la distance de la zone à combustion complète de l'entrée d'air est proportionnelle à la grosseur des fragments de charbon et sensiblement égale à 10 fois leur diamètre.

Si la température est inférieure à 1.000°, l'air et plus encore l'acide carbonique ne réagissent pas instantanément sur le charbon ; la réaction exige un certain temps pour se produire. Dans ce cas le niveau de la zone de combustion se déplace avec la vitesse du courant gazeux, elle s'éloigne d'autant plus de l'arrivée d'air, que la vitesse est plus considérable. Par exemple, dans la fabrication du gaz à l'eau, avec du coke de 5 cm. de diamètre, et une température inférieure à 1.000°, on arrive à éloigner la zone à combustion complète jusqu'à 2 m. de l'entrée d'air. Bien entendu ce régime intensif de soufflage ne peut pas être prolongé sans que la température s'élève rapidement et alors la zone de combustion reprend peu à peu son épaisseur normale de 0.50 m.

Pour obtenir l'effet calorifique maximum dans le chauffage avec du charbon, il faut limiter l'épaisseur de la couche de combustible au niveau de la zone à combustion complète. On a soin, sur les grilles employées dans le chauffage des chaudières à vapeur, de mettre une épaisseur très mince de combustible, 10 à 15 cm. seulement. Cette épaisseur est inférieure à celle qui a été donnée plus haut, calculée exclusivement pour des morceaux de charbons classés de grosseur uniforme. Dans le chauffage des chaudières, il y a, à côté de gros morceaux, beaucoup de poussier ; on est obligé en outre de réserver un excès d'air disponible pour la combustion des matières volatiles dégagées par la houille.

Quelles que soient les précautions prises, on n'arrive jamais, en brûlant du charbon sur une grille, à marcher avec une flamme neutre, on a généralement un grand excès d'air, la moitié au plus de l'oxygène s'étant combiné au charbon pour donner de l'acide carbonique. Il est impossible en effet d'avoir dans tous les points d'une masse de combustible une répartition uniforme des vides ; là où ils sont plus étroits, la formation de l'acide carbonique est plus rapide, elle est moindre dans les espaces plus larges. Si l'on prenait une épaisseur de charbon suffisante pour obtenir en moyenne la combustion complète, la grille, en bien des régions, donnerait de l'oxyde de carbone, occasionnant ainsi une perte inutile de combustible. Pour la même raison, la zone à température maxima, dans une masse de combustible incandescent ne forme pas un plan géométrique avec des chutes rapides de température de part et d'autre ; la hauteur de cette zone au-dessus de l'entrée d'air peut varier du simple au double d'un point à l'autre de la masse de charbon. Elle est donc disséminée dans un volume assez grand dont la température moyenne est beaucoup moins élevée que si cette zone était réduite à un plan géométrique.

Irrégularité des passages d'air. — Indépendamment de l'étalement de la zone à température maxima, l'irrégularité des passages existant entre les morceaux de charbon donne lieu à des difficultés très sérieuses ; la plus grave est celle qui se rattache au passage des gaz contre les parois des fours. Au milieu de la masse de combustible, les fragments de charbon, enchevêtrés les uns dans les autres, offrent seulement au passage des gaz des ouvertures étroites et très contournées, lui opposant une grande résistance. Contre les parois, les fragments de charbon s'arcboutent par leurs angles et laissent des vides relativement très grands, à travers lesquels le passage de l'air est beaucoup plus facile. La combustion est beaucoup plus active contre les parois ; c'est à la fois une cause de dégradation dangereuse pour les parois et un obstacle à la répartition uniforme de la température, indispensable quand il s'agit, par exemple, de chauffer des creusets noyés dans le combustible.

A l'intérieur même de la masse de charbon, il y a toujours des passages plus faciles suivant lesquels la combustion est plus active ; cette combustion locale, en brûlant plus vite le charbon, augmente les vides et produit ce que l'on appelle des cheminées. Cela est particulièrement dangereux dans les gazogènes ; l'air peut arriver par ces passages jusque dans la masse de gaz combustible formé au-dessus du charbon et en provoquer la combustion anticipée.

Les mêmes inconvénients se manifestent d'une façon plus marquée encore dans certains appareils de chauffage, comme les fours à chaux, les hauts-fourneaux, où le combustible est mêlé aux matières à cuire. Pour une bonne marche de ces appareils, il faudrait que les zones isothermes fussent des plans parallèles et horizontaux. On n'arrive presque jamais à réaliser cette condition ; on voit très souvent au contraire dans les fours à chaux la zone à combustion complète s'incliner suivant un plan traversant le four en diagonale avec une dénivellation pouvant atteindre une dizaine de mètres d'un côté à l'autre du four. La grande difficulté de conduite de ces appareils résulte de ce qu'ils sont toujours dans un état d'équilibre instable ; dès qu'ils se dérangent en un point, le dérangement tend à s'exagérer encore. Si le tirage est plus actif dans une région, l'énergie plus grande de la combustion y accélère encore le tirage et renforce ainsi l'irrégularité première. Un des ingénieurs les plus réputés dans la conduite des hauts-fourneaux, M. Magery, exprimait une idée semblable par cette boutade humoristique : « Le haut-fourneau, disait-il, est un monsieur très susceptible, on doit toujours lui parler le chapeau à la main, et éviter de le contrarier. »

Cendres. — Les cendres laissées par les combustibles naturels solides s'opposent à la circulation de l'air. Lorsqu'elles restent pulvérulentes, soit par leur infusibilité naturelle, soit par la basse température du foyer, elles constituent, si on les laisse en place, un obstacle absolu au passage de l'air ; mais, sous cet état, il est très facile de s'en débarrasser ; en secouant légèrement le combustible, on les fait immédiatement tomber à travers les grilles. Les cendres pulvérulentes ne sont jamais considérées comme un inconvénient au point de vue de la combustion proprement dite, elles ne deviennent nuisibles que lorsqu'elles sont entraînées avec des gaz combustibles, dans des appareils où leur présence est dangereuse, comme dans les moteurs à gaz, ou les récupérateurs des fours Siemens.

Le plus souvent, les cendres de houille fondent en donnant ce que l'on appelle des *mâchefers*, matières plus ou moins agglomérées, et prennent une grande dureté au refroidissement. Lorsque les mâchefers restent sous forme de grenailles, ils constituent une masse discontinue à travers laquelle l'air peut passer, comme à travers le combustible lui-même ; leur présence n'est pas nuisible, ils n'arrêtent pas la combustion, et le décrassage ne présente pas de difficultés exceptionnelles. Mais ce résultat ne peut être atteint que si la température de la zone à combustion complète reste inférieure à celle de la fusion complète des cendres ; cette température, comme nous le verrons, varie de 1.100° à 1.400° suivant les qualités de houille. Toutes les fois que la combustion est très active, la température s'élève davantage parce que la chaleur de la zone la plus chaude n'a pas le temps de se diffuser par conductibilité dans les tranches voisines. Dans les foyers de chaudières à vapeur, et plus particulièrement dans les foyers de locomotives, cette fusion est à peu près complète ; il se forme alors au refroidissement, des galettes continues de mâchefer qui s'opposent à la circulation de l'air et ne permettent plus de continuer la combustion. C'est là un inconvénient énorme, comme on peut s'en rendre compte par les exemples suivants : Dans les trains rapides, on est obligé de changer de locomotive toutes les trois ou quatre heures, parce que, pour décrasser la grille encombrée de mâchefer, il faut jeter bas tout le feu contenu dans le foyer. Avec les appareils à feu continu, comme les chaudières ordinaires, on est obligé, au moment du décrassage, d'ouvrir en grand les portes, de rejeter de côté le charbon, pour enlever les galettes de mâchefer ; on est ainsi forcé d'arrêter le chauffage pendant un temps parfois assez long. Certaines fabrications ne peuvent tolérer des arrêts semblables du chauffage ; à Limoges, par exemple, pour la fabrication de la porcelaine, on fait venir à grands frais des charbons anglais spéciaux, renfermant moins de 5% de cendres, qui permettent un chauffage continu de 48 heures, impossible avec des charbons ordinaires.

Enfin, ces mâchefers, en se formant contre les parois de certains appareils de chauffage, produisent des désagrégations suffisantes pour les mettre hors de service ; si la température est suffisamment élevée, la paroi réfractaire fond au contact du mâchefer. Plus souvent le mâchefer reste collé à la paroi et rétrécit peu à peu le diamètre intérieur du four, jusqu'à le mettre hors de service, c'est ainsi que périssent la plupart des gazogènes.

Matières volatiles. — Les combustibles naturels, les bois, renferment une quantité considérable de matières volatiles qui se dégagent sous la première action de la chaleur, en dehors même de la présence de l'oxygène nécessaire à la combustion ; la proportion pondérale de ces matières volatiles peut être de 30 % dans les houilles grasses ; elles sont alors formées principalement de gaz et de goudron possédant un grand pouvoir calorifique. Le bois renferme jusqu'à 75 % de son poids de matières volatiles, principalement formées d'eau. Lorsqu'on alimente un foyer en combustion en y jetant de nouvelles quantités de houille ou de bois, les matières volatiles distillent rapidement en abaissant la température de la flamme, par le fait même de leur évaporation, et sans utilisation de leur pouvoir calorifique, parce que le débit d'air, réglé pour la combustion moyenne ne peut suffire à brûler ce brusque appoint de matières combustibles ; indépendamment de la perte qui en résulte, les goudrons et gaz de houille se décomposent sous l'action de la chaleur, en donnant du noir de fumée qui encrasse les cheminées et conduits de fumée, souille l'atmosphère jusqu'à de grandes distances des usines, et provoque les plaintes de tous les voisins. On peut remédier, dans une certaine mesure, à l'inconvénient résultant de cette combustion incomplète, au moyen d'appareils de chargement continu ; ils ont seulement l'inconvénient d'être coûteux et d'un fonctionnement délicat.

Au moment de la distillation de la houille, il se produit généralement un autre inconvénient, parfois très gênant : la houille fond partiellement au commencement de sa distillation et se solidifie de nouveau en donnant des gâteaux de coke très durs, lorsque la distillation est achevée ; cette agglomération est parfois un obstacle absolu au fonctionnement de certains appareils de chauffage ; l'emploi de la houille dans un haut-fourneau ou dans un four à chaux bloquerait toute la charge et s'opposerait à sa descente ; dans un gazogène, on remédie à cet inconvénient par un piquage continu de la masse incandescente de combustible, ce qui entraîne une importante dépense de main-d'œuvre.

Transformations du combustible. — En raison de toutes ces difficultés, auxquelles expose l'emploi des combustibles solides, on leur fait souvent, avant l'emploi, subir des transformations variées, que nous aurons l'occasion d'étudier en détail ; par exemple, on expulse les matières volatiles du bois et de la houille par calcination en vase clos et l'on obtient ainsi le *coke* et le *charbon de bois*, seuls combustibles employés aujourd'hui pour l'obtention de la fonte dans les hauts-fourneaux. D'autres fois on pulvérise le combustible à l'état de *poussière* impalpable de façon à pouvoir le projeter avec le courant d'air en proportion rigoureusement dosée ; les fours tournants à ciment sont ainsi chauffés. Plus souvent encore, on transforme ce combustible solide en combustible gazeux ; soit par distillation dans la fabrication du *gaz* *d'éclairage* ; soit par action de la vapeur d'eau, dans la fabrication du *gaz à l'eau*, soit par combustion incomplète en un mélange d'oxyde de carbone et de gaz à l'eau, pour obtenir le gaz connu sous le nom de *gaz pauvre*, ou *gaz de gazogène*. Ce gaz combustible est employé aujourd'hui dans toute la métallurgie de l'açier, en verrerie et dans un grand nombre d'autres industries nécessitant l'intervention de températures élevées.

Tous ces procédés de transformation sont assez onéreux ; on peut admettre, en nombre rond, qu'ils majorent de 25 % environ le prix de l'unité de chaleur ; mais ils donnent des combustibles tellement plus avantageux à l'emploi, que ce supplément de dépense est vite regagné.

Combustion lente. — La combustion, telle que nous l'utilisons dans les appareils de chauffage industriel, appartient à la catégorie de ce que nous appelons les *combustions vives*. L'air aussitôt en contact avec le carbone incandescent s'y combine sans aucun retard appréciable. Cette combustion rapide est accompagnée d'un grand dégagement de chaleur rendu apparent par l'incandescence du charbon.

Dans d'autres circonstances au contraire, la combustion ne se produit que lentement, longtemps après la mise en présence de l'oxygène et du charbon. Le bois abandonné à l'air se pourrit, s'oxyde et finit par disparaître complètement en s'évaporant à l'état d'acide carbonique et de vapeur d'eau. C'est une *combustion lente*. Il en est de même de la combustion de nos aliments au contact de l'oxygène amené dans nos poumons par la respiration. A chaque expiration il ressort plus des 9/10 de l'oxygène entré à l'inspiration précédente. Il y a eu combinaison, mais elle n'a pas été immédiate, elle est restée incomplète.

Tous les corps combustibles n'éprouvent pas une combustion lente dès la température ordinaire, mais ils le font tous à partir d'une certaine température plus ou moins élevée et inférieure à celle de combustion vive.

Le tableau suivant donne, pour les trois variétés de carbone pur : 1° la température minima de combustion lente, c'est-à-dire la température la plus basse à partir de laquelle on peut observer un dégagement appréciable d'acide carbonique au moyen d'expériences de précision moyenne ; 2° la température de combustion rapide, c'est-à-dire une température à partir de laquelle la réaction est assez rapide pour que le charbon s'échauffe progressivement jusqu'à prendre feu. Cette température de combustion rapide est d'ailleurs extrêmement variable avec les conditions de l'expérience. Elle se confondrait avec celle de combustion lente commençante, si toutes les précautions étaient prises pour s'opposer à la diffusion à l'extérieur de la chaleur dégagée par la combustion. Les expériences de Moissan auxquelles les chiffres suivants ont été empruntés ont été faites sur quelques fragments de charbon placés isolément dans un tube de verre ou de porcelaine chauffé sur une rampe à gaz, c'est-à-dire dans des conditions particulièrement favorables à la diffusion de la chaleur à l'extérieur.

Température de combustion.

Variétés de carbone	Lente	Rapide
Diamant	750°	800°
Graphite	650°	700°
Charbon de bois	100°	450°

Pour le charbon de bois les résultats sont extrêmement variables avec la température à laquelle ce corps a été calciné avant l'expérience. Les chiffres donnés se rapportent à du charbon préparé à basse température, vers 400°. Le charbon chauffé à 1.200° se rapproche, comme inflammabilité, du graphite.

Oxydation de la houille. — La houille commence à s'oxyder lentement dès la température ordinaire, plus ou moins rapidement, suivant les variétés ; les houilles les plus oxygénées et les plus riches en matières volatiles s'oxydent en général beaucoup plus rapidement ; les anthracites, au contraire, ne s'oxydent pour ainsi dire pas à la température ordinaire. Les réactions produites dans cette oxydation, sont beaucoup plus complexes qu'avec le carbone.

Le premier phénomène d'oxydation de la houille, est une absorption d'oxygène, elle augmente de poids ; à 100°, cette oxydation est beaucoup plus rapide ; certains poussiers de houille augmentent en 24 heures de 10 % de leur poids. Ces phénomènes ont été l'objet de recherches très complètes, de M. Fayol [1]. Cette première fixation d'oxygène est suivie d'une oxydation plus complète avec dégagement d'acide carbonique et de vapeur d'eau, le charbon recommence de nouveau à diminuer de poids et à la longue, la diminution devient considérable. Un charbon de Silésie, broyé en poudre fine et conservé pendant 6 mois à la température du laboratoire, avait perdu 50 % de son poids, comme le montrent les deux analyses ci-dessous, rapportées au combustible frais et au combustible oxydé. L'invariabilité du poids des cendres montre que dans l'intervalle des deux analyses il n'y avait pas eu de perte de matière.

Éléments	Charbon frais	Charbon oxydé
Carbone	70	26,4
Hydrogène	4,2	1,6
Oxygène et azote	9,6	4,4
Cendres	15,7	15,7
Total	99,5	48,1

A la température de 100°, la perte de poids commence parfois à se manifester après deux jours et elle continue à marcher assez rapidement. A la température de 200°, l'oxydation plus active donne immédiatement de l'acide carbonique et de la vapeur d'eau et le poids commence rapidement à diminuer. Cette oxydation, bien entendu, est un phénomène essentiellement superficiel ; elle est donc beaucoup plus intense sur les poussières fines que sur le charbon en morceaux ; elle n'est cependant pas négligeable avec ces derniers, parce que la houille est toujours un peu poreuse et que l'oxygène peut pénétrer dans les morceaux.

Les courbes ci-contre (fig. 1), empruntées aux expériences de M. Fayol montrent les relations de la perte de poids totale avec la fixation d'oxygène et la perte de matière par combustion ou dégagement d'eau hygrométrique.

La composition de la matière oxydée, qui se forme pendant la

(1) Fayol, *Bul. Soc. Ind. Min.* [2] VIII, 487 à 621 (1879).

période initiale d'augmentation de poids n'est pas exactement connue. M. Mahler ([1]) a montré qu'elle possédait certaines propriétés communes avec les acides humiques ; elle est soluble dans les solutions chaudes de potasse qu'elle colore énergiquement en brun. D'après Boudouard ([2]), la composition de cette matière soluble dans la potasse est approximativement représentée par la formule $C^{18} H^{14} O^{10}$. Cette réaction caractéristique peut être utilisée pour reconnaître l'oxydation de la houille ; ce caractère cependant n'est pas absolument infaillible.

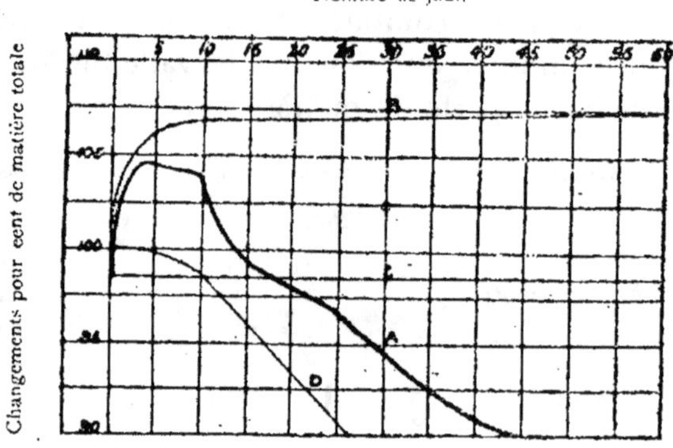

Fig. 1.

Charbon de Commentry exposé à l'air à la température de 200°.
A. Changements de poids total. — B. Oxygène absorbé. — C. Eau hygrométrique. — D. Perte par combustion lente.

Conséquence de l'oxydation spontanée. — Cette fixation d'oxygène dans la houille a des conséquences extrêmement nombreuses se rattachant à des points de vue essentiellement différents, et la plupart de ces conséquences sont particulièrement nuisibles.

Cette oxydation a été la cause d'erreurs importantes dans les premières analyses de houille, dues à Regnault. Pour chasser l'eau hygrométrique des houilles, il les chauffait pendant 24 heures dans des étuves à 100° et fixait ainsi, sans le savoir, une quantité

([1]) Mahler, « Contribution à l'étude des combustibles », Baudry, 15, rue des Saints-Pères, Paris, 1903.

([2]) Boudouard, « Etude sur le pouvoir cokéfiant des houilles » (*Rev. de Métal.*, VI, 446, 1909).

importante d'oxygène de l'air ; il avait trouvé en moyenne, dans les houilles maigres à longue flamme, 18 % d'oxygène quand en réalité cette proportion ne dépasse guère 12 %. C'est M. Mahler qui a signalé cette cause d'erreur, il a montré que l'on pouvait arriver à tripler en 24 heures la teneur en oxygène de certaines houilles. Il suffit de les chauffer à 100°, après les avoir pulvérisées assez fin, en les étendant en couches minces pour faciliter l'accès de l'air dans la masse. Voici un exemple des résultats obtenus ainsi par M. Mahler :

Élément	Charbon frais	Charbon oxydé
Carbone	86,6	72,6
Hydrogène	4,2	3,4
Oxygène et azote	8,7	23,7
Total	99,5	99,7

Il semble bien que cette combustion lente de la houille se produise dans toutes les mines et s'oppose ainsi à l'accumulation indéfinie des poussières dans les galeries. Le fait cependant n'a pas encore été établi par des expériences précises. Les analyses de l'air sortant des mines accusent toujours une forte proportion d'acide carbonique : souvent près de 1 %. On attribue parfois cet acide carbonique à la respiration des hommes et des animaux, mais cette explication est inadmissible ; une proportion de 1 % d'acide carbonique dans une mine où la ventilation fait passer 50 m^3 d'air par seconde correspond à une combustion par 24 heures de 25.000 kg. de charbon, chiffre énorme, n'ayant aucun rapport avec celui que peut fournir la respiration.

L'oxydation de la houille diminue notablement quelques-unes de ses qualités. Par exemple le pouvoir éclairant du gaz d'éclairage diminue avec l'oxydation de la houille distillée ; on admet qu'après un séjour de 1 mois à l'air, le gaz obtenu par la distillation a un pouvoir éclairant de 2 % inférieur à ce qu'il était au début. Dans la fabrication du coke, le pouvoir agglomérant diminue très rapidement avec l'exposition à l'air ; il y a intérêt à employer des houilles aussi fraîchement extraites que possible. Cela semblerait indiquer que l'oxydation se porte de préférence sur la matière fusible à 350° qui existe dans toutes les houilles grasses et dont la nature est jusqu'ici inconnue.

Incendies. — De tous les inconvénients résultant de l'oxydation spontanée de la houille, le plus grave est certainement le développement des *incendies*, qui prennent spontanément naissance avec certaines variétés de charbon, quand elles sont conservées en tas pendant une durée un peu prolongée, quelques semaines par exemple. Ces incendies se produisent sur le carreau des mines, lorsque par suite de la diminution de la vente on est obligé de constituer des stocks, ou encore dans les soutes de navires. Les mêmes incendies se produisent dans les mines où ils sont bien plus dangereux encore : tantôt dans les remblais où l'on a abandonné du charbon, plus souvent dans le massif de la houile, lorsqu'il a été fissuré et écrasé par la pression du toit. Ces incendies sont toujours une source très grave de danger, soit par l'oxyde de carbone formé, soit par les gaz combustibles dégagés dans la mine où ils peuvent former des mélanges explosifs, soit comme source d'inflammation des mélanges de grisou et d'air pouvant préexister dans la mine.

Il y a deux procédés absolument contraires pour remédier à ces incendies. Dans le cas d'un tas de charbon à l'air libre on exagère l'aération en remuant le tas à la pelle, en le perçant de galeries, de façon à ce que le refroidissement par l'air froid l'emporte sur l'échauffement très lent dû à la combustion. Dans les mines, au contraire, cet aérage intensif est impossible à travers un massif simplement fissuré ; on établit alors des barrages autour de la partie échauffée de façon à empêcher tout accès d'air. Si cependant on s'est aperçu à temps du début de l'échauffement, il est préférable d'abattre rapidement le charbon déjà chaud avant qu'il soit arrivé à la température de combustion vive, en s'aidant au besoin d'un refroidissement intensif par arrosage à la lance.

Essais d'inflammabilité. — Il est très important de connaître quelle est l'aptitude à l'inflammation d'un charbon ; on peut faire cet essai de la façon suivante : dans un tube en porcelaine de 4 à

5 cm. de diamètre, on place, entre deux tampons d'amiante, une masse de charbon en petits grains de grosseur déterminée remplissant toute la section du tube ; on place au milieu de la masse un thermomètre et on chauffe le tout dans un fourneau à 150°. Une fois cette température atteinte, on fait alors arriver de l'air avec une vitesse déterminée. Suivant l'aptitude plus ou moins grande du charbon à l'inflammation, on observera des phénomènes différents. Dans le cas d'un charbon très peu oxydable, la température baissera rapidement pendant le passage du courant d'air froid et se fixera à une température d'autant plus basse que le charbon sera moins oxydable ; si le charbon est moyennement oxydable, la température s'élèvera plus ou moins au-dessus de 150° et se fixera à une nouvelle température stable. Enfin, si le charbon est très oxydable la température croîtra indéfiniment jusqu'à ce qu'on arrive à la combustion vive. Il faut, bien entendu, pour avoir des résultats comparables, s'astreindre à employer toujours la même grosseur de charbon et la même vitesse de courant d'air.

CALORIMÉTRIE

Quantités de chaleur. — Les combustibles sont presqu'exclusivement employés en raison de la chaleur dégagée par leur combustion ; cette chaleur est utilisée dans les chaudières à vapeur pour la vaporisation de l'eau, dans les fours à chaux pour la décomposition du carbonate de chaux et pour bien d'autres réactions qui absorbent la chaleur. Elle sert, d'autre part, à obtenir les températures élevées nécessaires pour l'accomplissement des nombreux phénomènes : fusion de l'acier, réduction de l'oxyde de fer, combinaison de la silice et de la chaux dans la fabrication des ciments. La chaleur de combustion est donc un facteur dominateur dans un grand nombre d'opérations industrielles ; il est important de savoir la mesurer avec précision.

Les unités employées pour la mesure des quantités de chaleur sont au nombre de trois, en se limitant aux pays où le système métrique est en usage.

L'une de ces unités, plus généralement employée dans l'industrie, est la *grande calorie* ou quantité de chaleur nécessaire pour élever la température de 1 kg. d'eau de 1° C., à partir de 15°. Nous emploierons exclusivement cette unité.

La *petite calorie*, rapportée à 1 g. au lieu d'un kilog., appartient au système des unités dit CGS, elle est exclusivement employée par les physiciens. La plupart des chaleurs spécifiques sont exprimées dans les tableaux numériques avec cette unité.

Enfin, le chimiste Ostwald, avait proposé de rapporter l'unité de chaleur à 100 g. d'eau ; l'usage de cette unité ne s'est pas répandu, elle a cependant été employée dans un certain nombre de publications chimiques allemandes.

Ces trois unités sont désignées par les symboles : C, c, W, initiales des mots : *calorie* et *warmeeinheit.*

Pendant longtemps, la mesure des chaleurs de combustion s'est faite en brûlant le corps étudié dans un courant d'oxygène, traversant une petite chambre de combustion en platine ou en verre, plongée dans un calorimètre rempli d'eau. Ces mesures étaient extrêmement incertaines, pour deux raisons différentes. L'opération était très longue, la combustion de un gramme de charbon demandant près d'un quart d'heure et par suite la correction du refroidissement très importante, mais surtout on se heurtait à la même difficulté que lorsqu'on veut brûler en grand du combustible sur une grille ; les matières volatiles se dégagent sous la première action de la chaleur, sans rencontrer une quantité d'oxygène suffisante pour leur combustion totale. On devait recueillir les gaz s'échappant de la chambre de combustion, les analyser et faire une correction toujours arbitraire et souvent très considérable. Dans ces mesures, on ne pouvait guère garantir les résultats à plus de 10 % près ; on peut aujourd'hui les garantir à 0,5 % près. Cette précision, 20 fois plus grande, a été obtenue par l'emploi de la bombe calorimétrique.

Bombe calorimétrique. — La bombe calorimétrique inventée par M. Vieille pour l'étude des explosifs, perfectionnée par M. Berthelot, puis par M. Mahler, consiste essentiellement en un réservoir étanche en acier pouvant supporter des pressions considérables, de plusieurs centaines d'atmosphères. La bombe de M. Mahler, de 650 cm^3 de capacité a exactement la forme et les dimensions d'un obus ; elle est émaillée intérieurement pour empêcher l'oxydation de l'acier. Un poids de 1 gr. de la matière combustible est placé au centre de l'appareil, dans une petite nacelle en platine ; un robinet pointeau permet d'y introduire de l'oxygène à la pression de 25 atm. Le robinet pointeau étant fermé, la bombe est immergée dans un calorimètre rempli d'eau ; une fois la température devenue stationnaire, on allume le charbon au moyen d'un petit fil de fer très fin, plongé dans la matière et chauffé brusquement par un courant électrique. En raison de la pression de l'oxygène la combustion est à peu près instantanée ; les échanges de chaleur de la masse gazeuse avec l'eau du calorimètre par l'intermédaire des parois métalliques de l'obus sont achevés au bout de trois minutes. L'élévation brute de température, mesurée dans le calorimètre demande trois corrections très faibles, dont le total n'atteint généralement pas 2 %. Il faut défalquer la chaleur correspondant à la combustion du petit fil de fer et la chaleur de formation d'une certaine quantité d'acide nitrique que l'on retrouve après l'expérience dans la bombe et dont on fait le dosage. Enfin, il faut ajouter la correction ordinaire du refroidissement, peu importante dans ce cas en raison de la rapidité de l'opération.

La grande supériorité de cette méthode calorimétrique sur l'ancienne méthode à pression constante résulte de l'instantanéité de la combustion ; toute la masse gazeuse s'échauffe, à l'intérieur de la bombe, à une température suffisante pour qu'aucune matière volatile ne puisse échapper à la combustion. La correction très incertaine nécessitée par le dégagement d'une partie de ces matières volatiles est totalement supprimée.

On donnera ici, à titre d'exemple, le détail de la mesure calorimétrique d'une houille. Ces nombres sont empruntés aux recherches de M. Mahler.

Le charbon essayé présentait la composition suivante :

Carbone fixe (sans les cendres)	86,30
Matières volatiles (sans l'eau hygrométrique)	10,15
Eau hygrométrique	1,85
Cendres	1,70

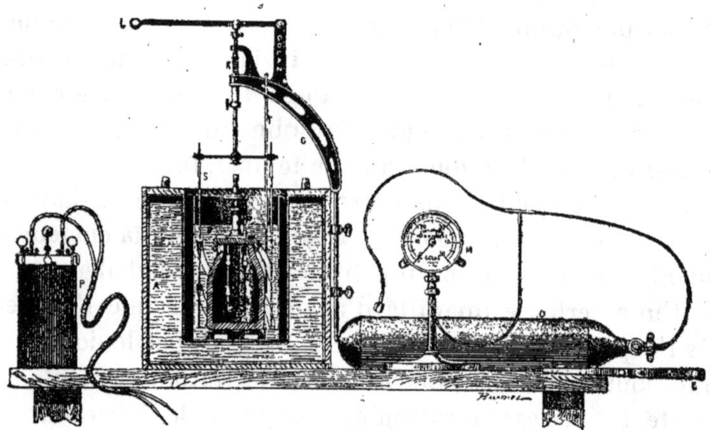

Légende : A Enveloppe isolatrice ; — B Obus en acier émaillé ; — C Capsule en platine ; — D Calorimètre ; — E Electrode ; — F Fil de fer servant d'amorce ; — G Support de l'agitateur ; — K Mécanisme de l'agitateur ; — L Levier de l'agitateur ; — M Manomètre ; — O Tube d'oxygène ; — P Générateur d'électricité ; — S Agitateur ; — T Thermomètre ; — Pièce servant d'étau.

Appareil de M. Pierre Mahler, pour la détermination du pouvoir calorifique des combustibles.

Un poids de 1 g. de ce charbon a été brûlé avec de l'oxygène sous une pression de 25 atm., dans une bombe calorimétrique, valant, avec l'eau du calorimètre, 2.681 g. d'eau. Les températures observées avant le commencement de l'expérience, pendant la combustion et la période des échanges de chaleur, puis pendant la période consécutive de refroidissement furent les suivantes :

Période préliminaire		Combustion		Période consécutive	
minutes	degrés	minutes	degrés	minutes	degrés
0	15,20	3.5	16,60	7	18,32
1	15,20	4	17,92	8	18,30
2	15,20	5	18,32	9	»
3	15,20	6	18,34	10	»
				11	18,26

On déduit de ces nombres :

Différence brute de température	3°14
Correction de refroidissement	0°04
Différence corrigée	3°18

Il vient alors, pour la chaleur dégagée :

			3°18.2681 = 8,5256 Cal.
à déduire, combustion du fil de fer	0,025 gr.	1,6	= 0,040
à déduire, formation d'acide nitrique	0,15 gr.	0,23	= 0,0345
Pouvoir calorifique			8,4511 Cal.
Soit pour 1 kg.			8.451 Cal.

Résultats numériques. — Le tableau suivant donne les résultats obtenus par cette méthode avec un certain nombre de corps combustibles gazeux, liquides ou solides. Les quantités de chaleur sont exprimées en grandes Calories, elles sont rapportées au poids moléculaire exprimé par les formules placées à côté du nom des corps

Il ne faut pas oublier que ces chaleurs se rapportent à la combustion dans la bombe, c'est-à-dire à *volume constant*, l'eau formée étant revenue finalement à *l'état liquide*. Nous verrons plus tard que les chaleurs de combustion sont notablement différentes quand l'eau conserve l'état gazeux ou que l'on opère à pression constante. On appelle pouvoir calorifique *supérieur* celui qui correspond à la condensation de l'eau à l'état liquide, et pouvoir *inférieur*, celui qui correspond à l'eau vapeur.

Noms des corps	Formules	Poids	Chaleur de combustion
Hydrogène	H^2	2 gr.	68,2 Cal.
Oxyde de carbone . .	$C\,O$	28	67,9
Formène	$C\,H^4$	16	212,5
Ethylène	$C^2\,H^4$	28	341
Acétylène	$C^2\,H^2$	26	315
Benzène (liq.)	$C^6\,H^6$ (liq.)	78	773
Alcool (liq.)	$C^2\,H^6\,O$ (liq.)	46	324
Cellulose	$C^6\,H^{10}\,O^5$ (sol.)	162	680

Le tableau de la page suivante donne des résultats relatifs à la chaleur de combustion de corps qui ne sont pas des combinaisons définies ; ces quantités de chaleur sont rapportées à 1 kg. de matière. La composition centésimale en poids est donnée pour chaque corps dans les colonnes qui précèdent celle du pouvoir calorifique Ce sont des échantillons triés de façon à les débarrasser autant que possible de matières minérales, qui constituent les cendres.

Chaleur de réactions diverses. — La précision et la simplicité que comporte la détermination des chaleurs de combustion dans la bombe a permis d'utiliser indirectement cette méthode pour mesurer les quantités de chaleur dégagées dans certaines réactions qui se produisent seulement à une température élevée.

En faisant brûler dans la bombe un poids donné de charbon et ensuite le même poids du même charbon en présence de corps susceptibles de réagir entre eux à des températures élevées, on aura, en faisant la différence des deux quantités de chaleur mesurées, la chaleur de réaction des corps ajoutés au charbon. On peut ainsi déterminer la chaleur de combinaison de la silice et de la chaux, ou encore la chaleur de transformation du protoxyde de fer en oxyde magnétique, celle de décomposition du sesquioxyde, toujours en oxyde magnétique, et indirectement, celle de formation de ces oxydes, étant donné que l'on peut mesurer directement la chaleur de formation de l'oxyde magnétique, pour la combustion du fer dans l'oxygène.

Désignation des combustibles	Analyse élémentaire						Matières volatiles (abstraction faite de l'eau et des cendres)	Pouvoir calorifique observé directement
	Carbone	Hydrogène	Oxygène	Azote	Eau hygroscopique	Cendres		
Houille flambante du puits Sainte-Marie (Blanzy)	79,37	4,96	8,72	1.13	3,90	1,90	31.95	Cal. 7.865
Houille à gaz de Commentry	80,18	5.24	7,19	0,98	3,00	3.40	39,96	7,870
Houille à gaz de Lens	83,72	5,21	6,00	1,00	1.05	3,00	30,80	8,395
Houille grasse du Treuil (Saint-Etienne	84,54	4.77	4.59	0,84	1,25	4,00	20,80	8,391
Houille demi-grasse du puits Saint-Marc (Anzin)	88,47	4.13	3.15	1.18	1,35	1,70	14,08	8.392
Houille anthraciteuse de Kébao (Tonkin)	85,74	2,73	2,67	0,60	2,80	5,45	5,20	7,828
Anthracite de Pennsylvanie	86,45	1.99	1,44	0.75	3,45	5,90	3,00	7,484
Tourbe de Bohême	53,18	5,54	34,23	»	6,12	0,92	70	5,489

Voici, comme exemple de cette méthode, les résultats de mesures relatives à la chaleur de combinaison de la silice et de la chaux.

1 g. de charbon de bois purifié et 0,16 g. de papier filtre, servant à faire une enveloppe cylindrique pour contenir le charbon, ont donné en brûlant dans la bombe, une élévation de température de 3,01°.

La seconde expérience fut faite en ajoutant au même poids de charbon et de papier :

Silice	1,5 g.
Carbonate de chaux	2,5 g.

L'élévation de température observée fut de 2,81°, soit une différence de température en moins de 0,20° qui, en tenant compte de la valeur en eau du calorimètre, conduit, pour la chaleur de substitution de la silice à l'acide carbonique, rapportée à une molécule de ces corps, à une absorption de $-26,8$ Cal.

$$Si\,O^2 + Ca\,O\,CO^2 = Si\,O^2\,Ca\,O + CO^2 \qquad -26,8 \text{ Cal.}$$

Si l'on admet pour la chaleur de formation du carbonate de chaux 43,4 Cal., on a finalement pour la chaleur de combinaison de 1 molécule de silice avec 1 de chaux, 16,6 Cal.

$$Si\,O^2 + Ca\,O = Si\,O^2, CaO \qquad 43,4 - 26,8 = 16,6 \text{ Cal.}$$

Principe de conservation de l'énergie. — Les chaleurs mesurées directement avec la bombe calorimétrique se rapportent à des conditions qui ne sont pas celles de l'usage habituel des combustibles. On les brûle généralement sous pression constante et l'eau reste à l'état de vapeur dans les fumées ; or les chaleurs de réaction varient avec toutes les conditions des expériences. On ne peut pas en général faire les mesures dans des conditions exactement semblables à celles dont on aurait besoin, mais il est possible de calculer ce que doivent être ces quantités de chaleur, en partant des résultats relatifs aux conditions de la bombe calorimétrique et les transformant à l'aide d'une loi très générale et absolument rigoureuse connue sous le nom de *principe de conservation de l'énergie.* On énonce souvent ce principe d'une façon très sommaire, en sous-entendant un certain nombre de conditions essentielles. Il est préférable, pour éviter les erreurs, d'employer cet énoncé sous sa forme rigoureuse :

Supposons un ensemble de corps partant d'un état initial A *pour arriver à un état final* B, *dans des conditions telles que les seuls phénomènes extérieurs au système et corrélatifs de ses changements intérieurs soient :*

1° *Des échanges de chaleur par conduction avec un calorimètre ;*

2° *Des accumulations ou dépenses de travail, sous une forme simple immédiatement mesurable, comme le changement de volume d'une masse gazeuse à pression constante ;*

3° *Des accumulations ou dépenses d'électricité, gagnées ou perdues par un condensateur.*

Dans ces conditions, la somme des quantités de chaleur, de travail mécanique et d'énergie électrique, mises en jeu à l'extérieur du système, multipliées chacune par un coefficient numérique convenable fixé d'après les unités de mesure employées, ne dépend que de l'état initial A *et de l'état final* B, *c'est-à-dire qu'elle est indépendante de tous les phénomènes intérieurs au système, chimiques ou non, qui ont pu se produire pendant le passage de l'état* A *à l'état* B.

Donnons, maintenant, la valeur des coefficients numériques à appliquer à chacune des formes de l'énergie. Nous supposerons que les unités employées sont : pour la chaleur, la *grande Calorie*, pour le travail, le *kilogrammètre* et pour l'électricité, le *joule*. On peut, bien entendu, prendre arbitrairement égal à l'unité, le coefficient relatif à l'une quelconque des énergies, on dit alors que l'énergie totale est exprimée au moyen de l'unité relative à cette forme de l'énergie.

Soit Q la quantité de chaleur, pV le travail correspondant au changement de volume V d'une masse gazeuse prise sous pression constante *p*, et *e*I, l'énergie électrique, nous aurons, pour la somme des énergies entre deux mêmes états initial et final, l'une des trois expressions suivantes équivalentes.

Calories	$Q + 2{,}35 \cdot 10^{-3} pV + 0{,}241 \cdot 10^{-3}\, eI = \text{constante}$	(1)
Kg. mètres . . .	$425\, Q + pV + 0{,}102\, eI = \text{contsante}$	(2)
Joules	$4166\, Q + 9{,}81\, pV + eI = \text{constante}$	(3)

Chaleur de combustion à pression constante. — Le principe de conservation de l'énergie permet de calculer la chaleur de combustion à pression constante en partant de la chaleur de combustion à volume constant, mesurée directement dans la bombe ; soit, par exemple, la chaleur de combustion de l'oxyde de carbone

$$CO + 0{,}5\, O^2 + 2\, Az^2 = CO^2 + 2\, 2\, Az^2.$$

Nous prendrons comme état initial A, le mélange d'oxyde de carbone et d'air, sous une certaine pression *p*, et sous le volume V_0, et comme état final B, les produits de la combustion, acide carbonique et azote sous le même volume V_0, mais à une pression moindre puisqu'il y a eu contraction. La chaleur de combustion directe à volume constant nous est donné directement par la mesure faite dans la bombe, appelons-la Q. Nous pouvons également passer du même état initial au même état final en effectuant d'abord la combustion à pression constante, par suite avec diminution de volume. Nous enfermons alors le mélange gazeux dans une enceinte inextensible, puis au-dessus de cette enveloppe nous créons, en déplaçant un piston, un volume vide précisément égal à la différence entre le volume initial et le volume actuel de la masse gazeuse. Il faut pour cela dépenser à l'extérieur une quantité de travail mécanique ayant pour grandeur $- p\,(V_0 - V_1)$. Enfin, crevons à ce moment l'enveloppe imperméable, de façon à laisser le gaz remplir l'espace vide, nous serons alors revenus à l'état final B. Pendant cette détente, il peut y avoir production ou disparition d'une certaine quantité de chaleur, appelons la ε.

L'application du principe de conservation d'énergie à ces deux cycles, réalisée entre deux états extrêmes identiques, nous donne la relation

$$L - 2,35 \cdot 10^{-3}\, p(V_0 - V_1) + \varepsilon = Q \qquad (4)$$

Les expériences de Joule montrent que la chaleur de détente du gaz dans le vide ε est tellement faible qu'elle est à peine mesurable ; elle est tout à fait négligeable, vis-à-vis des grandeurs en jeu dans le cas actuel. La pression p, en admettant qu'il s'agisse de la pression atmosphérique, est de 10.333 kg. par mètre carré. Le changement de volume V est égal à une demi molécule, soit 0.5. 0,0223 m³. Le terme relatif à la pression dans l'équation ci-dessus a donc pour valeur

$$0,5 \cdot 2,35 \cdot 10^{-3} \cdot 10.333 \cdot 0,0223 = 0,5 \cdot 0,54 \text{ Cal.} = 0,27 \text{ Cal.}$$

enfin, l'expérience faite à la bombe calorimétrique donne pour Q la valeur 67,93 Cal., il vient donc :

$$L = Q + 0,28 = 68,20. \qquad (5)$$

Dans toutes les réactions semblables, on a, d'une façon générale :

$$L = Q - n \cdot 0,54 \qquad (6)$$

dans laquelle n représente le nombre de volumes moléculaires dont le mélange gazeux a augmenté par le fait de la réaction chimique. Si au lieu d'une augmentation de volume, il y avait une diminution du volume, il faudrait faire précéder n du signe +.

Voici quelques exemples des résultats de ce calcul pour les principaux gaz combustibles usuels :

Corps	Contraction	Volume constant	Pression constante
H^2	1,5	68,15	68,96
CO	0,5	67,93	68,20
0.5 $(CO+H^2)$	1	68,00	68,54
CH^4	2	212,40	213,48
C^2H^2	1,5	308,25	309,06

Toutes ces chaleurs de combustion se rapportent au cas où l'eau est condensée à l'état liquide.

Principes de l'état initial et final. — On peut, pour la majeure partie des applications de la thermo-chimie, simplifier le principe de conservation de l'énergie en n'envisageant que les quantités de chaleur et supprimer le terme relatif au travail mécanique. On suppose, bien entendu, qu'il n'y a pas de phénomène électrique en jeu, ce qui est la règle générale pour les phénomènes de combustion employés dans l'industrie. Dans la plupart des mesures thermo-chimiques, et dans la plupart des combustions industrielles, la totalité des réactions chimiques se passe soit à volume constant (combustion dans la bombe ou dans les moteurs à gaz, en la supposant achevée avant le commencement de la détente) soit à pression constante (appareils de chauffage ordinaires). Si toutes les réactions se font à volume constant, il n'y a pas de travail extérieur et par suite, le terme relatif au travail extérieur disparait de lui-même. Dans les réactions à pression constante, le travail est égal au produit de la pression par le changement de volume. On compare des transformations produites entre deux états extrêmes identiques, ayant par suite chaque fois le même volume : le travail est donc identique, dans tous les cycles de réaction suivis. Or, lorsque l'on retranche des deux membres d'une égalité deux termes identiques, on n'altère pas l'égalité ; ont peut donc retrancher des deux membres de l'égalité donnée par l'application du principe de conservation de l'énergie les termes relatifs au travail, qui sont identiques, et il reste une égalité entre les quantités de chaleur.

Le principe de l'état initial et final s'énonce donc ainsi : *Lorsqu'on effectue, soit à pression, soit à volume constant des séries successives de réactions chimiques, en partant d'un même état initial* A *pour arriver à un même état final* B, *la somme des quantités de chaleur cédées à l'extérieur ne dépend que de l'état initial et de l'état final.*

Eau vapeur. — Appliquons ce principe au calcul des quantités de chaleur dans le cas où l'on suppose que l'eau reste à l'état de vapeur, circonstance réalisée à la température ordinaire sous des pressions assez faibles, ou sous la pression atmosphérique, aux températures voisines de 100°. Nous prendrons comme exemple, pour ce calcul, le gaz à l'eau théorique, mélange d'hydrogène et d'oxyde de carbone à volumes égaux, 0,5 (H^2 + CO).

Soit L, la chaleur de combustion avec l'eau vapeur et Q, la même chaleur avec l'eau liquide, nous suivrons les deux cycles suivants :

Premier cycle. — Combustion avec eau liquide :

Deuxième cycle. — Combustion avec eau vapeur, puis condensation de la vapeur d'eau. Une molécule de vapeur d'eau dégage 10,8 Cal. en se condensant à l'état liquide. Nous aurons donc

$$L + 0,5 \cdot 10,8 = Q. \qquad (7)$$

S'il s'agit de combustions à pression constante, les calculs précédemment faits ont donné pour la valeur de Q 68,54, nous aurons donc :

$$L = 68,54 - 5,4 = 63,14. \qquad (8)$$

D'une façon générale, les chaleurs de combustion des composés hydrogénés varient suivant que l'eau reste à l'état liquide ou à l'état gazeux, d'autant de fois 10,8 Calories qu'il y a de molécules d'eau produites.

Chaleur de formation des corps combustibles. — Le même principe de l'état initial et final est employé pour calculer la chaleur de *formation* de l'oxyde de carbone, des carbures d'hydrogène et en général de tous les corps combustibles composés dont on ne peut pas réaliser la production directe dans le calorimètre. On compare les deux cycles suivants :

Premier cycle. — Le carbone, l'hydrogène et l'oxygène pris dans les proportions voulues pour former le composé en question sont brûlés directement pour acide carbonique et eau. On pourrait mesurer cette chaleur de combustion, mais comme on connaît déjà celle du carbone et de l'hydrogène pris isolément, il suffit de faire le calcul d'après les proportions des deux corps dans le mélange.

Deuxième cycle. — On part du même mélange initial, mais on suppose la transformation faite en deux temps : d'abord, formation du corps étudié avec le dégagement de la chaleur x que l'on cherche à connaître, puis combustion de ce corps avec le dégagement d'une quantité de chaleur que l'on mesure. On écrit alors que les quantités de chaleur dégagées dans les deux cycles sont identiques.

Nous allons appliquer cette méthode successivement à la chaleur de formation de l'oxyde de carbone et du méthane.

Pour l'oxyde de carbone, nous aurons :

Premier cycle . .	$C+O^2=CO^2$		+97,3 Cal.
Deuxième cycle . .	$C+O^2=CO+O=CO^2$	x	+68,2

d'où l'on tire :

$$x=97,3-68,2=29,1.$$

Pour le méthane, nous aurons :

Premier cycle

$C+H^4+2\ O^2=CO^2+2\ H^2\ O$ +235,2 Cal.

Deuxième cycle

$C+H^4+2\ O^2=CH^4+2\ O^2=CO^2+2\ H^2\ O$ +213.48 Cal.

d'où l'on tire :

$$x=235,20-213.48=\quad +21,7. \tag{9}$$

Les chaleurs de combinaison sont données habituellement en thermo-chimie à partir du carbone diamant, variété la mieux définie du carbone, mais pour les usages industriels, le carbone ordinaire, dit carbone amorphe est le seul intéressant. Il faut majorer de 3 Cal. les chaleurs de combinaison données dans les tableaux. Cela a été fait dans les calculs ci-dessus.

Chaleur de combustion aux températures élevées. — On a besoin, pour un certain nombre de calculs relatifs aux équilibres chimiques de connaître les chaleurs de combustion, ou plus généralement les chaleurs de réaction, à des températures différentes de la température ambiante, températures auxquelles il est impossible de faire des mesures. On appelle chaleur de réaction à une température t la quantité de chaleur que recevrait un calorimètre à cette température, par le fait de la réaction de corps pris à cette même température, et dont le produit final de la réaction serait aussi ramené à la même température.

Pour ce calcul, on part, comme état initial, des corps destinés à réagir pris à la température ambiante et on prend comme état final, le produit de la réaction à la température à laquelle on veut connaître la chaleur de réaction ; on suit les deux cycles suivants :

Premier cycle. — Combinaison à la température ambiante avec dégagement de la quantité de chaleur L_0, puis échauffement des produits de la réaction jusqu'à la température t, avec une absorption de chaleur — $\int_{t_0}^{t} C dt$ expression dans laquelle C est la chaleur spécifique de la matière à la température t.

Deuxième cycle. — Echauffement des corps en présence, à la température t avec absorption de la quantité de chaleur — $\int_{t_0}^{t} c dt$ expression dans laquelle c est la chaleur spécifique vraie des corps en réaction, puis combinaison des corps à cette température t en dégageant la quantité de chaleur inconnue L_t.

On a l'égalité :

$$L_0 - \int_{t_0}^{t} C dt = L_t - \int_{t_0}^{t} c dt \qquad (10)$$

d'où l'on tire :

$$L_t = L_0 + \int_{t_0}^{t} (c - C) dt. \qquad (11)$$

Il suffit donc de connaître les chaleurs d'échauffement des différents corps en présence de la température t_0 à la température t pour pouvoir calculer la chaleur de réaction à la température t. On remarquera en passant que la différence des chaleurs spécifiques des corps de l'état final et de ceux de l'état initial est précisément égal au coefficient différentiel de la chaleur de réaction en fonction de la température.

$$\frac{dL}{dt} = c - C.$$

Nous donnerons dans un chapitre ultérieur les méthodes par lesquelles on a pu déterminer les chaleurs d'échauffement des gaz aux températures élevées et les valeurs ainsi obtenues. On s'est servi de ces données pour calculer les résultats du tableau suivant :

Réaction t	Combus H^2	C O	$CO + H^2O = CO^2 + H^2$
0	58,2	68,1	9,9
200	58,5	68,3	9,8
400	58,9	68,2	9,5
600	58,5	67,8	9,3
800	58,3	67,3	9,0
1.000	58,1	66,4	8,3
1.200	57,5	65,4	7,9
1.400	56,9	64,1	7,2
1.600	55,5	62,1	6,6
1.800	54,6	60,4	6,0
2.000	53,2	58,4	5,2
2.200	51,4	55,7	4,3
2.400	49,9	53,1	3,2
2.600	48,2	50,1	1,9
2.800	46,1	47,1	1
3.000	43,9	43.6	−0,3
3.200	42,8	41,1	−1,7
3.400	40	35,1	−4,9
3.600	38,2	31,8	−7,1
3.800	36,6	27	−9,4

ÉQUILIBRES CHIMIQUES

Réactions limitées. — Il arrive fréquemment que les réactions dans les phénomènes de combustion restent incomplètes, le plus souvent, par suite d'un défaut d'oxygène pour brûler la totalité du carbone et de l'hydrogène, parfois aussi, mais plus rarement, par suite d'une élévation trop forte de la température, suffisante pour provoquer la dissociation de l'acide carbonique et de la vapeur d'eau ; ces derniers phénomènes sont rares dans les opérations industrielles courantes, parce que la dissociation de ces deux corps ne prend une importance notable qu'au voisinage de 2.000°, température atteinte seulement dans le four électrique, dans les chalumeaux alimentés à l'oxygène et peut-être dans la région la plus chaude du haut-fourneau.

Au contraire, les réactions avec défaut d'oxygène se rencontrent fréquemment. Prenons comme exemple, la combustion de l'acétylène, avec des quantités décroissantes d'oxygène :

1° $C^2H^2 + 2{,}5\,O^2 = 2\,CO^2 + H^2O$

2° $C^2H^2 + 2\,O^2 = 2\,CO^2 + H^2$

$= CO^2 + CO + H^2O$

3° $C^2H^2 + O^2 = 2\,CO + H^2$

$= CO^2 + C + H^2$

$= CO + C + H^2O.$

Dans le cas d'un excès d' oxygène, on a la réaction complète pour eau et acide carbonique, sans aucune ambiguité possible, à condition que la température ne soit pas assez élevée pour provoquer la dissociation de ces deux corps. Si l'on prenait exactement la proportion d'oxygène pur indiquée par la formule de réaction, on atteindrait théoriquement une température de 4.000°, à laquelle l'acide carbonique et l'eau ne sont plus stables ; mais en présence d'un grand excès d'air, la température s'abaisse suffisamment pour éviter cette dissociation.

Dans le cas de la proportion d'oxygène correspondant aux réactions 2°, il y a deux réactions différentes possibles, elles tendent à se produire simultanément avec une certaine répartition des quatre corps CO^2, CO, H^2 et H^2O, répartition qui est d'ailleurs variable avec la température.

La réaction $CO + H^2O = CO^2 + H^2$, donne lieu à ce que l'on appelle un équilibre chimique. On dit qu'un système est en *équilibre*, quand il ne tend pas à se transformer de lui même, mais peut le faire dans un sens ou dans l'autre avec une dépense infiniment petite de travail. Toute transformation semblable d'un système en équilibre est dite *Réversible*. Ces deux définitions sont les mêmes qu'il s'agisse de transformations mécaniques, physiques ou chimiques.

Suivant la proportion plus ou moins grande de l'un ou l'autre des états opposés, la chaleur dégagée ne sera pas la même : la réaction ci-dessus correspond en effet à un dégagement de 10 Cal. C'est là un fait important, dont l'intervention se manifeste dans un grand nombre d'opérations industrielles, en particulier, dans la fabrication du gaz pauvre de gazogène.

Les réactions 3° devraient donner lieu à des phénomènes d'équilibre plus complexes encore, puisqu'un nouvel élément peut entrer en ligne de compte, le carbone libre. En fait, dans le cas de l'acétylène, on n'obtient guère avec la proportion d'oxygène indiquée que la première réaction : formation d'oxyde de carbone et d'hydrogène sans dépôt de carbone.

Mais avec des proportions moindres d'oxygène, ce dépôt devient abondant et on obtient des phénomènes d'équilibre variables avec la pression et la température. Ces dépôts de carbone jouent un rôle important dans la détonation d'un grand nombre des explosifs employés aujourd'hui aux usages militaires. La composition finale des produits de la réaction varie avec la densité de chargement dont dépend la pression développée au moment de l'explosion.

Tous ces phénomènes d'équilibre sont soumis à un certain nombre de lois dont l'étude fait l'objet essentiel de la mécanique chimique. Nous rappellerons rapidement l'énoncé de ces lois, sans en donner la démonstration et nous en ferons l'application à quelques-uns des cas les plus intéressants qui peuvent se présenter dans l'emploi des combustibles.

Loi des phases. — Cette loi, découverte par le célèbre mathématicien américain J. Willard Gibbs, établit une relation entre les diverses grandeurs, qui caractérisent l'état d'équilibre chimique. Cette loi, en permettant de classer les phénomènes d'équilibre d'après leurs analogies les plus profondes, a considérablement facilité l'étude des équilibres complexes, dans lesquels la présence d'un grand nombre de corps différents rendait les recherches expérimentales très pénibles. Les grandeurs rattachées par cette loi sont :

V. — La *variance*, c'est-à-dire le nombre des conditions que l'on peut changer arbitrairement sans faire cesser l'état d'équilibre.

r. — Le nombre des *phases*, c'est-à-dire des masses homogènes existant en présence dans le système considéré. (Cristaux, solutions, vapeurs, états allotropiques.)

m. — Le nombre des *constituants*, c'est-à-dire des corps chimiquement différents intervenant dans la réaction considérée.

q. — Le nombre des *réactions* chimiques pouvant se produire entre les constituants choisis.

p. — Le nombre des *tensions d'énergie* (Pression, température, force électromotrice) agissant sur le sytème envisagé.

n. — Le nombre des *conditions arbitraires* que l'on peut se donner *a priori*, entre quelques-unes des grandeurs précédemment considérées. Par exemple, la constance du rapport entre la masse de certains des constituants du système. Ainsi dans un mélange d'hydrogène, d'oxygène et de vapeur d'eau en équilibre, on peut se donner la condition que le rapport de l'hydrogène libre à l'oxygène libre soit le même que dans l'eau, ou encore que le rapport de l'hydrogène libre à l'hydrogène combiné dans l'eau reste invariable, etc.

La loi des phases s'exprime par la relation :

$$V = m - q - n + p - r$$

L'évaluation du nombre des constituants — m — est dans une certaine mesure arbitraire. Par exemple dans un mélange d'hydrogène, oxygène et vapeur d'eau à l'état d'équilibre on peut admettre à volonté deux constituants : l'hydrogène et l'oxygène ; ou trois constituants : l'hydrogène, l'oxygène et la vapeur d'eau. Mais dans le premier cas, il n'y a pas de réaction équilibrée possible entre les deux gaz seuls, et alors $q = 0$. Dans la seconde hypothèse, il y a à envisager une réaction réversible, celle de formation de l'eau. Alors $q = 1$. De telle sorte que la différence $m - q$, qui seule figure dans la relation ci-dessus, est entièrement déterminée et toujours égale à 2.

Voici quelques exemples d'applications de cette loi. Soit d'abord un seul constituant, $m = 1$; de l'eau par exemple.

Nous pouvons avoir *trois* phases : glace, liquide et vapeur, qui sont en équilibre au point de congélation, $r = 3$.

Dans ces conditions $p = 2$ (pression et température) q et $n = 0$. Il vient alors :

$$V = 1 + 2 - 3 = 0.$$

Le système est dit *invariant*. On ne peut changer ni la température ni la pression sans détruire l'état d'équilibre. Les trois phases ne peuvent exister en équilibre dans aucune condition autre que celle du point de congélation.

Supposons maintenant *deux* phases : liquide et vapeur $r=2$. Nous trouvons alors $V=1$. C'est-à-dire que nous pouvons faire varier la grandeur de l'un des facteurs de l'équilibre, par exemple la température, que nous donnerons arbitrairement et il y aura à cette température une pression pour laquelle les deux phases en présence seront encore en équilibre. C'est ce que l'on appelle un système univariant ou à tension fixe. A une température donnée, l'équilibre ne peut subsister que sous une pression toujours la même.

Pour montrer les services rendus par cette loi, prenons maintenant une réaction plus complexe, où interviennent trois constituants, la dissociation du bicarbonate de sodium, $2CO^2$, Na^2O, H^2O. De nombreux chimistes avaient étudié expérimentalement cette réaction et cherché à mesurer des tensions fixes, comme dans la dissociation du carbonate de chaux et ils n'étaient jamais arrivés qu'à des résultats discordants.

La dissociation du carbonate de chaux avec ses deux constituants CaO et CO^2, ses trois phases : CaO, CO^2 et CO^3Ca est bien univariante.

$$V=2+2-3=1.$$

Au contraire, celle du bicarbonate ne peut être monovariante qu'avec 4 phases en présence

$$V=3+2-4=1.$$

La réaction a pour formule :

$$2\ CO^2Na^2OH^2O=CO^2+CO^3Na^2\ H^2O.$$

Si l'on ne prend pas de précautions spéciales, on n'a que les trois phases CO^2, CO^3Na^2, H^2O et $2CO^2$, Na^2O H^2O. Pour avoir une tension fixe à une température donnée, il faut ajouter une quatrième phase. Il suffit d'ajouter un peu d'eau qui donne une solution saturée des sels, mais en ayant soin de mettre en même temps un excès du carbonate neutre pour que cette phase ne disparaisse pas à l'état de dissolution. On a alors des tensions rigoureusement fixes. Le fait n'a été reconnu expérimentalement qu'après la découverte de la loi des phases. Les anomalies qui avaient arrêté Debray, Berthelot et d'autres chercheurs disparaissent.

Loi de stabilité de l'équilibre. — La première des lois de l'équilibre, relative aux conditions de stabilité est purement qualitative ; elle est cependant intéressante par le grand nombre de ses applications et la simplicité de son énoncé. On distingue deux sortes d'équilibre, l'équilibre *stable* ; est, celui d'un système de corps qui revient spontanément à sa position première, quand on l'a déplacé par une action convenable et que l'on cesse cette action. Un corps pesant suspendu à un fil reprend sa position verticale, quand, après l'avoir déplacé à la main, on l'abandonne à lui-même. L'équilibre *instable* est celui d'un système de corps qui, une fois déplacé de sa position d'équilibre, tend ensuite spontanément à s'en écarter indéfiniment : par exemple, un œuf debout sur sa pointe. Les phénomènes d'équilibre instable sont à peu près irréalisables ; nous n'en connaîtrions aucun si les frottements n'aidaient pas à maintenir les corps dans cette situation anormale. On ne peut pas faire tenir un œuf sur sa pointe en le posant sur une glace bien polie, mais on pourra le faire tenir en le posant sur un morceau de drap ou mieux dans du sable. En mécanique, nous ne connaissons que peu d'équilibres instables. En chimie, nous n'en connaissons aucun. Par conséquent, les conditions de stabilité s'appliquent en fait à l'universalité des phénomènes d'équilibre chimiques. L'énoncé de la loi est le suivant :

Tout système en équilibre chimique éprouve, du fait de la variation d'un seul des facteurs de cet équilibre (pression, température, force électromotrice, concentration des corps en réaction) une transformation dans un sens telle que, si elle se produisait seule, elle amènerait une variation de signe contraire du facteur considéré.

C'est-à-dire que toute élévation de température d'un système en équilibre chimique provoque le déplacement de l'équilibre, dans le sens de la réaction qui correspond à une absorption de chaleur ; et inversement pour un abaissement de température.

Toute élévation de pression produit le déplacement de l'équilibre dans le sens de la réaction qui correspond à une diminution de volume.

Toute augmentation de la concentration de l'un des corps intervenant dans l'équilibre, provoque un déplacement dans le sens de la réaction qui tend à faire disparaître une certaine quantité de ce corps et réciproquement.

Appliquons cette loi à quelques-unes des réactions incomplètes que nous avons mentionnées précédemment. Soit d'abord la dissociation de l'acide carbonique

$$CO^2 = CO + O \qquad -68,2 \text{ Cal.}$$

Cette réaction, donnant lieu à une absorption de chaleur, croîtra avec la température. La proportion dissociée inférieure à 1 % vers 1.500°, atteint 30 % vers 3.000°.

Cette réaction est accompagnée d'une augmentation de volume, par conséquent la pression tendra à diminuer la dissociation de ce corps. Dans la détonation des explosifs, comme la nitro-glycérine, qui donne, en vase clos, une température de 3.000° environ et une pression supérieure à 10.000 atm., la dissociation ne doit pas atteindre 1 %, bien qu'à la même température sous la pression atmosphérique, elle atteigne 30 %.

La formation de l'acétylène donne lieu à des phénomènes du même ordre, qui semblaient autrefois tout à fait paradoxaux, quand on ne connaissait pas encore les conditions de stabilité de l'équilibre chimique

$$C^2H^2 = C^2 + H^2 \qquad +51,5 \text{ Cal.}$$

D'après la loi, plus la température est élevée, plus la quantité d'acétylène existant en équilibre stable avec l'hydrogène sera considérable. La stabilité de ce corps croît avec la température ; Berthelot l'a en effet préparé à la température de l'arc électrique, c'est-à-dire entre 3.000 et 4.000°. Par refroidissement lent, sa décomposition deviendrait complète et on ne retrouverait plus d'acétylène à la température ordinaire. Il faut, pour le conserver, un refroidissement assez rapide. L'acétylène à la température ordinaire est tout à fait instable, c'est un véritable corps explosif, même en l'absence de l'oxygène et il a du reste occasionné de nombreux accidents.

Cette réaction, au contraire, n'est pas influencée par la pression, puisqu'elle s'accomplit sans changement de volume.

La réaction

$$CO^2 + H^2 = CO + H^2O \qquad -10 \text{ Cal.}$$

est indépendante de la pression, puisqu'il n'y a pas de changement de volume ; elle se déplace par l'élévation de la température, vers la formation de quantités croissantes d'oxyde de carbone et de vapeur d'eau. La composition des gaz de gazogène, qui renferment ces quatre corps, variera donc avec la température, dans le sens indiqué ; plus la température sera élevée, plus le rapport de l'oxyde carbone à l'acide carbonique sera considérable.

Un des phénomènes sur lesquels cette loi de stabilité de l'équilibre chimique a jeté le plus de lumière, est celui de la dissociation de l'oxyde de carbone, ou de la réaction inverse, de l'acide carbonique sur le charbon

$$2\,CO = C + CO^2 \qquad +38{,}8.$$

Sainte-Claire Deville avait reconnu la formation d'un dépôt de charbon quand on chauffe l'oxyde de carbone au rouge naissant, il avait en même temps constaté la présence d'acide carbonique et par suite, précisé la nature de la réaction indiquée ici. Il avait cherché à rendre cette dissociation plus complète en opérant à des températures de plus en plus élevées, croyant que la dissociation de tous les corps croissait avec la température. L'oxyde de carbone dégageant de la chaleur, est au contraire, comme l'acétylène, de plus en plus stable à mesure que la température s'élève. C'était donc en opérant à des températures de plus en plus basses qu'il aurait fallu chercher à obtenir une dissociation plus avancée; elle se produit en effet d'une façon très complète, entre 300 et 400°. Lowthian Bell a constaté le fait, non pas dans des expériences de laboratoire à petite échelle, mais par une observation industrielle très remarquable. Il a reconnu que le sommet des hauts-fourneaux était rempli et souvent obstrué par un dépôt de noir de fumée, provenant de cette dissociation de l'oxyde de carbone.

C'est là un phénomène très important au point de vue de l'étude de la marche des hauts-fourneaux. Cette réaction fonctionne comme un véritable régulateur, en maintenant à une température sensiblement fixe les gaz qui s'échappent par le gueulard. D'autre part, les obstructions dues au noir de fumée occasionnent parfois des arrêts de la marche du haut-fourneau, suivis de violentes explosions et peuvent ainsi provoquer de graves accidents, au moment où l'engorgement s'effondre.

Le même équilibre règle, dans le fonctionnement des gazogènes, le rapport de l'acide carbonique à l'oxyde de carbone. Ce rapport est d'autant moindre que la température est plus élevée, à 700° par exemple, on aura un gaz à 5 % d'acide carbonique et 25 % d'oxyde de carbone et à 1.000°, seulement 0,1 % d'acide carbonique, contre 30 % d'oxyde carbone. Le gaz de gazogène est donc d'autant plus riche qu'il a été préparé à température plus élevée.

Comme dernière application de cette loi, nous citerons une réaction qui a longtemps semblé inexplicable dans l'étude des explosifs. L'acétylène peut, en se combinant à l'hydrogène, donner du méthane

$$C^2H^2 + 3\ H^2 = 2\ CH^4.$$

Cette réaction est accompagnée d'une diminution de volume de moitié ; par conséquent, l'accroissement de pression tend à favoriser la production du méthane. Lorsqu'en effet, on fait détoner dans un vase clos, certains explosifs, comme l'acide picrique, on constate que la composition des gaz obtenus varie avec la densité du chargement, par suite, avec la pression finale produite ; aux basses pressions, on obtient de l'acétylène ; aux fortes pressions, on obtient au contraire du méthane.

Loi d'isoéquilibre. — La deuxième loi est la loi d'isodissociation ou d'isoéquilibre.

Quand un système monovariant est en équilibre chimique, on démontre d'une façon rigoureuse, comme conséquence des principes de l'énergétique, que les variations simultanées de pression et de température, ne modifiant pas son état d'équilibre, sont liés par la relation différentielle :

$$L\frac{dT}{T} + AVdP = 0 \qquad (12)$$

que l'on peut encore écrire sous une forme plus symétrique :

$$L \frac{dT}{T} + A(PV) \frac{dP}{P}$$

dans laquelle les lettres ont la signification suivante :

A, équivalent calorifique du kgm. ;

P, pression en kilogs par mètre carré ;

T, température absolue ;

L, chaleur latente de réaction à pression et température constantes exprimée en grandes calories, considérée comme positive quand elle est cédée, par le système chimique, au calorimètre ;

V, changement de volume exprimé en mètres cubes, résultant de la réaction effectuée à pression et température constantes, et rapporté à la même quantité de matière que la chaleur latente de réaction L. Il est considéré comme positif quand il correspond à une augmentation de volume du système chimique.

Si les gaz suivent la loi de Mariotte, on peut écrire :

$$L \frac{dT}{T^2} + A \frac{PV}{T} \frac{dP}{P} = 0 \qquad (13)$$

ou

$$L \frac{dT}{T^2} + ARN \frac{dP}{P} = 0. \qquad (14)$$

R étant la constante de la loi de Mariotte pour une molécule de gaz, soit 0,84 ;

A l'inverse de l'équivalent mécanique, soit $\frac{1}{426}$;

N le nombre des molécules dont la masse gazeuse a augmenté par le fait de la réaction ;

et en intégrant

$$504 \int \frac{L}{T^2} \, dT + N \text{ log. nép } P = \text{const.} \qquad (15)$$

L'intervention de la loi de Mariotte et de Gay Lussac, qui est seulement approchée, enlève à la formule son caractère de rigueur absolue ; mais pratiquement, le degré d'approximation de la loi de Mariotte est tel, que les incertitudes sont infiniment petites par rapport à celles que comportent les mesures expérimentales, au moins dans le voisinage de la pression atmosphérique.

Cette relation est très intéressante, parce qu'elle fournit des renseignements suffisamment précis sur ce qui se passe dans certaines conditions, où toute mesure serait absolument impossible. Voici un exemple : On s'est longtemps demandé si la dissociation de l'acide carbonique limitait la température de détonation des explosifs en vase clos, par suite aussi leur pression, c'est-à-dire leur effet utile. Dans le cas de la nitro-glycérine, la température de détonation est voisine de 3.000°, c'est-à-dire la même que dans le chalumeau à oxyde de carbone et à oxygène, mais la pression atteint plusieurs dizaines de mille atmosphères. Cette pression suffit-elle pour s'opposer à la dissociation qui, à la même température, est considérable sous la pression atmosphérique ? Un calcul fait en partant de la formule précédente [1] montre que dans la détonation de la nitro-glycérine, la dissociation de l'acide carbonique est au plus de l'ordre de grandeur de ce qu'elle est à 1.500° sous la pression atmosphérique, c'est-à-dire bien inférieure à 1 % : son influence sur l'effet utile des explosifs est donc entièrement négligeable. L'expérience directe eût été incapable de résoudre ce problème.

Loi de l'action de masse. — Dans un système gazeux à température constante, on a, entre les pressions partielles, $pp'p''$... des gaz mélangés, la relation différentielle :

$$n\frac{dp}{p}+n'\frac{dp'}{d}+n''\frac{dp''}{p''}\ldots=0 \qquad (16)$$

$n_0 n_0'$... indiquant le nombre de molécules gazeuses entrant en réaction chimique et n_1, n'_1... le nombre de molécules gazeuses résultant de la réaction :

$$n_0 \mathrm{A}+n'_0\,\mathrm{B}=n_1\,\mathrm{C}+n'_1\,\mathrm{D}+\ldots$$

[1] Le système en question, bien que ne renfermant qu'une phase pour deux constituants, doit être considéré comme monovariant, parce que l'on sous entend deux conditions supplémentaires, en admettant la constance des proportions des trois gaz : CO, O et CO^2.

Dans la formation ou la dissociation de l'acide carbonique

$$CO^2 = CO + \frac{1}{2} O^2 ;$$

on a donc :

$$n_0 = 1 \qquad n_1 = 1 \qquad n'_1 = \frac{1}{2}$$

$$\frac{dp}{p} - \frac{dp'}{p'} - \frac{1}{2}\frac{dp''}{p''} = 0. \tag{17}$$

Si on appelle c le nombre de molécules d'un des gaz dans une molécule du mélange, ou, ce qui revient au même, le volume de ce gaz contenu dans un volume du mélange, mesurés tous deux sous la même pression, on a :

$$c = \frac{p}{P} ; \; c = \frac{p'}{P}$$

ou $\qquad p = cP \qquad p' = c'P$

P étant la pression totale,
en remplaçant $p\, p', p''$... dans l'équation, il vient :

$$n_1 \frac{dc_1}{c_1} + n'_1 \frac{dc'_1}{c'_1} + .. - n_0 \frac{dc_0}{c_0} - n'_0 \frac{dc'_0}{c'_0} ...$$
$$+ (n_1 + n'_1 + ... - n_0 - n'_0 - ...) \frac{dP}{P} = 0 \tag{18}$$

et en posant :

$$n_1 + n'_1 + ... - n_0 - n'_0 - ... = N$$

$$N \frac{dP}{P} + \Sigma \; n \frac{dc}{c} = 0. \tag{19}$$

En rapprochant cette relation de l'expression analytique de la loi d'isodissociation (12) en remarquant que dP dans cette expression est la différentielle partielle par rapport à la température, et que dans l'équation (19) dP est la différentielle partielle par rapport à la concentration, on arrive, en ajoutant membre à membre les deux équations différentielles et en intégrant, à la formule qui donne la loi complète de la dissociation d'une masse gazeuse homogène.

$$500 \int L \frac{dT}{T^2} + N \text{ log. nép. } P + \text{log. nép. } \frac{c_1^{n1} c_1'^{n'1} \ldots}{c_0^{no} c_0'^{n'o} \ldots} = \text{const.} \qquad (20)$$

Dans le cas où la variation de la chaleur latente L est peu considérable et peut être considérée comme nulle dans l'intervalle de température où se fait l'intégration il vient :

$$-500 \frac{L}{T} + N \text{ log. nép. } P + \text{log. nép. } \frac{c_1^{n1} c_1'^{n'1} \ldots}{c_0^{no} c_0'^{n'o} \ldots} = \text{const.} \qquad (21)$$

Pour déterminer la valeur de la constante il suffit d'une seule expérience dans laquelle on ait mesuré les valeurs correspondantes de $PTc_0c_0' \ldots c_1c_1' \ldots$

La connaissance de cette équation générale d'équilibre des systèmes gazeux a joué un rôle tout à fait prépondérant dans nos connaissances relatives à la mécanique chimique des gaz ; il est, en effet, très difficile de déterminer expérimentalement les conditions d'équilibre dans les systèmes gazeux homogènes, parce que les réactions s'y accomplissent trop lentement aux basses températures et qu'il est impossible de les étudier aux températures élevées. Dans l'immense majorité des cas, on ne peut obtenir qu'un groupe d'expériences tellement resserré, qu'il ne donne rien de plus qu'une seule expérience. Le mode opératoire consiste à choisir une température, où la vitesse d'établissement de l'équilibre soit assez grande pour qu'il y ait possibilité d'atteindre cet équilibre après un temps acceptable, c'est-à-dire quelques heures, quelques jours au plus et en même temps où elle soit assez lente pour que par un refroidissement moyennement rapide on ait la certitude de ramener le système étudié à la température ordinaire sans aucun changement chimique appréciable. L'intervalle de température ainsi accessible aux expériences dépend dans une large mesure des vitesses de refroidissement disponibles. Sainte-Claire Deville dans ses expériences sur la dissociation dans la flamme du chalumeau à oxyde de carbone et oxygène arrivait à obtenir le refroidissement des produits de la combustion en moins de un millième de seconde, en les aspirant brusquement au milieu d'un courant d'eau froide. Quand au contraire on opère sur des gaz renfermés dans des appareils clos en verre ou en porcelaine qu'il faut refroidir en même temps que la matière contenue, la durée du refroidissement dure plusieurs minutes.

Dissociation de l'acide carbonique. — La formule de réaction est :

$$CO^2 = CO + 0{,}5\ O^2 \qquad L = -68{,}2\ \text{Cal.}$$
$$n_0 = 1 \quad n_1 = 1 \quad n'_1 = 0{,}5 \qquad N = +\ 0{,}5$$

Si l'on appelle c_0, c_1, c_1' les concentrations de CO^2, CO et O^2, la formule générale d'équilibre est :

$$500 \int L \frac{dT}{T^2} + 0{,}5 \text{ log. nép. } P - \text{log. nép. } \frac{c_0}{c_1\ c'^{\,1,5}_1} = \text{constante.} \qquad (22)$$

Admettons qu'il n'y ait pas d'autres gaz que l'acide carbonique et les produits de sa dissociation et, de plus, que l'oxyde de carbone et l'oxygène soient dans les rapports voulus pour former de l'acide carbonique, sans aucun excès de l'un ou l'autre de ces gaz. Nous aurons entre les concentrations des trois gaz les relations :

$$c_0 + c_1 + c'_1 = 1$$
$$c'_1 = 0{,}5\ c_1.$$

Appelons coefficient de dissociation x le rapport de la quantité de CO^2 dissocié à la quantité de CO^2 que l'on aurait s'il n'y avait pas de dissociation, on a alors par définition :

$$x = \frac{c_1}{c_0 + c_1}\ ;$$

des trois relations précédentes on tire :

$$c_0 = \frac{2(1-x)}{2+x} \qquad c' = \frac{2x}{2+x} \qquad c'_1 = \frac{x}{2+x} \qquad (23)$$

Reportant ces valeurs dans l'équation d'équilibre, on a finalement :

$$500 \int L \frac{dT}{T^2} + 0{,}5 \text{ log. nép. } P - \text{log. nép. } \frac{(1-x)(2+x)^{0,5}}{x^{1,5}} = \text{const.} \qquad (24)$$

Il suffit maintenant d'une expérience pour calculer la valeur de la constante et avoir ainsi la loi complète de dissociation de l'acide carbonique.

On possède en réalité trois groupes d'expériences tout à fait distinctes qui conduisent, pour la grandeur de la constante, à des valeurs aussi voisines qu'on peut l'espérer dans des expériences aussi délicates.

Sainte-Claire Deville, l'auteur des premières recherches sur ce sujet, a trouvé que dans la flamme du chalumeau tonnant à oxyde de carbone, la dissociation pouvait être de 0,33 environ, sous la pression atmosphérique, à une température qui a été ultérieurement évaluée à 3.000°.

MM. Mallard et Le Chatelier, en étudiant la détonation en vase clos de mélanges d'oxyde de carbone et d'oxygène, ont trouvé que vers 3.300°, sous la pression de 10 atm., le coefficient de dissociation est voisin de 0,40 %.

Enfin MM. Nernst et Wartenberg ont donné, pour des températures beaucoup plus basses, les chiffres suivants :

Température	Dissociation
1027°	0,000042
1205°	0,000290

En calculant la constante avec la moyenne des résultats obtenus par Sainte-Claire Deville et MM. Mallard et Le Chatelier, et se servant ensuite de la formule pour déterminer le coefficient de dissociation de l'acide carbonique à différentes températures et sous différentes pressions, on obtient le tableau suivant :

Température	Atm.	Atm.	Atm.	Atm.
»	0,001	0,1	1	10
1.000°	0,007	0,0013	0,0006	0,0003
1.500	0,07	0,017	0,008	0,004
2.000	0,4	0,08	0,04	0,03
2.500	0,94	0,60	0,19	0,09

Ces résultats concordent avec des déterminations de densité de l'acide carbonique faites par M. Crafts jusqu'à la température de

1.500°. Il avait reconnu qu'à cette température la densité de l'acide carbonique n'avait pas diminué encore de 1 % de sa valeur à la température ordinaire. Le cœfficient de dissociation de 0,8 % correspond bien à une diminution de densité de cet ordre de grandeur.

Ce tableau montre qu'aux températures inférieures à 1.500°, sous une pression de l'acide carbonique de 1/5 d'atm., qui est la pression d'acide carbonique obtenue par la combustion complète du charbon dans l'air, la dissociation doit être de 1 % environ. Par conséquent, jusqu'à cette température, la dissociation n'intervient pas d'une façon appréciable pour limiter les températures obtenues par l'emploi des combustibles. Dans les fours à acier où la température peut atteindre 1.700°, et plus encore dans le creuset des hauts-fourneaux où la température doit se rapprocher de 2.000°, la dissociation de l'acide carbonique exerce une certaine influence.

Dissociation de la vapeur d'eau. — La même formule que ci-dessus est applicable à l'eau, en remplaçant seulement la chaleur de décomposition de l'acide carbonique par celle de la vapeur d'eau, qui est un peu plus faible. Mais il est très difficile d'obtenir à aucune température des mesures directes de la dissociation de la vapeur d'eau, à cause de la rapidité avec laquelle les réactions se renversent au refroidissement. Il est presque impossible de conserver d'une façon certaine le mélange avec la composition correspondant à une température déterminée.

Sainte-Claire Deville croyait avoir reconnu au moins qualitativement la dissociation de la vapeur d'eau. En faisant passer dans un tube chauffé à une température élevée un mélange d'acide carbonique et de vapeur d'eau il recueillait à la sortie de petites quantités d'hydrogène et d'oxygène. L'expérience ne réussissait pas avec la vapeur d'eau seule. En réalité, c'était seulement l'acide carbonique dont on constatait la dissociation. Si l'on trouvait au refroidissement de l'hydrogène au lieu d'oxyde de carbone, c'est que ce corps décompose la vapeur d'eau d'autant plus complètement que la température est plus basse et la masse de vapeur d'eau plus grande par rapport à celle de l'oxyde de carbone. C'est une conséquence nécessaire de la loi de stabilité donnée plus haut.

Mais on ne peut attaquer d'une façon tout à fait différente le problème de la dissociation de la vapeur d'eau. On sait que le courant de la pile décompose l'eau et réciproquement, dans la pile à gaz, la combinaison de l'hydrogène et de l'oxygène produit de l'électricité. Il y a là un phénomène régi par l'équation différentielle [1] générale, dont l'équation (12) donnée plus haut est un cas particulier correspondant à l'absence de phénomènes électriques.

$$Q \frac{dT}{T} + 2{,}36 \cdot 10^{-3}\, PV \frac{dP}{P} + 0{,}241 \cdot 10^{-3}\, EI \frac{dE}{E} = 0 \qquad (25)$$

formule dans laquelle EI est l'énergie électrique rendue disponible dans la formation d'une molécule d'eau, et Q la quantité de chaleur dégagée dans la réaction à pression et force électromotrice constantes

$$Q = 58{,}2 - 0{,}241 \quad 10^{-3} \cdot EI.$$

Cette formule peut s'intégrer : Si l'on a une donnée expérimentale pour déterminer la constante d'intégration, on pourra ensuite calculer de proche en proche des séries de pressions et de températures pour lesquelles il y a équilibre avec une force électromotrice régulièrement décroissante, jusqu'à s'annuler. On retombera alors sur le cas de la dissociation simple de la vapeur d'eau.

Il semble que les mesures faites sur la pile à gaz à la température ordinaire doivent immédiatement donner la solution, à condition de s'assurer que son fonctionnement est réversible ; en pratique, il ne l'est pas ; les résistances passives, auxquelles on rattache la polarisation des piles, établissent dans les conditions ordinaires, un écart considérable entre les deux forces électromotrices pour lesquelles le sens de la réaction se renverse. On arrive cependant, par des observations plus précises à se rapprocher de la valeur moyenne de 1 volt. J'ai admis pour cette valeur de la force électromotrice à la température ordinaire, 1 volt.

[1] Cette équation est, sous une forme un peu différente, celle d'Helmoltz.

Dans ces conditions, les concentrations c_0 de l'eau, c_1 et c'_1, de l'hydrogène et de l'oxygène ont pour valeur :

$$c_0(H^2O)0,02 \qquad c_1(H^2)0,655 \qquad c'(O^2)0,325$$

avec une pression égale à 1 atmosphère et une force électromotrice égale à 1 volt.

On déduit de ces données que le coefficient de dissociation de la vapeur d'eau, à la température de 3.000°, sous la pression atmosphérique et à force électromotrice nulle, a pour valeur 0.37. C'est donc une valeur voisine de celle de l'acide carbonique dans les mêmes conditions. Comme d'autre part, la chaleur de dissociation de l'eau est moindre que celle de l'acide carbonique, la dissociation doit varier moins rapidement avec la température, on devrait, au-dessous de 2.000° avoir une dissociation notablement supérieure à celle de l'acide carbonique. MM. Nernst et Wartenberg ont cherché à mesurer directement la dissociation de la vapeur d'eau en employant un procédé analogue à celui qui leur avait réussi pour l'acide carbonique. La méthode expérimentale consiste à faire passer un courant de vapeur d'eau dans un tube capillaire traversé suivant son axe par un fil de platine très fin chauffé par le courant électrique. On mesure la température de ce fil par la variation de sa résistance électrique. Ils ont obtenu les résultats suivants :

Température	Coefficient de dissociation
1.027°	0,000027
1.124	0,000078
1.207	0,000189
1.227	0,000197
1.288	0,00034
1.882	0,0118
1.974	0,0177

Dissociation de l'oxyde de carbone. — La formule de la réaction est :

$$2\,CO = C + CO^2 \qquad L = +39$$

$$c_0 \qquad c_1$$

$$n_0 = 1 \qquad n_1 = 1 \qquad N = -1$$

La formule générale d'équilibre est alors :

$$500 \int L \frac{dT}{T^2} - \log. P + \log. \frac{c_1}{c_0^2} = \text{constante} \qquad (26)$$

Nous admettrons que L ne varie pas avec la température, parce que la formule n'a pas à être appliquée dans un intervalle considérable de température ; au-dessus de 800° la dissociation de l'oxyde de carbone est à peu près négligeable. Enfin, en se limitant au cas où la pression est constante et égale à la pression atmosphérique, on peut faire passer le logarithme de la pression dans le second membre avec la constante, on arrive à la formule simple :

$$\frac{19.500}{T} - \log.\ \text{nép.}\ \frac{c_1}{c_0^2} = \text{constante.} \qquad (27)$$

On a été très longtemps sans posséder aucune donnée expérimentale précise qui permette de déterminer la grandeur de cette constante et par suite d'utiliser la formule.

Henri Sainte-Claire Deville, qui avait découvert la dissociation de l'oxyde de carbone, n'est jamais arrivé à faire aucune mesure précise, parce qu'il cherchait à augmenter la dissociation en élevant la température, tandis qu'il aurait fallu faire l'inverse.

Sir Lowthian Bell a découvert un fait très important, qui aurait dû mettre sur la voie : Le dépôt de carbone pulvérulent dans les parties les moins chaudes du haut-fourneau. Mais il ne s'est pas douté, et personne pendant longtemps ne s'est douté non plus, que ce phénomène était en relation directe avec la dissociation réversible de l'oxyde de carbone. Il a vérifié le fait de la précipitation du carbone par des expériences de laboratoire et a montré qu'un courant indéfiniment prolongé d'oxyde de carbone passant sur de l'oxyde de fer donne un dépôt indéfiniment croissant de carbone, mais il n'a pas eu l'idée de chauffer, pendant un temps assez long, la même quantité d'oxyde de carbone en présence d'un peu d'oxyde de fer. S'il l'avait fait, il aurait reconnu que la réaction s'arrêtait pour des proportions déterminées d'oxyde de carbone et d'acide carbonique dans le mélange, que l'on était en présence d'un véritable phénomène d'équilibre chimique.

En l'absence de données expérimentales précises, j'ai admis que dans les gazogènes marchant au coke, dans lesquels le courant gazeux est assez lent, et où la présence de cendres ferrugineuses facilite l'établissement de l'équilibre, le mélange gazeux sortant de ces appareils devait être à l'état d'équilibre avec le charbon à leur température de sortie. L'étude d'un gazogène de la Compagnie Parisienne où les gaz sortaient à 730°, m'a donné comme concentration de l'oxyde de carbone, $c_0=0.20$, et comme concentration de l'acide carbonique, $c_1=0.05$. En partant de ces données, on trouve pour la constante de la formule d'équilibre, le nombre 19,5.

On peut alors, au moyen de la formule (27), calculer les conditions d'équilibre à des températures quelconques, la pression étant toujours supposée constante et égale à la pression atmosphérique. Il faut, bien entendu, pour ce calcul, une seconde relation entre les concentrations c_0 et c_1, de l'oxyde de carbone et de l'acide carbonique. Elle résulte de certaines conditions de l'opération.

Premier cas : Supposons que l'on parte de l'oxyde de carbone pur ; la masse gazeuse ne renferme alors que de l'oxyde de carbone et de l'acide carbonique, on a donc la relation :

$$c_0+c_1=1\ ;$$

le calcul des conditions d'équilibre conduit aux résultats suivants :

Température	c_0 (CO)	c_1 (CO_2)
400°	0,01	0,99
500	0,05	0,95
600	0,23	0,77
700	0,57	0,43
800	0,87	0,13
900	0,97	0,03
1.000	0,99	0,01

Soit maintenant le cas de l'air mis en contact avec du charbon jusqu'à ce que l'équilibre final soit établi ; il se forme à la fois de l'oxyde de carbone et de l'acide carbonique qui sont mêlés à un excès d'azote venant de l'air. C'est précisément ce qui se passe dans les gazogènes. La somme des concentrations de l'oxyde de carbone et de l'acide carbonique n'est plus comme précédemment, égale à l'unité puisqu'il y a de l'azote, mais il y a entre ces deux concentrations, une autre relation facile à établir ; il suffit d'écrire que le rapport de l'oxygène contenu dans les deux gaz carbonés est dans le même rapport avec l'azote que l'oxygène de l'air avec son azote, c'est-à-dire dans le rapport de 1 à 4. On obtient alors la relation :

$$3c_0 + 5c_1 = 1$$

Combinant cette relation avec l'équation d'équilibre, on trouve pour les différentes températures, les valeurs suivantes de concentration de l'oxyde de carbone et de l'acide carbonique.

Température	c^0 (CO)	c_1 (CO_2)
500°	0,02	0,188
600	0,12	0,128
700	0,23	0,062
800	0,29	0,026
900	0,32	0,005
1.000	0,33	0.002

Ce dernier tableau est d'un usage constant dans l'étude des gazogènes, il permet, en comparant les teneurs en oxyde de carbone et acide carbonique du gaz produit, avec les teneurs déterminées par le calcul, de se rendre compte si la marche de l'appareil est normale ou non. On utilise également ces chiffres dans les études relatives aux hauts-fourneaux, car elles indiquent, pour un gaz de composition donnée, la température au-dessous de laquelle le dépôt de charbon commence à être possible.

Il subsistait cependant un doute sur l'exactitude de la donnée expérimentale employée pour le calcul de la constante de la formule d'équilibre. Il était probable que les gaz sortant du gazogène étaient en équilibre, mais le fait n'était pas démontré.

M. Boudouard a repris, d'une façon complète, sur mon conseil, l'étude de cette question par des recherches très précises de laboratoire ; il a fait agir alternativement de l'acide carbonique sur du charbon, imprégné d'un peu de fer ou de nickel, et de l'oxyde de carbone sur de la pierre ponce, renfermant une trace des mêmes métaux. En prolongeant le chauffage jusqu'à ce que la composition du mélange gazeux ne change plus, il est arrivé à obtenir exactement la même limite en partant de l'acide carbonique ou de l'oxyde de carbone. La composition observée correspondait donc certainement à un état d'équilibre.

Voici deux séries d'expériences faites l'une à 650° et l'autre à 800° :

EXPÉRIENCES A 650°

Action de CO^2 sur C de bois :

Temps	8′	64′	6 h.	9 h.	12 h.
c_0 (CO)	0,18	0,28	0,35	0,376	0,385

Action de CO sur la ponce métallisée :

Temps	8′	6 h.	7 h.	9 h.
c_0 (CO)	0,503	0,385	0.390	0,385

EXPÉRIENCES A 800°

Action de CO^2 sur le charbon de bois :

Temps	8′	1 h.	6 h.
c_0 (CO)	0,830	0,940	0,933

Action de CO sur la ponce métallisé :

Temps	8′	30′	45′	4 h.
c_0 (CO)	0,956	0,945	0,944	0,935

On voit donc qu'à chaque température la teneur limite est bien exactement la même. Ces expériences conduisent, en partant de séries d'expériences à des températures différentes, aux valeurs suivantes de la constante :

Température	Constante
650°	19.8
800	20.8
925	19.4

Ces nombres sont donc très voisins, on peut prendre comme valeur moyenne, le nombre 20, qui ne diffère guère de celui que j'avais admis, 19,5, en partant de résultats relatifs aux gazogènes.

Equilibre du gaz à l'eau. — L'oxyde de carbone, la vapeur d'eau, l'hydrogène et l'acide carbonique donnent lieu à un équilibre caractérisé par la réaction :

$$CO + H^2O = CO^2 + H^2 \qquad L = +10 \text{ cal.}$$
$$c_0 \quad c'_0 \quad c_1 \quad c'_1$$
$$n_0 = 1 \; n'_0 = 1 \; n_1 = 1 \; n'_1 = 1 \qquad N = 0.$$

La formule d'équilibre devient alors :

$$500 \int L \frac{dT}{T^2} + \log.\text{ nép.} \frac{c_1 c'_1}{c_0 c'_0} = \text{constante}. \qquad (29)$$

On ne possède pas encore de données absolument précises permettant de déterminer la grandeur de la constante.

En partant d'expériences de M. Dixon, et en admettant hypothétiquement que l'état d'équilibre ne se modifie plus au refroidissement au-dessous de 1.300°, et que par conséquent les compositions observées doivent être celles de l'équilibre à cette température, j'ai calculé les valeurs du rapport $K = \frac{c_1 c'_1}{c_0 c'_0}$. Dans ces calculs, j'ai négligé de tenir compte de la variation de la chaleur de réaction avec la température.

Des expériences postérieures, faites par M. Hahn, et coordonnées par M. Haber, mais en tenant compte cette fois de la variation de la chaleur de réaction, ont donné des résultats un peu différents. Ces nombres sont résumés dans les deux tableaux ci-dessous :

Calculs de M. Le Chatelier		Calculs de M. Haber	
Température	$\frac{c_1 c'_1}{c_0 c'_0}$	Température	$\frac{c_1 c'_1}{c_0 c'_0}$
—	—	—	—
500°	3,10	727°	1,61
900	0,48	1.027	0,59
1.300	0,20	1.327	0,33
1.500	0,16	1.627	0,22
1.900	0,11	1.927	0,18

Pour des applications aux conditions habituelles du chauffage, par exemple pour l'étude du fonctionnement des gazogènes ou de la fabrication du gaz à l'eau, c'est-à-dire pour des températures inférieures à 1.000°, on peut admettre, comme je l'avais fait, la constance de la chaleur de réaction et prendre pour l'équation d'équilibre intégrée, l'expression :

$$-\frac{5.000}{T} + \log.\ \text{nép.} \frac{c_1 c'_1}{c_0 c'_0} = -5 \qquad (29)$$

Appliquons cette formule à un gaz de gazogène dans lequel on a dosé seulement, comme cela se fait habituellement, l'oxyde de carbone, l'acide carbonique et l'hydrogène. Un gaz de coke, dont la température de sortie était 730° présentait la composition suivante :

c_0 (CO)	0,20
c_1 (CO^2)	0,05
c'_1 (H^2)	0,10
c'_0 (H^2O)	x

La formule donne dans ces conditions

$$\log. \frac{c_1 c'_1}{c_0 c'_0} = 0$$

d'où

$$\frac{c_1 c'_1}{c_0 c'_0} = 1 = \frac{0{,}05\ .\ 0{,}10}{0{,}20\ x}$$

par conséquent, $x = 0{,}025$.

Des expériences faites par M. Damour, sur la composition des gaz de gazogène, ont montré que dans ces conditions, la teneur en vapeur d'eau était bien comprise entre 2 et 3 %.

C'est un dosage très délicat que l'on ne peut pas faire habituellement, parce que l'entraînement des poussières et quelquefois des goudrons, vient fausser les dosages d'eau qui demandent alors, pour être faits exactement, des précautions très minutieuses. L'emploi de la formule est beaucoup plus simple.

Action de l'eau sur le charbon. — Cette réaction, utilisée pour la fabrication des gaz à l'eau donne lieu à des phénomènes d'équilibre plus complexes que les précédents, on a en effet plusieurs réactions simultanées :

$$C + H^2O = CO + H^2$$
$$C + 2\ H^2O = CO^2 + 2\ H^2.$$

Ces deux réactions donnent à la fois de l'oxyde de carbone et de l'acide carbonique, et il reste bien entendu en plus, de la vapeur d'eau non décomposée. On ne peut pas représenter un équilibre semblable par une formule unique. On pourrait traiter ce problème, en prenant isolément les deux réactions ci-dessus et écrire en plus la condition que l'hydrogène et la vapeur d'eau sont dans le même rapport, dans les deux systèmes considérés, mais il est plus simple de décomposer cet équilibre complexe d'une façon différente, le considérer comme résultant des deux équilibres simples précédemment étudiés :

$$\underset{c_1}{CO^2} + C = 2\,\underset{c_0}{CO}$$

$$\underset{c_0}{CO} + \underset{c'_0}{H^2H} = \underset{c_1}{CO^2} + \underset{c'_1}{H^2}$$

La première équation nous donne, à une température et à une pression quelconque, une relation entre l'oxyde de carbone et l'acide carbonique, pouvant exister au contact du charbon et la seconde, les proportions relatives de vapeur d'eau et d'hydrogène pouvant exister à la même température, en présence des quantités d'acide carbonique et d'oxyde de carbone calculées d'après la première équation d'équilibre :

Cherchons par cette méthode quelle sera la composition du gaz produit, lorsque l'on fait passer à 730°, de la vapeur d'eau sur du charbon.

L'équation (27) relative à l'acide carbonique agissant sur le charbon :

$$\frac{19.500}{T} - \log.\frac{c_1}{c_0^2} = \text{constante} = 19,5$$

d'où l'on tire :

$$\frac{c_1}{c_0^2} = 1.$$

L'équation (29) relative à l'équilibre des quatre gaz

$$-\frac{5.000}{T} + \log.\ \text{nép.}\ \frac{c_1 c'_1}{c_0 c'_0} = -5$$

d'où l'on tire pour la température de 730° :

$$\frac{c_1 c'_1}{c_0 c'_0} = 1.$$

Nous avons ainsi deux relations entre les quatre concentrations inconnues. Nous aurons deux autres relations en écrivant que les proportions d'oxygène et d'hydrogène contenues dans le mélange sont les mêmes que dans l'eau :

$$c_1 + 0{,}5\ c_0 + 0{,}5\ c'_0 = 0{,}5\ (c'_0 + c'_1)$$

ou :

$$c_1 + 0{,}5\ c_0 - 0{,}5\ c'_1 = 1.$$

et enfin que la somme des concentrations est égale à l'unité, puisqu'il n'y a pas de gaz autres que ceux qui figurent dans la formule

$$c_0 + c'_0 + c_1 + c'_1 = 1.$$

On peut résoudre ces quatre équations à quatre inconnues. On arrive à une équation du troisième degré en c_0. Mais il est plus simple de faire ce calcul par tâtonnements successifs en mettant les équations ci-dessus sous la forme :

$$\frac{c_1}{c_0} = c_0 = \frac{c'_0}{c'_1} \qquad c'_1 = 2\ c_1 + c_0.$$

On se donne arbitrairement la valeur de c_0 et on fait les calculs au moyen des trois équations ci-dessus, puis on reporte les valeurs trouvées dans la dernière équation :

$$c_0 + c'_0 + c_1 + c'_1 = 1.$$

Elle n'est pas vérifiée du premier coup, et suivant l'écart de la somme par rapport à l'unité, on essaie des valeurs de c_0 plus petites ou plus grandes. Voici les calculs pour des valeurs successives de c_0 :

	$c_0 = 0{,}40$	$c_0 = 0{,}20$	$c_0 = 0{,}30$	$c_0 = 0{,}296$
c_0 (CO)	0,40	0,20	0,30	0,296
c'_0 (H^2O)	0,29	0,06	0,14	0,142
c_1 (CO^2)	0,16	0,04	0,09	0,089
c'_1 (H^2)	0,72	0,28	0,48	0,473
Total	1,57	0,59	1,01	1,000

La dernière colonne donne le résultat du calcul. A la température de 730°, on aurait donc un gaz trop pauvre en éléments combustibles. Il en renfermerait seulement les trois quarts de son volume. On arrive pratiquement dans la fabrication du gaz à l'eau à une teneur en acide carbonique moitié moindre, en opérant à une température voisine de 900°.

CHAPITRE DEUXIEME

COMBUSTION DES MELANGES GAZEUX

COMBUSTION DES GAZ NON MÊLÉS. — Fours à gaz. — Becs d'éclairage. — Transparence des flammes. — Facteurs du pouvoir éclairant. — Vitesse d'écoulement. — Pression et température. — Débit. — Nature des carbures. — Composés oxygénés. — Bec Argand. — Eclairage par incandescence.

COMBUSTION DES GAZ MÊLÉS. — Vitesse de réaction. — Température. — Pression. — Action superficielle des corps solides. — Température d'inflammation. — Compression brusque. — Retard à l'inflammation du grisou. — Résultats numériques.

LIMITE D'INFLAMMABILITÉ. — Résultats numériques. — Mélanges de plusieurs gaz combustibles. — Dosage par les limites d'inflammabilité. — Pression. — Température. — Lampe indicatrice de grisou. — Action refroidissante des parois. — Inclinaisonn de la burette. — Agitation. — Vapeurs combustibles.

PROPAGATION DE LA COMBUSTION. — Vitesse de propagation. — Agitation. — Onde explosive. — Surfaces refroidissantes. — Lampes de sûreté. — Proportion et nature des gaz combustibles.

La combustion des mélanges gazeux est un phénomène très intéressant à étudier, tant en raison des lois scientifiques dont elle dépend, que des nombreuses applications pratiques qu'elle comporte. L'éclairage au gaz, le chauffage des fours à récupération, les moteurs à explosion, les explosions de grisou en sont des conséquences immédiates.

Il y a lieu de distinguer deux cas principaux dans la combustion des gaz ; celui où le gaz combustible et le mélange comburant sont primitivement *séparés* et ne se réunissent qu'au fur et à mesure de l'avancement de la combustion, et celui où le mélange des gaz est complètement *homogène* avant le commencement de la combustion.

COMBUSTION DES GAZ NON MÊLÉS

Ce cas est celui des becs de gaz à flamme lumineuse et des fours industriels chauffés au gaz pauvre. Dans les premiers, le gaz se dégage librement par un orifice au milieu de l'air ; dans les seconds, l'air et le gaz arrivent par des orifices différents mais voisins l'un de l'autre, cheminent parallèlement dans le four et se mêlent progressivement. Les dimensions des orifices de dégagement des gaz jouent un rôle considérable et tout à fait prépondérant sur les propriétés de la flamme. La longueur de celle-ci, la concentration de la chaleur maxima dans une étendue plus ou moins grande, dépendent avant tout de ces dimensions.

Fours à gaz. — Dans l'installation d'un four chauffé au gaz, le talent du constructeur consiste à savoir proportionner les orifices d'arrivée des gaz, de telle sorte que la flamme traverse la totalité du four et que la combustion ne s'achève qu'au moment où les flammes vont pénétrer dans la cheminée. C'est la condition essentielle pour avoir un chauffage uniforme dans une grande enceinte. La possibilité d'obtenir cette régularité de chauffage dans des cas particuliers est un des grands avantages de l'emploi des combustibles gazeux. Il n'existe cependant pas de règle *à priori* permettant de prévoir les formes et dimensions les plus convenables pour les orifices d'arrivée de gaz en vue du chauffage régulier d'enceintes de forme et de dimensions déterminées. Les spécialistes arrivent, par des tâtonnements empiriques à connaître les conditions les plus convenables, mais souvent après un grand nombre d'insuccès. C'est une expérience très coûteuse à acquérir. Nous reviendrons sur cette question dans un chapitre ultérieur consacré à l'étude des fours.

Becs d'éclairage. — Dans le cas des flammes éclairantes comme celles du gaz d'éclairage, la question de la dimension des orifices et de la pression sous laquelle on fait sortir les gaz, a une très grande importance. Pour un débit donné, la pression et la section de l'orifice varient bien entendu en sens inverse.

Le mécanisme de la production de la lumière dans la combustion du gaz d'éclairage est le suivant : Les filets gazeux s'échappant par le bec cheminent un certain temps avant d'être mêlés à une quantité d'air suffisante pour leur combustion complète ; les filets du centre cheminent ainsi plus longtemps que ceux des bords. Pendant leur trajet, ces gaz sont chauffés par la combustion qui se produit sur l'enveloppe externe de la flamme, les carbures se décomposent en mettant en liberté du charbon ; ce charbon rencontre finalement l'air et brûle avec incandescence. Ce sont ces particules de charbon incandescent qui produisent la lumière dans la flamme.

Le temps pendant lequel se produisent ces phénomènes successifs, de décomposition des carbures puis de combustion du carbone libre, est très court. Dans une flamme ordinaire, il ne doit pas atteindre 1/20 de seconde. La vitesse d'écoulement du gaz sous une pression de 2 mm. d'eau est d'environ 10 m. par seconde. Avec cette vitesse le gaz traverserait une flamme de 50 mm. de hauteur en 1/50 de seconde ; par le mélange avec l'air la vitesse se réduit progressivement, mais elle ne tombe pas cependant au dixième de sa valeur théorique.

Transparence des flammes. — Lorsque l'on regarde une flamme éclairante du gaz, on a l'impression de voir une lame continue de carbone incandescent et l'on serait porté à croire que la quantité totale de carbone en suspension dans la flamme à un moment donné est considérable. En réalité, les parcelles de carbone sont tellement disséminées que si elles n'étaient pas lumineuses, elles formeraient un nuage à peine perceptible. On le démontre aisément en photographiant une surface blanche éclairée à la lumière du soleil, devant laquelle on a placé une flamme. Celle-ci donne une ombre à peine visible. La flamme du gaz est moins obscure que celle du pétrole et celle-ci notablement moins que celle de l'acétylène.

Il résulte de ce fait plusieurs conséquences importantes au point de vue de l'éclairage : plusieurs flammes placées les unes derrière les autres donnent un effet lumineux total peu inférieur à la somme des pouvoirs éclairants de chacune des flammes. Avec 2 flammes papillon de gaz d'éclairage, la perte n'est que de 3 % sur le pouvoir éclairant de la flamme placée derrière.

Pour la même raison, la quantité de lumière donnée par une flamme papillon est à peu près la même dans toutes les directions. Dans le sens de la tranche, l'éclairement n'est que de 10 % inférieur à celui de la direction perpendiculaire, tandis que si le dépôt de carbone était assez abondant pour rendre la flamme opaque, le rapport du pouvoir éclairant de la tranche et de la face serait égal à celui de leur surface. La différence serait donc énorme.

Facteurs du pouvoir éclairant. — Le pouvoir éclairant obtenu par la combustion d'un volume donné de gaz varie dans de très grandes limites avec les conditions dans lesquelles la combustion s'effectue. On évalue ce pouvoir éclairant en prenant comme unité étalon la quantité de lumière fournie par une certaine lampe à huile, dit lampe carcel, qui brûle 42 gr. d'huile de colza à l'heure. La quantité de lumière fournie par cet étalon varie avec les différentes dispositions de la lampe : forme et hauteur du verre, diamètre et épaisseur de la mèche, etc. Il faut, bien entendu, maintenir toutes ces conditions identiques. Elles ont été définies avec grand soin dans une instruction, publiée autrefois par Dumas et Regnault et restée en France la base de toute photométrie.

Dans les différents pays, on a adopté des étalons différents ; par exemple, des bougies de diverses natures ou la lampe Hefner à l'acétate d'amyle. Mais une convention internationale a décidé de rapporter tous ces étalons à un type unique présentant des garanties de permanence plus grandes que les sources de lumière utilisant les phénomènes de combustion, c'est le *Violle*, ou quantité de lumière rayonnée par un centimètre carré de platine à son point de fusion.

Voici la comparaison entre ces différentes unités :

1	Violle	= 2,080 carcel	= 20,000 bougie	= 22,20 hefner
1	Carcel	= 0,400 violle	= 9,600 bougie	= 10,60 hefner
1	Bougie	= 0,050 violle	= 0,104 carcel	= 1,11 hefner
1	hefner	= 0,049 violle	= 0,0936 carcel	= 0,90 bougie

Les différents facteurs dont dépend le pouvoir éclairant du gaz sont la *vitesse d'écoulement*, la *température* et la *pression*, le *débit total*, la *nature des carbures* et la présence de *composés oxygénés*.

Vitesse d'écoulement. — Le rendement lumineux varie considérablement avec la rapidité du mélange du gaz avec l'air et cette rapidité dépend de la vitesse d'écoulement du gaz par son orifice de sortie. Avec des orifices de 0,1 mm. de largeur et par suite une pression très forte pour assurer la constance du débit, la flamme du gaz d'éclairage est complètement bleue ; cela tient à ce que les vapeurs carburées se trouvent mêlées à la quantité d'air nécessaire à leur combustion dans un temps trop court pour que le carbone ait eu le temps de se précipiter pendant la période d'échauffement préalable à la combustion. Avec des becs plus larges, de 0,6 mm., dimensions normales des becs papillons pour le gaz d'éclairage, la partie inférieure de la flamme est encore bleue parce qu'elle correspond à la combustion des filets extérieurs qui sont très rapidement mêlés à l'air. La partie haute au contraire est éclairante par suite de la décomposition des carbures avant la combustion totale. La pression sur la fente du bec donnant le rendement lumineux maximum pour les becs papillons à gaz d'éclairage est de 2 mm. En élargissant encore la fente et réduisant la pression, pour brûler toujours le même volume de gaz, la quantité de lumière produite diminue. La quantité de carbone mis en liberté augmente, mais par suite de la lenteur de sa combustion et de l'augmentation de la quantité de chaleur rayonnée, sa température s'abaisse en diminuant son rayonnement de façon à compenser et au-delà l'augmentation due à la masse plus grande de charbon précipité. Enfin la largeur de la fente augmentant toujours, le carbone finit par se refroidir suffisamment pour s'éteindre avant sa combustion complète et la flamme devient fuligineuse.

La largeur de la fente qui donne le maximum de pouvoir éclairant varie avec la nature des gaz combustibles. Pour l'acétylène on doit employer des fentes bien plus fines que pour le gaz d'éclairage.

Les expériences suivantes permettront de se rendre compte comment varie le pouvoir éclairant du gaz brûlé avec un même débit dans des becs à largeur de fentes variables, c'est-à-dire avec une vitesse d'écoulement du gaz différente. L'unité de quantité de lumière prise comme terme de comparaison est la *carcel* [1].

Bec de 100 l.

Fente	Pression	Pression
0,1 mm.	33,5 mm.	0.05 c.
0,3	15,5	0,30
0,5	3,5	0,63
0,7	2,1	0,68
0,9	1,1	0,64

Bec de 200 l.

Fente	Pression	Pression
0,3 mm.	21,3 mm.	0,97 c.
0,5	5,6	1,70
0,7	3,3	2,11
0,9	2,3	2

Dans les rues de Paris, on employait autrefois des becs à fente de 0,6 mm. débitant 140 l., donnant la carcel pour 127 l. ou des becs plus longs de même largeur de fente débitant 233 l. et donnant la carcel pour 105 l.

Pression et température. — La combustion des gaz sous pression paraît donner un rendement lumineux supérieur. Dans l'air comprimé des flammes seraient plus éclairantes, mais il y a eu peu d'expériences faites, car ce sont là des conditions d'emploi tout à fait exceptionnelles. Dans les travaux à l'air comprimé on emploie de préférence aujourd'hui l'éclairage électrique. Une augmentation de la pression barométrique de 30 mm. de Hg augmenterait le pouvoir éclairant de 5 %.

(1) Les résultats numériques donnés ici et dans les pages suivantes se rapportent au gaz d'éclairage tel qu'il était fabriqué à Paris avant 1900, c'est à dire par simple distillation de la houille, sans débenzolage, ni addition de gaz à l'eau.

L'échauffement de l'air et du gaz avant leur combustion augmente considérablement le pouvoir éclairant, en facilitant le dépôt de carbone, d'une part, et en élevant, d'autre part, la température de combustion. W. Siemens eut le premier l'idée d'appliquer, comme il l'avait fait auparavant pour les fours, le principe de la récupération aux appareils d'éclairage. Il chauffait avec les fumées, dans un bec à combustion renversée, le gaz et l'air. Son bec installé pendant quelques mois sur la place du Palais-Royal à Paris, ne fonctionna pas d'une façon satisfaisante, à cause de l'encrassement des tubes en cuivre à travers lesquels le gaz était réchauffé. Les vapeurs de sulfure de carbone contenues dans le gaz sulfuraient les tubes et finissaient par les obstruer.

Un grand nombre de becs reposant sur ce principe, mais ne chauffant que l'air seul, furent depuis employés avec succès, jusqu'à ce que la découverte des manchons à incandescence par Auer fut venue transformer les conditions de l'éclairage. Le bec, dit industriel, qui servit pendant plusieurs années à éclairer les voies les plus larges de Paris, réchauffait l'air au moyen d'un récupérateur en nickel, jusqu'à la température de 500° ; cela suffisait pour doubler le pouvoir éclairant fourni par la combustion d'un volume donné de gaz.

Débit. — Le pouvoir éclairant obtenu par la combustion d'un volume donné de gaz croît rapidement à mesure que le débit des appareils d'éclairage devient plus considérable ; si, géométriquement de deux becs semblables, l'un débite 2 fois plus de gaz que l'autre, la quantité de lumière fournie par le premier sera bien supérieure au double de celle fournie par le second. L'explication de ce fait n'est pas évidente, mais son exactitude ne peut faire de doute.

Les deux becs papillon dont la comparaison a été donnée plus haut, brûlant l'un 100 l. et l'autre 200 l. ont donné, pour la fente de 0,7 mm. 0,68 et 2,11 carcels. Le double de 0,68 est seulement 1,36.

L'accroissement du pouvoir éclairant ne continue pas cependant aussi rapidement quand les becs deviennent très puissants. Par exemple, un bec Argand de 140 l. a donné la carcel pour

83 l. tandis qu'un bec de 400 l. l'a donnée pour 64 l. En descendant au contraire vers les petits débits, le pouvoir éclairant diminue de plus en plus rapidement et s'annule bien avant le débit, par suite de la combustion avec flamme bleue, qui devient prépondérante dans les flammes de petites dimensions. Cette influence du débit des appareils n'est pas particulière au gaz d'éclairage, on l'observe également avec l'acétylène.

Débit en litres à l'heure	8	12	35	67	92
Litres de C^2H^2 pour 1 carcel . .	10	8	6	5,5	5

Il en est de même encore dans les becs à incandescence système Auer. Dans ce cas, l'influence du débit ne peut pas se rattacher à la combustion avec flamme bleue puisque la flamme n'est jamais éclairante par elle-même.

Nature des carbures. — Les différents carbures donnent par leur combustion un pouvoir éclairant très variable, suivant leur aptitude plus ou moins grande à la décomposition et aussi suivant leur chaleur de combustion. Le méthane CH^4, par exemple, a un pouvoir éclairant presque nul, c'est de tous les carbures, celui dont la décomposition par la chaleur est la plus difficile, il ne se décompose un peu rapidement qu'au-dessus de 1.000°. C'est, d'autre part, un corps formé avec dégagement de chaleur, dont la combustion donne par suite moins de chaleur que ses constituants pris isolément. Le pouvoir éclairant du gaz d'éclairage tient à la présence de petites quantités d'autres carbures. Les 2/3 de son pouvoir éclairant sont dus à la présence de 1 % de vapeur de benzol (mélange de Benzène et de toluène) et le 1/3 restant à 3 % d'hydrocarbures éthyléniques. En faisant passer le gaz d'éclairage dans des huiles végétales ou de l'huile de pétrole non volatile, on lui enlève ses vapeurs de benzol et on lui fait perdre ainsi les 2/3 de son pouvoir éclairant. En lui enlevant ensuite les hydrocarbures non saturés par le brome, on lui fait perdre la totalité de son pouvoir éclairant. Le volume de méthane restant dans le gaz est cependant encore de 35 % et son influence ne se manifeste pas.

L'acétylène est peut-être de tous les carbures, celui qui présente le pouvoir éclairant le plus considérable. Il est en effet formé avec une absorption considérable de chaleur, qui se trouve dégagée à nouveau au moment de la combustion et élève considérablement la température de la flamme. De plus, ce carbure se décompose à très basse température, au-dessous de 500° et donne un dépôt abondant de charbon.

La naphtaline communique également au gaz un pouvoir éclairant considérable. L'addition de 1 % en volume de vapeur de naphtaline suffit pour tripler le pouvoir éclairant d'un volume donné de gaz. C'est là le principe des becs dits à l'*albo carbone*. Il faut avec les gaz très éclairants, employer des pressions assez fortes et des orifices étroits pour éviter d'avoir une flamme fuligineuse.

Composés oxygénés. — Si toutes les circonstances qui favorisent le dépôt du carbone tendent à augmenter le pouvoir éclairant du gaz, réciproquement, les circonstances qui s'opposent à ce dépôt diminueront le pouvoir éclairant. La présence de composés oxygénés : oxygène, vapeur d'eau, acide carbonique, tend à donner de l'oxyde de carbone, dès le début de la décomposition des carbures.

$$C^6H^6 + 6\,CO^2 = 12\,CO + 3\,H^2.$$

Les becs Bunsen de laboratoire, où l'air est mêlé au gaz avant la combustion, donnent une flamme non éclairante, à peine colorée en bleu pâle. La proportion d'air nécessaire pour obtenir la disparition complète du pouvoir éclairant est inférieure au volume même du gaz, bien que, pour la combustion complète, cette proportion d'air doive être de 5 à 6 fois plus grande que celle du gaz.

La vapeur d'eau produit le même effet. En faisant passer le gaz d'éclairage dans une fiole renfermant de l'eau chauffée vers 50° et allumant ce gaz humide, on le voit brûler avec une flamme bleue non éclairante.

L'acide carbonique agit encore de même ; 1 % d'acide carbonique diminue de 3 % le pouvoir éclairant du gaz. Le gaz d'éclairage ordinaire renferme environ 2 % d'acide carbonique. L'enlèvement de ce corps, qui se fait dans certaines usines étrangères contribue à augmenter le pouvoir éclairant du gaz.

L'oxygène libre semblerait à première vue devoir produire le même effet que l'oxygène de l'air. Il en est bien ainsi quand il est introduit en quantité suffisante, il s'oppose à tout dépôt de carbone, mais en petite quantité, son influence sur le pouvoir éclairant est sensiblement nulle, parce qu'il exerce deux actions contraires. Il diminue bien la proportion de carbone disponible dans la flamme, mais par contre il élève la température de celle-ci et par suite le rayonnement du carbone en combustion. C'est là un fait intéressant au point de vue de l'épuration des composés sulfurés du gaz par addition d'oxygène.

Bec Argand. — Dans les becs à verre, dits becs Argand, les conditions déterminantes du pouvoir éclairant sont un peu différentes ; le gaz n'est plus en présence d'une masse d'air illimitée et c'est le rapport entre l'air aspiré par la cheminée et le gaz débité par le bec qui règle le pouvoir éclairant ; les dimensions de l'orifice et la pression d'écoulement sont indifférentes. On obtient, d'après M. Emile Sainte-Claire Deville, le maximum de pouvoir éclairant pour une proportion d'air rigoureusement égale à celle nécessaire pour la combustion, soit 5,4 volumes d'air pour 1 de gaz, mais en se tenant exactement à cette limite, le moindre courant d'air ou n'importe quelle circonstance capable de faire varier accidentellement la proportion d'air, rend la flamme fuligineuse ; on doit pour ce motif admettre un excès d'air ; on va jusqu'à 10 volumes d'air pour 1 de gaz dans le bec-étalon servant en France aux mesures de pouvoir éclairant du gaz ; cet excès d'air diminue le pouvoir éclairant du gaz de 1/5 de sa valeur maxima. On a la carcel pour 105 l. de gaz avec 10 volumes d'air et pour 83 l. avec 6,13 volumes d'air. Tous ces chiffres se rapportent à l'ancien gaz normal de Paris ; ils seraient différents aujourd'hui, en raison des additions de gaz à l'eau.

Eclairage par incandescence. — L'éclairage par incandescence, qui a pris un si grand développement depuis quelques années, utilise la combustion d'un mélange préalable d'air et de gaz, son fonctionnement ne se rattache donc pas à la combustion des gaz non mêlés ; il est intéressant cependant de rapprocher ces becs des becs à flamme libre, pour indiquer les motifs du rendement lumineux plus élevé obtenu en remplaçant dans la flamme, le carbone par un corps incandescent de nature chimique différente [1].

La quantité de lumière rayonnée par un corps solide incandescent dépend à la fois de sa température et de son pouvoir émissif. La température elle-même, dépend à la fois de la température des gaz chauds dans lesquels il est plongé et de la quantité de chaleur perdue par rayonnement. La quantité de chaleur reçue de la flamme est sensiblement proportionnelle à la différence entre la température de la flamme et celle du corps, la quantité de chaleur perdue par rayonnement est directement proportionnelle au pouvoir émissif et très sensiblement à la quatrième puissance de la température absolue. Une fois le régime normal de température obtenu, ces deux quantités de chaleur doivent être égales et de signe contraire. Il y a nécessairement une différence importante entre la température d'une flamme et celle d'un corps solide qui y est plongé, il est donc impossible, comme on l'a proposé quelquefois, d'obtenir la température réelle d'une flamme en y plaçant la soudure d'un couple thermo-électrique ; celle-ci est toujours beaucoup plus froide par suite de son rayonnement.

Pour revenir à la question du pouvoir éclairant, si nous comparons deux corps de pouvoir émissif différent comme le carbone, l'oxyde de chrome ou de fer, dont les pouvoirs émissifs sont voisins de l'unité, et d'autre part l'oxyde de thorium dont le pouvoir émissif n'est guère que de 1/5, ce dernier prendra une température beaucoup plus élevée ; l'expérience montre en effet que la soudure d'un couple thermo-électrique de 0,5 mm. de diamètre recouverte de carbone ou d'oxyde de fer prend dans le bec Bunsen une température d'environ 1.300°, tandis que recouverte de thorine, elle prend une température de 1.700° ; l'augmentation de température tend à augmenter la radiation lumineuse de ce dernier corps, mais son pouvoir émissif moindre tend à produire l'effet contraire. De ces deux actions opposées, c'est la seconde qui l'emporte, le calcul et l'expérience le montrent d'une façon certaine.

(1) H. Le Chatelier et O. Boudouard. *Sur la radiation des manchons à incandescence* (C. R. CXXVI, 1861 (1897).

En remplaçant le carbone pulvérulent en suspension dans la flamme par de la poussière de thorine par exemple, on aurait, toutes choses égales d'ailleurs, un pouvoir éclairant moindre.

Les radiations émises par un corps incandescent ont des longueurs d'onde très différentes. On a admis dans le raisonnement précédent que pour toutes, le pouvoir émissif était le même ; cela est vrai des corps rigoureusement noirs, comme le carbone, ou des corps rigoureusement blancs, s'il en existe réellement ; cela n'est pas vrai des corps colorés dont le pouvoir absorbant est variable d'une longueur d'onde à une autre et par suite aussi le pouvoir émissif puisque ces deux grandeurs sont proportionnelles. On sait, d'autre part, que pour les corps incandescents, les radiations qui emportent avec elles la plus grande énergie, la plus grande quantité de chaleur, en un mot les radiations calorifiques, correspondent au rouge et à l'infra-rouge du spectre, par suite aux longueurs d'ondes supérieures à 0,600 μ. C'est du pouvoir émissif de ces radiations que dépendra à peu près exclusivement la température d'un corps chauffé dans une flamme. Au contraire, les radiations lumineuses correspondent aux longueurs d'ondes comprises entre 0,500 et 0,600 μ ; l'éclat du corps dépendra, en dehors de la température, du pouvoir émissif correspondant à ces radiations. Si donc nous trouvions un corps, dont le pouvoir émissif soit nul dans l'infra-rouge et égal à l'unité dans le jaune, ce corps prendrait dans la flamme une température très élevée voisine de celle des gaz brûlés eux-mêmes, environ 1.900° dans le cas du gaz d'éclairage ; l'éclat lumineux serait considérable en raison de l'élévation de la température et de la grandeur du pouvoir émissif pour les radiations lumineuses. La matière des manchons Auer, composée de 99 % d'oxyde de thorium et de 1 % d'oxyde de cérium, remplit à très peu près ces conditions : l'oxyde de thorium a un pouvoir émissif très faible dans la partie calorifique et lumineuse du spectre, il augmente seulement vers le violet et l'ultra-violet ; l'oxyde de cérium, d'autre part, a un pouvoir émissif considérable pour tout le spectre. Le mélange des deux oxydes dans les proportions indiquées ci-dessus et pris, non à l'état de mélange mécanique, mais à l'état de mélange isomorphe, possède dans l'infra-rouge les propriétés de l'oxyde de thorium, et dans le jaune les propriétés de l'oxyde de cérium, c'est-à-dire faible pouvoir émissif pour les radiations calorifiques et fort pouvoir émissif pour les radiations lumineuses, conditions qui assurent le maximum de rendement lumineux.

COMBUSTION DES GAZ MÉLÉS

Vitesse de réaction. — On distingue deux sortes de combustions, la combustion *vive*, accompagnée de phénomènes intenses : chaleur, lumière, explosion, et la combustion *lente*, conduisant au même terme final comme réactions chimiques et dégageant au total la même quantité de chaleur, mais d'une façon plus lente, de telle sorte que la manifestation des phénomènes calorifiques est moins intense et les phénomènes mécaniques d'explosion nuls. La combustion des mélanges d'air et de gaz dans les moteurs à explosion donne un exemple de combustion vive. L'oxydation lente du fer dans la formation de la rouille, l'oxydation lente des aliments dans l'organisme animal sont au contraire des exemples de combustion lente. Il n'y a en réalité entre ces deux espèces de combustions qu'une question de plus ou de moins dans la rapidité du phénomène. Il semble cependant exister entre les deux une discontinuité assez nette, nous en donnerons plus loin la raison.

Influence de la température. — La vitesse avec laquelle se produisent tous les phénomènes chimiques, ceux de combustion comme les autres, croît très rapidement avec la température. On admet généralement que cette vitesse peut être représentée par une loi exponentielle de la forme :

$$V = Ka^{T}.$$

Pour préciser par un exemple, le mélange tonnant d'hydrogène et d'oxygène se combine vers la température de 200° avec une lenteur telle que la combinaison n'est pas encore complète après plusieurs mois, soit en nombres ronds dix millions de seconde. Vers 2.200° au contraire, des mesures relatives à la vitesse de l'onde explosive semblent indiquer que la durée totale de la combinaison n'excède pas à cette température un dix millionième de seconde. Le rapport de ces deux vitesses, pour un écart de 2.000° est donc celui de 1 à 10^{14}, c'est-à-dire 1 à 100.000 milliards. Si l'on voulait représenter par une courbe la loi de variation d'un semblable phénomène et que l'on prenne une échelle telle que la vitesse à 200° soit représentée par une longueur de 1 mm., ce qui est nécessaire pour pouvoir la dessiner sur le papier, la plus grande vitesse devrait être représentée par une ordonnée de 100 millions de kilomètres, c'est-à-dire égale à plus de 10.000 fois le rayon de la terre.

On admet généralement, depuis des expériences faites par Berthelot, que la vitesse de combinaison de l'hydrogène et de l'oxygène est rigoureusement nulle à la température ordinaire ; il n'a trouvé en effet en une dizaine d'années aucun changement appréciable, or si l'on cherche à extrapoler les chiffres cités plus haut, on voit qu'il aurait fallu prolonger plusieurs siècles l'expérience pour pouvoir constater une réaction appréciable ; nous ignorons donc absolument si ces deux gaz commencent ou non à se combiner à la température ordinaire.

Van t'Hoff a fait une série d'expériences sur le mélange d'hydrogène et d'oxygène à la température de 450°. La proportion de gaz combiné en fonction du temps a été trouvée :

Au bout de	20 h.	7 %
—	40	11
—	60	14
—	80	16
—	100	18
—	120	20

Les mesures de ces vitesses ne sont possibles que dans un intervalle très restreint de température, où la vitesse ne soit ni trop grande, ni trop petite, entre 200 et 800° par exemple ; encore les résultats observés sont-ils très discordants, en raison de la multiplicité des facteurs autres que la température dont dépend également cette vitesse de combinaison, tout particulièrement de l'action de contact des surfaces solides.

M. Hélier a fait une étude systématique de l'influence de la température sur la vitesse initiale de réaction, en opérant dans des vases de très petites dimensions, avec un développement considérable de surface, de façon à s'opposer à l'élévation de la température de la masse gazeuse, par le fait de sa combustion ; la proportion combinée après 3′ de chauffage dans le mélange $H^2 + O$ a été trouvée :

180°	200°	240°	330°	430°	620°	825°	845°
0,04 o/o	0,12	1,3	9,8	39,8	84,5	96,1	explos.

résultats tout différents de ceux de Van t'Hoff.

Influence de la pression. —Cette vitesse de combinaison dépend encore d'un certain nombre de facteurs autres que la température ; elle croît avec la pression, c'est-à-dire avec la densité du mélange gazeux. Dans les moteurs à gaz la compression du mélange explosif avant l'allumage facilite sa combustion. Une augmentation de pression facilite dans les eudiomètres la combustion des mélanges difficilement inflammables. Enfin, la combustion des vapeurs de phosphore se produit d'une façon très différente suivant la pression de l'oxygène, donnant immédiatement de l'anhydride phosphorique aux fortes pressions, donnant au contraire d'une façon passagère de l'anhydride phosphoreux aux faibles pressions.

Action superficielle des corps solides. — La présence de corps étrangers exerce une très grande influence sur la vitesse de combustion des gaz. La mousse de platine provoque dès la température ordinaire la combustion de l'hydrogène et de l'oxygène, vers 300° celle du méthane et de l'oxygène. Un inventeur avait proposé d'employer ce procédé pour détruire le grisou dans les mines; il se servait d'une lampe à esence chauffant, par combustion lente, de l'amiante platinée ; il avait seulement oublié de mesurer le rendement de son appareil : il aurait fallu 500.000 lampes pour détruire la totalité du gaz dégagé dans une mine notablement grisouteuse, qui peut donner 500 l. de grisou par seconde. Pour chauffer ces appareils il aurait fallu brûler 50 t. d'essence minérale, c'est-à-dire un poids égal au dixième de celui de la houille extraite pendant le même temps. C'est là un bon exemple de l'application inintelligente des connaissances scientifiques aux problèmes pratiques.

Un catalyseur d'origine américaine, employé dans les masques pendant la guerre la *Hapcalite* provoque la combustion de l'oxyde de carbone dès la température ordinaire. C'est un mélange ou une combinaison de bioxyde de manganèse et d'oxyde de cuivre, dans la proportion de 60 du premier pour 40 du second.

Non seulement les corps poreux, mais les corps solides de toute sorte et même des corps de même nature, ne différant que par de très légers changements dans l'état de leur surface, suffisent par leur présence pour amener des différences notables dans la vitesse de combustion. Van t'Hoff a trouvé que, dans un appareil en verre neuf, la vitesse initiale de combinaison du mélange H^2+O était six fois plus grande que dans le même appareil ayant servi plusieurs fois. M. Hélier a trouvé de très grands écarts entre des expériences faites dans des appareils en verre, en cristal, en porcelaine ou argentés intérieurement. L'agitation en renouvelant les contacts avec les surfaces solides paraît avoir une influence très grande. Cela semble être la raison principale des écarts considérables entre les résultats des expériences de M. Hélier, faites sur des gaz en mouvement et celles de M. Van t'Hoff, sur des gaz en repos.

Combution progressive. — Dans les réactions lentes, à basse température, l'oxydation des gaz et des vapeurs n'arrive pas toujours du premier coup à son terme final. Nous avons déjà vu que l'oxydation de la houille se limite au premier moment à une simple fixation d'oxygène, la production d'acide carbonique et d'eau a lieu ultérieurement. De même la vapeur d'alcool donne au-dessous du rouge, au contact de la mousse de platine, de l'aldéhy de

$$C^2H^6O + {}^1/_2O^2 = C^2H^4O + H^2O$$

Cette réaction est plus nette encore avec l'ether ordinaire et peut faire l'objet d'une très belle expérience de cours. On chauffe une capsule de porcelaine sur un fourneau à gaz vers 200° et après avoir éteint le feu, on y projette quelques centimètres cubes d'éther. On voit, en se plaçant dans l'obscurité complète, s'élever de la capsule une flamme bleuâtre, très pâle, formant un cône pouvant atteindre 1 mètre de hauteur. Ensuite, tantôt la flamme pâle s'éteint, tantôt elle provoque la combustion vive ordinaire en donnant alors une flamme très éclairante. Ce phénomène a été découvert pendant la guerre dans les poudreries, où plusieurs accidents ont été provoqués par l'inflammation de vapeur d'éther au contact de canalisations de vapeur. Leur température, insuffisante pour provoquer immédiatement la combustion vive, suffisait à amorcer la combustion lente et la chaleur dégagée par celle-ci élevait la température du mélange gazeux jusqu'au point d'inflammation vive.

Température d'inflammation. — Lorsque l'on introduit un mélange gazeux combustible dans une enceinte chauffée à une température déterminée et que l'on répète la même expérience à des températures progressivement croissantes, on observe une discontinuité très nette dans les phénomènes. Pour les températures inférieures à une certaine limite, on obtient une combustion dont la vitesse croît régulièrement avec la température ; puis brusquement, à partir d'une certaine température, on obtient une inflammation instantanée, ou du moins s'effectuant dans un temps trop court pour que nous puissions en apprécier la durée. La raison de ce phénomène est la suivante : la combustion lente d'une masse gazeuse élève sa température, par suite du dégagement de chaleur dû à la réaction chimique. La température de la masse arrive ainsi à dépasser celle de l'enceinte ; la masse gazeuse se refroidit alors au contact de la paroi, en lui cédant de la chaleur et prend, si la combustion n'est pas trop rapide, un certain régime permanent de température, supérieure à celui de l'enceinte, d'une quantité telle, que la chaleur perdue par contact ou rayonnement soit exactement égale à celle fournie dans le même temps par la combustion lente. Pour que cette condition soit remplie, il faut

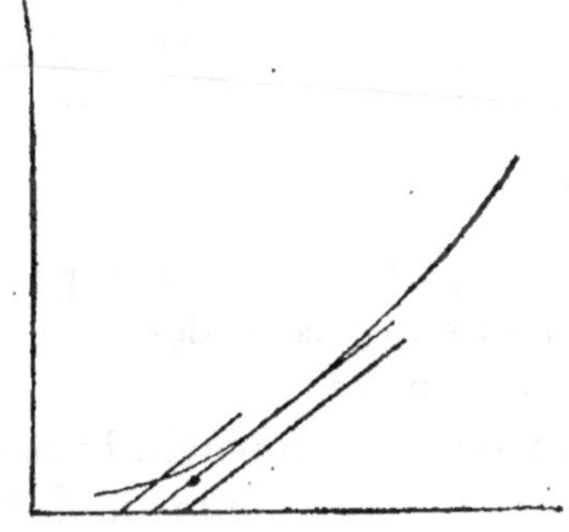

Fig. 3.

que les deux phénomènes calorifiques de sens contraire croissent avec une vitesse différente en fonction de la température, la perte de chaleur par la paroi l'emportant sur le supplément de chaleur fourni par la combustion. Autrement dit, si l'on trace deux courbes (fig. 3) qui représentent, en fonction de la température, l'une la chaleur dégagée par la combustion, et l'autre la chaleur cédée à la paroi, ces deux courbes doivent se couper ; cette condition est nécessaire et suffisante pour que l'on atteigne une température de régime constante ; si elles ne se coupent pas au contraire, la chaleur fournie par la combustion reste toujours supérieure à celle prise par la paroi, la réaction s'emporte et devient explosive. La discontinuité signalée plus haut correspond donc à la température pour laquelle les deux courbes sont tangentes. La courbe des pertes de chaleur par la paroi est sensiblement une droite tandis que celle des chaleurs fournies par la combustion s'élève rapidement.

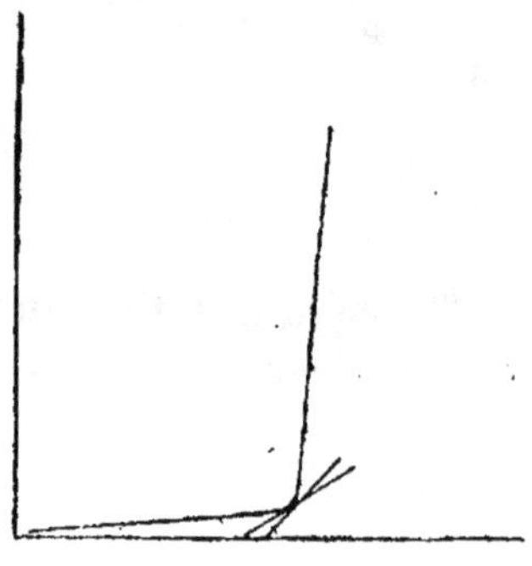

Fig. 4.

La température la plus basse à laquelle l'inflammation brusque du mélange se produit, est dite *température d'inflammation*. D'après les explications données ci-dessus, cette température n'est pas une grandeur physiquement déterminée ; la perte de chaleur par les parois est proportionnelle à la surface de l'enveloppe, tandis que la quantité de chaleur dégagée est proportionnelle à son volume ; la température d'inflammation doit donc nécessairement varier avec les conditions de l'expérience. Pratiquement cependant cette température d'inflammation a une certaine signification, parce que la vitesse des phénomènes chimiques croît tellement vite avec la température qu'il faut des variations énormes dans le volume des récipients pour amener un changement notable dans la température d'inflammation, comme le montre la figure 4.

On peut employer des procédés très variés pour la mesure de ces températures d'inflammation, par exemple, faire passer le mélange gazeux dans un tube en porcelaine chauffé à une température déterminée. On est averti de la combustion, parce qu'on voit la flamme revenir en arrière vers le récipient où le mélange des gaz a été effectué. Une couple thermo-électrique placé à côté du tube en donne la température.

La méthode du pyromètre, peut-être plus précise, mais applicable seulement à des mélanges dont la combinaison est accompagnée d'un changement de volume, consiste à prendre un pyromètre en porcelaine dans lequel on fait le vide et où l'on fait ensuite rentrer, au moyen d'un robinet à trois voies, de l'air contenu dans un mesureur. En rapprochant le volume d'air ainsi rentré de la capacité du pyromètre, on a la mesure exacte de la température de celui-ci. On recommence ensuite la même expérience en remplaçant l'air par le mélange combustible étudié ; si la combustion ne se produit pas, le volume aspiré au premier moment est exactement le même que celui de l'air. On voit ensuite peu à peu ce volume changer lentement par le fait de la combustion lente. Si, au contraire, on a dépassé la température d'inflammation, le volume de gaz aspiré diffère immédiatement de celui de l'air, d'une quantité déterminée par le changement de volume résultant de la combustion.

Inflammation par compression. — Enfin, un procédé très élégant, employé par un chimiste américain, M. Falk, consiste à comprimer brusquement, au moyen du choc d'un mouton tombant d'une certaine hauteur, le mélange gazeux enfermé dans un cylindre sous un piston d'acier. La compression adiabatique élève brusquement la température d'une quantité facile à calculer d'après le changement de volume. Les détails de ce calcul sont données plus loin. Au moment où la combustion se produit, le mouvement du piston change immédiatement, par suite de l'excès de pression résultant de l'explosion. Il est facile d'enregistrer la position du piston pour laquelle le phénomène se produit. On calcule ensuite, d'après la loi de compression adiabatique des gaz, la température atteinte par le mélange au moment de son inflammation.

Les expériences faites par ces trois méthodes dans des appareils dont les dimensions intérieures étaient comprises entre 2 et 5 centimètres ont donné des résultats suffisamment concordants.

L'inflammation par compression a été utilisée dans un moteur inventé par un ingénieur allemand, Diesel. Il comprime de l'air pur dans le cylindre de son moteur à une pression d'environ 50 atm. et injecte alors brusquement une certaine quantité d'huile qui s'enflamme instantanément. Il est facile de calculer l'élévation de température produite par une compression donnée. On trouve qu'une compression de 33 atm. élève la température de 500° et une compression de 55 atm., de 1.000°.

Cette compression provoque parfois, dans les moteurs à essence ordinaires, des inflammations prématurées. On est obligé de limiter la compression avant l'inflammation pour éviter cet inconvénient.

On ne peut guère dépasser 5 atmosphères avec l'essence minérale et le double, soit 10 atmosphères, avec l'alcool. Ces faibles compressions étonnent au premier abord. L'alcool s'enflamme vers 500° et l'essence minérale vers 650° .On devrait donc pouvoir pousser la compression initiale vers 30 atmosphères. Il n'en est rien pour deux raisons. D'abord le cylindre du moteur est chaud et le gaz comprimé part d'une température déjà assez élevée. Mais, de plus, par suite de l'imperfection des mélanges avec l'air, la combustion incomplète des vapeurs d'essence ou d'alcool donnent lieu à des dépôts de charbon en divers points du cylindre et ce charbon pulvérulent abaisse beaucoup la température d'inflammation du mélange gazeux, soit qu'il agisse simplement comme catalyseur à la façon des corps poreux, soit qu'il commence lui même à s'enflammer à plus basse température que les vapeurs et fonctionne alors comme une allumette introduit dans un mélange gazeux.

Un chimiste américain a découvert récemment que l'introduction dans le mélange explosif de quelques millièmes de plomb tétréthyle permet d'élever notablement la compression initiale des moteurs à pétrole sans avoir d'inflammations prématurées. Le plomb déposé en même temps que le charbon semble modifier les propriétés de ce dernier.

Retard à l'inflammation du grisou. — On a vu que la présence de la vapeur d'eau dans l'oxyde de carbone abaisse la température d'inflammation ; le formène semble donner lieu à un phénomène analogue.

Le mélange de grisou et d'oxygène introduit dans un vase clos présente, lorsqu'il est sec, un retard à l'inflammation ; lorsqu'on fait passer rapidement ce mélange à travers un tube au rouge, la combinaison ne se produit pas. Une barre de fer rouge ne provoque pas l'explosion d'un mélange grisouteux, car le mélange qui circule autour ne reste pas assez longtemps en contact. On met encore ce fait en évidence par l'expérience suivante : on place dans le mélange un creuset de fer chauffé au rouge, la concavité tournée vers le haut, et l'on constate que l'explosion ne se produit pas. Au contraire, l'explosion a lieu quand le creuset est renversé, car le gaz reste sous la concavité au contact de la source de chaleur.

Le retard à l'inflammation du grisou peut atteindre 10″ à 650° ; il décroît quand la température s'élève et est à peine de 1″ vers 1000°. Cette propriété des mélanges grisouteux explique l'efficacité des lampes Davy, même quand le tamis métallique vient à rougir, ainsi que la possibilité d'employer sans danger certains explosifs, les produits gazeux de l'explosif ayant le temps de se refroidir avant d'avoir enflammé le mélange grisouteux.

Des expériences récentes, beaucoup plus précises de M. Taffanel ont montré que ce retard à l'inflammation existe pour tous les gaz combustibles, mais pour certains d'entre eux, il n'est sensible que dans un très faible intervalle de température au dessus du point d'inflammation. Les expériences ont été faites par M. Taffanel dans un réservoir de silice fondue de 5 centimètres de diamètre.

Mélange à 10 % de méthane. Point d'inflammation 700°.

Température	725°	800°
Retards en ″	2″	1″

Mélange à 12 % de méthane. Point d'inflammation 725°

Température	750°	800°	830″
Retards en ″	4″	2″	1″

Mélange à 2 % de toluène. Température d'inflammation 615°

Température	630°	680°	710°
Retards en ″	6″	3″	1″

Résultats numériques. — La température d'inflammation dépend de plusieurs facteurs : D'abord de la dimension du vase dans lequel se fait l'inflammation pour les raisons données précédemment ; de la nature du gaz combustible, de la proportion de son mélange avec l'air, de la température initiale du mélange gazeux et enfin de sa pression. Les données numériques reproduites ici sont empruntées aux recherches de M. Taffanel.

Pour étudier l'influence des dimensions du récipient où se fait l'inflammation, on a employé parallèlement des récipients de 350, 15 et 9 cc de capacité.

Mélanges étudiés	Capacités	Température
7 % CH^4	350 cc.	675°
id.	15 cc.	725°
30 % CO	350 cc.	610°
id.	15 cc.	625°
id.	9 cc.	700°

Pour l'hydrogène et l'acétylène, l'influence des dimensions de la chambre de combustion est beaucoup moins sensible.

Les expériences suivantes ont été faites au matras de 350 cc, dont le corps renflé était constitué par un tube en silice fondue de 50 mm. de diamètre. On y faisait le vide et on laissait brusquement rentrer le mélange gazeux. L'équilibre de température du gaz avec l'enceinte demandait environ 0,1 seconde.

L'influence de la proportion du gaz combustible est très accentuée pour les gaz et vapeurs complexes qui donnent des réactions différentes suivant la proportion d'oxygène en présence. Pour le méthane et l'acétylène, l'influence de la proportion du gaz est particulièrement marquée :

Méthane.

Proportions	3 %	7,5 %	10	15	30
Températures	675°	675°	700°	740°	850°

Acétylène.

Proportions	2,5	32	50	65
Températures	570°	400°	335°	375°

Voici les résultats relatifs à d'autres gaz pour lesquels l'influence des proportions se fait moins sentir. On a indiqué sur le tableau les proportions différentes de gaz pour lesquelles la température d'inflammation reste sensiblement constante.

Gaz	Proportions	Température
Hydrogène	10 à 50 %	600°
Oxyde de Carbone	30 à 60	610°
Ethylène	4,5 à 6,5	487°
Ethane	4 à 8	560°
Pentane	2 à 3	512°
Benzol	5	578°
Essence	2,3	481°
Alcool dénaturé	27 à 38	450°

L'influence de la pression ne semble pas considérable, mais elle atténue notablement les retards à l'inflammation.

LIMITE D'INFLAMMABILITÉ

Dans la combustion habituelle des mélanges gazeux, la température n'est pas élevée à la fois dans la totalité de la masse. On provoque l'inflammation en un seul point, au moyen d'une source de chaleur convenable : flamme d'une allumette, étincelle électrique, puis cette inflammation se propage de proche en proche dans toute la masse. Le mécanisme de cette propagation est le suivant : la flamme chauffe la tranche froide immédiatement à son contact et la porte à sa température d'inflammation, celle-ci s'allume alors et échauffe la tranche suivante, et ainsi de suite. Il est indispensable évidemment que la température développée par la combustion du mélange soit supérieure à celle d'inflammation, car un corps chaud ne peut jamais échauffer par contact un corps froid à une température supérieure à la sienne. Il est bien évident que cette condition ne sera pas remplie, si la proportion du gaz combustible ou celle de l'oxygène est trop faible dans le mélange.

Résultats numériques. — Les mélanges gazeux ne sont donc inflammables qu'entre deux limites extrêmes de composition rigoureusement déterminées. Ces limites sont les suivantes, pour les mélanges avec l'air de quelques-uns des gaz les plus usuels :

Hydrogène	10	à 70 %
Oxyde de carbone . . .	16	à 75
Gaz d'éclairage . . .	8	à 25
Méthane	6	à 16
Acétylène	2,8	à 65

Ces chiffres donnent la proportion du gaz combustible pour 100 du mélange total.

Le facteur dominant de l'inflammabilité d'un mélange est évidemment la proportion relative du gaz combustible et de l'oxygène, mais il y a encore un certain nombre de facteurs plus ou moins importants, dont dépend cette inflammabilité : la pression du mélange, sa température, son degré d'agitation, etc.

En s'arrangeant pour maintenir tous ces facteurs invariables, les limites d'inflammabilité peuvent, sans aucune difficulté, être mesurées avec une incertitude sur la proportion du gaz combustible inférieure, à 0,1 % du volume total du mélange gazeux.

Mélange de plusieurs gaz combustibles. — Si l'on prend un mélange de deux gaz combustibles dans un rapport déterminé et si l'on ajoute des quantités croissantes de ce mélange à un volume donné d'air, on arrivera à obtenir à un moment donné un mélange inflammable. La limite d'inflammabilité ainsi déterminée doit, *a priori*, présenter une relation avec celle des deux gaz combustibles du mélange. L'expérience montre que la dite relation peut en général être mise sous la forme :

$$\frac{n}{N} + \frac{n'}{N'} = 1.$$

ou N et N' sont les limites des deux gaz isolés.

Cette loi se vérifie rigoureusement dans le cas des mélanges de méthane et de gaz d'éclairage. Voici les résultats obtenus avec un gaz d'éclairage dont la limite d'inflammabilité était de 8,15 et un méthane impur dont la limite d'inflammabilité était de 6,45 :

Formène impur . . .	6,45	5,4	3,1	1,5	0
Gaz d'éclairage . . .	0	1,35	4,25	6,2	8,15
$\frac{n}{N} + \frac{n'}{N'}$		1,002	1,002	0,994	

Le mélange d'oxyde de carbone et d'acétylène conduit à la même relation. Par exemple, de l'oxyde de carbone impur, dont la limite d'inflammabilité était de 17,2, et de l'acétylène, dont la limite d'inflammabilité était de 2,8, ont donné les résultats suivants :

	Non	Oui	Limite
C^2H^2	1,45	1,45	1,45
CO impur	7,95	8,5	8,2

ce qui donne la relation :

$$\frac{N}{n} + \frac{n'}{N'} = \frac{8,2}{17,2} + \frac{1,45}{2,8} = 0,48 + 0,52 = 1.00.$$

Avec de l'oxyde de carbone pur et de l'acétylène, la relation se vérifie avec la même rigueur :

	Non	Oui	Limite
C^2H^2	1,45	1,45	1,45
CO	7,35	7,95	7,65

ce qui donne :

$$\frac{1.45}{2,8} + \frac{7,65}{15,9} = 1,001.$$

Des résultats semblables ont encore été obtenus pour les mélanges d'acétylène et de gaz d'éclairage.

Par contre les mélanges d'oxyde de carbone et d'hydrogène ont donné lieu à une légère dérogation à cette loi :

CO	15,9	12	7,75	4,3	0
H^2	0	2,7	5,50	7,6	10
$\frac{n}{N} + \frac{n'}{N'}$	1	1,025	1,04	1,02	1

L'écart le plus grand de 4 % dépasse de beaucoup les erreurs expérimentales possibles. Peut-être l'hydrogène joue-t-il, vis-à-vis de l'oxyde de carbone, un rôle spécial se rattachant à l'influence connue de la vapeur d'eau sur la combustibilité de ce gaz.

Dosages par les limites d'inflammabilité. — Cette propriété est mise à profit aujourd'hui pour obtenir le dosage très précis de petites quantités de gaz combustible existant dans l'air, tout particulièrement du grisou dans l'atmosphère des mines.

L'historique de la découverte de ce procédé est assez original pour être rappelé. Un ingénieur américain, M. Shaw, tout à fait ignorant des études déjà faites sur la combustion des gaz et des difficultés du problème, eut *a priori* l'idée très ingénieuse de doser le grisou existant dans l'air des mines en cherchant la quantité de ce gaz pur qu'il fallait ajouter à l'air grisouteux pour arriver à la limite d'inflammabilité, c'est-à-dire, à une teneur de 6 % de grisou. La différence entre le chiffre 6 et la proportion du gaz ajouté devait donner celle qui existait primitivement dans l'air. Il réalisa de suite, sans aucune étude préalable, un appareil très compliqué pour l'application de cette idée. L'installation complète comprenait deux parties distinctes : une pompe actionnée par une machine à vapeur, allant aspirer, par une canalisation installée à cet effet, l'air en différents points des galeries de la mine et l'amenant à l'appareil mesureur installé dans le cabinet de l'ingénieur. Dans son idée, cette pompe aspirante devait pouvoir au besoin être renversée dans sa marche et fonctionner comme pompe foulante, de façon à ce qu'en cas d'éboulement dans la mine, on puisse, par la même canalisation, envoyer de l'air aux ouvriers pour les faire respirer et du lait pour les nourrir.

Fig. 5.

L'appareil mesureur, très ingénieusement disposé, se composait de deux cylindres, aspirant l'un l'air à étudier, l'autre du grisou pur en provision dans un réservoir. On pouvait régler la course relative des deux pistons de façon à faire des mélanges en proportions connues. Cet appareil compliqué donne des résultats exacts, mais j'ai obtenu exactement les mêmes, d'une façon beaucoup moins coûteuse, avec une simple burette en verre (fig. 5), dite burette à limite d'inflammabilité, dont l'usage est aujourd'hui général dans les mines de houille et qui permet de doser dans l'air la proportion de grisou à 0,1 % près.

Pression. — On sait depuis longtemps que dans les eudiomètres étroits, la combustion des mélanges voisins des limites d'inflammabilité est facilitée quand on élève la pression. Mais le professeur Dixon a le premier mis d'une façon précise en évidence ce rôle de la pression. Il a constaté qu'un mélange formé de :

CO	62
H	25
O	12,9

était combustible sous la pression de 75 mm. et incombustible sous la pression de 60 mm. de *Hg*. On sait que les étincelles électriques sont de moins en moins chaudes à mesure qu'elles traversent un gaz raréfié ; on pouvait supposer que la moindre élévation de température des gaz était la cause de la non inflammation. MM. Boudouard et Le Chatelier ont constaté qu'en mettant sur les deux fils une petite masse de coton poudre de façon à l'allumer par l'étincelle, les résultats sont exactement les mêmes.

Voici les résultats d'expériences qu'ils ont faites sur des mélanges d'oxyde de carbone et d'air en proportions variables avec l'indication des pressions pour lesquelles l'inflammation s'est ou non produite.

Oxyde de carbone o/o. . .	17,4	20	25	50
Non inflammation . . .	321 mm.	171 mm.	86 mm.	101 mm.
Inflammation	760	336	181	131

Influence de la température. — Les limites d'inflammabilité varient avec la température de la masse gazeuse. Plus sa température est élevée, moins la quantité de chaleur que la combustion doit lui apporter pour la porter à sa température d'inflammation est considérable et moins par suite il faut de gaz combustible dans le mélange.

M. Roskowski a étudié cette influence de la température jusqu'à 300° pour l'hydrogène, le méthane et le gaz d'éclairage, mêlés soit à l'air naturel, soit à de l'air dans lequel l'azote avait été remplacé par de l'acide carbonique ou de l'oxygène. Jusqu'à 300° l'influence de la température n'est pas notable, sauf dans le cas de l'air chargé d'acide carbonique.

MM. Boudouard et Le Chatelier ont repris les mêmes expériences sur les mélanges d'oxyde de carbone et d'air. En élevant la température au-dessus de 400°, la limite d'inflammabilité s'abaisse beaucoup.

CO o/o	7,4	9,3	14,2
Non inflammable	550°	450°	400°
Inflammable	600	490	400

Vers 575° la limite d'inflammabilité de l'oxyde de carbone est donc diminuée de plus de moitié de ce qu'elle est à la température ordinaire.

Des expériences de M. Taffanel sur le méthane ont donné les résultats suivants. L'inflammation était produite par une étincelle électrique jaillissant au milieu du matras renfermant le mélange combustible.

Méthane.

Températue	20°	175°	315°	550°
Limite d'inflammabilité	5,9	5,2	4,2	3,3

La variation de la limite en fonction de la température est sensiblement linéaire. Il en résulte que la température de combustion correspondant à cette limite est toujours la même et égale à 1300 degrés.

Connaissant d'autre part la vitesse de propagation de la flamme dans ce mélange, qui est de 20 cm par seconde, on peut calculer l'épaisseur de la tranche en combustion vive. Elle serait sensiblement de 0,5 mm.

Lampes indicatrices de grisou. — L'abaissement de la limite d'inflammabilité avec la température joue un rôle capital dans la reconnaissance du grisou dans les mines au moyen des lampes de sûreté. Le procédé employé de tous temps pour reconnaître la présence du grisou, dans le cas de teneurs supérieures à 2 ou 3 %, ce dont on se contentait autrefois, repose sur cet abaissement de la limite d'inflammabilité. En baissant la flamme des lampes ordinaires de mine, de façon à ce qu'elle se réduise à une toute petite flamme bleue non éclairante, on observe, en portant cette lampe dans des mélanges d'air et de grisou non inflammables, une auréole bleue au-dessus de la flamme de la lampe, d'autant

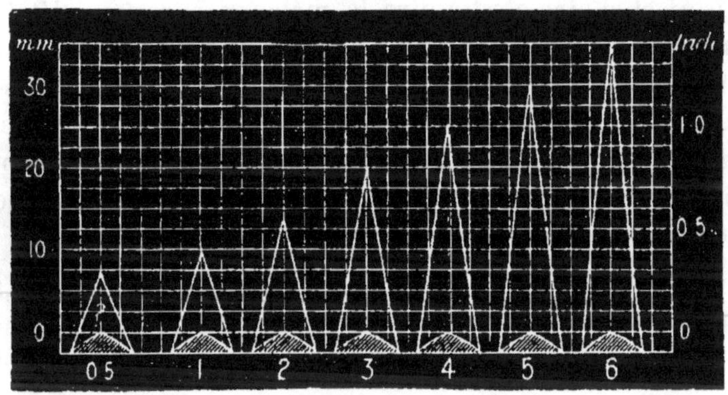

Fig. 6.

plus grande que le mélange gazeux est plus riche en gaz combustible (fig. 7). La limite d'inflammabilité inférieure d'un mélange de gaz combustible et d'air s'abaisse et se rapproche de o au fur et à mesure que la température de la masse gazeuse se rapproche de la température d'inflammation.

Autour de la flamme de la lampe, il y a des zones chaudes de température décroissante ; l'inflammation se propage dans le milieu grisouteux, jusqu'à la zone de température limite à laquelle il est encore combustible avec sa composition particulière.

On doit baisser la lampe pour la rendre non lumineuse, parce que l'éclat de la flamme de ces mélanges pauvres en grisou est très faible et l'œil ne pourrait pas la discerner, quand il est ébloui par le voisinage d'une flamme éclairante. On est arrivé, en employant la flamme de l'hydrogène, qui n'est pas du tout lumineuse, tout en étant très chaude, ou même celle de l'alcool, à augmenter beaucoup la sensibilité de cette méthode et à reconnaître le grisou jusqu'à 0,25 % (1).

Action refroidissante des parois. — Dans les tubes de dimensions étroites, la chaleur prise par les parois diminue l'échauffement du mélange non encore brûlé et s'oppose par conséquent à la propagation de la combustion dans la masse.

Davy a reconnu par exemple que le mélange le plus combustible de grisou et d'air, c'est-à-dire le mélange à 10 %, n'était plus inflammable dans un tube de 3,2 mm. Au fur et à mesure qu'on réduit le diamètre des tubes, les limites d'inflammabilité se rapprochent jusqu'à ce qu'on arrive à un diamètre capable d'arrêter la combustion de tous les mélanges, de composition quelconque.

Voici les résultats de quelques expériences que j'ai faites sur les mélanges d'oxyde de carbone et d'air.

Proportion de CO.		16,1	17,0	19,1	38,0	47,5	57,0	61,7	66,5	71,3
Diamètre des tubes en mm	*non*	13	6,6	4,8	2,3	2,3	2,3	4,8	9,8	11
	oui	13,8	7,5	6,6	3,6	2,3	3,6	6,6	9,8	11
Limite moyenne.		13,4	7	5,7	2,6	2,3	2,9	5,7	9,8	11

Les expériences suivantes se rapportent à l'acétylène ; on a réuni dans le même tableau les limites inférieure et supérieure d'inflammabilité des mélanges d'acétylène et d'air correspondant à chacun de ces diamètres :

Diamètre	9,5	0,8	2	4	6	20	30	40
Limite inférieure . .	9	7,7	5	4,5	6	3,5	3,1	2,9
Limite supérieure . .	9	10	15	25	40	55	62	64

Influence de l'inclinaison de la burette. — Une cause d'erreur importante à connaître, mais facile à éviter, quand on la connaît, a été découverte par M. Lebreton. La limite d'inflammabilité mesurée à la burette varie quand on incline celle-ci pour faire les mesures ; elle s'abaisse avec l'augmentation de l'inclinaison sur la verticale.

(1) MALLARD et LE CHATELIER. Sur les procédés pour déceler la présence du grisou dans l'atmosphère des mines (*Ann. des Mines* [7]-XIX, 186, 1879).

Voici les résultats obtenus avec le gaz d'éclairage, l'hydrogène et le méthane impur :

Angles	Gaz d'éclairage	Hydrogène	Méthane
0°	8,2	9,5	6,4
26	8,1	9,45	»
51	7,7	9,1	6,2
67	7,2	8,3	»
75	6,7	7,8	6,1
84	6,5	7	»

Influence de l'agitation. — Dans un mélange gazeux en mouvement, la transmission de l'inflammation ne se fait pas dans les mêmes conditions que dans un mélange au repos. Une partie des échanges de chaleur résulte du mélange des gaz chauds avec les gaz froids, et ne se produit plus exclusivement par rayonnement et conductibilité. Les échanges de chaleur étant ainsi accélérés, les pertes par refroidissement sont réduites et la limite d'inflammabilité est un peu abaissée. Cependant une agitation trop forte, quand elle provoque brusquement le mélange des gaz chauds avec une trop grande quantité de gaz froids, peut amener l'extinction de la flamme et produire ainsi l'effet contraire. Il doit donc y avoir, et l'expérience le confirme, un certain degré d'agitation, assez faible il est vrai, qui correspond à un maximum d'inflammabilité des mélanges combustibles. Il est impossible de mesurer et de définir en aucune façon ce degré d'agitation.

Les agitations très violentes, comme celles que l'on obtient en lançant un mélange gazeux au moyen d'une forte pression à travers un orifice, peuvent au contraire être un obstacle à la combustion. Cette difficulté se présente fréquemment dans le chauffage des fours avec les gaz de gazogènes, les gaz de hauts-fourneaux et en général ce que l'on appelle les gaz pauvres. Il est très difficile d'allumer au début ces gaz dans une enceinte encore froide, la vitesse trop grande du courant gazeux amène de suite l'extinction. Souvent même on est obligé, pour obtenir cet allumage, de mettre devant l'orifice des carneaux a gaz une certaine quantité de charbon incandescent qui échauffe le mélange et entretient sa combustion. Ces extinctions de la flamme peuvent, dans certains cas, être la source de graves dangers. La flamme éteinte dans une partie du four où la vitesse est trop grande, peut renaître quelques instants après, si elle rencontre une matière incandescente et l'explosion produite par le retour de flamme en arrière pourra faire sauter le four.

Limites d'inflammabilité des vapeurs combustibles. — Les limites d'inflammabilité des différents gaz simples ou industriels varient dans des limites extrêmement considérables. Le tableau suivant donne les résultats des expériences de MM. Le Chatelier et Boudouard au sujet de la limite inférieure d'inflammabilité des vapeurs de liquides volatils ; on a rapproché dans le même tableau les résultats relatifs aux gaz permanents.

Les lettres inscrites en tête des colonnes ont la signification suivante : *t*, température ; *f*, tension de vapeur (donnée par les tables) ; *p*, poids en grammes de vapeur par litre ; V, volume de vapeur pour 1 de mélange ; O, proportion d'oxygène nécessaire à la combustion ; *q*, chaleur de combustion d'un volume moléculaire du mélange, soit 23,5 l. à 15°. Les chiffres gras sont les nombres mesurés expérimentalement.

Dans la plupart des cas le mélange correspondant à la limite d'inflammabilité à une température de combustion sensiblement double de celle d'inflammation. On peut se rendre assez facilement compte de ce fait en admettant que les échanges de chaleur entre le gaz brûlé et le gaz froid se font entre deux tranches de même masse. Pour que la température finale du système arrive finalement à la température d'inflammation, il faut que la quantité de chaleur perdue par la tranche chaude en revenant à cette température soit égale à celle gagnée par la tranche froide. Dans le cas où les chaleurs spécifiques seraient indépendantes de la température et les mêmes pour le gaz brûlé et le gaz non brûlé, la température de combustion serait rigoureusement double de celle d'inflammation.

Si au contraire la masse des gaz chauds qui cède sa chauleur aux gaz froids est bien supérieure à celle de ces derniers, la limite d'inflammabilité s'abaissera. Théoriquement cette limite doit pouvoir s'abaisser jusqu'au mélange dont la température de combustion est égale à celle d'inflammation. Supposons une sphère imperméable à la chaleur et percée de deux orifices, l'un pour l'arrivée des gaz froids non brûlés et l'autre pour la sortie des fumées.

Supposons-la remplie d'une masse gazeuse à la température d'inflammation, soit 550° pour un mélange d'hydrogène et d'air. Faisons arriver dans la masse gazeuse chaude une très petite

	t	f	p	V	ρ	q
Sulfure de carbone. .	»	»	**0,063**	0,0164	0 069	4,9
Hydrogène	»	»	»	**0.10**	0,05	6,9
Acétylène	»	»	»	**0,028**	0,07	8,9
Gaz d'éclairage .	»	»	»	**0,081**	0,09	10,0
Oxyde de carbone . .	»	»	»	**0,16**	0,08	11,0
Benzine	»	»	**0,0443**	0,0148	0,110	11,6
Toluène	»	»	**0,0495**	0,0126	0,114	11,8
Naphtaline . . .	**69,0**	3,7	»	»	»	»
Méthane	»	»	»	**0,06**	0,12	12,9
Pentane	»	»	**0,034**	0,011	0,09	9,5
Hexane	»	»	**0,048**	0,0132	0,127	13,1
Heptane	»	»	**0,047**	0,0112	0,123	12,9
Octane	»	»	**0,049**	0,0100	0,126	13,1
Nonane.	**12,0**	»	0,045	0,0083	0,116	12,1
Amylène	»	»	**0.0465**	0,0158	0,119	12,8
Térébenthène . . .	**30,5**	7 mm.	0,042	0,0073	0,102	10,9
Acétone	»	»	**0,0733**	0,0290	0,116	12.7
Ether (oxyde d'éthyle)	»	»	**0,0603**	0,0193	0,117	12,5
Acétate d'éthyle . .	»	»	**0,087**	0,0232	0,117	12,3
Azotate d'éthyle . .	»	»	**0.145**	0,0380	0 028	12,2
Alcool éthylique . .	**13,5**	29,0	0,060	0,0307	0,092	10,3
— propylique . .	**25.0**	20,0	0.065	0,0255	0,115	12,5
— isopropylique .	**17,0**	»	0,068	0,0265	0,120	12,7
— isobutylique. .	**27,5**	15»	0,053	0,0168	0,101	10,8
— amylique . .	**38,0**	9,5	0,045	0,0119	0,090	9,5
— allylique . . .	**25 0**	»	0 075	0,0303	0.120	13,4
Acide acétique . . .	**36,0**	36,0	0,103	0,0496	0.081	8,9

quantité du mélange froid. Il abaissera infiniment peu la température par son mélange et brûlera, rétablissant ainsi la température primitive. Les conditions étant redevenues les mêmes, la combustion pourrra s'entretenir indéfiniment.

C'est ainsi que les choses doivent se passer pour la combustion des mélanges gazeux à l'intérieur des corps poreux. Dans ces conditions la limite d'inflammabilité est pour le méthane de 3 % au lieu de 6 % trouvés avec la burette à limite d'inflammabilité. L'agitation, l'inclinaison de la burette, l'allumage par la partie inférieure abaissent la limite d'inflammabilité par le même mécanisme.

PROPAGATION DE LA COMBUSTION

Lorsque dans un mélange gazeux inflammable, on vient à porter l'inflammation en un point et que celle-ci se propage dans

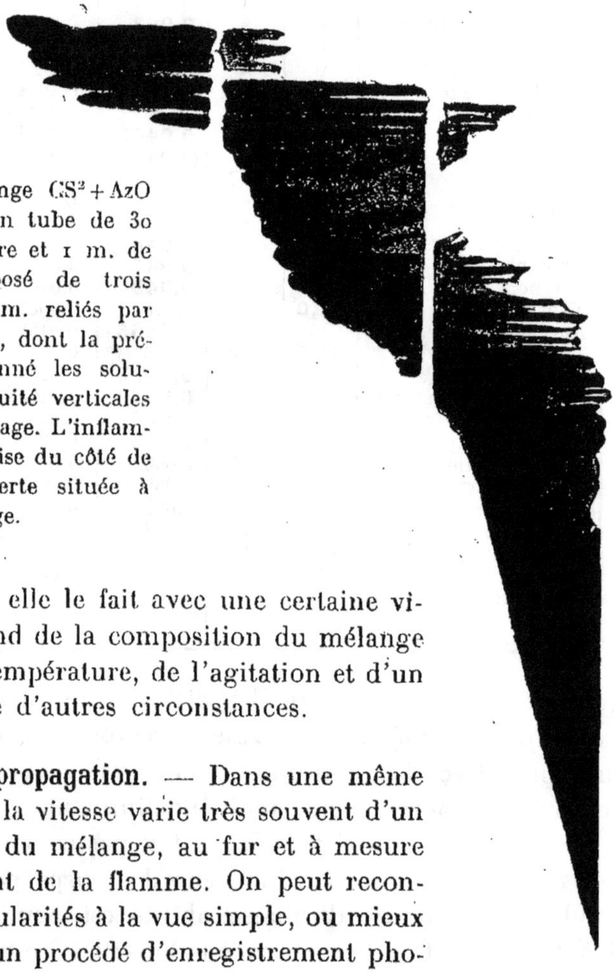

Fig. 7. — Mélange $CS^2 + AzO$ brûlant dans un tube de 30 mm. de diamètre et 1 m. de longueur composé de trois tronçons de 1 m. reliés par des caoutchoucs, dont la présence a occasionné les solutions de continuité verticales visibles sur l'image. L'inflammation a été mise du côté de l'extrémité ouverte située à droite de l'image.

toute la masse, elle le fait avec une certaine vitesse, qui dépend de la composition du mélange gazeux, de la température, de l'agitation et d'un certain nombre d'autres circonstances.

Vitesse de propagation. — Dans une même masse gazeuse, la vitesse varie très souvent d'un point à l'autre du mélange, au fur et à mesure de l'avancement de la flamme. On peut reconnaître ces irrégularités à la vue simple, ou mieux en employant un procédé d'enregistrement photographique, applicable, il est vrai, seulement dans le cas de mélanges donnant des flammes très lumineuses ou tout au moins douées d'un pouvoir photogénique considérable. Celles du sulfure de carbone, par exemple, brûlant dans le bioxyde d'azote ou dans l'oxygène, s'enregistrent particulièrement bien par cette méthode.

Fig. 8. — Même expérience que dans la figure précédente, mais avec un tube de 10 mm. La flamme s'éteint avant d'avoir parcouru le premier tronçon de 1 m.

En plaçant un mélange gazeux combustible dans un tube horizontal et l'allumant à une extrémité du tube, on obtient une flamme qui se déplace horizontalement avec une vitesse variable d'un point à l'autre du tube. Si l'on reçoit l'image de cette flamme sur une plaque photographique animée d'un mouvement vertical, on obtient une courbe plus ou moins sinueuse dont l'inclinaison en chaque point permet de calculer la vitesse correspondante de propagation de la flamme (fig. 7). Les photographies reproduites ici l'ont été tantôt d'après des clichés négatifs donnant les images des flammes en noir, tantôt d'après des positifs donnant les flammes en blanc.

On constate, dans ces conditions, lorsque l'inflammation a été mise du côté de l'extrémité ouverte du tube, que la flamme se propage d'abord avec une vitesse sensiblement uniforme ; la courbe enregistrée est alors une droite plus ou moins inclinée ; il se développe bientôt des mouvements vibratoires dans la masse gazeuse qui prennent parfois une violence extraordinaire, la courbe présente des ondulations très accentuées ; enfin, dans certains cas, la propagation de l'inflammation devient brusquement, en quelque sorte, instantanée, du moins tellement rapide qu'il est bien difficile de reconnaître l'existence d'une vitesse définie.

La période initiale uniforme de propagation correspond à l'échange normal de chaleur par rayonnement ou conductibilité, sa durée n'est jamais très grande, elle l'est d'autant plus que le diamètre du tube et sa longueur sont plus considérables ; ce régime uniforme initial ne se prolonge guère au-delà d'un parcours de la flamme de 0,25 m. à 1 m.

Agitation. — Les oscillations de la flamme qui se produisent bientôt résultent des vibrations de la masse gazeuse. Elles sont provoquées et entretenues par la combustion, et réciproquement, de leur côté, elles accélèrent la combustion. Le tuyau rend alors

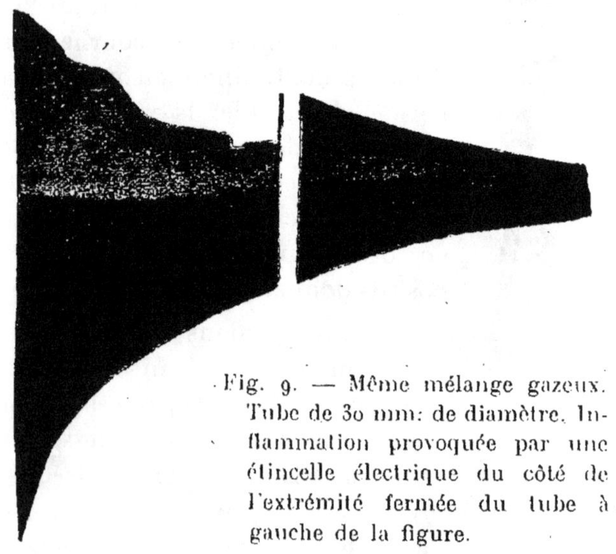

Fig. 9. — Même mélange gazeux. Tube de 30 mm. de diamètre. Inflammation provoquée par une étincelle électrique du côté de l'extrémité fermée du tube à gauche de la figure.

un son extrêmement intense, que l'on distingue parfaitement, quand la vitesse de propagation est assez lente pour que l'oreille puisse séparer, de l'explosion finale, les bruits qui l'ont précédée. Parfois dans les tubes étroits cette agitation amène l'extinction de la flamme (fig. 8).

L'agitation produite par l'allumage au milieu de la masse gazeuse, donnant lieu à un refoulement rapide des parties du mélange non encore brûlé, occasionne des accélérations énormes de la vitesse de propagation de la flamme (fig. 9) qui peut être ainsi centuplée. C'est là la raison de la vitesse habituellement si grande de la propagation des explosions dans les mélanges gazeux, comme les mélanges d'air et de grisou dans les mines, d'air et de gaz d'éclairage dans les locaux confinés. Cela explique la violence des effets mécaniques produits ; ils seraient sensiblement nuls si l'on avait affaire seulement à la vitesse initiale normale de propagation de la flamme, celle-ci serait dangereuse seulement par la température développée.

Fig. 10. — C^2Az+O^2.

Onde explosive. — La dernière période de propagation quasi instantanée, qui ne se produit pas, d'ailleurs, avec tous les mélanges gazeux combustibles, est ce que l'on appelle l'onde explosive ; elle a été découverte par MM. Berthelot et Vieille. C'est une onde comprimée (fig. 10) dans la masse gazeuse, la traversant avec une vitesse rigoureusement uniforme de plusieurs milliers de mètres par seconde et provoquant sur son passage la combinaison, sans aucun retard appréciable. L'échauffement résultant de la combinaison et la surpression instantanée corrélative entretiennent l'énergie de cette onde, et assurent sa propagation continue. Le mécanisme du phénomène est le suivant : supposons une tranche gazeuse comprimée brusquement à 50 atm. Sa température, d'après la loi de la compression adiabatique des gaz, s'élèvera jusqu'à une température de 1.000°, bien supérieure à celle d'inflammation du mélange gazeux ; la combinaison se produira instantanément en décuplant, par exemple, la pression qui s'élèvera à 500 atm. Cette tranche, fortement comprimée, pourra facilement en se détendant, transmettre une compression de 50 atm. à la tranche voisine qui brûlera à son tour, et le phénomène continuera à se propager de la même façon de proche en proche, avec une vitesse bien supérieure à celle du son, qui est, comme on le sait, celle des ondes infiniment peu comprimées, tandis qu'il s'agit là d'une onde extrêmement condensée.

Calculons l'élévation de température produite par la compression. On sait que pour une transformation adiabatique à volume constant on a la relation :

$$APdv = -cdT.$$

Or

$$Pv = RT$$

d'où :

$$dv = R\frac{dT}{P} - RT\frac{dP}{P^2}$$

et par suite en remplaçant dv dans la première équation :

$$AR\frac{dT}{T} + c\frac{dT}{T} = AR\frac{dP}{P}$$

En intégrant et en remplaçant A R et c par leurs valeurs numériques,

$$\text{Log.}\frac{P}{P_0} = 3{,}4\ \text{Log.}\frac{T}{T_0}$$

Le calcul montre que pour porter un gaz parfait de 0° à 500° il faut une pression de 35 atm. Pour le porter à 1.000° il faut 190 atm. On voit par là qu'une pression d'une quarantaine d'atmosphères suffit pour enflammer un mélange d'hydrogène et d'oxygène.

L'existence des pressions énormes signalées plus haut est vérifiée par ce fait que les tubes en verre, capables de résister à des pressions statiques de plusieurs centaines d'atmosphères sont généralement pulvérisés sur le passage de l'onde explosive.

Surfaces refroidissantes. — La vitesse de propagation de la flamme dépend, dans une certaine mesure, du diamètre des tubes dans lesquels on l'observe, et quand le diamètre est trop faible, la vitesse de propagation est nulle, c'est à-dire qu'il n'y a plus du tout de propagation. Quand le diamètre du tube est au contraire suffisamment large, la vitesse tend vers une limite constante, la même par conséquent que celle que l'on pourrait observer dans un milieu gazeux indéfini. D'un façon générale, on peut admettre qu'à partir du diamètre égal à 5 fois celui pour lequel la propagation est nulle, l'influence refroidissante des parois devient négligeable ; cette disparition rapide de l'influence des parois tient à ce que la vitesse observée est toujours celle qui correspond au filet central du tube ; l'inflammation se transmet en effet latéralement, à partir de ce filet, vers les parois du tube.

Voici quelques exemples de nature à montrer l'influence du diamètre du tube sur la vitesse uniforme initiale de propagation.

Mélange de méthane et d'air à 10,40 % de méthane.

Diamètres . .	3,2 mm.	5,50 mm.	8,00 mm.	9.50 mm.	12.20 mm
Vitesses . . .	0,0 m.	0,22 m.	0,39 m.	0,41 m.	0,47 m.

Mélange d'hydrogène et d'air à 30 %.

Diamètres . .	0,25 mm.	0,90 mm.	3,00 mm.	60,00 mm.	10,00 mm.
Vitesses . . .	0,00 m.	1,72 m.	3,50 m.	3,55 m.	3,50 m.

Lampes de sûreté. — C'est sur ce principe que Davy s'est appuyé pour inventer les lampes de sûreté qui sont aujourd'hui d'un usage général dans les mines de houille (fig. 11 et 12). Ayant observé que la flamme du grisou s'éteint dans des tubes de 3,2 mm. de diamètre, il construisit une première lampe dans laquelle l'entrée de l'air et la sortie des fumées se faisaient à travers des tubes de ce diamètre. La lampe était très lourde et de dimensions encombrantes. Il reconnut bientôt que l'on pouvait réduire la longueur des tubes au fur et à mesure que l'on réduisait leur diamètre. Et il arriva finalement à l'emploi d'une toile métallique de 144 mailles au centimètre carré, qui peut être considérée comme l'assemblage d'une infinité de petits tubes de 0,5 mm. de diamètre et autant de longueur.

Si ces toiles présentent une sécurité complète dans les expériences de laboratoire, il n'en est pas moins vrai que la lampe Davy a plus d'une fois occasionné dans les mines des inflammations de grisou. C'est là un exemple très instructif de la complexité des phénomènes naturels, montrant les erreurs auxquelles on s'expose en n'envisageant chaque phénomène que par un seul de ses points de vue comme on est trop souvent tenté de le faire au laboratoire.

En plongeant une lampe Davy dans un mélange de grisou et

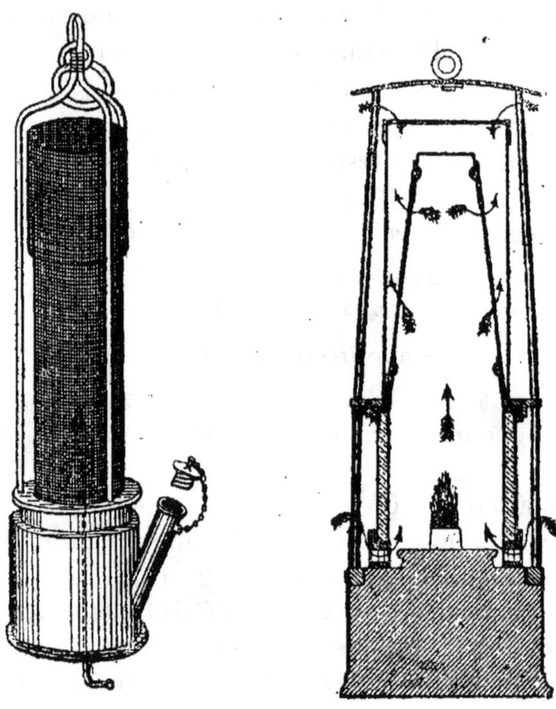

Fig. 11. Fig. 12.

d'air à son maximum d'explosibilité, c'est-à-dire renfermant entre 10 et 12 % de grisou, on n'a jamais d'inflammation ; comment cette lampe dans la mine se comporte-t-elle autrement ?

Une première cause, bien vite reconnue, fut l'existence de perforations dans les tamis, provoquées soit par la houille, soit par des coups de pic ou même des chocs contre des pierres. Bien entendu on n'avait pas fait les expériences de laboratoire sur des lampes en mauvais état.

Une seconde cause, plus longue à découvrir, fut l'agitation. Des lampes placées devant un soufflard, ou agitées à la main ou laissées à proximité d'un ventilateur donnèrent parfois des inflammations instantanées. On reconnut ensuite par des expériences de laboratoire qu'un courant d'air et de grisou de 3 à 4 m. par seconde suffit pour faire passer la flamme au dehors de la lampe au bout de quelques secondes et un courant de 7 à 8 m. instantanément. La distance à laquelle une flamme pénètre dans un tube est d'autant plus longue et le traverse d'autant mieux, s'il est assez court, que la vitesse du courant gazeux est plus grande et que la température du tube est plus élevée. Le passage à travers la toile sous l'action d'un courant d'air des gaz brûlés à l'intérieur de la lampe l'échauffe très rapidement et favorise la sortie de la flamme.

Après ces études, on crut avoir acquis une connaissance complète du phénomène, mais, de nouveaux accidents survenus avec des lampes perfectionnées, disposées de façon à s'opposer à l'action directe des courants gazeux sur le tamis, vinrent troubler la fausse sécurité où l'on se trouvait. En explorant des cloches renfermant des amas de grisou avec des lampes en parfait état, on eut encore des inflammations. La cause de ces accidents fut découverte par M. Marsaut, directeur des mines de Bessèges. Elle tient à ce que pour la recherche du grisou on baisse complètement la flamme de façon à n'avoir plus qu'un point bleu peu lumineux. Cette flamme basse permet à la lampe de se remplir complètement de mélange explosif avant que celui-ci s'enflamme. Au moment de son inflammation, quand il arrive au bas de la lampe sur la petite flamme, sa combustion se produit avec explosion et la dilatation de la masse gazeuse la chasse avec violence à travers le tamis. La flamme arrivant sur le tamis le traverse, entraînée par la violence du courant gazeux et met le feu en dehors (1).

Mais ce n'était pas encore la dernière cause de danger des lampes. La mort de deux ingénieurs aux mines de Liévin fut occa-

(1) Malard et Le Chatelier. Sur les lampes de sûreté (*Ann. des Mines* [8] ; III-35, 1881).

sionnée par une lampe en très bon état, sans petit feu et à l'abri de tout courant d'air. Cette lampe possédait un rallumeur au phosphore et les expériences faites à la suite de cet accident montrèrent que le rallumeur pouvait projeter à travers le tamis des parcelles enflammées de phosphore. On ne peut pas affirmer que l'on connaisse enfin tous les facteurs d'insécurité des lampes de mines.

La conviction absolue de la complexité de tous les phénomènes naturels a conduit à adopter dans les mines certaines méthodes pour obtenir une sécurité effective ; leur emploi devrait être généralisé dans toutes les circonstances analogues. On superpose deux ordres différents de précautions, dont chacune soit largement suffisante en théorie : par exemple, emploi de lampes de sûreté parfaites et suppression du grisou par la ventilation. Les erreurs commises dans l'énumération des facteurs du danger ou les négligences imprévues ne peuvent pas être rendues nulles mais leur fréquence peut être diminuée considérablement. Si la probabilité d'une de ces erreurs est de 1/1000 pour chacun des modes de préservation employés, la probabilité de la rencontre de ces deux erreurs, indispensable pour la production d'un accident, sera seulement égale à la seconde puissance de la probabilité sur chaque opération isolée, soit 1/1.000.000, c'est-à-dire une quantité négligeable.

Proportion et nature du gaz combustible. — Pour les différents mélanges d'un même gaz avec l'air ou avec l'oxygène, la vitesse varie, bien entendu, avec la proportion relative des deux gaz. Les tableaux suivants donnent un exemple de ces variations.

Hydrgène et air.

Hydrogène %	10	20	30	40	50	60	70
Vitesses m. par seconde	0,60	1,95	3,30	4,87	3,45	2,30	1,10

La courbe (fig. 14), représentant les vitesses en fonction de la proportion du gaz combustible, est composée de deux droites, se coupant à angles vifs pour la proportion de 40 % d'hydrogène, avec une vitesse maxima de 4,87 m. par seconde. Cette proportion de 40 % est bien supérieure à celle qui correspond à la combustion complète et par suite à la température de combustion maxima. La vitesse de transmission de la chaleur, de la couche enflammée à la couche froide voisine, et par suite la vitesse de propagation de la flamme est évidemment d'autant plus grande, d'une part, que la température de combustion est plus élevée et, d'autre part, que la conductibilité du mélange est plus grande. La température maxima est obtenue pour le mélange à 30 % d'hydrogène ; la conductibilité maxima est obtenue avec l'hydrogène pur qui est bien meilleur conducteur que l'air, la vitesse maxima doit donc être comprise entre ces deux compositions extrêmes : 30 % et 100 %, ce que l'expérience confirme bien.

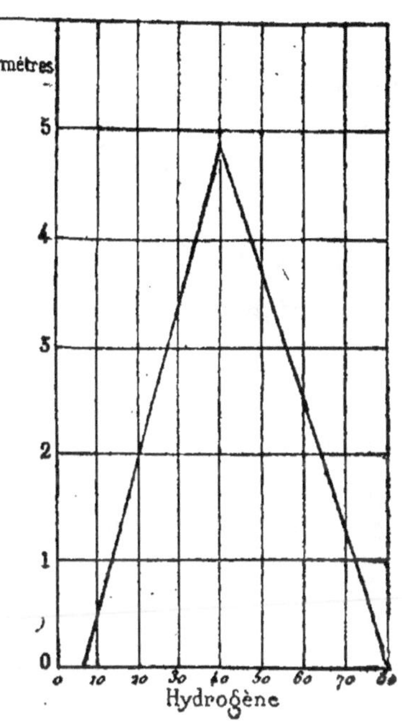

Fig. 13.

Méthane et air.

Méthane % . . .	6	8	10	12	14	16
Vitesses m. par sec.	0,03	0,23	0,42	0,61	0,36	0,10

Ici encore la vitesse maxima correspond à une proportion de 12 % de méthane (fig. 14), notablement supérieure à celle de 10 %, qui correspond à la combustion complète, la raison en est la même que pour l'hydrogène.

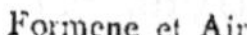
Formène et Air.

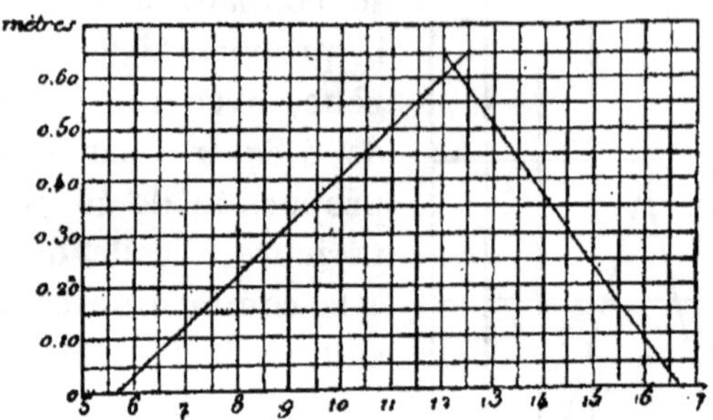

Fig. 14.

Gaz d'éclairage et air.

Gaz %	8	10	12	14	15	17	20	14
Vitesses	0,30	0,50	0,72	0,93	1,05	1,27	0,80	0,40

Acétylène et air.

Acétylène %	2,9	5	7	9	15	22	40	60	64
Vitesses m. par sec.	0,1	2	4	6	3	0,4	0,22	0,07	0,05

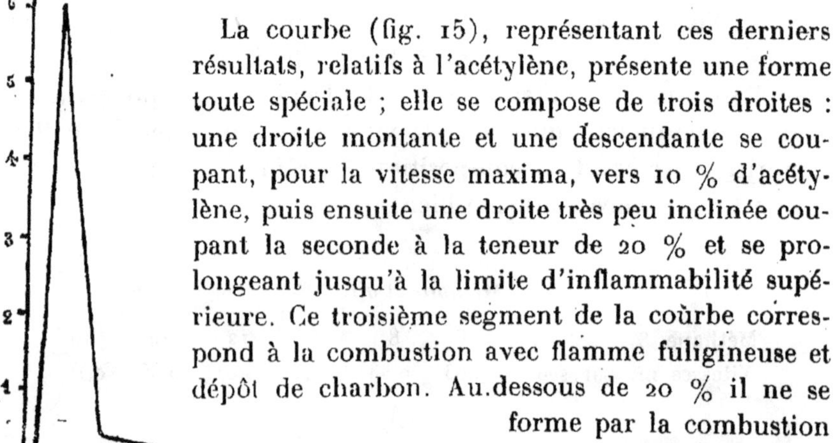

Fig. 15. — C^2H^2 dans le mélange.

La courbe (fig. 15), représentant ces derniers résultats, relatifs à l'acétylène, présente une forme toute spéciale ; elle se compose de trois droites : une droite montante et une descendante se coupant, pour la vitesse maxima, vers 10 % d'acétylène, puis ensuite une droite très peu inclinée coupant la seconde à la teneur de 20 % et se prolongeant jusqu'à la limite d'inflammabilité supérieure. Ce troisième segment de la coùrbe correspond à la combustion avec flamme fuligineuse et dépôt de charbon. Au.dessous de 20 % il ne se forme par la combustion que des produits gazeux, acide carbonique, oxyde de carbone et hydrogène.

Cette vitesse de propagation croît avec la température initiale du mélange gazeux. D'après M. Taffanel, la vitesse pour le mélange à 10 % de méthane varierait, comme l'indique le tableau suivant :

Température :	15°	200°	300°	400°
Vitesse :	0m,60	1m,00	1m,30	1m.70

Quelques expériences très peu nombreuses ont été faites sur les mélanges de gaz combustibles avec l'oxygène. Voici les résultats obtenus :

$CO + 0,5\ O^2$:	2 m.
$H^2 + 0,5\ O^2$	20
$CS^2 + 3\ O^2$	22
$C^2H^2 + 3\ O^2$	200

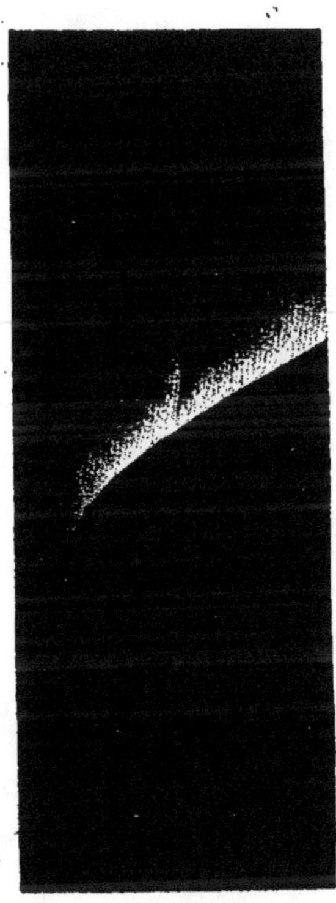

Fig. 16. — $CAz + O^2$.

Vitesse de l'onde explosive. — Des mesures très nombreuses ont été faites sur la vitesse de l'onde explosive par MM. Berthelot et Vieille d'abord, et ensuite par M. Dixon. Cette vitesse varie, comme le montrent les tableaux suivants, avec les proportions relatives des différents gaz. Les mélanges de faible densité, comme ceux à excès d'hydrogène, présentent les vitesses les plus considérables, pouvant s'élever jusqu'à 3.500 m. On n'a pas observé, par contre, de vitesses de l'onde explosive inférieures à 1.700 m. de telle sorte que les vitesses extrêmes correspondant à ce mode de propagation ne varient que du simple au double. Le tableau suivant donne les résultats des mesures faites sur un certain nombre de mélanges gazeux. Les compositions sont exprimées en volumes moléculaires au moyen des formules chimiques des corps en présence.

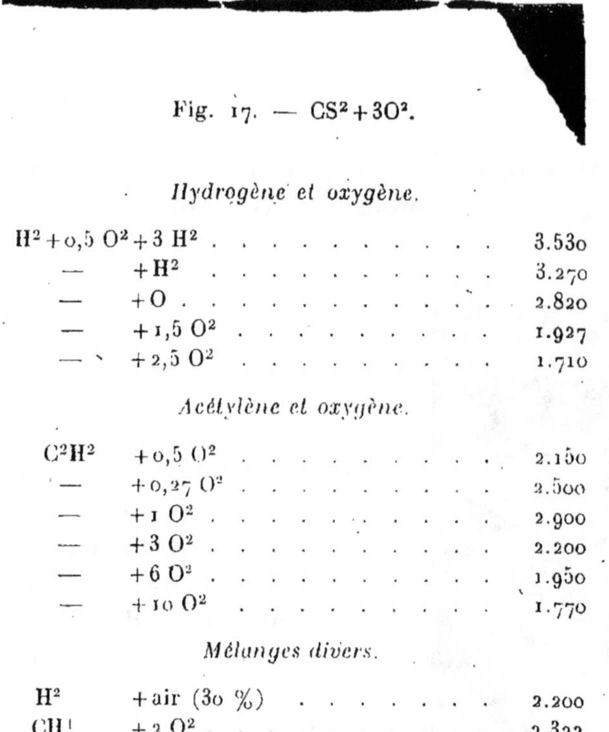

Fig. 17. — $CS^2 + 3O^2$.

Hydrogène et oxygène.

$H^2 + 0,5\ O^2$	$+ 3\ H^2$	3.530
—	$+ H^2$	3.270
—	$+ O$	2.820
—	$+ 1,5\ O^2$	1.927
—	$+ 2,5\ O^2$	1.710

Acétylène et oxygène.

C^2H^2	$+ 0,5\ O^2$	2.150
—	$+ 0,27\ O^2$	2.500
—	$+ 1\ O^2$	2.900
—	$+ 3\ O^2$	2.200
—	$+ 6\ O^2$	1.950
—	$+ 10\ O^2$	1.770

Mélanges divers.

H^2	+ air (30 %)	2.200
CH^4	$+ 2\ O^2$	2.322
CH^4	$+ O^2$	2.598
CO	$+ 0,5\ O^2$	1.200

Souvent le développement de l'onde explosive est précédé d'une propagation à vitesse rapidement croissante, puis brusquement l'onde explosive prend naissance et garde ensuite sa vitesse uniforme (fig. 16 et 17).

CHAPITRE TOISIÈME

RENDEMENT COLORIFIQUE

TEMPÉRATURES DE COMBUSTION. — Difficulté des mesures. — Pression explosive. — Refroidissement par les parois. — Chaleur d'échauffement des gaz. — Application du principe de conservation de l'énergie. — Température de combustion de l'hydrogène. — Gaz divers. — Corps solides. — Houille. — Gaz de gazogène théorique. — Gaz de gazogène réel.

UTILISATION DE LA CHALEUR. — Définition du rendement. — Rendement mécanique. — Rendement thermique. — Récupération. — Economie de charbon. — Gazéifaction de combustibles.

La chaleur fournie par les combustibles doit, pour être utilisable dans l'industrie, présenter deux qualités distinctes : 1° une quantité aussi grande que possible ; 2° une intensité, c'est-à-dire une température suffisamment élevée.

Pour vaporiser de l'eau dans les chaudières à vapeur, pour décomposer le calcaire dans un four à chaux, il faut emprunter au combustible une quantité de chaleur au moins égale à celle absorbée par la décomposition du carbonate de chaux ou la vaporisation de l'eau. Mais cette condition ne suffit pas. Une quantité de chaleur quelque considérable qu'elle soit, fournie à une température voisine de la température ambiante, ne pourra pas servir à vaporiser l'eau d'une chaudière à la température de 200°, pourra encore moins servir à décomposer du carbonate de chaux, qui se dissocie seulement à 900° ; de même pour fondre l'acier, il faut fournir de la chaleur à une température supérieure à 1.500°, pour faire couler les laitiers du haut fourneau, il faut une températures supérieure à 1.700°, etc. De la chaleur fournie à une température inférieure serait sans usage. Il ne suffit pas que la combustion donne une température juste supérieure à la température nécessaire, car la flamme se refroidit en cédant de la chaleur au corps échauffé et revient bientôt à la température de ce dernier. Elle pourra lui céder d'autant plus de chaleur que sa température initiale sera plus élevée.

Pour déterminer le rendement calorifique réel des combustibles, c'est-à-dire la proportion de leur chaleur de combustion susceptible d'être employée à un usage déterminé, le premier facteur à prendre en considération est la température même de combustion.

TEMPÉRATURES DE COMBUSTION

Difficultés des mesures. — La détermination directe des températures de combustion est très difficile, car les températures normales de combustion du charbon et des gaz carbonés sont en général voisines de 2.000°, température à laquelle ne résiste pour ainsi dire aucun de nos appareils pyrométriques. D'ailleurs, les corps solides placés dans une flamme que l'on pourrait songer à utiliser pour ces mesures, comme la soudure d'un couple thermo-électrique, ne prennent jamais exactement la température des flammes où ils sont placés, mais une température intermédiaire entre celle des produits de la combustion et de l'enceinte environnante, toujours moins chaude. Le corps chauffé doit à chaque instant recevoir de la flamme une quantité de chaleur égale à celle qu'il rayonne vers l'enceinte. Il faut donc qu'il soit plus froid que la flamme.

Des tentatives ont été faites pour utiliser en vue de cette mesure la quantité de chaleur rayonnée par les flammes, la même cause d'erreur subsiste si l'on s'adresse aux parcelles de carbone solides en suspension dans les flammes éclairantes. D'autre part, les lois du pouvoir émissif des gaz sont très mal connues.

La seule méthode qui ait donné jusqu'ici des résultats dignes de quelque confiance, consiste à déterminer la pression explosive d'un mélange gazeux détonant en vase clos et à calculer la température correspondante au moyen des lois de Mariotte et de Gay-

Lussac. Il y a encore dans ce cas une correction de refroidissement à faire à cause de la présence de l'enveloppe froide, mais elle peut être faite avec une certaine précision en raison de la rapidité avec laquelle la combustion se produit ([1]).

Pression explosive. — La détermination de la température de combustion en partant de mesures de pressions explosives repose sur la formule suivante :

Soit P_0 la pression intiale et P la pression finale après l'achèvement de la combustion.

Soit T_0 la température absolue initiale (t_0+273) et T la température absolue finale que l'on cherche à calculer.

Enfin soit n_0 et n le nombre de molécules contenues dans la masse gazeuse en expérience avant et après la combustion. Les lois de Mariotte et de Gay-Lussac donnent la relation :

$$\frac{P}{P_0} = \frac{nT}{n_0 T_0}$$

Prenons par exemple la combustion de l'oxyde de carbone dans l'air.

$$CO + 0,5\ O^2 + 2\ Az^2 = CO^2 + 2\ Az^2$$

on a alors $n_0 = 3,5$, $n = 3$ et en supposant au début le mélange à la pression de 1 atm. et à la température de 17°, la relation devient :

$$\frac{P}{1} = \frac{3}{3,5}\ \frac{273+t}{290}$$

ou

$$t = P . \frac{290 . 3,5}{3} - 273.$$

L'expérience donne pour P, 8,7 atm. d'où l'on déduit

$$t = 2.430°.$$

En réalité, le calcul n'est pas tout à fait exact parce qu'à cette

([1]) Mallard et Le Chatelier. Recherches expérimentales et théoriques sur la combustion des mélanges gazeux. (*Ann. des Mines* [8], IV, 274, 1882.)

température la dissociation de l'acide carbonique n'est pas négligeable, elle doit être voisine de 5 %. On peut calculer l'erreur résultante en prenant les différentielles logarithmiques et écrivant :

$$\frac{dT}{T} = -\frac{dn}{n} = -\frac{1}{200}$$

d'où l'on tire $dt = -13°$, quantité négligeable vis-à-vis des erreurs expérimentales que comporte la méthode.

Voici les résultats obtenus ainsi pour la combustion de quelques gaz mêlés à l'air dans les proportions voulues pour la combustion complète :

Gaz combustible	$\frac{P}{P_0}$	t
Hydrogène	8,4	2.320°
Oxyde de carbone	8,7	2.430
Méthane	8,9	2.150

Les mêmes calculs appliqués à la combustion des gaz dans l'oxygène pur seraient dans la plupart des cas tout à fait illusoires en raison de la dissociation très importante aux températures beaucoup plus élevées obtenues ainsi. Il est un cas cependant où cette méthode est applicable, c'est celui de la combustion avec une quantité d'oxygène assez faible pour éviter toute formation d'acide carbonique et de vapeur d'eau, le seul composé formé étant l'oxyde de carbone qui paraît être stable jusqu'à des températures très élevées. Des combustions semblables ont pu être réalisées dans deux cas seulement avec l'acétylène et le cyanogène

$$C^2H^2 + O^2 = 2\,CO + H^2$$
$$CAz + 0,5\,O^2 = CO + 0,5\,Az^2.$$

Les températures obtenues sont voisines de 4.000°, ce sont les plus élevées que nous sachions produire, elles sont supérieures à celles du four électrique lui-même et ne sont surpassées que par la température du soleil. La production de ces températures élevées dans le chalumeau oxyacétylénique et l'absence de gaz oxydant dans la flamme a reçu des applications très importantes pour la soudure autogène du fer et de l'acier. On remet aujourd'hui aux chaudières des pièces, comme on répare un vêtement de drap.

Il est possible, en employant des mélanges gazeux moins riches en éléments combustibles et donnant par suite une température moindre, de se placer dans des conditions où l'influence de la dissociation soit rigoureusement nulle et par suite l'application des lois de Mariotte et de Gay-Lussac complètement légitime. Les mélanges d'hydrogène avec un excès d'air, ou d'oxyde de carbone et d'oxygène avec un excès d'acide carbonique peuvent brûler en donnant des températures ne dépassant pas 1.500°.

Refroidissement par les parois. — La correction relative au refroidissement par les parois se fait de la façon suivante. La courbe de pression étant enregistrée sur un cylindre tournant animé d'une vitesse connue, on relève la loi de chute des pressions en fonction du temps et on en déduit la chute moyenne de température au moyen des lois de Mariotte et de Gay-Lussac. Si l'on extrapole cette courbe, jusqu'à l'origine de la combustion, on a une pression trop forte, car au début, lorsque la masse centrale seule est encore enflammée, la perte par les parois doit être moindre. En prenant au contraire, le maximum de la courbe enregistrée, on doit avoir une pression trop faible, parce qu'on néglige le refroidissement, pendant la période initiale de combustion. On prend la moyenne entre ces deux valeurs qui ne doit pas différer considérablement de la pression cherchée correspondant à l'absence de refroidissement. La pression maxima observée et la pression corrigée ne différaient d'ailleurs dans les expériences rapportées plus haut que de quelques centièmes de leur valeur absolue.

Ces expériences donnent, en même temps, des renseignements intéressants sur la loi du refroidissement d'une masse gazeuse enfermée dans une enceinte froide ; on peut faire usage de cette loi dans les calculs sur les moteurs à gaz à explosion. Le récipient dans lequel les expériences ont été faites, était un cylindre en fer de quatre litres de capacité dont le diamètre, égal à la hauteur, était de 170 mm. et la surface intérieure totale du cylindre était égale à 14 dcm^2.

La loi du refroidissement dans cet appareil est très exactement représentée pour l'acide carbonique pur par la formule :

$$\frac{d\theta}{dt} = 0,180\theta + 0,001\theta^2$$

dans laquelle θ représente la température centigrade et t le temps compté en secondes.

En 0,01 seconde, la température tombe, à partir de 2.000°, de 44°.

Pour l'azote, l'hydrogène et l'oxyde de carbone, et en général pour les gaz permanents qui ont même chaleur spécifique, la chute de température est représentée par la formule

$$\frac{d\theta}{dt} = 0,264\ \theta + 0,001\ \theta^2.$$

En 0,01 seconde, la température tombe, à partir de 2.000° de 45°, c'est-à-dire de la même quantité que pour l'acide carbonique.

Pour la vapeur d'eau, la condensation d'eau liquide sur les parois empêche tout calcul de la température moyenne. La loi de chute de la pression en atmosphères par seconde est donnée pour la détonation du mélange tonnant $H^2 + O$ par la formule :

$$\frac{dp}{dt} = 6,8p.$$

En 0,01 seconde, la chute de pression est alors pour 10 atm. de 0,68 atm. et pour 5 atm. de 0,34 atm.

Ces résultats se rapportent à une densité de la masse gazeuse correspondant au remplissage initial de l'appareil sous la pression atmosphérique.

Pour un cylindre de dimensions différentes, la chute de tem pérature varierait en raison inverse des dimensions linéaires, car la masse gazeuse croît comme le cube de ses dimensions et la surface refroidissante comme le carré.

Chaleur d'échauffement des gaz. — Les expériences faites par la méthode précédente ont été peu nombreuses ; elles ne font connaître qu'un nombre limité de températures de combustion, se rapportant toutes d'ailleurs à la combustion à volume constant mais ces expériences ont permis de déterminer les chaleurs spécifiques des gaz aux températures élevées et il est possible ensuite, en partant de ces chaleurs spécifiques, de calculer les températures de combustion de combustibles quelconques, solides ou gazeux.

Pour la détermination de ces chaleurs spécifiques, on a procédé de la façon suivante. Dans le cas de l'acide carbonique, par exemple, on a réalisé des mélanges d'oxyde de carbone, d'oxygène et d'acide carbonique, donnant après combustion de l'acide carbonique pur, et pris dans des proportions telles que la température de combustion fût voisine de 1.500° de façon à éviter toute dissociation appréciable de ce corps. Ayant mesuré, comme il a été dit plus haut, la température de combustion de ce mélange et connaissant, d'autre part, la chaleur dégagée par la combustion de l'oxyde de carbone renfermé dans le mélange, on calcule la chaleur spécifique moyenne de l'acide carbonique, entre 1.500° et la température ordinaire. En rapprochant cette valeur de celle trouvée par Regnault entre 0 et 200°, on peut tracer une courbe donnant la chaleur spécifique de ce gaz jusqu'à 1.500° ; on extrapole pour des températures plus élevées.

La même opération a pu être faite pour les gaz permanents, qui ont tous la même chaleur spécifique, en brûlant des mélanges de cyanogène ou d'acétylène, mêlés à l'air dans les proportions voulues pour faire de l'oxyde de carbone, puis additionné d'un excès d'azote pour abaisser la température.

Pour la vapeur d'eau, il n'a pas été possible d'opérer sur des mélanges gazeux ne renfermant que de la vapeur d'eau après combustion, on a dû opérer sur des mélanges renfermant un excès d'azote et faire des calculs par différence qui rendent un peu incertains les résultats relatifs à la vapeur d'eau.

Les chaleurs spécifiques ainsi obtenues, se rapportent, bien entendu, à l'échauffement des gaz à volume constant, on peut passer de là aux chaleurs spécifiques à pression constante par le même raisonnement qui a été donné précédemment pour calculer la relation existant entre les chaleurs de combustion à volume et à pression constante. On trouve ainsi que pour un volume moléculaire 22,32 l., la différence de chaleur spécifique exprimée en grandes calories est égale à AR=0,002, c'est-à-dire que pour échauffer de 1° 22,32 l. d'un gaz quelconque, il faut 0,002 Cal. de plus à pression qu'à volume constant, en admettant qu'à toute température la chaleur de détente soit négligeable, comme elle l'est à la température ordinaire d'après les expériences de Joule.

Pour les applications pratiques, il est souvent plus avantageux, en vue d'éviter les confusions, d'employer les chaleurs totales d'échauffement au lieu des chaleurs spécifiques. On distingue en effet deux chaleurs spécifiques différentes que l'on est exposé parfois à confondre :

$$\text{La chaleur spécifique vraie} = \frac{dq}{dt}$$

$$\text{La chaleur spécifique moyenne} = \frac{q}{t-t_0}$$

Les chaleurs d'échauffement des différents gaz, telles qu'elles ont été calculées, d'après les mesures de pressions explosives, sont exprimées par les formules suivantes, rapportées à un volume moléculaire, 22,32 lit. Les températures T sont les températures absolues $t+273$.

I. — *Pressions constantes.*

Az^2, O^2, H^2, CO . . . . $Q=6{,}5\,\dfrac{T-T_0}{1.000}+0{,}6\,\dfrac{T^2-T_0^2}{1.000^2}$

H^2O . . . . $Q=6{,}5\,\dfrac{T-T_0}{1.000}+2{,}9\,\dfrac{T^2-T_0^2}{1.000^2}$

CO^2 . . . . $Q=6{,}5\,\dfrac{T-T_0}{1.000}+3{,}7\,\dfrac{T^2-T_0^2}{1.000^2}$

II. — *Volumes constants.*

Az^2, O^2, H^2, CO . . . . . $Q=4{,}5\,\dfrac{T-T_0}{1.000}+0{,}6\,\dfrac{T^2-T_0^2}{1.000^2}$

H^2O . . . . $Q=4{,}5\,\dfrac{T-T_0}{1.000}+2{,}9\,\dfrac{T^2-T_0^2}{1.000^2}$

CO^2 . . . . $Q=4{,}5\,\dfrac{T-T_0}{1.000}+3{,}7\,\dfrac{T^2-T_0^2}{1.000^2}$

Il est assez commode, pour les applications pratiques, d'avoir ces chaleurs d'échauffement calculées de 100 en 100° par exemple.

Le tableau ci-dessous donne le calcul pour les chaleurs d'échauffement à pression constante de 200 en 200°, jusqu'à 2.600°. La dernière ligne du tableau correspondant au travail extérieur représente la quantité de chaleur à défalquer des chaleurs d'échauffement à pression constante pour avoir les chaleurs d'échauffement à volume constant.

Chaleurs d'échauffement du gaz. — P constant.

	200	400	600	800	1.000	1.200	1.400	1.600	1.800	2.000	2.200	2.400	2 600
CO, Az^2, O^2, H . . .	1,39	3.82	4,31	5,82	7,43	9,05	10,7	12,5	14,2	16	17,9	19,8	21,8
H^2O	1,73	3,69	5,87	8,23	10 98	13,87	17	20,3	23.9	27,8	31,8	36,1	40,6
CO^2	1,85	3,99	6,44	9,07	12,42	15,55	19,2	23,1	27,2	31,9	36,6	41,7	47,2
Travail AR ($T-T_o$)	0,4	0,8	1,2	1,6	2	2,4	2,8	3,2	3,6	4	4,4	4,8	5.2

La chaleur totale d'échauffement d'un gaz étant donnée par la formule

$$Q_t = a(T - T_0) + b(T^2 - T_0^2),$$

sa chaleur spécifique moyenne aura pour expression :

$$\frac{Q_t}{T - T_0} = a + b(T + T_0)$$

et sa chaleur spécifique vraie :

$$\frac{dQ}{dt} = a + 2bT.$$

Nouvelles expériences. — Depuis la publication de nos recherches remontant à l'année 1880 de nouvelles déterminations de la chaleur spécifique des gaz aux températures élevées ont été poursuivies en Allemagne et en Angleterre. Elles indiquent toutes des valeurs plus faibles que les nôtres pour l'acide carbonique et la vapeur d'eau. Par contre nos déterminations pour les gaz permanents ont généralement été considérées comme exactes.

Un chimiste allemand, M. Nauman, a proposé en conséquence d'abandonner pour le calcul des températures de combustion les chaleurs d'échauffement données par Mallard et Le Chatelier et il a proposé de nouvelles valeurs déduites des expériences les plus récentes.

Il est possible et même probable que nos anciennes déterminations soient trop faibles, mais les nouvelles déterminations proposées n'offrent pas de garanties de précision bien supérieures. Dans ces conditions, il est préférable de surseoir encore à l'adoption de nouveaux nombres. Le changement des chaleurs spécifiques dans les calculs de température de combustion entrainera pendant un certain temps une confusion inévitable ; pour accepter cet inconvénient, il faudrait avoir la certitude que les nouveaux nombres sont plus exacts que les anciens ; leur discordance même prouve qu'il n'en est rien. Les méthodes expérimentales employées sont d'ailleurs sujettes à caution.

Langen et Bjerrum ont employé comme Mallard et Le Chatelier la méthode explosive et les résultats bruts de leurs mesures sont parfaitement concordants avec celles des premiers auteurs. Les divergences ne commencent à paraître que du fait des calculs servant à interpréter les résultats expérimentaux. Langen a utilisé les mélanges à faible température de combustion, moins de 2.000°. Il admet que dans ces mélanges à faible vitesse de combustion, la réaction n'est pas encore achevée au moment du maximum de pression et il fait subir un correction assez arbitraire aux pressions réellement mesurées ; Bjerrum utilise au contraire des mélanges à température de combustion très élevée, voisine de 2.500°, de façon à éviter ce retard à la combustion complète. Il se produit alors une dissociation importante, que l'on élimine en combinant deux expériences faites sous des pressions différentes et en reliant les résultats par la formule générale d'équilibre des systèmes gazeux. Il en résulte dans la détermination des chaleurs spécifiques une incertitude analogue à celle que l'on rencontre dans la détermination de la tangente à une courbe, en utilisant deux points trop voisins.

Henning a cherché à mesurer directement les chaleurs spécifiques des gaz en utilisant la méthode calorimétrique employée par Regnault jusqu'à 200°, mais sans paraître soupçonner les difficultés de cette méthode. Il fait deux corrections importantes, atteignant parfois chacune 20 % de la grandeur mesurée, l'une pour le refroidissement du calorimètre et l'autre pour les échanges de chaleur entre l'appareil de chauffage et le calorimètre.

Dixon enfin a utilisé pour la détermination des chaleurs spécifiques la mesure de la vitesse du son, qui donne le rapport des chaleurs spécifiques. Ce rapport se rapproche de plus en plus de l'unité à mesure que les températures sont plus élevées, ce qui rend les calculs de plus en plus incertains. Il y a de plus à faire une correction très importante et assez arbitraire pour tenir compte de l'influence ralentissante du diamètre trop étroit des tubes où se font les mesures.

Ces différentes expériences diffèrent parfois de 20 % de celles de Mallard et Le Chatelier et diffèrent souvent entre elles de 10 %. Il y a donc lieu de reprendre ce problème en discutant de plus près les causes d'erreur des méthodes expérimentales employées.

Application du principe de conservation de l'énergie. — La connaissance des chaleurs d'échauffement des gaz permet de calculer les températures développées dans tous les appareils de chauffage, pourvu que l'on connaisse également la grandeur de toutes les quantités de chaleur en jeu dans l'opération envisagée. S'il s'agit du cas simple d'un combustible brûlant dans une enceinte imperméable à la chaleur et ne cédant de chaleur à aucun autre corps, le calcul se fait simplement en égalant la chaleur de combustion à la chaleur d'échauffement. Dans le cas général des applications industrielles, le problème est plus complexe et il peut y avoir de la chaleur apportée par l'air chauffé au préalable à une température plus ou moins élevée, de la chaleur absorbée ou emportée par les matières élaborées, enfin des pertes de chaleur par rayonnement. Il existe entre ces différentes grandeurs, une relation nécessaire donnée par le principe de conservation de l'énergie, dont l'égalité rappelée plus haut n'est qu'un cas particulier. Il est préférable, dès que l'on est en présence d'une opération un peu complexe, d'invoquer directement le principe de conservation de l'énergie, au lieu de l'appliquer d'une façon en quelque sorte inconsciente, comme on le fait habituellement ; on évite ainsi bien des confusions.

Rappelons d'abord l'énoncé exact du principe de conservation de l'énergie. Nous supposons un système de corps enfermé dans une enceinte l'isolant du monde extérieur et ne communiquant avec ce dernier que par deux voies différentes : une paroi perméable à la chaleur, pouvant échanger de la chaleur avec un calorimètre placé à l'extérieur et une transmission mécanique pouvant faire changer le volume d'une masse gazeuse à pression constante, une vapeur saturante, par exemple, ou pouvant élever un poids c'est-à-dire permettant un échange de travail avec l'extérieur. L'énoncé du principe est alors le suivant : *Lorsqu'un système de corps part d'un état initial* A *pour arriver à un état final* B *en éprouvant des transformations de nature quelconque, la somme des quantités de travail et de chaleur fournies à l'extérieur est invariable, elle ne dépend que de l'état initial et final.* Il est sous-entendu dans cet énoncé que les quantités de chaleur et de travail sont mesurées avec des unités correspondantes.

C'est là l'énoncé général du principe, mais pour les applications que nous avons actuellement en vue, on peut le simplifier en faisant abstraction du travail et le réduire à ce que l'on appelle en chimie, le *principe de l'état initial et final.* Dans les opérations de chauffage, la pression reste habituellement invariable, dans ce cas, le travail ne dépend que de l'état initial et final, il est identique dans tous les cycles de transformation, partant d'un même état initial pour arriver à un même état final, il en est par conséquent de même de la quantité de chaleur puisque d'après le principe de conservation d'énergie, la somme des quantités de chaleur et de travail est également identique. Le principe de l'état initial et final s'énonce ainsi : *Dans les transformations d'un système de corps, effectuées toutes à pression constante ou toutes à volume constant, la somme des quantités de chaleurs dégagées ne dépend que de l'état initial et final.* Nous allons appliquer ce principe au problème général du chauffage, en commençant par le cas simple d'un combustible brûlant dans une enceinte imperméable à la chaleur.

Nous prendrons, comme état initial, l'air et le combustible à la température ordinaire et comme état final les produits de la combustion ramenés également à la température ordinaire Les deux cycles d'opération suivis sont les suivants :

1° Combustion directe dans le calorimètre donnant, par définition, la chaleur de combustion ;

2° Combustion dans le four et envoi dans le calorimètre des gaz brûlés avec toute leur chaleur, ce qui donnera la chaleur d'échauffement des gaz, entre la température de combustion inconnue x et la température t_0 ambiante $\int_{t_0}^{x} cdt$. Ces deux quantités sont égales, et de la chaleur de combustion bien connue on déduira la chaleur d'échauffement impossible à mesurer exactement à cause des pertes inévitables de chaleur.

On a l'égalité :

$$L = \int_{t_0}^{x} cdt.$$

Le tableau des chaleurs d'échauffement donné précédemment nous fait connaître la valeur de l'intégrale dans toute l'échelle des températures et de là, la température.

Soit maintenant le cas général de corps plus ou moins chauds avant d'être mis en réaction, réagissant dans un four plus ou moins athermane et rendant des produits à températures variables. Nous aurons, en suivant de même que précédemment deux cycles, l'un en effectuant les réactions sans passer par le four et l'autre en effectuant les réactions dans le four, l'égalité entre les deux sommes suivantes des quantités de chaleur :

Sans passer par le four	En passant par le four
1° Chaleur préalable d'échauffement des combustibles et des matières à élaborer. E+P.	1° Chaleur de refroidissement des fumées $\int_{0} cdt$.
2° Chaleur de combustion L.	2° Chaleur de refroidissement des matières élaborées M.
3° Chaleur de réaction des produits élaborés Q.	3° Chaleur de rayonnement R.

$$E + P + L + Q = \int_{0}^{x} cdt + M + R.$$

Température de combustion de l'hydrogène. — Pour donner un exemple de la manière d'employer ces formules au calcul des températures de combustion, on prendra l'exemple de la combustion de l'hydrogène dans l'air à pression constante pour le mélange à combustion totale renfermé dans une enceinte imperméable à la chaleur. Pour simplifier les calculs, on admettra que l'air renferme 20 d'oxygène pour 80 d'azote, ou une molécule d'oxygène pour 4 d'azote.

En réalité, pour de l'air sec, sa composition exacte en volume est :

Oxygène	20,8
Azote	79,2

et pour de l'air moyennement humide :

Oxygène	20,4
Vapeur d'eau	2
Azote	77,6

Mais la vapeur d'eau a une chaleur d'échauffement notablement plus élevée que celle de l'azote ; par conséquent, en négligeant la présence de l'eau et forçant un peu la proportion de l'azote, on ne commet qu'une erreur négligeable au point de vue des températures de combustion.

La chaleur de combustion à pression constante d'une molécule d'hydrogène est de 58,2 cal. Les produits de la réaction sont composés d'une molécule de vapeur d'eau et deux d'azote, d'après la formule :

$$H^2 + 0,5\ O^2 + 2\ Az^2 = H^2O + 2\ Az^2.$$

En écrivant l'égalité entre la chaleur de combustion et la chaleur d'échauffement, on a l'équation :

$$58,2 = 6,5\ \frac{T - T_0}{1.000} + 2,9\ \frac{T^2 - T_0^2}{1.000^2} + 2\left[6,5\ \frac{T - T_0}{1.000} + 0,6\ \frac{T^2 - T_0^2}{1.000^2}\right]$$

ou

$$58,2 = 19,5\ \frac{T - T_0}{1.000} + 4,1\ \frac{T^2 - T_0^2}{1.000^2}.$$

Si T_0 correspond au o de l'échelle centigrade et si x est la température cherchée sur la même échelle,

$$T_0 = 273 \qquad T = x + 273$$

et on a finalement l'équation :

$$58,2 = 19,5 \frac{x}{1.000} + 4,1 . \frac{x}{1.000} \frac{x+546}{1.000}$$

C'est une équation du second degré qu'on pourrait résoudre par rapport à x. La résolution par la méthode graphique est plus simple.

Sachant, par analogie avec des exemples semblables, que la température de combustion est voisine de 2.000°, on calculera la chaleur d'échauffement du mélange gazeux pour des températures voisines de cette valeur moyenne. On tracera une courbe dont les abscisses seront les températures et les ordonnées les quantités de chaleur ainsi calculées. L'intersection de cette courbe avec une parallèle à l'axe des abscisses passant par l'ordonnée 58,2, déterminera le point de la courbe correspondant à la température cherchée.

Les chaleurs d'échauffement sont :

	1.800°	2.000°	2.200°	2.400°
H^2O	24,0	28,3	32,5	36,0
2 Az^2	28,4	32,2	36	39,6
	52,4	60,5	68,5	75,6

Au moyen de ces valeurs, on construit la courbe (fig. 18) et en coupant par la parallèle à l'axe des x d'ordonnée 58,2, on obtient la température de combustion 1.960°.

A volume constant, les calculs sont tout à fait semblables ; la chaleur de combustion à volume constant est de 58 cal. Les chaleurs d'échauffement à volume constant s'obtiennent en retranchant des quantités précédentes la quantité 3 AR $(T—T_0)$.

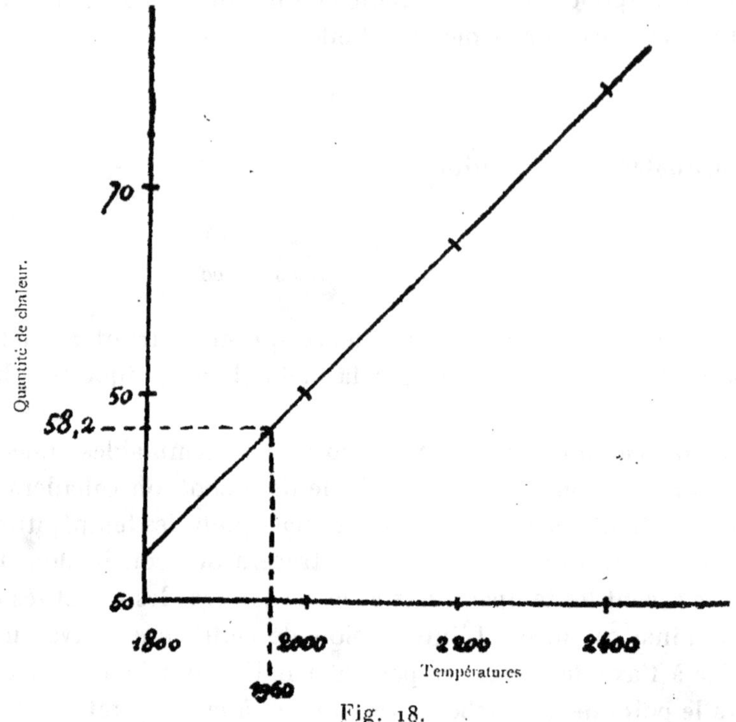

Fig. 18.

	1.800°	2.000°	2.200°	2.400°
Chaleur d'échauffᵗ pression constante .	52,4	60,5	68	75,6
3 AR $(T-T_0)$	10.8	12	13,2	14,4
Chaleur d'échauffement V. constant .	41,6	48,5	54,8	61,2

On trouve ainsi 2.320° (fig. 19).

Ce calcul néglige la dissociation, les températures calculées sont donc un peu trop élevées. On pourrait tenir compte de la dissociation en introduisant dans l'équation le coefficient de dissociation en fonction de la température, mais il vaut mieux opérer par approximations successives. Cela suppose, bien entendu, la connaissance, à chaque température, des coefficients correspondants de dissociation. Supposons qu'il en soit ainsi et que ce coefficient soit voisin de 3 % (1) à la température trouvée de 1.960°

(1) Ce nombre a été pris supérieur à celui de 1,8 % résultant des expériences de Nernst, faites sur la vapeur d'eau pure, parce que la présence de l'azote diminue la pression de la vapeur d'eau et augmente ainsi sa dissociation.

sous la pression atmosphérique ; on recommencera le calcul en partant d'une chaleur de combustion, non plus de 58,2 mais de 58,2 (1—0,03), soit 56,5. Il faudrait en même temps tenir compte dans les chaleurs d'échauffement du remplacement de 3 % de la vapeur d'eau par une fois et demie son volume de gaz parfaits. D'après le tableau donné plus haut, cela ne change pas notablement les chaleurs d'échauffement et l'on peut négliger cette correction. La nouvelle température ainsi trouvée sera d'environ 1.930°, température un peu trop faible puisqu'on a appliqué dans

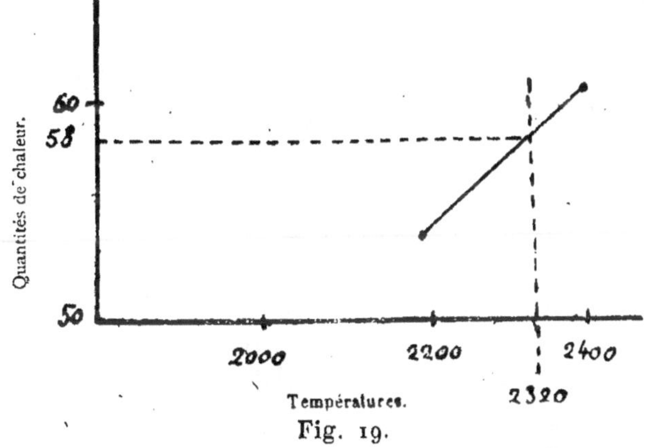

Fig. 19.

le calcul le coefficient de dissociation correspondant à 1.960°. On devrait théoriquement faire une seconde correction en reprenant le calcul avec le coefficient de dissociation correspondant à la seconde température calculée, mais la correction est tellement faible, qu'elle serait illusoire.

Gaz divers. — Voici quelques chiffres calculés pour différents gaz en négligeant la dissociation :

Nature du gaz	Pression constante	Volume constant
H^2	1.960°	2.320°
CO	2.100	2.430
½ ($CO + H^2$)	2.040	2.370
CH^4 pour CO^2	1.850	2.150
CH^4 pour CO	1.525	1.860
C^2H^2 pour CO^2	2.420	»
C^2H^2 pour CO	2.100	»

Corps solides. — On peut appliquer le même mode de calcul à la température de combustion d'un combustible solide comme la houille. On supposera toujours l'air à 20 % d'oxygène. Pour le calcul, on prendra par exemple un volume de fumée occupant le volume moléculaire 23,32 l. de façon que la composition en volume de ces fumées donne immédiatement le nombre des molécules de chacun des gaz qu'elles renferment.

On supposera qu'il s'agit de charbon amorphe, coke ou charbon de bois dont la chaleur de combustion diffère de celle du graphite ou du diamant :

12 gr. de C	Diamant	$=94{,}3$ Cal.	pour une molécule de CO^2
	Graphite . . .	$=94{,}8$	
	C. amorphe . .	$=97{,}6$.	

La composition des fumées sera :

$$CO^2 + 4\ Az^2.$$

Par suite, pour une molécule de fumée, il faudra brûler 0,20 At. de charbon, et la chaleur de combustion sera

$$L = 0{,}20 \times 97{,}6 = 19{,}5.$$

La chaleur d'échauffement des fumées est :

	à 2.000°	à 2.200°
CO^2	6,40	7,25
$4\ Az^2$	12,80	14,40
	19,20	21,65

En traçant la courbe, on trouverait comme température de combustion 2040°.

En fait, il est très difficile de brûler du charbon sans excès ni défaut d'air. Dans la pratique, la combustion ne donnera pas seulement du gaz carbonique, il s'échappera soit de l'oxygène libre, soit de l'oxyde de carbone, soit de l'eau provenant de l'eau hygrométrique.

Voici les différentes températures de combustion trouvées en faisant le calcul comme précédemment.

Combustion du charbon amorphe.

Air théorique pour CO^2	2.040°
5 % d'oxygène en excès	1.950
5 % d'oxyde de carbone	1.930
Air théorique+0,250 kg. d'eau pour 1 kg. de C	1.950
Théorique pour CO	1.280

Considérons maintenant un foyer renfermant du charbon en fragments et supposons que le charbon ne puisse réagir sur CO^2 pour donner CO, le calcul montre que les gaz sortent à 2040°. Mais le charbon déjà chauffé au moment de sa combustion aura une température beaucoup plus élevée, 2.200° par exemple, dans la tranche en-combustion, puis les gaz traversant le charbon froid sortiront à 2040°.

En réalité, dans une masse de charbon en combustion, un peu épaisse, il y a deux zones distinctes de combustion : l'une où il se forme de l'acide carbonique et une seconde où la réduction de l'acide carbonique par le charbon donne de l'oxyde de carbone. La température maxima de chacune de ces zones sera, pour la raison précédemment indiquée, supérieure à celle que donne le calcul fait en partant de charbon et d'air froid. Au lieu de 1.950° et 1.280° par exemple, on aura pour chacune de ces zones environ 2.200° et 1.400°. C'est là un fait d'une certaine importance au point de vue de la fusion des cendres et de la formation corrélative des mâchefers. Il y a lieu de s'en préoccuper dans la marche des gazogènes en particulier.

Houille. — Soit une houille dont la composition rapportée à 1.000 gr. est :

C	752
H	52
O	82
Az	10
H^2O hygr.	34
Cendres	70

Ce charbon brûle en donnant CO^2, H^2O et de l'Az venant de la houille et de l'air.

En volume, les fumées ont pour composition en molécules :

CO^2	62,7
H^2O	27,9
Az^2	292,7

La quantité de chaleur dégagée est L = 7.423 Cal.

Les chaleurs d'échauffement sont :

1.000°	2.000°	2.200°
6.550	7.460	8.430

d'où $t = 1.980°$.

Dans les applications industrielles, on emploie beaucoup les combustibles gazeux qui permettent une meilleure utilisation de la chaleur au moyen de la récupération obtenue en chauffant les gaz avant de les brûler. On a dans ce cas l'égalité :

Chaleur d'échauffement des gaz + chaleur de combustion = chaleur de refroidissement des fumées.

Gaz de gazogène théorique. — Le gaz théorique $CO + 2Az^2$ exige pour brûler 0,5 $O^2 + 2Az^2$ et l'on a la formule de combustion :

$$CO + O + 4\,Az^2 = CO^2 + 4\,Az^2.$$

La combustion de $CO + O + 4Az^2$ fournit 68 Cal., mais si l'on a chauffé au préalable les gaz à 1.000°, ils ont pris 5,5 × 7,3, soit 40 Cal., ce qui fait en tout 108 Cal.

Les chaleurs d'échauffement des fumées sont :

	2.000°	2.200°	2.400°
CO^2	33,1	38,2	43,7
$4\ Az^2$	62,4	69,2	76,4
	95,5	107,4	120,1

d'où $t = 2.220°$

Voici quelques résultats pour le même gaz :

Théorique froid	1.500°
Froid avec 5 % d'O dans les fumées . . .	1.210
Froid avec 5 % de CO	1.320
Gaz et air à 500°	1.860
Gaz et air à 1.000°	2.200

Généralement dans le gazogène, on fait passer de l'eau avec l'air, de façon à obtenir une certaine quantité de gaz à l'eau, ce qui donne un gaz de gazogène moins chargé d'azote. Avec le chiffre moyen de 250 gr. d'eau pour 1 kg. de charbon, on aurait un gaz qui, pour une molécule de charbon aurait la composition suivante :

$$CO + \frac{1}{6} H^2 + \frac{5}{3} Az^2.$$

La température de combustion serait :

Gaz et air froid	1.550°
Gaz et air à 500°	1.930
Gaz et air à 1.000°	2.230

Mais ces gaz de gazogène sont purement théoriques. En pratique, par suite de phénomènes d'équilibre, il y a toujours CO^2 et H^2O, et, si l'on emploie de la houille, des hydrocarbures gazeux.

Gaz de gazogène réel. — Soit un gaz de gazogène obtenu avec le coke, ayant la composition suivante :

CO	0,20
H^2	0,10
CO^2	0,05
H^2O	0,02
Az^2	0,63

la composition des fumées est :

CO^2	0,25
H^2O	0,12
Az^2	1,23

en brulant, CO dégage $68 \times 0,20 = 13,6$ Cal.
— H dégage $58 \times 0,10 = 5,8$ Cal. donc $L = 19,4$ Cal.

Au moyen du tableau des chaleurs d'échauffement, on trouve, pour la température de combustion :

Gaz et air froid	1.350
Gaz et air à 1.000°	2.150

UTILISATION DE LA CHALEUR

Les dépenses de combustibles sont, comme nous l'avons dit, un des éléments importants du prix de revient dans toute fabrication métallurgique. Il y a donc un grand intérêt à tirer d'un poids donné de combustible, le rendement le plus élevé, c'est-à-dire la plus grande quantité de chaleur ou de travail qu'il peut fournir.

Définition du rendement. — On appelle rendement le rapport de la quantité de travail, de la quantité de chaleur réellement utilisées à la quantité maxima que le combustible pourrait théoriquement fournir, si l'on savait éviter toutes les causes de pertes. Pour mesurer ce rendement il faut commencer par déterminer cette quantité maxima de travail ou de chaleur disponible dans la consommation d'une quantité déterminée d'un combustible.

1° *Puissance mécanique disponible.* — On calcule cette puissance maxima disponible en s'appuyant sur une généralisation du principe de Carnot.

La puissance développée dans une transformation entre deux états de la matière est maxima si tous les changements successifs sont réversibles, elle est par suite la même pour tous les changements réversibles effectués entre deux mêmes états. Cette puissance maxima est donc le terme de comparaison auquel on doit rapporter le travail réellement produit dans des circonstances données pour mesurer le rendement obtenu dans ces conditions.

Pour déterminer la puissance maxima dans la combustion du charbon, c'est-à-dire dans sa transformation en acide carbonique, il suffira d'effectuer cette réaction par un procédé réversible dans des conditions telles, qu'il n'y ait avec le milieu extérieur au système d'autres échanges d'énergie que des échanges de travail. Le travail ainsi reçu par le milieu extérieur donnera la mesure de la puissance mécanique cherchée.

Prenons du charbon et de l'air tous deux à la température ordinaire et chauffons-les, en les maintenant isolés l'un de l'autre, jusqu'à une température où la dissociation de l'acide carbonique soit complète. Mettons alors les deux corps en contact et refroidissons lentement le système en laissant les réactions se produire progressivement et d'une façon réversible. Après retour à la température ordinaire on aura effectué la combustion du charbon par voie entièrement réversible.

Tous les échanges de chaleur nécessaires à l'accomplissement de ce cycle sont supposés obtenus au moyen d'une machine réversible de Carnot ; le corps servant aux échanges décrit un cycle composé de deux isothermes et de deux adiabatiques de façon à prendre de la chaleur au milieu ambiant supposé indéfini pour la remonter au corps à échauffer, ou réciproquement pendant le refroidissement, de telle façon qu'il n'y ait eu finalement avec l'extérieur que des échanges de travail. La puissance mécanique $d\pi$ correspondant au transport d'une quantité de chaleur dq, à un corps à la température T en prenant seulement de la chaleur dans le milieu indéfini ambiant à température T_0 est donnée par l'expression

$$d\pi = dq \, \frac{T - T_0}{T} \, .$$

Le calcul dans le cas de la combustion du carbone est assez compliqué parce que la dissociation ne se produit que d'une façon progressive et que, d'autre part, il faut faire intervenir les données numériques relatives à l'équilibre entre le charbon et l'acide carbonique et l'oxyde de carbone, ainsi que celles relatives à la dissociation de l'acide carbonique en oxyde de carbone et oxygène, parce que l'on n'observe pas directement la dissociation de l'acide carbonique en charbon et oxygène.

Nous prendrons, pour faire comprendre le principe de la méthode un exemple beaucoup plus simple, celui de la combinaison de la chaux avec l'eau et, pour simplifier encore, nous supposerons l'eau à l'état de vapeur dès la température ordinaire. On a la réaction

$$\underset{c}{CaO + H^2O} = \underset{C}{CaO, H^2O} \qquad \text{dégage L calories à } T_0.$$

On a, d'après le principe de l'état initial et final :

$$dL = (C - c)\, dT$$

en appelant C et c les chaleurs spécifiques des corps de chacun des deux membres de l'équation de la réaction chimique.

Nous échauffons la chaux et la vapeur d'eau isolément jusqu'à la température de dissociation complète sous la pression atmosphérique, température qui est T=550°.

Le travail dépensé pour cet échauffement, en empruntant la chaleur au milieu ambiant et la remontant pour une machine de Carnot, est

$$425 \int_{T_0}^{T} c \, . \, dT \, \frac{T-T_0}{T} .$$

On met en contact la chaux et la vapeur à 550°. La combinaison fournit, en faisant retomber la chaleur de réaction sur le milieu ambiant, une quantité de travail de

$$425 \, L \, \frac{T-T_0}{T} .$$

Enfin, le refroidissement de la chaux fournit encore :

$$425 \int_{T_0}^{T} C \, . \, dT \, \frac{T-T_0}{T} .$$

Soit au total, en remarquant que (C—c) dT=dL

$$425 \, L \, \frac{T-T_0}{T} - \int_{T_0}^{T} dL \, \frac{T-T_0}{T}$$

qui après, intégration par les procédés ordinaires, donne finalement :

$$425 \, . \, T_0 \int_{T_0}^{T} \frac{L}{T^2} \, dT.$$

Tous calculs faits, on trouve, en tenant compte de la chaleur de combinaison de la chaux avec l'eau et de sa variation avec la température, 6.000 kgm. pour une molécule de chaux, soit 56 gr.

Si dans une première approximation on négligeait la variation de la chaleur de réaction avec la température, on aurait immédiatement :

$$\pi = 425 \, . \, L \, \frac{T}{T-T_0} = 425 \, . \, L \, \frac{550^\circ}{823^\circ} = 425 \, . \, 0{,}67 \, L_0 = 5.700 \text{ kgm.}$$

Le même calcul fait pour la combustion du charbon donne :

$$\pi_0 = 425 \cdot 0{,}95 \cdot L_0.$$

Etant donné l'incertitude des données expérimentales servant de bases à ces calculs, on peut admettre que la puissance disponible est dans ce cas sensiblement équivalente à la chaleur de combustion du charbon. On admet souvent *a priori* cette équivalence en s'appuyant seulement sur le principe de conservation de l'énergie, ce raisonnement est absolument faux. Dans le cas d'hydratation de la chaux, le travail disponible n'est équivalent qu'aux 2/3 de la chaleur de réaction.

Rendement mécanique. — La combustion du charbon est un phénomène irréversible, elle occasionne donc une première perte d'énergie. La température de combustion théorique du charbon est de 2.040° ; la puissance disponible restant emmagasinée dans les gaz brûlés a pour expression

$$\pi_1 = 425 \int_{t_0}^{t_1} \frac{c\,dt\,(T - T_0)}{T}$$

en apelant c la chaleur spécifique des gaz brûlés à la température T. En se servant des valeurs numériques données plus haut on trouve :

$$\pi_1 = 0{,}85\pi_0$$

et même en tenant compte de l'excès d'air habituel qui abaisse la température de combustion

$$\pi_1 = 0{,}80\pi_0$$

soit une perte de 15 % sur la quantité initialement disponible.

Dans les chaudières, la chute de température de 2.040° à 200° environ provoque une grosse perte de puissance ; ce qui reste disponible n'est plus que

$$\pi_2 = 0{,}50\pi_1 = 0{,}40\pi_0.$$

Enfin la vapeur d'eau est employée dans des machines, comportant des pertes par conductibilité, par frottement et condensation ; de plus le travail de la vapeur n'est pas employé intégralement, car on ne peut détendre indéfiniment. On admet comme un résultat pratiquement satisfaisant la production d'un cheval-vapeur par kilo de charbon brûlé. En prenant 7.000 Cal. pour pouvoir calorifique d'un charbon à teneurs en cendres et humidité moyennes, la puissance théoriquement disponible serait 2.800.000 kgm. Or 1 cheval correspond à 270.000 kgm.-heurre. La puissance fournie par la machine est donc :

$$\pi_3 = 0{,}10\pi_0$$

soit une perte de 90 %.

Cette perte totale serait théoriquement répartie comme il suit :

Combustion du charbon	15 %
Chauffage de la chaudière	45
Machine à vapeur (par différence)	30

En réalité, la perte due à la combustion est un peu plus forte en raison de l'excès d'air employé pour la combustion et de la perte des escarbilles. Celle de la chaudière est également plus forte parce que l'on a négligé les pertes par rayonnement et admis une température très élevée pour la chaudière, température que l'on n'atteint généralement pas. Par suite, celle de la machine à vapeur est plus faible.

La transformation de la puissance mécanique en électricité se fait au moyen de dynamos dont le rendement est très élevé (supérieur à 0,8 de sorte que l'on a

$$\pi_4 = 0{,}80\pi_3 = 0{,}08\pi_0.$$

Enfin si l'on emploie cette électricité à charger des accumulateurs et que l'on utilise ensuite cette électricité, on arrive à ne plus avoir que 1/20 de la puissance initiale

$$\pi_5 = 0{,}05\pi_0.$$

Ces chiffres montrent toute la marge aujourd'hui disponible pour une meilleure utilisation des combustibles. Le charbon ne nous rend en électricité que la vingtième partie de ce qu'il pourrait théoriquement fournir. Sans espérer atteindre jamais un rendement égal à l'unité, on doit cependant pouvoir l'améliorer beaucoup.

La transformation du charbon en gaz combustible, et l'emploi de ce gaz dans le moteur à explosion, a notablement augmenté le rendement en supprimant la perte résultant de la chute de chaleur du foyer à la chaudière. Cet avantage est compensé, il est vrai, par les difficultés d'entretien rendant l'emploi de ces machines onéreux et l'obligation d'un refroidissement énergique des pièces métalliques pour assurer leur conversation, et qui diminue le rendement calorifique.

On a essayé, sans succès jusqu'ici, de transformer directement l'énergie chimique du charbon en énergie électrique, de faire des piles au charbon. Le Dr Ludwig Mond a particulièrement étudié ce problème. Les plus mauvaises piles ont toujours un rendement supérieur à 50 %, il n'est donc pas téméraire de chercher dans cette voie une augmentation du rendement des combustibles. Cependant l'absence de conductibilité électrique des charbons naturels complique beaucoup le problème.

Utilisation des Calories dans une installation électrique. — Voici, à titre d'exemple précis, quelques chiffres relevés sur des installations industrielles. Je les dois à M. Jean Royer, Directeur de la Cie des Mines du Nord d'Alais.

Soit une installation ainsi conçue :

α) Centrale. — H) Chaudières semi-marines avec économiseurs à forte production brûlant du combustible à 8.000 cal. environ. Alimentation par pompes électriques.

G) Turbo-alternateur 3.000 kw. marchant normalement à 3/4 de charge, condenseur par surface avec réfrigérant.

F) Transformateur élévateur 5.000/45.000 travaillant à 3/4 de charge.

β) *Lignes.* — E) Ligne à haute tension de 50 km. à 45.000 v.

D) Transformateur abaisseur de 5.000/45.000 travaillant à 3/4 de charge.

C) Distribution à diverses usines, 2.500 v.

γ) *Usine.* — B) Transformateurs abaisseurs de 150 KVA. 2.500/210 travaillant à 3/4 de charge.

A) Moteurs de 100 HP travaillant à pleine charge, asynchrones.

Le cos de l'ensemble et 0,8 environ.

1) *Rendements des transformateurs lignes et moteurs.*

Le rendement des moteurs A en pleine charge est de		0,90
—	des transformat. 2.500/210 B à 3/4 de charge est de .	0,96
—	de la distribution à 2.500 C est de	0,95
—	du transform. 4.500/2.500 D à 3/4 de charge est de .	0,96
—	de la ligne à haute tension E est de	0,94
—	du transformateur élévateur 5.000/4.500 F est de . .	0,97

Le rendement de l'ensemble est

$$0,9 \times 0,96 \times 0,95 \times 0,96 \times 0,94 \times 0,97 = 0,715.$$

2) *Rendement de la chaudière. H*

Pour les chaudières à forte production (semi-marine) avec économiseurs est de 0,82 environ.

3) *Consommations de la turbine. G*

α) La consommation de la turbine par kwh aux bornes à 3/4 de charge est de 6 k. 08 de vapeur à 13 k. et 300°.

β) Condensation et refoulement au refrigérant 3,5 % en plus, soit 6,08 × 1,035 = 6 k. 29.

γ) Condensation dans les tuyauteries et purge, 2 % en plus, alimentation des chaudières avec pompes rotatives à 0,45 de rend. 8% en plus, soit 6,29 × 1,1 = 6 k. 92 par kwh.

4) *Rendement du groupe turbo-alternateur. G*

La chaleur spécifique de la vapeur à 13 k. et 300° est

$$\lambda = 664 + 0,5454\ (300° - 190°).$$

La quantité de chaleur par kwh est donc . . .	$6,92 \times \lambda =$	4.967 cal.
A déduire eau condensée à 45°		317
		4.650 cal.

D'autre part : 1 kw = 102 kgm. équivaut à $\frac{102}{425} = 0,24$

1 kwh équivaut . . . . . . $0,24 \times 3.600 = 864$

Le rendement ρ est donc . . . . $\rho = \frac{864}{4.650} = 0,186$

5) *Rendement global et répartition des pertes.*

Le rendement global R = 0,82 × 0,186 × 0,715 = 0,109.
Si on examine l'utilisation de 1.000 cal. on a

	ρ = rendement partiel	Perte	Reste disponible
H) Dans les chaudières	0,82	180 c.	820 c.
G) Dans la machine	0,186	667	153
F) Dans le transformateur 5.000/45.000 . .	0,97	4,6	148,4
E) Dans la ligne 45.000	0,94	8,9	139,5
D) Dans le transformateur 45.000/2.500 . .	0,96	5,6	133,9
C) Dans la distribution 2.500	0,95	6,8	127,1
B) Dans le transformateur 2.500/2.100 . .	0,96	5,2	121,9
A) Dans les moteurs 100 HP.	0,9	10,9	»
R . . . . =	0,111	889 c.	111 c.
		1.000 cal.	

Ces rendements s'appliquent à une installation très perfectionnée et en excellent ordre de marche.

Autre exemple relatif à une installation moins parfaite :

α) Chaudières B et W sans économiseurs, brûlant du charbon à 45 % de cendres et 10-15 % d'eau.

β) Turbo alternateur de 1.000 kw. marchant à pleine charge, condenseur par surface, refrigérant, pompes d'alimentation à vapeur.

γ) Réseau à 5.000 v., avec basses tensions en mauvais état (criblages, logements).

δ) Gros moteurs de pompes, treuils, ventilateurs à 500 v. avec transformateurs à 3/4 de charge.

$$\text{Cos} = 0{,}8.$$

α) *Rendement du réseau à 5.000 v.*

α) Moteurs de pompes 80 HP, charge 1/1 ou de treuil 100 HP charge 3/4 . . . . $\rho =$ 0,87
ρ) Transformateurs 175 KVA charge 0,75 . . $\rho =$ 0,95
γ) Lignes à 5.000 v. . . . . $\rho =$ 0,9
Rendement total : $\rho_1 = 0{,}87 \times 0{,}95 \times 0{,}7 =$ 0,744.

β) Rendement des chaudières.

Les mesures faites montrent qu'avec le combustible très pauvre employé et la chauffe à main le rendement $\varrho_2=0,45$ environ.

γ) *Consommation de la machine.*

Pour le turbo-alternateur, par kwh. charge 1/1 ($\cos\varphi=0,8$).		7,000 kg.
Pour la condensation 3 % en plus Pour le refoul. au refrig. 0,5 —	3,5 %. Consomm.	7,245
Pour la condensation et les purges 2 % . .	—	7,389
Pompe à vapeur d'alimentation, 0,9 par kwh, soit . . .		8,30

δ) *Rendement du groupe turbo alternateur.*

La quantité de chaleur par kwh est	$8,30\times718=$	5.960 c.
La chaleur de l'eau condensée	$8,30\times45\ =$	373
		5.587 c.

$$\text{Le rendement } \rho=\frac{864}{5.587}=0,154.$$

ε) *Rendement global.*

Le rendement global $R=0,45\times0,154\times0,744=0,051$.

La comparaison de ces deux installations montre que le facteur chaudière a une influence prépondérante sur le résultat final : on peut gagner bien plus comme rendement par l'amélioration de la chaufferie que par celle des machines.

Rendement thermique. — On peut transmettre la chaleur d'un corps à un autre par deux procédés essentiellement différents : soit par *voie réversible*, soit par *conduction directe*. Dans le premier cas, la chaleur maxima disponible est bien plus grande que dans le second ; on emprunte alors en effet au milieu ambiant, une certaine quantité de chaleur qui vient s'ajouter à celle fournie par le combustible. Pour transporter de la chaleur par *voie réversible*, il faut deux sources de chaleur, une source chaude et une source froide. Les cycles réversibles permettent d'utiliser la chute de chaleur de la source chaude sur le corps à échauffer, pour remonter en même temps à ce corps, de la chaleur empruntée au monde extérieur, servant de source froide et constituant un réservoir illimité de chaleur,

Pour faire cet échange de chaleur, nous pouvons prendre un procédé réversible quelconque, ils sont tous équivalents. Nous laisserons d'abord tomber la chaleur de la source chaude sur la source froide au moyen d'une machine de Carnot. Cette machine nous fournit, comme nous l'avons vu précédemment, une quantité de puissance mécanique équivalente à 0,95 L_0. Nous employons ensuite ce travail mécanique en le faisant agir sur une autre machine de Carnot, marchant en sens inverse, pour remonter de la chaleur prise dans le milieu ambiant à la température T_0 sur le corps à échauffer de température T. Nous avons, d'après la propriété bien connue de ces machines, la relation :

$$0{,}95\ L_0 = Q\ \frac{T - T_0}{T} . \qquad \text{ou } Q = 0{,}95\ L_0\ \frac{T}{T - T_0} .$$

Supposons qu'il s'agisse, comme l'avait proposé Lord Kelvin, de chauffer par ce procédé un appartement, par exemple, de fournir de la chaleur à 10° au-dessus de la température extérieure, supposée égale à 7°. L'expression ci-dessus donne :

$$Q = 0{,}95\ L_0\ \frac{280}{10} = 26\ L_0.$$

On aurait donc théoriquement ainsi 26 fois plus de chaleur dans l'appartement qu'en employant le système habituel de chauffage. Malheureusement ce calcul suppose que le rendement de toutes les machines soit égal à l'unité, tandis que, en fait, le rendement de la machine et du compresseur ne dépasserait guère 5 % et, au lieu de 26 fois plus de chaleur, on pourrait seulement espérer en avoir deux fois plus. On tient compte dans ce dernier calcul du fait que chaque perte de puissance mécanique amène la régénération de la fraction de la chaleur non utilisée. Il y aurait donc au point de vue rendement un avantage, mais pas au point de vue économique, en raison du prix élevé de l'achat des machines, de leurs frais d'entretien et du personnel : chauffeurs et mécaniciens, nécessaires pour leur fonctionnement.

On peut faire le même calcul pour le chauffage à différentes températures ; on trouve les rendements maxima suivants :

Four à acier à 1.600°	0,93 L_0
Four à gaz à 100°	1,0 L_0
Chaudière à 100°	1,6 L_0
Appartement à 10°	26,0 L_0.

Voyons maintenant les résultats du second procédé de chauffage, celui par *conduction*, le seul réellement pratique dans les conditions actuelles de l'industrie. La proportion de chaleur cédée aux corps à chauffer, est toujours inférieure à celle que fournit le combustible et l'écart est d'autant plus grand que la température à laquelle on utilise la chaleur est plus voisine de la température de la flamme du combustible. En effet, les produits de la combustion ne peuvent pas céder la totalité de la chaleur qu'ils contiennent, mais seulement celle qu'ils perdent quand leur température descend de la température initiale de combustion à celle du corps à échauffer. Le calcul de ce rendement calorifique est facile a faire en utilisant les chaleurs d'échauffement des gaz, données au commencement de ce chapitre ; on trouve ainsi, pour les quatre exemples cités plus haut, les rendements calorifiques suivants :

Fours à acier à 1.600°	0,26 L_0
Four à gaz à 1.000°	0,57 L_0
Chaudière à 100°	0,92 L_0
Appartement à 10°	1,00 L_0.

En réalité, l'utilisation de la chaleur est moindre encore, parce que l'excès d'air, toujours présent dans la combustion, abaisse la température initiale au-dessous de 2.040°, chiffre employé pour les calculs des rendements ci-dessus.

En refaisant les mêmes calculs sur un cas réel de combustion, on trouve des rendements bien plus faibles. Soit par exemple du coke de gaz, brûlé avec un excès d'air donnant 5 % d'oxygène dans les fumées.

Analyse du coke	
C	79
H	0,3
O	1,6
Az	0,6
Cendres	9,4
H^2O hygr. . . .	9,1
	100,0

Composition des fumées	
CO^2	0,149
H^2O	0,011
O	0,05
Az	0,79
Total . .	1,00

Le pouvoir calorifique de ce coke était de 6.500 Cal. au kilog. Une molécule de ces fumées corespond, d'après la teneur en CO^2, à 0,149 atome de carbone, soit 1,79 gr. provenant de 2,27 gr. de coke, donnant par leur combustion 14,7 Cal. La température de combustion est seulement de 1.625°.

On trouve pour la chaleur utilisée :

Four à acier à 1.600°	0,085 L_0
Four à gaz à 1.000°	0,43 »

On voit combien l'utilisation de la chaleur devient faible dans un four nécessitant une température élevée ; on comprend, en tenant compte des pertes de chaleur par rayonnement, que le chauffage d'un four à acier par combustion directe du coke soit impossible.

Calculons encore l'utilisation de la chaleur dans un haut-fourneau ; ici la température des fumées est très faible, mais celles-ci emportent de la chaleur latente sous forme d'oxyde de carbone.

Soit par exemple, la composition des gaz d'un haut-fourneau à l'air froid de Clarence Works (1866), d'après Sir Lowthian Bell.

CO^2	0,121	Température des gaz à leur sortie = 332°.
CO	0,278	
Az^2	0,586	
H^2	0,015	
	1,000	

Pour une molécule de fumée la chaleur latente emportée par l'oxyde de carbone est 19 Cal. De plus, la chaleur sensible des gaz à 332° est de 2,5 Cal., soit en tout, 21,5 Cal. Ces gaz proviennent de 0,37 atome de carbone et de 0,03 mol. de CaO CO^2. La chaleur de combustion totale du carbone correspond à 36 Cal.

L'utilisation de la chaleur est donc :

$$\frac{36 - 21,5}{36} = 0,41 \; L_0.$$

Récupération de la chaleur. — La faiblesse des rendements calorifiques obtenus dans les chauffages précédemment étudiés tient à des causes multiples qu'il est important de connaître pour chercher si on ne pourrait pas améliorer les rendements. Ces causes sont :

1° L'irréversibilité des échanges de chaleur par conduction. On n'a jusqu'ici trouvé aucun procédé pratique pour remédier à cette cause de perte. Du moment où l'on admet une chute de chaleur irréversible de la flamme au corps à échauffer, le maximum de chaleur que l'on puisse espérer utiliser est égal à la chaleur de combustion proprement dite ;

2° On n'utilise pas la totalité de cette chaleur de combustion, quand le combustible brûle incomplètement, comme c'est le cas du haut-fourneau où les gaz sortants renferment encore de l'oxyde de carbone. Il n'est pas impossible cependant de chercher un mode opératoire qui réalise cette combustion complète. Depuis longtemps on a eu l'idée de recueillir les gaz combustibles sortant du haut-fourneau et de les brûler avec une nouvelle quantité d'air dans d'autres appareils, où l'on utilise leur chaleur latente disponible, par exemple sous des chaudières pour la production de la force motrice ou dans des fours de grillage pour le traitement préalable de certains minerais hydratés ou carbonatés ;

3° Enfin une perte toujours importante résulte de ce que dans le chauffage par contact direct, les fumées sortent nécessairement des fours à la température des matières à chauffer et emportent ainsi avec elles en pure perte une quantité de chaleur d'autant plus considérable que cette température est plus élevée. A première vue, il semble que ce soit là une nécessité inéluctable et pendant longtemps on n'a rien fait pour remédier à cette situation, se contentant seulement dans certains cas particuliers d'utiliser les chaleurs perdues des fours pour le chauffage des chaudières, par exemple avec les fours à puddler.

En 1856, Sir William Siemens a découvert un procédé permettant de remédier à cet inconvénient : l'emploi de fours à *chaleur régénérée*, autrement dit de fours à *récupération*.

Le principe de la récupération est le suivant. On utilise les chaleurs perdues des fumées pour chauffer l'air, et parfois le combustible, avant de les mettre en présence pour les brûler. Par suite de cet échauffement préalable, la température de combustion réalisée est bien plus élevée et par conséquent la quantité de chaleur laissée dans le four par des fumées, qui sortent toujours à la même température, est bien plus élevée, d'autant plus considérable que l'écart entre la nouvelle température de combustion ainsi obtenue et celle du four est plus grand.

Une des premières applications de la récupération a été faite au haut-fourneau ; cherchons à chiffrer les économies pouvant résulter de son emploi.

Les gaz sortant d'un haut-fourneau, avec la composition indiquée plus haut, emportent 21,5 Cal. par molécule. Leur combustion complète en présence de la quantité d'air strictement nécessaire donne des fumées à la température de 1.670°. Calculons à quelle température on pourra chauffer l'air envoyé au haut-fourneau avec la chaleur disponible dans ces fumées. Un calcul très simple montre qu'une molécule de gaz sortant du haut-fourneau a été produite par l'envoi au bas du haut-fourneau de 0,73 molécule d'air et en brûlant elle fournit 1,255 molécule de fumées complètement brûlées. La chaleur spécifique de ces fumées est d'ailleurs plus élevée que celle de l'air pur. Elles renferment donc beaucoup plus de chaleur qu'il n'en faudrait pour chauffer l'air pur par un procédé d'échange méthodique de chaleur à leur température de 1.670°. Il est facile de calculer la quantité de chaleur que l'air ainsi chauffé réintroduit dans le haut-fourneau ; voici les résultats de ce calcul pour différentes températures de chauffage de l'air, la dernière colonne donne le cœfficient d'utilisation de la chaleur en supposant, ce qui est impossible d'ailleurs, que les gaz non brûlés sortent du haut-fourneau avec la même composition et la même température que dans la marche à l'air froid.

Température de l'air	Chaleur récupérée par l'air	Utilisation de la chaleur
0°	0	0,41 L_0
400	2,3 Cal.	0,475
800	4,25	0,53
1.600	8,8	0,65

En fait, on n'arrive pas à dépasser la température de chauffage de 800°.

Economie de charbon. — Pratiquement, on ne procède pas, comme dans le calcul précédent, en laissant invariable la quantité de charbon brûlé, car on aurait par cette récupération plus de chaleur dans le four que l'on n'a besoin. On diminue en même temps la quantité de combustible de façon à laisser dans le four la même quantité de chaleur qu'avant la récupération et le seul point intéressant est de connaître l'économie ainsi réalisée sur la consommation de combustible. Dans ce cas, du reste, il n'y a plus d'impossibilité à avoir la même quantité de chaleur et la même composition dans les fumées sortant du haut-fourneau.

Appelons P′ et P les poids de charbon brûlés avec et sans récupération, X′ et X les proportions de chaleur utilisées. On doit avoir pour satisfaire à la condition énoncée la relation

$$PX = P'X'$$

et par suite pour l'économie relative de charbon

$$\frac{P - P'}{P} = \frac{X' - X}{X'}$$

ce qui donne finalement les résultats suivants :

Température de l'air	Augmentation du rendement calorifique	Économie relative sur le combustible
0°	0	0
400	0,065	0,14
800	0,12	0,23
1.600	0,24	0,37

On obtient donc une économie sur la dépense de combustible sensiblement double de l'accroissement du rendement thermique. Cela tient à ce qu'en même temps que l'on a augmenté ce rendement thermique, on a réduit la masse des fumées qui emportent de la chaleur, grâce à la diminution du combustible, rendue possible par la récupération de la chaleur.

A 800° l'économie théorique de combustible serait donc de 25 %. En réalité, l'économie est deux fois plus grande et s'élève à 50 %, parce qu'en même temps que l'on diminue le poids de combustible, on fait par contre-coup baisser la température des fumées et leur teneur en oxyde de carbone, ce qui amène une nouvelle économie.

Gazéification des combustibles. — La récupération de la chaleur dans les hauts-fourneaux ne porte que sur le chauffage de l'air, on ne peut la faire porter sur le combustible solide qui est à l'intérieur du haut-fourneau et est déjà échauffé pendant sa descente à travers l'appareil ; il serait d'ailleurs impossible de chauffer un combustible solide. Dans le cas des fours à foyers indépendants, comme les fours à acier, on peut faire une récupération bien plus complète en échauffant non seulement l'air de la combustion, mais encore le combustible, à condition de transformer au préalable le combustible solide en combustible gazeux, opération qui se fait dans les foyers appelés *gazogènes*. La combustion incomplète du charbon en présence d'une quantité limitée d'air et de vapeur d'eau donne un gaz combustible renfermant de l'oxyde de carbone et de l'hydrogène, mêlés à un excès d'azote provenant de l'air servant à cette combustion incomplète. On peut alors, au moyen des chaleurs perdues des fumées, chauffer à la fois l'air secondaire envoyé au four pour brûler le gaz combustible venant du gazogène et ce gaz combustible lui-même ; on peut en outre utiliser une partie de ces chaleurs perdues pour chauffer également l'air primaire envoyé au gazogène et la vapeur d'eau. La récupération porte alors à la fois sur :

1° L'air primaire envoyé au gazogène ;
2° La vapeur d'eau envoyée au gazogène ;
3° L'air secondaire envoyé directement au four ;
4° Le gaz combustible brûlé avec cet air secondaire.

On comprend que dans ces conditions on puisse réaliser une récupération bien plus parfaite que dans le haut-fourneau.

Nous ferons le calcul dans le cas simple où l'on chauffe seulement l'air secondaire et où l'on prend le gaz combustible à la température à laquelle il sort du gazogène.

Prenons le coke précédemment employé pour le chauffage par combustion directe, renfermant 10 % d'eau hygrométrique et supposons que, au lieu de vapeur, on fasse arriver de l'eau liquide sous la grille dans la proportion de 20 % du poids du combustible. Le tableau suivant donne la composition du gaz obtenu, d'après des analyses relevées sur des gazogènes d'usine à gaz, et la chaleur de formation des différents éléments de ce gaz.

Composition du gaz		Chaleur de formation
CO	0,27	+7,80 Cal.
H^2	0,08	−5,20 (depuis H^2O liquide)
CO^2	0,05	+4,85
H^2O	0,02	−0,20 (vaporisation)
Az^2	0,60	»
	1,02 mol.	7,25 Cal.

On en déduirait, pour la température du gaz sortant du gazogène, 930° ; l'observation donne 740°. L'écart de 190° entre les températures observées et calculées provient des pertes par rayonnement du gazogène ; il correspond à 1,6 Cal. Il reste finalement comme chaleur sensible dans les gaz.

$$7,2-1,6=5,6 \text{ cal.}$$

Les fumées provenant de la combustion de ce gaz et sortant d'un four à distiller la houille à 1.000°, ont pour composition :

CO^2	0,32 m.	4,2 cal.
H^2O	0,10	1,1
Az^2	1,38	} 10,3
O^2	0,02	
	1,82 mol. et emportent	15,6 cal.

Les 0,32 mol. d'acide carbonique proviennent de 4,8 gr. de coke d'un pouvoir calorifique de 6.500 Cal. au kilo, soit 31 Cal. pour 4,8 gr.

L'utilisation de la chaleur dans le four avec combustion à l'air froid est donc, en tenant compte des pertes par les fumées 15,6 Cal. et des pertes par le gazogène, 1,6 Cal.

$$\frac{31-15,6-1,6}{31}=0,45$$

Ce rendement est sensiblement identique à celui qui a été donné plus haut, dans le cas de la combustion directe du charbon. Cela tient à ce que l'on peut brûler les gaz avec un moindre excès d'air, 2 % d'oxygène dans les fumées au lieu de 5 %, ce qui diminue d'autant la masse des fumées, mais cet avantage est compensé par la perte de chaleur dans le gazogène et par l'introduction d'eau sous la grille qui passe finalement dans les fumées en en augmentant d'autant la masse et par suite la quantité de chaleur qu'elles emportent.

Prenons maintenant le même gaz de gazogène, brûlé avec de l'air qui sera chauffé à 740° au moyen de la chaleur récupérée des fumées. Cet air apportera dans le four 5,3 Cal. et le rendement thermique deviendra

$$\frac{31 + 5,3 - 15,6 - 1,6}{31} = 0,62.$$

Nous pouvons calculer comme nous l'avons fait pour le haut-fourneau, l'économie de combustible résultant de cette opération en écrivant que dans les deux cas, on laisse la même quantité de chaleur dans le four. On trouve ainsi :

Température de l'air	Accroissement du rendement thermique	Économie relative de combustible
1.000	0,17	0,28

L'économie réalisée serait donc de 37 % ; ce nombre est conforme aux résultats de la pratique industrielle. Les fours à distiller la houille chauffés au coke consomment 210 kg. par tonne de houille distillée, les mêmes fours chauffés au gaz de gazogène avec récupération consomment 150 kg. On a donc, comme économie de combustible :

$$\frac{210 - 150}{210} = 0,29.$$

Dans le cas de la fabrication de l'acier, nécessitant une température de 1.600°, l'avantage de la récupération est bien plus considérable, nous avons vu qu'il était impossible de chauffer un four semblable par la combustion directe du coke solide, tandis que avec l'emploi combiné de la gazéification du combustible et de la récupération, en chauffant l'air et le gaz vers 1.000°, on obtient une marche très satisfaisante. La totalité de l'acier Siemens-Martin se fabrique aujourd'hui avec ce mode de chauffage. On ne peut plus, bien entendu, faire le calcul de l'économie relative de combustible, puisque la consommation serait pratiquement infinie sans la récupération.

CHAPITRE QUATRIÈME

COMBUSTIBLES NATURELS

Bois. — Constitution. — Eeau d'imbibition. — Cendres. — Densité. — Prix de revient. — Pouvoir calorifique. — Production du bois.

Tourbe. — Gisement. — Propriétés. — Agglomération.

Lignite.

Houille. — Propriétés. — Classification. — Cendres. — Classement et triage.

Combustibles liquides. — Constitution. — Emploi.

BOIS

Constitution. — Le bois est constitué par des fibres longitudinales laissant entre elles des espaces remplis, en partie, par un liquide appelé *sève*, qui tient en dissolution différents sels et circule constamment dans la plante, pendant sa vie, en partie par des gaz non moins indispensables à la vie végétale.

Cellulose. — Les fibres du bois à l'état sec représente les 9/10 au moins de son poids ; elles sont constituées par une matière chimiquement définie, la cellulose, dont la formule la plus simple peut être représentée par du carbone, plus de l'eau. On l'appelle parfois, pour ce motif, un hydrate de carbone, mais cette expression n'est pas heureuse, car elle peut donner lieu à une équivoque, en faisant penser aux hydrates salins dont la propriété essentielle est de pouvoir perdre et reprendre ensuite avec la plus grande facilité leur eau de combinaison ; ce n'est aucunement le cas de la cellulose, le charbon obtenu par sa calcination ne peut plus se rehydrater.

On donne généralement comme formule de la cellulose

$$C^{24} H^{40} O^{20} \text{ ou } (C^6 H^{10} O^5)^4$$

correspondant à la composition

Carbone	44,4
Hydrogène	6,2
Oxygène	49,4
Total	100,0

On prend le multiple 4 de la formule la plus simple correspondant à cette composition, pour pouvoir écrire les formules des différentes celluloses nitrées sans attribuer d'exposants fractionnaires aux oxydes d'azote entrant dans la formule.

Incrustant. — Outre la cellulose, le bois renferme encore d'autres matières organiques, les unes servent à agglomérer les fibres et à donner au bois sa dureté, les autres sont en dissolution dans la sève. Parmi les matières insolubles, une des plus abondantes est une matière incrustante non azotée, notablement plus riche en carbone que la cellulose et soluble dans les solutions alcalines ou les bisulfites alcalins ; c'est précisément pour dissoudre cette matière agglomérante, et séparer ainsi les fibres que, dans la fabrication de la pâte à papier chimique, on traite alternativement les bois par les alcalis et les sulfites.

Il existe en outre des matières azotées analogues aux constituants des tissus animaux : albumine, protéine, etc... Le gluten que l'on retire de la farine de blé après enlèvement de l'amidon est une matière azotée de cette nature.

La composition moyenne de ces composés est sensiblement la suivante :

	Matière incrustante	Matière azotée
Carbone	53	53
Hydrogène	6,4	7
Oxygène	40,6	24
Azote	0,0	16
	100,0	100

Il existe enfin, en dissolution dans la sève, un très grand nombre de matières organiques, variables suivant les essences d'arbres : des gommes, des sucres, des résines, etc., et des sels à acides organiques de bases minérales : malate, oxalate de calcium, de potassium, etc.

Composition chimique. — La présence simultanée et en proportion variable de ces différents corps, venant s'ajouter à la cellulose, donne aux bois une composition un peu variable. Voici quelques exemples d'analyses de bois faites sur des échantillons séchés dans le vide à la température de 140°. Le ligneux seul a été étudié, les écorces ayant été enlevées au préalable. On a rapproché, comme terme de comparaison, la composition de la cellulose.

	Hêtre		Chêne		Bouleau		
	tronc	branche	tronc	branche	tronc	branche	Cellulose
Carbone	49,5	50,4	49,6	50,1	50,3	51,3	44,4
Hydrogène	6,0	6,2	5,8	6,1	6,2	6,2	6,2
Oxygène	42,4	41,1	41,4	41,4	41,0	40,4	49,4
Azote	1,2	0,8	1,2	0,9	1,4	0,9	0,0
Cendres	0,9	1,5	1,0	1,5	1,1	1,2	0,0
Total	100	100	100	100	100	100	100

Eau d'imbibition. — A l'état vivant, le bois renferme une grande quantité d'eau qui constitue la sève, une fois le bois coupé, cette eau se dégage peu à peu par évaporation à l'air, sa proportion initiale est voisine de 50 %. Par dessiccation à l'air en forêt, la moitié de cette eau environ s'évapore pendant la première année. Par conservation prolongée pendant plusieurs années dans un endroit sec et à couvert, la proportion finale peut tomber jusqu'à 15 %. Pour enlever cette dernière partie d'eau hygrométrique, il faut dessécher le bois à une température élevée, dans des étuves chauffées vers 150° ; au delà, le bois commencerait à se décomposer et perdrait de l'eau de constitution. Le bois ainsi desséché à l'étuve reprend très vite de l'humidité à l'air ordinaire ; le bois desséché est en effet une matière à pores très fins, par suite hygrométrique, comme le sont tous les corps poreux. L'eau condensée dans ces pores a une tension de vapeur bien inférieure à celle de l'eau libre et d'autant moindre que la quantité d'eau actuellement condensée est moindre. Jusqu'à la teneur de 15 %, elle est inférieure à celle de la vapeur dans l'air ordinaire où la tension de vapeur est en moyenne la moitié de la tension maxima de l'eau. La quantité d'eau reprise par le bois sec peut s'élever à 5 % pendant les trois premiers jours et continue ensuite à croître pour revenir lentement à la limite primitive de 15 %.

La rapidité de dessiccation à l'air est très différente suivant que le bois est écorcé ou non. Avec l'écorce, le départ de l'eau est beaucoup plus lent.

Cendres. — Le bois renferme toujours des matières minérales qui restent après la combustion et constituent les cendres. Ces matières sont, comme on l'a indiqué précédemment, pour la majeure partie en dissolution dans la sève, mais parfois aussi, comme l'oxalate de chaux, cristallisées à l'intérieur des cellules Les cendres du bois sont essentiellement basiques ; traitées par l'eau, elles laissent dissoudre du carbonate de potasse qui, pendant longtemps, a été dans nos pays la seule source des matières alcalines servant au blanchiment du linge, à la fabrication du savon, à la fabrication des verres, etc...

La proportion des cendres renfermée dans le bois est très faible, elle ne dépasse guère 1 à 2 % dans le ligneux sec ,elle est notablement plus élevée dans les écorces, en moyenne 2 fois plus forte et plus considérable encore dans les feuilles sèches où elle est 4 fois plus grande environ. Tous ces chiffres d'ailleurs sont extrêmement variables avec les essences de bois et dans une certaine mesure avec la nature des terrains où ils se développent. Les chiffres suivants peuvent donner une certaine idée moyenne de la composition chimique des cendres de bois. Nous donnerons dans un premier tableau la proportion de sels alcalins solubles renfermés dans 100 parties de cendres, dans un second tableau la composition moyenne des sels solubles et dans un troisième, celle du résidu insoluble. Ces résultats sont empruntés au célèbre « Traité des Essais par la voie sèche », de Berthier.

Quantités % de sels alcalins solubles contenus dans les cendres

Chêne	15
Pin	13,6
Châtaignier	14,6
Hêtre	16
Bouleau	16
Charme	18
Sapin	16,7
Moyenne	15,7

La proportion relative des sels solubles descend, dans certains cas, à moitié des teneurs indiquées dans ce tableau et s'élève d'autres fois jusqu'au double. Les variations dans une même essence d'arbre vont parfois du simple au double dans des régions différant soit par la nature du sol, soit par les conditions climatériques.

Composition chimique des cendres

Matières solubles.

	Charme	Hêtre	Chêne	Bouleau	Châtaigner	Pin	Sapin
CO^2	24,7	22,4	28,4	17	18,8	20,8	23,5
SO^3	7,3	7,3	5,9	2,3	8,7	12	6,9
HCl	4,7	5,2	4	0,2	0,5	6,7	»
$Si\ O^2$	1	1	1	1	2,7	1,4	2
$K^2\ O$	50,7	64,1	60,7	79,5	69,3	31,7	28,2
$Na^2\ O$	12,1					25,4	41,5
	100,5	100,0	100,0	100,0	100,0	98,0	100,1

Matières insolubles.

	Charme	Hêtre	Chêne	Bouleau	Châtaiguer	Pin	Sapin
CO^2	33,2	29,2	30,1	31,0	30,5	36,0	21,5
$Ph^2\ O^2$	10,0	8,8	7,0	4,3	1,9	1,0	1,8
$Si\ O^2$	3,9	5,8	1,7	5,5	8,5	4,6	13,0
Ca O	42,7	42,6	44,7	52,2	51,1	42,3	27,2
Mg O	7,0	7,0	7,9	3,0	3,8	10,5	8,7
$Fe^2\ O^3$	0,1	1,5	0,1	0,5	3,5	0,1	22,3
Mn O	6,9	4,5	2,9	3,5	»	0,4	5,5
C etc.	1,4	»	4,5	»	»	4,8	»
	105,2	99,4	98,9	100,0	99,3	99,7	100,0

Les fortes proportions d'alcalis indiquées par la composition de la partie soluble des cendres peuvent surprendre à première vue ; il n'y a pas assez d'acide carbonique pour les saturer et cependant la calcination des sels alcalins à acide organique donne des carbonates alcalins indécomposables par la chaleur. Cette disparition de l'acide carbonique tient à la formation simultanée de chaux vive, le carbonate de chaux étant décomposable par la chaleur. Cette chaux en présence de l'eau réagit sur les carbonates alcalins et donne du carbonate de chaux qui reste dans la partie insoluble.

Densité. — La densité *absolue* du bois, c'est-à-dire prise abstraction faite des volumes vides occupés par l'air, est à peu près la même pour toutes les essences, égale à 1,5 avec des variations extrêmes comprises entre 1,45 et 1,55, attribuables peut-être d'ailleurs en partie aux erreurs de mesure.

La densité *apparente* du bois sec est naturellement beaucoup plus faible et très variable, suivant les essences. Les bois les plus lourds employés industriellement : chêne, hêtre, orme, ont, après avoir été desséchés un an en forêt, des densités apparentes variant de 0,8 à 0,9. Les bois légers : pin, sapin, bouleau, tilleul, ont des densités variant de 0,5 à 0,6, enfin, un bois très léger le peuplier d'Italie, commun, descend à 0,4. Certains bois rares, le buis, l'ébène ont des densités supérieures à celle de l'eau, c'est-à-dire à 1,0, par contre, le liège, constitué par l'écorce de certains chênes, arrive à une densité de 0,25. Ces chiffres se rapportent à des bois renfermant encore, d'après les conditions du séchage, 25 % d'eau environ.

Le bois est généralement vendu au stère, c'est-à-dire au mètre cube de bois en bûches, prises entières, si leur diamètre ne dépasse pas 10 cm. et fendues, si elles sont plus grosses. Pour cette mesure, le bois est mis en tas sur le sol, entre deux montants verticaux distants d'un certain nombre de mètres ; les bûches sont toutes coupées à la même longueur, entre 1 et 2 m. et les tas sont élevés jusqu'à des hauteurs variables, généralement inférieures à 2 m. Le volume des vides et par suite le poids du stère dépend bien entendu du soin avec lequel les tas ont été élevés. Quand l'opération est bien faite; on a en moyenne 0,56 de plein pour 0,44 de vide. On trouve avec ce coeffcient, en partant des densités apparentes du bois séché à l'air données plus haut, des nombres voisins des suivants qui résultent d'observations directes : noyer, chêne, châtaignier, 500 kg. ; hêtre, charme, 400 kg. ; pin, bouleau, peuplier d'Italie, 300 kg. Le poids des menus bois de branchages destinés à la fabrication du charbon peut descendre à moitié.

Prix de revient. — Le bois se vend au stère et le prix de vente est très variable suivant les pays ; en Suède, pris en forêt, il se vend de 1 à 2 fr. ; en France, dans les mêmes conditions, de 5 à 6 fr. (Année 1900). Mais au lieu de consommation, ce prix est considérablement élevé par les frais de transport. Le bois de chauffage domestique coûte souvent dans les villes le triple du prix en forêt et plus.

Le bois ne peut être employé industriellement que là où l'on dispose de procédés économiques pour son transport et le seul procédé vraiment économique est le flottage. Pendant longtemps, le bois employé au chauffage domestique à Paris, avant le développement des poêles à combustion lente qui brûlent du coke ou de l'anthracite, arrivait pour la majeure partie des montagnes du Morvan dans la Nièvre. Le bois jeté dans les cours d'eau qui descendent de ces montagnes, venait ainsi tout seul jusqu'à Clamecy où il était arrêté par un barrage. On faisait alors, en liant les bûches entre elles, de grands radeaux flottants qui descendaient par l'Yonne et la Seine jusqu'à Paris.

Ce procédé du flottage est encore employé sur une grande échelle par certaines usines métallurgiques, en Suède et en Russie, où l'on emploie le charbon de bois à la fabrication de la fonte. Les usines sont placées sur les cours d'eau qui fournissent la force motrice. Le barrage destiné à surélever le niveau de l'eau pour actionner les turbines hydrauliques, sert en même temps à retenir les bois.

Ce flottage a l'avantage, pour le bois destiné à la fabrication de la fonte, d'enlever une partie des sels solubles, en particulier les phosphates, dont la présence est très nuisible pour la fabrication du fer.

Pouvoir calorifique. — Le pouvoir calorifique du bois complètement sec, brûlé à volume constant dans une bombe calorimétrique, où l'eau de la combustion est finalement ramenée à l'état liquide, est de 4.700 Cal. Il est donc un peu supérieur à celui du carbone seul contenu dans le bois. La proportion de 50 % de carbone donnerait, en comptant le pouvoir calorifique de ce corps à 8.000 Cal., 4.000 Cal. seulement. L'excédent de 700 Cal. tient à ce que la proportion d'hydrogène contenue dans le bois est un peu supérieure à celle qui serait nécessaire pour former de l'eau avec son oxygène. Cet excès d'hydrogène vient principalement des matières incrustantes et azotées existant en dehors des fibres du bois.

Lorsque l'on soumet le bois à la distillation pour faire du charbon de bois, on obtient, comme nous le verrons plus loin, au plus un rendement de 25 % en charbon. Si l'on tient compte d'autre part de la proportion relativement plus grande des cendres contenues dans ce charbon, puisque leur poids total n'a pas varié, et qu'elles sont rapportées à une quantité de matière 4 fois moindre, on voit que le pouvoir calorifique du charbon obtenu ne représente que la moitié de celui du bois employé. A première vue, l'opération de la carbonisation ne semble pas avantageuse ; mais en faisant intervenir les frais de transport, qui peuvent tripler le prix de revient initial du bois, on comprend que dans bien des cas, le charbon de bois, puisse être un combustible plus économique que le bois, sans parler des avantages spéciaux résultant au point de vue de certains emplois, de l'absence de matières volatiles.

Production du bois. — Avant l'exploitation des mines de houille, le bois des forêts a été le seul combustible employé par nos ancêtres ; il en sera peut-être de même dans l'avenir, lorsque nos arrière-petits-fils auront épuisé toutes les ressources en combustibles minéraux dont nous usons aujourd'hui si largement. Il y aura lieu alors de se préoccuper sérieusement d'augmenter, par une culture plus rationnelle, la production de nos forêts. Sans attendre cette date reculée, on sera obligé prochainement de se préoccuper de ce problème, en raison de la consommation énorme de bois entraînée aujourd'hui par la fabrication des papiers d'impression.

La production actuelle des forêts, sous nos climats tempérés, peut correspondre à 5 ou 6 stères de bois par hectare et par an. Cela représente, comme poids de carbone fixé sur la même surface, de 1.000 à 2.000 kg., soit 100 à 200 gr. par mètre carré et par an. Dans les pays chauds et humides, voisins de l'équateur, on pourrait, prétend-on, obtenir, par la culture de certaines espèces spéciales comme l'eucalyptus, des rendements bien supérieurs et fixer, au lieu de 200 gr., jusqu'à 3.000 gr. de carbone, par mètre carré et par an. Cela correspondrait à une utilisation de 1/100 de l'énergie disponible dans les radiations solaires.

Sans aller si loin, on affirme qu'en Italie, la culture du ricin gigantesque arrive à produire par an cinq fois plus de cellulose que la culture du peuplier blanc. Il s'agit, il est vrai là de cultures intensives, largement fumées et irriguées ; ce ne sont pas les conditions habituelles en forêts.

En admettant comme production moyenne des forêts 2.000 kg. de carbone fixé par hectare et par an, soit 200 gr. par mètre carré, il faudrait, pour obtenir une quantité de combustible équivalente au milliard de tonnes de houille consommé annuellement, dans le monde entier une superficie de forêts égale à celle d'un carré de 2.000 km. de côté, c'est-à-dire 4 à 5 fois la superficie de la France.

TOURBE

Gisement. — La tourbe est un combustible assez médiocre, provenant de l'altération spontanée des plantes herbacées et aquatiques accumulées dans des endroits marécageux. Son épaisseur augmente d'année en année, la végétation reprenant chaque printemps sur l'accumulation des plantes mortes des années précédentes. On distingue la tourbe des plateaux, comme celle des Vosges, et la tourbe des vallées comme celle de la Somme. L'épaisseur de ces dépôts peut varier de 1 à 10 m.

La tourbe sert principalement au chauffage domestique des familles pauvres, chacun extrayant le combustible à proximité de sa demeure. On l'exploite lorsque son épaisseur a atteint de 0,50 m. à 1 m. Il faut environ une dizaine d'années pour qu'une tourbière se reforme dans ces conditions. Pour exploiter les tourbières, des canaux y sont creusés afin de faire subir à la couche un égouttage préliminaire, puis un certain temps après cette première opération la couche est découpée en bandes, qui sont par la suite subdivisées en briquettes au moyen de la bêche. Les tissus ligneux qui constituent la tourbe, s'étant transformés sous l'action de l'air et de l'eau en une matière spongieuse, retiennent d'énormes quantités d'eau.

L'exposition prolongée à l'air suffit pour lui faire perdre 50 % de son poids d'eau ; dans la tourbe ainsi desséchée il reste encore de 20 à 40 %d'eau hygrométrique. La dessication ne doit pas être trop rapide, la tourbe desséchée rapidement se crevasse et s'émiette.

Les tourbes de fond, tout à fait transformées, dites *tourbes brunes* ou *noires*, pèsent, après dessication à l'air libre, 350 à 400 kg. le mètre cube. Les tourbes en formation, dites *tourbes mousseuses* ou *légères*, pèsent 250 à 300 kg.

Propriétés. — La proportion d'eau retenue par la tourbe et perdue par dessication à l'air libre est en moyenne de 50 % comme on l'a indiqué plus haut. La tourbe complètement séchée à l'air perd encore, dans le vide sec, 10 % de son poids d'eau et de 10 à 20 % dans une étuve à 100°. Vers 120° la décomposition commence avec dégagement de produits qui renferment de l'hydrogène et du carbone. A 200° la tourbe sèche commence à s'oxyder à l'air.

On peut prendre comme moyenne de composition des tourbes desséchées à 110°, abstraction faite des cendres :

Carbone	58 à	63
HydrogènHydrogène	6	5,5
Oxygène avec 1 ou 2 % d'azote	36	31,5

La proportion des cendres descend rarement au-dessous de

6 %, elle atteint souvent 20 à 30 %. Les cendres contiennent surtout de l'argile et du calcaire avec des proportions variables de sulfate de calcium et de petites quantités de sels alcalins. Elles sont constituées par un mélange des cendres proprement dites des végétaux et des matières terreuses provenant directement du sol sur lequel s'est développée la tourbe.

Le pouvoir calorifique rapporté au kilogramme peut s'élever à 6.000 Cal. pour la tourbe sèche, abstraction faite des cendres. La tourbe desséchée à l'air à 8 % de cendres et 25 % d'eau a un pouvoir calorifique qui ne dépasse guère 4.000 Cal. Il peut même tomber à 3.000 Cal. si la proportion d'eau et de cendres augmente.

La tourbe sert surtout au chauffage domestique. Cependant elle a été parfois employée dans les gazogènes pour remplacer la houille pendant les grèves ou dans les pays éloignés des bassins houillers, comme la Bohême ou la Russie. Depuis quelques années on se préoccupe tout particulièrement de ses emplois industriels au Canada, en raison de son abondance dans ce pays et de l'éloignement des gisements de houille.

Agglomération. — On ne peut pas se contenter pour les emplois industriels, qui exigent des productions considérables, de la dessication à l'air beaucoup trop lente et exigeant des surfaces d'étendage énormes. La dessication par la chaleur est plus impossible encore, car pour évaporer toute l'eau d'une tourbe, il faudrait brûler une quantité de combustible supérieure à celui qu'elle renferme. On avait depuis longtemps esayé d'expulser l'eau par la compression, mais ce procédé avait jusqu'ici échoué, en raison de la présence dans la tourbe de petites quantités de matières de consistance gélatineuse, de propriétés semblables à celles de l'hydrocellullose, qui retiennent l'eau et l'empêchent de s'écouler sans entraîner avec elles toute la matière solide qu'elle imbibe. La proportion de cette matière hydrocellulosique est cependant très faible, elle ne dépasse guère 1 %.

Le Dr Ekenberg a imaginé un procédé pour débarrasser la tourbe de cette matière et rendre possible son égouttage par compression. Le chauffage dans l'eau sous pression à 150° détruit la matière hydrocellulosique et la transforme en produit soluble.

Après cette opération, la tourbe comprimée sur des toiles laisse écouler son eau. Les expériences ont été faites sur une tourbe noire renfermant 87,5 % d'eau, soit 7 kg. d'eau par kilogramme de tourbe sèche. La matière réduite en pulpe par broyage et passée dans un tamis à mailles de 1 mm. fut enfermée dans un sac en drap et comprimée à 20 kg. par centimètre carré. Il n'y eut pas d'écoulement d'eau et le sac se déchira. La même expérience répétée après des chauffages dans l'eau sous pression à différentes températures a donné les résultats suivants :

Pulpe brute de tourbe chauffé à différentes températures.

	Températures	Kg. d'eau restant par kg. de tourbe humide	Kg. d'eau écoulée par kg. de tourbe sèche
	0°	sac déchiré	0,0
	80	—	0,0
	100	6,5	0,5
	125	6,0	1,0
	150	3,5	3,5
Chauffé à	160	2,0	5,0
	180	1,5	5,5
	200	1,0	6,0
	220	0,75	6,25
	240	0,5	6,5

Des essais d'application de cette méthode de traitement de la tourbe ont été faits en chauffant pendant 30 minutes à 180°. On récupérait les deux tiers de la chaleur nécessaire pour le chauffage en employant des tubes coaxiaux, laissant entre eux un espace annulaire de 12 mm. La pulpe est renvoyée par le tube central à l'aide d'une pompe donnant une pression un peu supérieure à la tension de la vapeur d'eau. La compression de la matière ainsi obtenue donne des briquettes assez dures, de densite 1,3. Industriellement, ce procédé de traitement de la tourbe ne semble pas avoir abouti.

Des tentatives diverses ont été faites sans grand succès jusqu'ici pour préparer par calcination du charbon de tourbe, utilisable par l'Industrie ; il est trop friable pour se prêter aux mêmes usages que le charbon de bois.

D'une façon générale, on se fait beaucoup d'illusions sur les possibilités d'utilisation industrielle de la tourbe. Il ne faut pas oublier qu'au moment de son extraction la tourbe renferme en moyenne :

Eau	85
Tourbe sèche	15
	100

Pour enlever cette eau par la chaleur, il faut brûler la totalité de la matière combustible qu'elle renferme. Il ne reste plus alors rien que les cendres après enlèvement de l'eau.

Les procédés mécaniques, comme celui d'Ekenberg ont échoué.

On peut utiliser seulement la dessiccation à l'air et au soleil.

Cette dessiccation exige que la tourbe soit étendue en couche mince sur des étendues énormes, opération qui exige une main-d'œuvre considérable. L'opération n'est pas industrielle. On a établi par des expériences faites pendant la guerre de 1914 que pour obtenir une même quantité de calories, avec de la tourbe ou avec de la houille, il fallait dépenser quatre fois plus de main-d'œuvre dans le premier cas que dans le second.

L'utilisation de la tourbe ne peut être faite que pour le chauffage domestique, par des particuliers qui font l'extraction et l'étendage de la tourbe à leurs moments perdus et comptent alors pour rien leur main-d'œuvre.

On a cité deux cas d'exploitation industrielle de la tourbe, dont il a été beaucoup parlé pendant la guerre : celle de la vallée du Pô et celle des environs de Florence. Dans la vallée du Pô, le pays ayant été assaini par des travaux d'ensemble qui ont eu pour résultat d'abaisser le plan d'eau, la tourbe s'est desséchée sur place et a pu être extraite utilement ; mais c'est là un cas tout différent de celui des tourbières ordinaires, où la tourbe est sous l'eau au moment de son extraction. La dessiccation a tué les tourbières du Pô, qui une fois exploitées ne se reformeront plus. La valeur de la tourbe exploitée n'aurait d'ailleurs pas suffi pour payer les dépenses de creusement de canaux et des travaux d'assainissement de toute nature qui ont été faits.

A Florence, l'exploitation de la tourbe est faite pendant quelques mois de l'année. Les trois mois les plus chauds seuls per-

mettent une dessiccation avantageuse. Cette tourbe est employée sur place pour actionner une centrale électrique au moyen de chaudières que l'on met en feu pendant la période des basses eaux. Presque toute l'année, l'électricité est produite par des chutes d'eau.

Ce sont là des cas exceptionnels dont on ne peut tirer aucune conclusion pour l'ensemble des tourbières.

LIGNITE

Le lignite est un combustible intermédiaire entre la tourbe et la houille, mais plus voisin de cette dernière.

Il se présente tantôt en masses spongieuses analogues à la tourbe, (lignite de Bohème), parfois en masse compacte à cassure généralement conchoïdale (lignite des Bouches du Rhône). Formé par des végétaux de l'époque tertiaire, la structure ligneuse est souvent encore visible. C'est le plus récent des combustibles minéraux proprement dits. Il est d'une couleur brune ou noire ; la variété compacte se rapproche par beaucoup de ses caractères de la houille. La distinction entre ces deux sortes de combustibles repose sur ce qu'à la distillation, le lignite donne encore de l'acide acétique comme le bois, ce que ne fait plus la houille.

La densité moyenne du lignite sec est de 1,20 à 1,25, ce qui correspond pour le mètre cube à l'état fragmentaire, à 700 kg.

La composition élémentaire moyenne des lignites secs varie entre les limites suivantes déduction faite de l'eau et des cendres.

Carbone	60 à 70 %
Hydrogène	5 à 6
Oxygène et azote	35 à 25

La composition immédiate du lignite sec obtenue par distillation donne en général :

Carbone fixe	40 à	50 %
Eau	20	15
Goudron	16	14
Gaz	24	21

La quantité de matières volatiles varie de 50 à 60 % du poids du lignite.

Dans beaucoup de lignites on trouve, comme élément constitutif, du soufre non combiné au fer sous forme de pyrite, mais engagé dans des combinaisons organiques. La proportion du soufre peut s'élever jusqu'à 10 % du poids du lignite sec ; mais en général cette proportion est beaucoup plus faible.

Les lignites, au moment de leur extraction, renferment une quantité notable d'eau, jusqu'à 40 %. Desséchés complètement, ils reprennent, au bout de quelque temps, une moyenne de 15 %.

Les cendres des lignites sont quelquefois très calcaires et très fusibles, c'est le cas par exemple des lignites des Bouches-du-Rhône.

Le pouvoir calorifique du lignite est voisin de celui de la tourbe à dessiccation complète ; mais il est relativement beaucoup plus considérable quand on compare les matières à l'état brut, attendu que le lignite renferme beaucoup moins d'eau hygrométrique et de cendres. Il varie d'ailleurs suivant que le combustible est plus ou moins ancien. Les plus récents donnent à l'état brut de 4.500 à 5.000 Cal., les autres de 5.500 à 6.000. Pour un lignite pur et privé de cendres et d'eau le pouvoir calorifique s'élève jusqu'à 7.000 Cal.

Certains lignites spongieux, tout particulièrement ceux de Bohême, peuvent être agglomérés par la pression, donnent des briquettes solides d'un emploi très commode pour le chauffage. Pour cette agglomération, on dessèche le lignite de façon à ce qu'il ne renferme plus que 20 % d'eau et on le comprime vers la température de 100°, sous une pression de 1.500 kg. par cm^2.

HOUILLE

Les houilles sont de beaucoup les plus importants des combustibles industriels. On compte qu'il existe à la surface de la terre 1 million de kilomètres carrés de gisements houillers ; l'Europe, qui n'en détient que 20.000, fournit cependant les trois quarts de la production totale.

La houille se présente en couches stratifiées, alternées avec des schistes, dont l'épaisseur atteint très exceptionnellement 4 m. On exploite encore des couches de 0,40 m. ; on peut prendre 1 m. pour l'épaisseur moyenne des couches exploitées. Un terrain houiller où l'épaisseur totale des couches superposées est de 10 m., ce qui n'est pas rare, contiendra, 100.000 t. de houille par hectare. Cette abondance des houilles et leur bas prix de revient, les font employer sur une très grande échelle, aussi bien pour le chauffage domestique que pour d'innombrables opérations industrielles.

Propriétés. — Les houilles sont plus anciennes que les lignites et se rencontrent à la base des terrains secondaires.

En général leur couleur est noire avec un éclat brillant pour les morceaux, et brun foncé pour les poussières. Les variétés de houilles voisines des lignites sont moins noires que les houilles proprement dites.

La cassure présente des aspects variables, elle est fibreuse, lamelleuse ou lisse pour les houilles les plus récentes et les plus gazeuses, elle devient conchoïdale pour les houilles anthraciteuses plus anciennes.

Le poids spécifique des houilles peu chargées de cendres, varie de 1,25 à 1,35 ; le poids du mètre cube pour la houille en morceaux varie de 700 à 900 kg. Pour les anthracites, le poids du mètre cube dépasse parfois 1 t. et leur poids spécifique est compris entre 1.40 à 1.75.

La composition des houilles varie entre des limites assez resserrées. La proportion d'hydrogène est à peu près fixe et égale à 5 %, mais la proportion d'oxygène, plus variable, peut aller de 4 à 12 %.

Matières volatiles. — Sous l'action de la chaleur, les houilles se décomposent en dégageant des matières volatiles, renfermant l'hydrogène et l'oxygène du charbon. Les produits de la distillation comprennent trois parties différentes : de l'eau légèrement ammonicale, contenant la majeure partie de l'oxygène de la houille, des goudrons mélangés de carbures d'hydrogène peu volatils, et enfin des gaz combustibles, employés souvent pour l'éclairage, composés d'hydrogène et de différents carbures gazeux.

Ces matières volatiles jouent un grand rôle dans la combustion de la houille, dont l'allumage est d'autant plus facile et la flamme d'autant plus longue que la proportion de ces matières volatiles est plus considérable. Les houilles riches en matières volatiles sont d'un emploi particulièrement facile dans un grand nombre d'opérations de chauffage.

On serait tenté, à première vue, de chercher une relation entre la teneur en hydrogène des houilles et la quantité de matières volatiles qu'elles donnent à la distillation. Il n'existe aucune relation semblable, la teneur en hydrogène, comme on l'a indiqué plus haut, est sensiblement la même dans toutes les variétés de houille. L'oxygène au contraire, est le facteur essentiel dont dépend la quantité des matières volatiles ; leur proportion totale varie de 10 à 40 % du poids de la houille, quand la teneur en oxygène varie de 4 à 12 %.

Agglomération. — Certaines houilles ont la propriété de s'agglomérer sous l'action de la chaleur avant de commencer à se décomposer ; elles éprouvent vers 350° une demi-fusion, suffisante pour permettre le collage de fragments différents, pourvu qu'ils soient un peu pressés l'un contre l'autre. C'est là une propriété très utile pour un grand nombre des applications de ces combustibles. Elle permet aux menus de se souder ensemble, et les empêche ainsi de passer à travers les barreaux dans la combustion sur grille ; dans les fours à coke, elle permet la formation des morceaux compacts de grosse dimension, indispensables pour le travail des hauts-fourneaux. On pourrait même fabriquer ainsi des agglomérés de houille, sans addition d'aucun liant ; il suffirait de comprimer la houille chauffée au préalable vers 450°.

Cette matière agglomérante, possédant le même point de fusion dans toutes les houilles, doit avoir partout la même composition, sa proportion seule variant et pouvant même s'annuler chez les charbons qui ne collent pas. Toutes les tentatives faites pour isoler cette matière et en déterminer la composition exacte ont échoué ; la plupart des dissolvants chimiques sont sans action sur la houille. Cependant, la pyridine, employée à chaud, permettrait, d'après M. Bedson, d'arriver à dissoudre jusqu'à 25 % du poids de la houille, mais il n'est pas facile de séparer la matière ainsi dissoute du poussier de charbon resté en suspension dans le dissolvant.

Le pouvoir agglomérant des houilles est très variable suivant leur nature. Celles qui renferment le plus de matières volatiles, et par suite sont voisines des lignites, donnent un coke non aggloméré ; les houilles moins riches en matières volatiles donnent au contraire un coke très dur ; enfin, les houilles les plus maigres, voisines des anthracites et pauvres en matières volatiles, donnent encore un coke peu aggloméré. On a donc, dans la série continue des houilles, aux deux extrêmes, des houilles sèches ou maigres donnant de mauvais coke et au centre, des houilles grasses donnant de bon coke.

Il est intéressant de comparer par des mesures quantitatives cette qualité des différentes houilles et de ne pas se contenter d'appréciation à l'œil. M. Campredon a proposé dans ce but de mêler la houille pulvérisée avec des quantités croissantes de sable de Fontainebleau, et de soumettre le mélange à la calcination en creusets fermés ; on détermine la plus forte proportion de sable qui permette encore l'agglomération de la masse. Telle houille pourra agglomérer 5 fois son poids de sable, telle autre, 1 fois seulement. Le plus souvent, on se contente de mesurer la résistance à l'écrasement du coke obtenu.

Pouvoir calorifique. — Le pouvoir calorifique des charbons est évidemment une de leurs propriétés les plus importantes, mais il varie très peu pour les différentes qualités de houille, abstraction faite des cendres, bien entendu. Les variétés extrêmes, soit à courte, soit à longue flamme, ont le même pouvoir calorifique, de 8.200 Cal. au kilogramme, et les houilles grasses intermédiaires atteignent au maximum un pouvoir calorifique de 8.700 Cal. En admettant uniformément, pour toutes les variétés de houille, un pouvoir calorifique de 8.500 Cal., abstraction faite des cendres, on ne commet dans aucun cas d'erreur supérieure à 5 %. On comprend donc pourquoi les mesures de pouvoirs calorifiques ne présentent pas un bien grand intérêt pratique, malgré l'importance tout à fait capitale du pouvoir calorifique. Pratiquement, le pouvoir calorifique des houilles dépend surtout de leur teneur en cendres qui peut varier de 5 à 25 %.

On a proposé de nombreuses formules empiriques pour représenter le pouvoir calorifique des houilles en fonction, soit de leur composition élémentaire, soit de leur teneur en matières volatiles ; elles permettent, en dehors de toute mesure directe, de connaître ce pouvoir calorifique d'une façon un peu plus précise que lorsque l'on se contente d'admettre sa constance. L'erreur à craindre peut alors tomber de 5 % à 2 % environ ; en fait, les seules formules utiles qui supposent la connaissance de la composition élémentaire sont dépourvues d'intérêt pratique, parce qu'il est beaucoup plus difficile de faire l'analyse complète d'une houille, que de déterminer son pouvoir calorifique.

Classification. — La Classification des houilles, faite au point de vue industriel, doit tenir compte avant tout des qualités les plus importantes au point de vue de l'emploi ; ces qualités sont au nombre de quatre : *proportion de matières volatiles*, dont dépend la longueur de la flamme ; *pouvoir agglomérant*, dont dépend la qualité du coke : *proportion de cendres* et *grosseur des morceaux*. Ces deux dernières conditions sont d'une importance tout à fait prépondérante et influent considérablement sur la valeur marchande des charbons, mais elles dépendent de circonstances accidentelles, variables dans un même gisement d'une région à l'autre de la couche et en outre des conditions d'abatage et de triage ; elles n'ont donc pas à entrer en ligne de compte dans une classification des houilles, d'après leur nature intrinsèque.

Les deux qualités relatives à la proportion de matières volatiles et au pouvoir agglomérant dépendent, comme nous l'avons indiqué plus haut, de la teneur en oxygène, c'est donc cette teneur en oxygène qui doit être la base de la classification. Le tableau suivant résume la classification la plus généralement adoptée.

Variétés	C		H		O + Az	
Houille sèches ou flamblantes (charbon à vapeur)	80 à	84	5,5		13 à	10
Houille grasse à logue flamme (charbon à gaz)	84	88	5		8	10
Houille grasse à courte flamme (charbon à coke)	86	90	5 à	4,5	9	5
Houille maigre à courte flamme (charbon à poèle)	90	93	4,5	3,5	5	3
Anthracite	95		2		4	2

Variétés	Pouvoir calorifique	Matières volatiles	Etat du coke
Houille sèche ou flamblante (charbon à vapeur)	8.200	35 à 40	à peine fritté
Houille grasse à longue flamme (charbon à gaz)	8.600	30 35	aggloméré
Houille grasse à courte flamme (charbon à coke)	8.700	16 23	aggloméré
Houille maigre à courte flamme (charbon à poêle)	8.600	6 14	à peine fritté
Anthracite	8.200	3	non aggloméré

Les *houilles sèches à longue flamme* ont une couleur noire mate, parfois brune ; leur cassure est lisse, parfois conchoïdale. Leur poids spécifique est 1,25, le poids du mètre cube en morceaux ne dépasse pas 800 kg. L'allumage est facile ; elles donnent une flamme longue, brillante et fumeuse : ce sont les charbons flambants. Ces combustibles sont particulièrement appropriés au chauffage des chaudières à vapeur, des locomotives.

Dans cette catégorie se rangent les couches supérieures des bassins de Blanzy et de Monteeau.

Les exemples suivants sont empruntés aux recherches de M. Mahler.

Origine	Analyse élémentaire					
	C	H	O + Az	Eau hygroscopique	Cendres	Pouvoir calorifique
Blanzy . .	74,727	5,167	11,756	3,500	4,850	7.408 C
Decazeville	75,273	5,144	10,083	1,700	7,800	7.486
Montvic . .	76,310	5,122	9,468	4,300	4,800	7.790

Origine	Analyse élémentaire abstraction faite des cendres				
	C	H	O + Az	Matières volatilles o/o	Pouvoir calorifique
Blanzy . .	81,535	5,638	12,827	39,39	8 083 C
Decazeville	83,174	5,684	11,142	35,80	8.270
Montvic . .	83,949	5,635	10,416	37,07	8.570

Les *houilles grasses à longue flamme* présentent une couleur noire à reflets caractéristiques et une cassure lamelleuse. Leur poids spécifique varie de 1,28 à 1,30. Le poids du mètre cube est compris entre 700 et 800 kg. Elles donnent une longue flamme et beaucoup de fumées. Leur combustion est rapide.

Elles se rencontrent surtout dans le bassin du Pas-de-Calais et dans celui de Saint-Etienne. Elles conviennent particulièrement pour la fabrication du gaz d'éclairage. Elles donnent comme la précédente une quantité de gaz considérable, 300 m³ à la tonne avec un bon pouvoir éclairant, mais de plus elles ont l'avantage de donner un coke suffisamment aggloméré, quoique poreux et tendre, pour être utilisable au chauffage domestique et constituer par conséquent un sous-produit vendable.

Origine	Analyse élémentaire					
	C	H	O + Az	Eau hygroscopique	Cendres	Pouvoir calorifique
Montrambert	81.273	5,330	9,553	0,844	3,000	8.268 C
Firminy . . .	81,273	5,309	8,593	1,225	3,600	8.161
Béthune . . .	82.418	5.089	7,163	1,200	4,100	8.210
Lens	83.727	5,216	7.007	1,050	3,000	8.395

Origine	Analyse élémentaire abstraction faite des cendres				
	C	H	O + Az	Matières volatilles o/o	Pouvoir calorifique
Montrambert	84,522	5,543	9,935	34,27	8.598 C
Firminy . . .	85,388	5,578	9,134	32,02	8.573
Béthune . . .	87,031	5,374	7,595	30,41	8.668
Lens	87,261	5,436	7,305	30,80	8.749

Les *houilles grasses à courte flamme* ont une couleur d'un beau noir avec un éclat plus ou moins vif. Leur facile agglutination les rend propres aux travaux de forge et à la fabrication du coke : ce sont les houilles maréchales. Leur flamme est courte. Elles donnent d'excellent coke, très dur, et en donnent une plus forte proportion que la catégorie précédente plus riche en matières volatiles.

Origine	Analyse élémentaire					
	C	H	O + Az	Eau hygroscopique	Cendres	Pouvoir calorifique
Portes (Gard)	78,240	4,370	7,700	0.780	8,910	7.646 C
Carmaux . .	85,200	4,724	7,076	1,500	1,500	8.380
Lens	87,736	4,678	5,036	1,000	1,550	8.614
Grand Combe	87,164	4,265	4,161	0,610	3,800	8.371

Origine	Analyse élémentaire abstraction faite des cendres				
	C	H	O + Az	Matières volatilles o/o	Pouvoir calorifique
Portes (Gard)	86,520	4,840	8,640	19,29	8.667 C
Carmaux . .	87,835	4,870	7,295	21,75	8.639
Lens	90,032	4,800	5,168	19,50	8 839
Grand-Combe	91,185	4,462	4,353	13,38	8.756

Leur poids spécifique est compris entre 1,30 et 1,35, le poids du mètre cube est voisin de 800 kg. On les trouve en France dans les bassins du Nord, du Pas-de-Calais, de Saint-Etienne et du Gard, etc.

Origine	Analyse élémentaire					
	C	H	O + Az	Eau hygroscopique	Cendres	Pouvoir calorifique
Creusot . . .	89,386	3,661	3,703	1,800	1,450	8.404 C
Grand Combe	84,068	3,631	4.220	0,831	7.250	7.850
Commentry .	84,928	2.892	5,005	1,775	5,400	7 850
Kebao	85,746	2.733	2,731	2,800	5,450	7.828

Origine	Analyse élémentaire abstraction faite des cendres				
	C	H	O + Az	Matières volatilles o/o	Pouvoir calorifique
Creusot . . .	92,389	3,784	3,827	10,44	8.687 C
Grand-Combe	91,759	3,950	4,591	6,71	8.540
Commentry .	91,493	3,115	5.392	3,19	8.456
Kebao	93,456	3,065	3,479	5,20	8.532

Les *houilles maigres à courte flamme* sont noires avec des stries ternes. Leur poids spécifique varie de 1,35 à 1,40, le poids du mètre cube en morceaux atteint 850 kg.

Leur inflammation est difficile. Leur flamme est courte et presque sans fumée. Elles décrépitent souvent au feu. Elles servent concurremment avec l'anthracite à la cuisson des briques, de la chaux et au chauffage domestique dans les poêles à combustion lente.

On les trouve dans le Nord et le Pas-de-Calais ainsi que dans la Haute-Loire.

Les *anthracites* constituent un intermédiaire entre les houilles et le carbone pur. La cassure donne des faces nettes à éclat métallique. L'allumage est difficile et ils ne brûlent bien que si le volume en ignition est suffisamment grand.

La combustion s'effectue sans fumée avec une flamme claire et courte. Le poids spécifique varie de 1,40 à 1,75. Le poids du mètre cube en morceaux dépasse 1.000 kg.

En France les mines de La Mure (Isère) et quelques mines du centre (Ahun, Creuse) donnent d'excellents anthracites.

Origine	Analyse élémentaire					
	C	H	O + Az	Eau hygroscopique	Cendres	Pouvoir calorifique
Hay-Duong (Tonkin)	86,144	2,000	4,626	3,260	4,000	7.533 C
La Mure . . .	86,564	1,367	2,969	4,700	4,400	7.468
Pennsylvanie	86,456	1,995	2,199	3,450	5,900	7.484

Origine	Analyse élémentaire abstraction faite des cendres				
	C	H	O + Az	Matières volatiles o/o	Pouvoir calorifique
Hay-Duong (Tonkin)	92,885	2,157	4,988	3.17	8.121 C
La Mure . . .	95,241	1,504	3,255	2,75	8.216
Pennsylvanie	95,373	2,201	2,426	3,00	8.256

Constitution de la houille. — La houille est certainement un mélange de combinaisons chimiques différentes. Il serait très intéressant de connaître les principes immédiats qui la composent. Les tentatives faites jusqu'ici dans cette direction n'ont pas donné de résultats précis. On a essayé de séparer ces différents principes par l'emploi de dissolvants. La pyridine semble avoir donné les meilleurs résultats. Cependant la partie séparée par dissolution présente sensiblement la même composition que la partie restée indissoute, de telle sorte que l'on peut se demander si l'on a bien affaire à une véritable dissolution et non à une simple suspension colloïdale de la houille, dont les parties les plus fines traverseraient ainsi les filtres. L'opacité de la liqueur complètement noire, ne permet pas de s'assurer de sa limpidité. Des essais de dissolution par la naphtaline bouillante ont donné des résultats semblables ; dans ce cas on retrouve avec la partie dissoute une partie des cendres, ce qui est difficilement explicable s'il s'agit d'une dissolution véritable.

La partie ainsi dissoute par la pyridine, traitée par le chloroforme laisse dissoudre une petite quantité de matière que l'on assimile aux résines.

Sans pousser aussi loin l'analyse, on a essayé de distinguer dans la constitution de la houille certaines parties semblant jouir de propriétés particulières, comme dans l'étude de l'écorce terrestre, on distingue différentes roches, qui sont encore des agrégats constitués par la juxtaposition de minéraux différents. Au simple examen d'une cassure de houille, on reconnaît des parties complètement ternes et d'autres plus ou moins brilantes. En les examinant en lames minces au microscope on a été conduit à séparer quatre constituants. Les parties les plus ternes, désignées depuis longtemps sous le nom de *Fusain* ou de *Mother of Coal*, présentent une structure cellulaire rappelant tout à fait celle du bois. Il semble que la transformation de la matière végétale en houille ne soit pas encore complète. Ce produit rappelle la constitution de la tourbe, où l'on distingue encore de nombreux débris de végétaux.

A l'extrême opposé, les parties à cassure très brillante ne présentent au microscope aucune structure. En lames très minces, elles deviennent transparentes et présentent une coloration brun rouge. Elles sont complètement amorphes comme un verre. Cela semble être la houille proprement dite, arrivée à son dernier stade de transformation. On lui a donné le nom *Vitrain*.

Entre ces deux extrêmes, se place le *Durain*, terne comme le fusain et s'en rapprochant. On y trouve des enveloppes nombreuses de spores, d'une transparence très grande, comme si la matière constituant ces enveloppes n'avait pas subi la transformation en houille, soit que ces enveloppes ayent été fortement minéralisées, soit qu'elles fussent constituées par une matière comme la chitine, moins altérable que la cellulose.

Enfin, le quatrième constituant, à cassure brillante et conchoïdale comme le vitrain, est caractérisé par la présence de débris de tiges, de feuilles, noyés au milieu d'une masse de Vitrain. On appelle ce constituant le *Clarin*.

Ces différents constituants pétrographiques sont juxtaposées souvent dans le même fragment de houille et y forment des lamelles alternantes. Leur composition chimique et les produits de leur distillation seraient notablement différents.

Cendres. — *Proportion.* — La houille renferme toujours une proportion assez importante de cendres. Ce sont des matières minérales provenant de dépôts terreux accompagnant les végétaux qui ont donné naissance au combustible. Les cendres ne sont donc pas des éléments constitutifs de la houille comme celles du bois. Elles consistent en matières schisteuses, argiles plus ou moins impures, réparties de façon très irrégulière dans la couche de charbon, tantôt en minces lamelles visibles à l'œil nu, tantôt à l'état de dissémination dans la masse. En triant les fragments de houille on peut trouver des morceaux renfermant seulement 1 % de matières minérales ; mais on ne trouve guère de houille marchande renfermant moins de 5 % de cendres. On en emploie, au moins en France, tenant jusqu'à 25 % de cendres. Il n'y a pas, en réalité, dans un gisement de houille, de teneur limite supérieure en cendres ; on trouve tous les intermédiaires entre le charbon à peu près pur et le schiste argileux complètement exempt de matières combustibles, mais les parties trop cendreuses ne trouvent pas d'acquéreur et on les laisse dans la mine

comme stériles. Elles sont désignées sous le nom de *schistes* ou *charbons barrés* suivant la teneur en matière minérale.

La transparence des charbons pour les rayons X a permis à M. Couriot de fixer par la photographie la répartition du schiste dans la houille. Il agit comme un écran opaque et arrête l'action des radiations sur une plaque sensible placée en arrière (fig. 20).

Fig. 20.

Fusibilité des cendres. — La présence des cendres est un très grand obstacle à la bonne utilisation de la houille. Elles s'opposent à la circulation de l'air dans les foyers, elles obstruent les grilles et ces inconvénients sont d'autant plus accentués que la houille est plus riche en matières minérales ; mais la proportion plus ou moins considérable des cendres n'est pas le seul point à prendre en considération, leur degré de fusibilité a une importance au moins aussi grande. Autant il est facile de brûler du bois à cendres pratiquement infusibles, autant il est difficile de brûler convenablement la houille dont les cendres sont toujours plus ou moins fusibles. Cette fusibilité donne lieu à la formation de mâchefers, c'est-à-dire de matières agglomérées semi-fondues qui prennent une grande dureté au refroidissement.

Le schiste pur ou silicate d'alumine serait très peu fusible, il fond à peu près comme le platine vers 1.700° ; mais il est toujours mêlé d'oxyde de fer, de carbonate de chaux et de minéraux alcalins, surtout de mica ; il arrive alors à former des mélanges extrêmement fusibles, dont le point de fusion peut parfois s'abaisser jusqu'à 1.100°. Pour la majeure partie des houilles le point de fusion est compris entre 1.200° et 1.400°. Un point de fusion supérieur à 1.500° augmente notablement la valeur marchande du combustible. On recherche les houilles à cendres peu fusibles pour les locomotives des trains rapides, pour les torpilleurs, pour certains fours industriels demandant une marche très régulière, comme les fours à porcelaine. Les fabricants de Limoges ont parfois, dans ce but, fait venir jusqu'au centre de la France, des houilles d'Angleterre à cendres peu abondantes et peu fusibles.

La température théorique de combustion du charbon dans l'air, avec formation d'acide carbonique, est voisine de 2.000°. A cette température, toutes les cendres de houilles sont complètement fondues ; il semblerait donc que la plus ou moins grande fusibilité de ces cendres ne présentât pas grand intérêt ; en réalité, la température théorique de combustion du charbon n'est atteinte dans aucun foyer à cause des échanges de chaleur qui se font, soit avec l'extérieur, soit même entre les diverses tranches horizontales de la masse de charbon en combustion. La température s'uniformise ainsi dans le foyer, ce qui diminue par suite la température maxima de la zone la plus chaude. Ces phénomènes de diffusion de la chaleur dépendent, avant tout, de la rapidité de la combustion ; dans les poêles d'appartement, à combustion lente, brûlant seulement quelques kilogrammes par mètre carré et par heure, la température n'atteint en aucun point celle de la fusion des cendres et il ne se forme jamais de mâchefer, au moins dans la marche lente à cendrier fermé. Dans les foyers de locomotives, brûlant de 400 à 500 kg. de charbon par mètre carré et par heure, les cendres fondent toujours, au moins partiellement, même les cendres les moins fusibles. Dans les gazogènes, dont la section horizontale a souvent plusieurs mètres carrés et dans lesquels l'épaisseur de la couche du combustible réduit au minimum les pertes de chaleur extérieures, on a reconnu une relation très nette entre la fusibilité des cendres et l'allure à laquelle on peut conduire l'appareil. Avec un combustible à 20 % de cendres fondant à 1.300°, on peut, en soufflant 0,5 kg. de vapeur par 1 kg. de charbon, marcher régulièrement à raison de 50 kg. par mètre carré et par heure, mais on ne peut guère dépasser cette allure sans bloquer bientôt le gazogène par les mâchefers. Il faut descendre à 25 kg. pour les cendres fondant à 1.150°, mais on peut monter à 75 kg. par 1 m^2, pour des cendres fondant à 1.450°.

Pour mesurer la température de fusion des cendres, on emploie le procédé des montres de Seger. On brûle d'abord la houille au

Origine et nature du combustible	Proportion des cendres o/o	Point de fusion
Anzin (Saint-Louis), tout-venant demi-gras	9,9	1.300
Anzin (Saint-Marck, tout-venant demi-gras	14,0	1.500
Anzin (Renard), criblé gras	15,0	1.370
— (Renard), fines grasses	16,9	supérieur à 1.500
— anthracite	7,7	— —
— boulets ovoïdes	10,8	1.340
Douchy, criblé gras	2,0	1.330
Dourges, fines grasses	12,4	1.330
Grand'Combe, houille grasse triée	4,5	1.178
Kebao, houille anthraciteuse triée	13,5	1 178
Grand'Combe, houille demi-grasse triée	5,75	1.197
Saint-Etienne, houille grasse triée	5,2	1.200
Anzin, houille maigre triée	2:	1.252
Montrambert. houille grasse triée	1,6	1.370
Ronchamp, houille grasse triée	5,5	1.440
Aniche. houille grasse triée	2,2	supérieur à 1.500
Blanzy. houille maigre triée	8	1.220
— — tout-venant	20,5	1 260
— pierre ferrugineuse	60	1.395
— schiste	64	1.470
Charbon anglais	4,6	1.370
Cessous	5,1	1.160
Trescol	12,5	1.165
La Levade	18	1.220
Prades	18	1.280
Menu-Pontil	18	1.030
—	18	1.150
—	18	1.290
—	12	1.500
Coke de gaz (Paris)	12	1.178
Coke de gaz (Marseille)	6	1.230
Lignite de Valdonne	5,9	1.265

moufle, à basse température, de façon à obtenir des cendres très fines. On agglomère ces cendres avec de l'empois d'amidon, dans un moule de laiton, recouvert intérieurement de papier, en forme de pyramide triangulaire de 15 mm. de côté à la base et de 50 mm. de hauteur.

Après démoulage et séchage, on obtient un corps très dur. Sous l'action de la chaleur, les pyramides se contractent d'abord sans changer de forme, puis se ramollissent en s'inclinant, la pointe tournée vers le bas. On prend pour la température de fusion celle où la pointe s'est inclinée de la moitié de la hauteur primitive de la pyramide. En Belgique on appelle point de fusion des cendres la température à laquelle elles deviennent liquides comme de l'eau et se nivellent horizontalement dans un petit creuset de platine. Cette définition correspond pour une même cendre à une température supérieure de 200° à celle de la définition française.

On mesure les températures par comparaison avec des montres de Seger, qui sont vendues tout étalonnées, avec des points de fusion espacés de 20 à 25° dans l'intervalle de 600° à 1.800°. Elles sont composées d'un mélange en proportion convenable de sable quartzeux pur, feldspath, carbonate de chaux et kaolin.

Le tableau précédent donne la proportion et le point de fusion des cendres de quelques houilles [1]. En général les cendres des charbons gras sont plus fusibles que celles des charbons maigres à courte flamme.

Le tableau ci-dessous donne la composition de quelques-unes des cendres du tableau précédent :

Origine de la houille	SiO^2	Al^2O^3	Fe^2O^3	CaO	MgO	SO^3	K^2O	Total
Cessous	46,7	26,3	21.6	2,5	1,5	1,3	0,2	100,1
Trescol	59,0	20,1	13,4	1,9	2,1	0,7	2,0	99,2
La Levade . . .	61,3	21,1	10,2	2,0	1,7	0,7	2,2	99,2
Blanzy	52 6	36,1	3.6	2,0	1,5	1,3	2,1	99,2
Montrambert . .	59,6	24.1	9,5	2,9	1,0	1,6	1,6	99,3
Menu-Pontil . .	59,8	28,0	6,5	2,8	0.7	0.6	0,6	99,0
Aniche	50,5	42,7	4.3	0,9	0,3	0,9	0,8	100,4

[1] H. Le Chatelier et Chantepie. Etude sur la fusibilité des cendres de combustibles. (*Bulletion de la Société d'Encouragement*, février 1902.)

Composition. — La composition moyenne des cendres oscille autour des chiffres suivants :

SiO^2	56	MgO	1
Al^2O^3	36	K^2O.	2
Fe^2O^3	8	SO^3	1
CaO	2		

Soufre. — Pour les applications, deux éléments : le soufre et le phosphore sont très importants à prendre en considération, en raison de leur action très nuisible dans la métallurgie du fer. Comme il a été dit plus haut, le soufre existe souvent dans la houille à l'état de pyrite, sa proportion variant de 1 à 2 % ; mais il existe parfois aussi, comme dans le lignite, à l'état de combinaison organique. En distillant la houille pour la transformer en coke, on élimine avec les matières volatiles une partie du soufre, mais il est alors à l'état de sulfure FeS, mais se transforme à la longue en sulfate au contact de l'air humide.

Phosphore. — Le phosphore existe dans les cendres de houille en quantité beaucoup moindre que dans les cendres de bois, mais en raison de la teneur plus élevée en cendres, la proportion du phosphore, relativement au poids total du combustible, est plus élevée. Elle varie sensiblement dans un même gisement comme la proportion des cendres, c'est-à-dire que la proportion de ce corps rapportée au poids des cendres est à peu près constante, mais d'un gisement à l'autre, la teneur en anhydride phosphorique des cendres varie de 0,2 à 2 %, ce qui peut donner dans la fonte au haut-fourneau, de 0,05 à 0,1 % de phosphore. Pour la fabrication des fontes employées au Bessemer acide, il faut que la teneur en anhydride phosphorique des cendres soit la plus faible possible.

Préparations. — On soumet généralement, à la sortie de la mine, la houille à différentes préparations ayant pour but d'en faciliter l'usage : le *classement*, le *lavage* et l'*agglomération*.

Le *classement* par grosseur est très avantageux, la combustion des morceaux d'égale grosseur, sans poussier, étant beaucoup plus facile. D'autre part, la grosseur la plus convenable varie suivant l'usage auquel est destinée la houille. Dans les gazogènes, par exemple, on emploie des morceaux de la grosseur du poing, et pour les fours à chaux on préfère la grosseur des grains de café. Le classement s'opère dans des *trommels*, cylindres tournants à axe incliné en tôle perforée, ou sur des grilles dont les barreaux oscillent et permettent aux morceaux, de dimension inférieure à l'espace qui les sépare, de passer au travers. Le charbon sur ces grilles avance lentement et se sépare sans qu'on ait à craindre la pulvérisation qui résulte des chocs inhérents à l'emploi des trommels. On préfère cependant en général les tables à secousses, en tôle perforée, d'un entretien plus facile.

Parfois avant d'opérer le classement on soumet les plus gros morceaux à un *concassage* entre des pointes, au moyen de roues dentées ou de mâchoires disposées de façon à éviter, autant que possible, la production de poussier ; ceci ayant pour but de faciliter l'opération du triage et d'augmenter la proportion de la grosseur moyenne, la plus avantageuse pour la vente.

La seconde opération est le *triage* ou le *lavage*, qui a pour objet de réduire d'une façon notable la proportion des cendres. On peut, en effet, par ces opérations, réduire de moitié leur teneur initiale ; cela tient à ce que la majeure partie des cendres est interposée sous forme de lamelle de schiste et ne fait pas partie intégrante du combustible.

Pour les gros morceaux, on emploie le triage à la main ; on fait circuler le charbon au moyen d'une toile sans fin, devant des trieurs, femmes ou enfants, qui enlèvent à la main les morceaux de schiste et les morceaux de charbon trop barrés par ces schistes. Pour les matières plus fines, menu et poussier, la séparation se fait par des procédés mécaniques, au moyen de courants d'eau qui séparent la houille et le schiste d'après leur différence de densité. La séparation est d'autant plus complète que les grains sont plus fins, au moins jusqu'à une certaine limite ; aussi, quand cette finesse n'a pas d'inconvénients, comme pour la fabrication du coke ou des agglomérés, on fait un demi-broyage du charbon avant de l'envoyer au lavoir.

Chaque centre minier emploie pour la désignation des différentes grosseurs des nomenclatures particulières, correspondant d'une façon générale aux quatre divisions : gros, mi-gros, menu et poussier dont les dimensions sont environ : pour le poussier, o à 5 mm. ; 5 à 5o pour le menu, 5o à 15o pour le mi-gros et au delà de 15o pour le gros.

Les quelques exemples suivants montrent les variétés de noms employés dans cette classification :

Gros : gailleterie, grêlons, cassés, œufs.

Mi-gros : têtes de moineaux, grêlassons, dragées.

Menu : noisettes, braisettes, etc.

Quand on ne fait aucune séparation, le charbon est dit *tout-venant* ou *industriel ;* il renferme toutes les grosseurs, depuis le gros jusques et y compris le poussier. En réalité, il arrive fréquemment que le charbon vendu comme tout-venant est seulement un mélange de gros et de poussier, ce qui facilite le placement toujours difficile de cette dernière catégorie ; on en enlève les mi-gros dont la vente est la plus avantageuse.

La majeure partie des charbons gras, les deux tiers environ de la production dans les mines du Nord et du Pas-de-Calais sont ainsi vendus à l'état dit *industriel*, avec la garantie d'une certaine proportion de morceaux, 25 à 5o % suivant les marchés, ne traversant pas une grille à barreaux espacés de 3o mm. L'*industriel* 2o-25 % est du tout-venant laissant de 2o à 25 % de résidu sur la grille en question.

Dans les bassins houillers de la Belgique et de l'Angleterre, les conditions de vente sont analogues, mais la définition de la grille n'est pas la même.

Une petite quantité de charbon maigre est également vendue à l'état tout-venant, dans les mêmes conditions que le charbon gras. Il est alors destiné à être mêlé, pour le chauffage des chaudières, au charbon gras, car il ne pourrait brûler seul sur une grille.

Le plus souvent, le charbon maigre est classé en grosseurs bien régulières ; voici une division très généralement employée :

Plus de 8o mm.	gailleterie
De 8o à 5o	gailletin
De 5o à 3o	tête de moineau
De 3o à 2o	braisette
De 2o à 1o	grain
Moins de 1o	fine

La tendance actuelle est de faire des classifications de plus en plus nombreuses, de façon à livrer du charbon de grosseur absolument uniforme, condition très favorable au bon emploi du combustible. Certaines mines du Nord subdivisent encore les *grains* et les *fines* de la façon suivante.

De 20 à 13	grain pour gazogène
De 13 à 5	grain pour four à chaux
De 5 à 0	poussier

On peut également faire au-dessus de la gailleterie une catégorie de gros, ayant plus de 150 mm. mais ce n'est pas là une dimension de vente courante.

Pour utiliser le poussier des charbons maigres, qui ne peuvent donner de coke par suite de l'absence de pouvoir agglomérant, c'est-à-dire, anthracites et charbons contenant jusqu'à 15 % de matières volatiles, on fabrique des agglomérés artificiels, par addition de brai, dans la proportion de 10 % environ du poids de la houille. Quelquefois, mais très rarement ,aux mines d'anthracite de la Mure, par exemple, on emploie comme agglomérant 2 % de farine. Ces boulets à la farine ont l'avantage de brûler sans fumée, mais le grave inconvénient de se désagréger à l'humidité.

On agglomère parfois les poussiers gras, bien qu'ils puissent être brûlés directement, pour en faciliter la manutention et simplifier le service des chaudières.

Ces agglomérés ont la forme tantôt de grosses briquettes employées pour le chauffage des locomotives, tantôt de boulets servant au chauffage domestique. L'agglomération est obtenue en chauffant le mélange de brai et de charbon jusqu'à température de fusion du brai et comprimant la masse chaude sous une pression énergique dans des moules métalliques. La solidification du brai après refroidissement donne une masse dure qui peut être brûlée dans les foyers comme des morceaux de charbon. Le brai est employé comme agglomérant de préférence au goudron ordinaire parce qu'au lieu de distiller complètement sous l'action de la chaleur, il laisse un résidu solide de coke, 50 % de son poids environ, qui sert d'agglomérant.

Les agglomérés doivent satisfaire pour la vente à trois conditions définies par les marchés : teneur en *cendres* maxima, teneur en *matières volatiles* minima et degré de cohésion, mesuré par désagrégation dans un cylindre tournant.

Prix de revient. — Le prix de revient de la houille en France varie de 10 à 12 francs, se décomposant ainsi : (1912)

Main d'œuvre ouvrière	50 %
Fourniture de matières	25
Frais généraux et divers	25
Total	100

Les deux tiers de la main-d'œuvre sont dépensés au chantier pour l'abatage, le boisage et la mise en place des remblais.

La moitié des fournitures de matières se rapportent aux bois employés pour le soutènement dans les chantiers et galeries.

Ce prix de revient se rapporte au charbon brut. Le lavage pour diminuer la teneur en cendres majore ce prix de revient de 2 francs soit 20 %, moitié pour les frais directs de l'opération et moitié pour le déchet résultant de l'enlèvement des pierres avec un peu de charbon, 10 % environ de la quantité envoyée au lavage. Enfin l'agglomération entraîne une dépense de 6 à 7 francs.

Le prix de vente de la houille en France a été en moyenne, en 1908 sur le carreau de la mine, de 16 francs, et, au lieu de consommation, de 24 francs.

En 1908 la consommation de houille en France a été de 55 millions de tonnes, représentant une valeur de 1/3 milliards de francs. Cette production et cette consommation exprimées en millions de tonnes se décomposent ainsi :

Production		Consommation	
Production nationale . .	+37	Métallurgie	9
Importation	+19	Chemins de fer	8
Exportation	− 1	Mines	5
		Gaz d'éclairage	4
Total . .	55	Domestique	10
		Divers	19
		Total	55

COMBUSTIBLES LIQUIDES NATURELS

Constitution. — Les combustibles liquides naturels sont constitués par les pétroles. On laissera de côté ici les huiles végétales qui sont employées à l'éclairage et au graissage, mais ne servent jamais de combustibles industriels à cause de leur prix de revient trop élevé.

Les pétroles sont des mélanges d'une infinité de carbures différents, appartenant soit à la série du méthane et de formule générale C^nH^{2n+2} (pétroles d'Amérique), soit à la série de l'éthylène et de formule C^nH^{2n} (pétroles du Russie), soit à la série du benzène, tels les pétroles de Bornéo qui renferment une proportion importante de toluène.

Les deux centres principaux de l'exploitation sont l'un sur les bords de la mer Caspienne et l'autre aux Etats-Unis. On trouve les pétroles à des profondeurs variables et on les extrait par des puits fonctionnant comme puits artésiens ou à l'aide de pompes d'épuisement.

Le pouvoir calorifique des pétroles bruts est voisin de 10.500 Cal., c'est-à-dire notablement plus élevé que celui des houilles. On soumet très fréquemment avant emploi, le pétrole à la distillation pour séparer les carbures de volatilité différente. En France, en particulier, le pétrole n'est jamais employé à l'état brut. Il existe toute une série de classifications de ces produits distillés suivant les pays et les usages. En France, on distingue principalement l'essence minérale, le pétrole lampant et les huiles lourdes qui servent au graissage. Les noms donnés à ces produits varient avec les pays et c'est là une source de confusion assez fréquente. L'essence minérale, par exemple, est appelée *benzine* en Allemagne et *ligroïne* ou *naphte* en Angleterre. Les pétroles lampants portent en France des noms variés (luciline, oriflamme, saxoléine, etc.)

Pour tacher de mettre un peu d'ordre et de clarté dans cette nomenclature, la commission française de standardisation a proposé de définir comme suit les divers carbures liquides ou semi-liquides employés dans l'industrie.

Pétrole brut. — Hydrocarbures natifs existant à l'état liquide dans le sol.

Essence de pétrole. — Produit de la distillation du pétrole brut, passant aux températures inférieures à 150 degrés centigrades. Synonyme du terme allemand *Benzine* et du terme anglais *Naphte.* L'essence la plus légère et la plus volatile est aussi appelée *Ether* ou *gazoline* ; la plus lourde est appelée *Ligroine.* Lessence est le combustible par excellence des moteurs à explosion.

Huile lampante de pétrole. — Produit de la distillation du pétrole brut passant entre 150 et 300 degrés. Elle sert à l'éclairage dans les lampes.

Huile lourde de pétrole. — Produit de la distillation du pétrole passant au dessus de 300 degrés. Elle sert principalement au graissage des organes de machines. Certaines variétés très pures sont dites huile de Vaseline.

Résidu de pétrole. — Matière solide à la température ordinaire, résidu de la distillation ayant donné les huiles lourdes. C'est un produit analogue au brai de goudron. Soumis à l'action d'une température élevée, il se décompose en laissant un résidu de coke. Ce dernier, en raison de sa pureté, est employé pour la fabrication des charbons électriques.

Le mélange d'huiles lourdes et de résidus obtenu en arrêtant la distillation à 300° constitue ce que l'on appelle le *Mazout*, qui sert au chauffage des chaudières à vapeur.

Au pétrole liquide, se rattachent des carbures solides de la série saturée. A l'état naturel, ces carbures constituent l'*Ozokérite* ou *cire minérale.* A l'état raffiné, ils s'appellent Paraffine, quand ils ont été extraits du pétrole liquide et *cérésine*, quand ils ont été extraits de l'*ozokérite.* La *vaseline* est un mélange pâteux de ces deux corps solides avec des huiles lourdes du pétrole.

Bitume. — Autre catégorie de carbures solides non saturés et se rencontrant en dehors des gisements de pétrole, imprégnant soit des roches calcaires, soit des roches argileuses. Ces corps sont caractérisés par leur solubilité dans le sulfure de carbone. Ils renferment parfois une proportion notable de produits volatils vers 160° et sont demi fluides. On les appelle alors *Malthes.* Ces matériaux servent surtout pour le revêtement des chaussées et l'imperméabilisation des toitures. Pour les chaussées, ils sont employés à l'état brut, mélangés à la roche naturelle qui les contient. Ils sont alors désignés sous le nom d'*asphalte*.

Une seconde catégorie de carbures liquides provient de la distillation des combustibles solides : Houille, lignite, tourbe et bois.

Goudron. — Produit brut de la distillation des combustibles solides ; matière noire visqueuse, renfermant une certaine proportion de carbone solide, de noir de fumée produit pendant la distillation du combustible.

Huile de goudron. — La distillation ménagée du goudron donne des produits de volatilité décroissante au fur et à mesure que la distillation avance et que la température s'élève. On distingue l'huile légère passant à la distillation au dessous de 150°, qui renferme le benzène et le toluène, puis l'huile lourde, passant entre 150 et 300°, formée de carbures liquides variés tenant en dissolution une forte proportion de naphtaline et des phénols. Elle sert pour la conservation des bois, par l'opération dite du créosotage.

Brai. — Matière solide, mais facilement fusible, résidu de la distillation du goudron jusqu'à la température de 300° ; il sert pour la fabrication des agglomérés de houille.

Les huiles lourdes sont aussi appelées *oléonaphtes*.

Distillation. — La distillation fractionnée du pétrole brut d'Amérique permet de séparer les différents carbures de formule $C^n H^{2n+2}$ dont les propriétés et les usages varient avec l'exposant *n* de la formule générale, comme l'indique le tableau suivant :

Température	Produits obtenus	Valeurs de *n*	Densité
au-dessus de 47°	Produits divers	1 à 4	»
de 47 à 70°	Ethers de pétrole	5 et 6	0,65
de 70 à 120°	Essences minérales	7 et 8	0,70
de 120 à 150°	»	9	0,75
de 150 à 280°	Pétroles lampants	10 et 11	0,78 à 0,80
de 280 à 400°	Huiles lourdes	au-dessus de 11	0,80 à 0,90

On obtient ensuite la paraffine et la vaseline et si l'on va plus loin, il reste le *coke de pétrole*. Après condensation les divers produits distillés sont soumis à une épuration chimique destinée à détruire certains corps étrangers : on traite par l'acide sulfurique, puis on lave à l'eau et on neutralise par la soude.

La distillation des pétroles de Russie est analogue, mais il reste une plus grande proportion de résidus, les *mazouts*, qui sont employés pour le chauffage des locomotives.

La distillation s'opère en Amérique dans des chaudières cylindriques en tôle placées horizontalement à 2 m. environ au-dessus des foyers contigus. On emploie en Russie une cornue unique, où l'on charge de façon continue de nouvelles quantités de liquide brut. En chauffant vers 400°-500° la vapeur de l'huile de pétrole, on la transforme partiellement en essence légère, plus favorable pour l'emploi dans les moteurs à explosion. C'est l'opération du *Cracking*. On augmente le rendement en essence légère en opérant au contact de certains catalyseurs.

Combustion. — Les éthers et essences s'évaporent à l'air et forment un mélange détonant, propriété que l'on met à profit dans les moteurs à explosion, mais qui présente un certain danger pour les usages domestiques, danger qui n'est pas à craindre avec les pétroles lampants.

Le tableau suivant, emprunté aux études de M. Mahler, rapproche la composition et le pouvoir calorifique d'un certain nombre de combustibles liquides, y compris l'huile de colza et le goudron de houille donnés comme termes de comparaison :

Les *huiles de schiste* mentionnées dans ce tableau sont extraites des schistes bitumineux. On les trouve en France dans la région d'Autun et à Péchelbronn, en Alsace.

Les combustibles liquides ont un double avantage : celui de ne pas présenter de cendres, ce qui évite l'encrassement des foyers, et celui de pouvoir être amenés au foyer d'une manière continue et très régulière au moyen de robinets qui règlent leur écoulement. De cette façon, une fois les proportions convenables d'air et de combustible admises dans le foyer bien réglées, le chauffage se continue indéfiniment dans les mêmes conditions. La combustion des liquides présente néanmoins une grave difficulté résultant de ce que le liquide, admis en gouttes ou en filets plus ou moins gros, se vaporise en donnant des masses volumineuses de vapeur dont il est difficile d'obtenir le mélange complet et rapide avec la quantité d'air nécessaire à la combustion totale. Avec les carbures d'hydrogène des goudrons et pétroles, on est exposé de la sorte

Combustible	C	H	O	Pouvoir calorifique
Pétrole brut d'Amérique . . .	83	14	3	11.100 Cal.
Pétrole brut du Caucasse . . .	85	11,5	3,5	10.300
Essence minérale de pétrole . .	80,6	15,1	4,3	11 090
Pétrole lampant	85,5	14,2	0,3	11.050
Huile lourde de pétrole. . . .	87	13	»	10.900
Pétrole de Pechelbronn . . .	85,7	12	2,3	»
Huile de schiste	»	»	»	8.830
Huile de goudron	»	»	»	8.830
Goudron de houille	90	5	5	8.900
Huile de colza	77,2	11,7	11,1	9.620

à la formation de fumées abondantes qui encrassent rapidement les appareils et même les obstruent complètement. On arrive à empêcher leur formation en employant, pour les fours, des chambres de combustion de très grandes dimensions et, quand cela n'est pas possible, pour le chauffage des chaudières, par exemple, un brassage énergique par jets de vapeur ou d'air comprimé, lancés sous des pressions s'élevant parfois jusqu'à 20 kg., cè qui donne des flammes très courtes de 1 à 3 m. de longueur.

COMBUSTIBLES GAZEUX NATURELS

Les combustibles gazeux n'existent à l'état naturel qu'aux Etats-Unis où certains terrains pétrolifères dégagent d'une façon continue des gaz combustibles formés en majeure partie de méthane, premier terme de la série des carbures saturés des pétroles. Ces gaz tiennent, en Pennsylvanie, de 85 à 95 % de $C^n H^{2n+2}$ et le reste d'azote ; à Pittsburg, de 75 à 85 % de $C^n H^{2n+2}$ et le reste d'hydrogène et d'azote. Les carbures désignés ici sous la formule générale C^nH^{2n+2} sont en réalité composés de 90 % de méthane CH^4 et 10 % d'éthane C^2H^6. Ces gaz sont plus faciles à brûler que les liquides.

Il n'y a pas lieu pour l'Europe de se préoccuper de combustibles de cette nature. Dans certaines mines on a tenté d'utiliser les dégagements de grisou ; on a même proposé de laisser les mines inexploitées pour se borner à recueillir le grisou qui se formerait, en oubliant que le dégagement du grisou se ralentit rapidement dès qu'une exploitation continue ne met plus à nu de nouvelles surfaces de houille. Dans une mine très grisouteuse en exploitation intensive, le dégagement du grisou par 24 heures peut atteindre 50.000 m^3.

CHAPITRE CINQUIÈME

CARBONISATION DES COMBUSTIBLES

Utilisation de la carbonisation.

CHARBON DE BOIS. — Données expérimentales. — Distillation de la cellulose lose. — Procédé des moules. — Carbonisation en fours.

COKE. — Principe de la fabrication. — Facteurs divers de la qualité du coke. — Propriétés du coke. — Fabrication. — Four à boulanger. — Four belge. — Récupération des sous-produits. — Récupération de la chaleur. Prix de revient.

Utilité de la carbonisation. — La carbonisation des combustibles a pour objet de leur enlever avant emploi, les matières volatiles qu'ils perdent sous l'action de la chaleur. Cette opération est avantageuse dans certains cas, principalement lorsque les combustibles doivent être employés dans des fours à cuve, c'est-à-dire mélangés avec les matières à cuire.

Dans le cas du bois, la distillation, au sommet du four, de matières volatiles en porportion très importante, 75 % du poids total du bois, amènerait un refroidissement nuisible. En outre, la distillation préalable a le grand avantage de réduire considérablement les frais de transport, le poids du charbon n'étant guère que le 1/4 de celui du bois employé, sans que la perte du pouvoir calorifique soit aussi importante.

Dans le cas de la houille, qui s'agglomère sous l'action de la chaleur, ce phénomène aurait pour effet, dans un four à cuve comme le haut-fourneau, de solidifier toute la masse en chauffage et de s'opposer à la descente des matières. D'autre part, les combustibles menus extraits directement de la mine, ou obtenus par broyage en vue de faciliter leur lavage, se prêtent mal à la combustion dans les fours à cuve ; ils les obstruent et s'opposent au passage de l'air. Leur transformation en coke, au moins dans le cas des houilles grasses, a le grand avantage de les agglomérer en morceaux volumineux d'un emploi facile.

CHARBON DE BOIS

Données expérimentales. — Sous l'action de la chaleur, le bois perd d'abord de l'eau hygrométrique. Jusque vers 200° il n'éprouve pas de décomposition appréciable, ne change pas de couleur ; il renferme encore 60 % de carbone. A partir de cette température il commence lentement à se décomposer, puis très rapidement entre 250° et 300° ; à cette dernière température il a perdu 50 % de son poids de matières volatiles et donne ce que l'on appelle le charbon roux, à 4 % d'hydrogène et 73 % de carbone, qui est employé dans la fabrication des poudres de guerre. A 400° il devient noir, mais ce n'est pas encore du charbon pur, il ne renferme que 80 % de carbone ; il ne perd complètement ses matières volatiles qu'au rouge vif, vers 1.000° ; il renferme alors 95 % de carbone, les 5 % restants étant constitués par des cendres minérales.

Les charbons préparés à 400° ou à des températures inférieures, matières encore hydrogénées et oxygénées, s'allument dans l'air vers 350° ; le charbon de bois calciné à haute température et ne renfermant plus de matières volatiles ne s'enflamme que vers 700°, à peu près comme le graphite.

Le pouvoir calorifique du charbon de bois calciné à haute température est de 8.000 Cal. par kilogramme, abstraction faite des cendres. Le charbon industriel renfermant 10 % d'eau hygrométrique et 6 à 8 % de cendres présente un pouvoir calorifique ne dépassant pas 7.000 Cal.

Le rendement du bois en charbon est variable suivant le mode de cuisson, la nature des essences et l'âge du bois. La distillation lente donne un rendement plus élevé ; les bois durs comme le chêne donnent plus de charbon que les bois légers comme le bouleau ; enfin le cœur en donne plus que l'aubier et les branches. Ce rendement varie de 15 à 30 % du poids du bois séché.

Le bois de Bourdaine, bois jeune et très léger, employé pour les charbons destinés à la fabrication de la poudre, donne par distillation en vases clos, à 400°, un rendement d'environ 20 %. La distillation du bois ordinaire, en vases clos, poussée jusqu'au rouge donne environ les rendements suivants :

Carbone	25 à 27 %
Eau et divers	50 à 45
Goudron	6 à 8
Gaz	19 à 20

L'eau provenant de la distillation renferme de l'acide acétique (acide pyroligneux) et de l'alcool méthylique (esprit de bois).

Le poids du mètre cube de charbon de bois en morceaux est en moyenne :

Chêne	245 kg.
Bouleau	225
Pin	205
Sapin	140

Distillation de la cellulose. — Le bois étant formé en majeure partie de cellulose, il était intéressant d'étudier isolément, la distillation de ce corps à l'état de pureté. Des expériences sur le coton, faites par MM. Klason, Heidenstam et Norlin [1], ont conduit aux résultats suivants :

Quand on chauffe lentement la cellulose, on obtient jusqu'à 250° une décomposition très faible, croissant progressivement avec la température. Vers 270° la réaction devient très rapide et est accompagnée d'un dégagement notable de chaleur, qui provoque une élévation de température de la masse au-dessus de celle de l'enceinte extérieure. Dans les expériences des auteurs, cette surélévation de température a atteint 80°. Si l'on admettait que la cellulose se dédouble simplement en carbone et eau, suivant la formule :

$$C^6 H^{10} O^5 = C^6 + 5 H^2 O$$

on trouverait un dégagement de chaleur représentant 15 % de la

[1] *Zeit. Für Angewandte Chemie*, XXII, p. 1205-1215. (1909.)

chaleur de combustion de la cellulose. En réalité, la réaction est beaucoup plus complexe puisqu'il se dégage des gaz ; d'après les mesures des auteurs, la chaleur dégagée dans cette phase de la distillation, ne représente que 3,5 % de la chaleur de combustion de la cellulose. En continuant à élever la température, les quantités de matières distillées vont en diminuant pour s'annuler complètement vers 400°. La matière à laquelle on arrive alors possède une composition représentée sensiblement par la formule:

$$C^{30}H^{18}O^{4} = \text{charbon de cellulose}$$

En continuant à élever la température, la distillation recommence à se produire de nouveau pour être à peu près complètement terminée aux environs de 1.000° et donner alors du charbon véritable.

Le tableau suivant donne les résultats de la distillation à 400° d'une cellulose (coton) présentant la composition suivante :

Composition immédiate		Composition élémentaire	
Eau hygrométrique .	4,82	Carbone	44,33
Cellulose	95,05	Hydrogène	6,15
Cendres	0,13	Oxygène	49,52
		Total . . .	100,00

La première colonne du tableau de la page suivante donne les proportions centésimales des différents produits de la distillation. Les colonnes suivantes donnent les poids de carbone, d'hydrogène et d'oxygène renfermés dans la quantité correspondante de matière, de telle sorte que les poids totaux de carbone, d'hydrogène et d'oxygène doivent, aux erreurs d'expériences près, donner la composition de la cellulose mise en expérience.

Les corps portés sous la rubrique : *matières organiques*, sont des produits en dissolution dans l'eau avec l'acide acétique et l'acétone, mais qui n'ont pas été dosés séparément et se retrouvent dans les analyses avec l'acétate de soude.

Ces analyses mettent en évidence deux faits intéressants : les gaz obtenus dans la distillation de la cellulose au-dessous de 400°, ne renferment pas du tout d'hydrogène. L'acide carbonique est de beaucoup le gaz le plus abondant.

Distillation du coton.

Nature	Matières o/o	C	H	O
Charbon de cellulose	38,82	31,75	1,51	5,56
Gaz CO^2	10,35	2,82	»	7,53
C^2H^4	0,17	0,15	0,02	»
CO	4,15	1,78	»	2,37
CH^4	0,27	0,20	0,07	»
Eau	34,52	»	3,83	30,69
Goudron	4,18	2,56	0,29	1,33
Matières organiques	5,14	3,09	0,26	1,79
Acide acétique	1,39	0,56	0,20	0,63
Acétone	0,07	0,04	0,01	0,02
Alcool méthylique	0,00	»	»	»
Pertes	0,94	»	»	»
Total	100,00	42,95	6,19	49,92
Composition de la cellulose		44,32	6,15	49,52

La distillation de la cellulose pure ne donne pas du tout d'alcool méthylique, comme le fait le bois ordinaire ; cela prouve que ce corps provient de la distillation de la matière incrustante qui soude les fibres de cellulose, celle que l'on enlève par le bisulfite dans la préparation de la pâte à papier.

Distillation dans le vide. — La distillation pyrogénée des matières organiques est le résultat d'une succession de réactions successives, formant un ensemble très compliqué. Ce serait une erreur de croire que les matières solides, comme la cellulose, se dédoublent immédiatement dans les corps que l'on recueille finalement : carbures d'hydrogène, alcool méthylique, acide acétique, charbon de bois, etc. Il se produit d'abord des composés différents de la cellulose qui, n'étant pas volatils restent dans la cornue soumis à l'action de la chaleur. Ceux-ci subissent à leur tour de nouvelles réactions et la suite de ses transformations ne s'arrête que lorsque l'on arrive à certains éléments volatils, qui distillent et sortent de la cornue, échappant ainsi à une nouvelle action de la chaleur. Si par un artifice convenable, on faisait continuer l'action de la chaleur sur ces corps volatils, en les faisant passer par exemple dans un tube chauffé au rouge, tous ces corps se décomposeraient à leur tour pour donner finalement de l'oxyde de carbone, de l'hydrogène et du carbone solide, aux températures supérieures à 1.000°. Si on limitait le chauffage final à une température plus basse, 500°, par exemple, en prolongeant assez ce chauffage pour laisser ariver les réactions à leur terme final, on obtiendrait en outre de l'acide carbonique, de la vapeur d'eau et du méthane.

Si, au contraire, on soustrayait plus rapidement les corps à l'action de la chaleur, en effectuant la distillation dans le vide, par exemple, de façon à entraîner des corps peu volatils, qui, sous la pression atmosphérique restent dans la cornue exposés à l'action de la chaleur, on doit pouvoir obtenir des produits intermédiaires de la distillation, qui disparaissent dans les conditions habituelles. Cette expérience a été faite par Pictet, de Genève, et a conduit à un résultat très intéressant. En distillant la cellulose à 210° dans le vide de la trompe à eau, il a obtenu en abondance un composé volatil nouveau, dont la composition et le poids moléculaire sont représentés par la formule :

$$C^5 H^{10} O^5$$

C'est à un multiple près, la formule de la cellulose qui est un polymère de ce nouveau corps. Il est extrêmement soluble dans l'eau, sa solution est lévogyre, avec un pouvoir rotatoire de $-66°$. C'est un corps peu altérable, non fermentescible. L'ébullition prolongée avec l'acide sulfurique le transforme en dextrose.

Ce corps semble identique au levoglucosane de Tanret, composé retiré en très petites quantités de glucosides contenus dans différents végétaux, notamment dans les feuilles de pin et le persil. Il avait été peu étudié à cause de la difficulté de se le procurer. La distillation de la cellulose ou de l'amidon donne un rendement très élevé, 30 % du poids de la matière soumise à la distillation. L'opération, très rapide, dure à peine une heure. Ce corps pourrait donc être préparé industriellement, si on lui trouvait des applications utiles.

Procédé des meules. — La carbonisation du bois se fait le plus souvent par le procédé des meules à l'air libre. Elles ont de 2 à 6 m. de hauteur et leur largeur est variable. En France, le volume de ces meules ne dépasse guère 30 m^3 ; on cite en Autriche l'emploi de meules de 200 m^3. La durée de cuisson depuis la mise en feu jusqu'au défournement dure de 15 à 30 jours.

Les tas de charbon, généralement circulaires, présentent une cheminée centrale laissée libre, de 30 cm. de diamètre et de la hauteur du tas. Elle sert, pendant la première période d'allumage, d'abord pour la mise en feu qui est obtenue au moyen de copeaux enflammés projetés au fond de la cheminée ; puis ensuite, pendant la première période de combustion, pour l'échappement des fumées : l'air arrivant par des canaux horizontaux ménagés à la surface du sol. On bouche plus tard la cheminée et les canaux d'arrivée d'air, lorsque la chaleur a complètement séché la masse de terre qui recouvre la meule et le sol sur lequel elle repose ; ce dernier est composé sur une épaisseur de 30 cm. par un mélange poreux de terre et de charbon de bois. Pendant la cuisson proprement dite, l'air arrive à travers cette couche perméable et les fumées s'échappent à travers l'enveloppe de terre.

La conduite du feu est une opération délicate, qui demande une grande expérience, d'autant plus difficile à obtenir, qu'elle ne comporte aucune définition précise. Le but essentiel à atteindre est de réaliser une carbonisation convenable en brûlant le moins possible du charbon formé et utilisant au contraire la chaleur de combustion des gaz provenant de la distillation ; or ces gaz se dégagent précisément du côté opposé à celui par lequel l'air arrive.

Une fois le feu mis au fond de la cheminée avec des copeaux ou avec des boules de résine, on laisse pendant la première période, dite de *ressuage*, la combustion se produire dans la cheminée. La cuisson se fait alors dans un cône vertical ayant la cheminée pour axe et sa partie inférieure pour sommet ; pendant cette période on voit de l'eau et des goudrons se condenser sur l'enveloppe de terre qui reste humide. Il se produit parfois des explosions à l'intérieur de la meule, suffisantes pour la disloquer ; il faut immédiatement reboucher les fentes de l'enveloppe avec de la terre. Au bout d'une dizaine de jours, la chaleur est devenue assez forte pour sécher l'enveloppe de terre, on remblaie alors la cheminée et la combustion se continue lentement par diffusion des gaz au travers du sol et de l'enveloppe devenus poreux par l'évaporation de leur humidité. Une fois la cuisson terminée, on laisse refroidir quelques jours et on commence à défourner. Le charbon est encore assez chaud pour s'enflammer, si on le laisse en masse au contact de l'air ; pour éviter cette inflammation, il

Fig. 21.

faut refroidir rapidement le charbon en l'étendant et le remuant à la surface du sol. Pendant qu'on défait un côté de la meule, pour en retirer une partie du charbon, on remblaie rapidement avec de la terre la surface libre du tas de charbon, pour empêcher le feu de s'y mettre, puis on procède à l'extinction du charbon ainsi sorti.

Les figures ci-contre empruntées à un mémoire de M. J. Kohler [1] donnent les différentes phases de la construction (fig. 21,

(1) Jern Kontoret. *Annalen*, IX, 32 (1907).

22, 23) et de la cuisson (fig. 24). Enfin la figure 25 montre une disposition particulière de meule permettant de recueillir une partie des produits liquides : goudrons et eaux acides dégagés dans la distillation du bois.

Les expériences de M. J. Kohler sur la carbonisation en meules, ont donné un certain nombre de renseignements sur la composition des gaz et sur la répartition de la température aux différents points d'une meule, aux différentes époques de sa cuisson. Les

Fig. 22.

gaz renferment très peu ou pas d'oxygène libre : moins de 1 % ; de 20 à 30 % d'acide carbonique et de 10 à 20 % d'oxyde de carbone. La température s'élève au fur et à mesure de l'avancement de la cuisson, mais est très irrégulièrement répartie d'un point à l'autre de la meule ; au moment de l'arrêt de la cuisson les parties les plus froides sont à 300° et les parties les plus chaudes à 600°.

On ne retire guère en pratique qu'un poids de charbon de 20 % de celui du bois, quand la même matière distillée en vase clos à la même température aurait donné un rendement de 26 %.

Fig. 23.

Fig. 24.

L'écart entre ces deux nombres donne la perte de charbon par combustion.

Le prix de revient de cette opération était de 2,50 fr. par tonne de charbon vers 1900.

Ce charbon de bois est très hygrométrique et reprend rapidement à l'air de 5 à 10 % de son poids d'eau, il présente en moyenne la composition suivante :

Carbone	80
Cendres	4
Matières volatiles	8
Eau hygrométrique	8
Total	100

Carbonisation en fours. — La carbonisation en meules donne un rendement peu élevé en charbon, mais elle a l'avantage de réduire au minimum les frais de transport du bois ; c'est là un point très important, car la production par unité de surface de forêts exploitées est faible et les coupes se déplacent d'année en année. En général le transport du bois à une usine fixe, où se ferait la carbonisation, serait beaucoup trop onéreux ; le seul cas où l'on puisse avoir des transports avec un prix de revient acceptable est celui où l'on peut employer le procédé du *flottage*, c'est-à-dire le transport du bois au fil de l'eau ; en Russie et en Suède certaines forêts, sillonnées par des cours d'eau, se prêtent à une exploitation semblable : on peut alors mener le bois jusqu'aux usines à fer et y effectuer la carbonisation dans des fours installés d'une façon permanente.

Ces fours sont le plus souvent de vastes chambres en maçonnerie pouvant atteindre un millier de mètres cubes de capacité : par exemple, 15 m. de long sur 12 m. de large et 5,50 m. de hauteur. Ces fours sont chauffés par des *alandiers*, c'est-à-dire des foyers latéraux qui envoient au milieu de la masse de bois les produits de la combustion. Comme dispositions, mais non comme dimensions, ces fours sont analogues à ceux qui servent pour la cuisson des produits réfractaires.

Le rendement en charbon dans ces fours peut s'élever à 26 % du bois sec ; cet avantage, il est vrai, est compensé en partie par

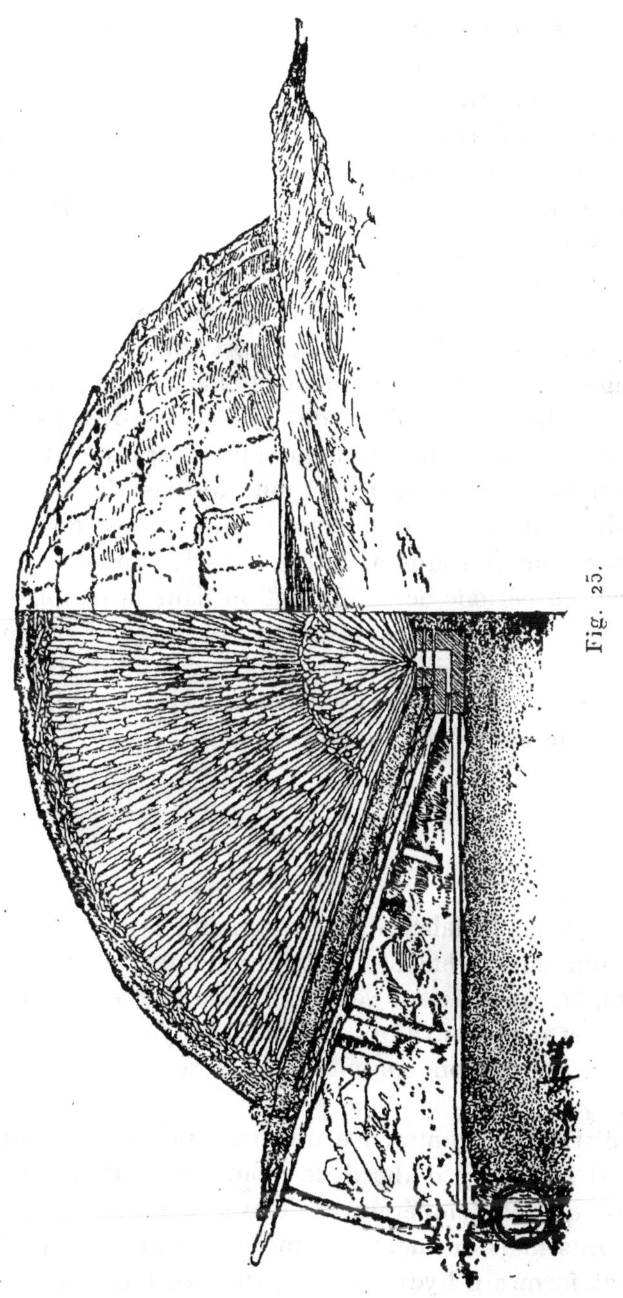

Fig. 25.

des frais d'amortissement n'existant pas dans la cuisson en meules.

On a récemment appliqué au Canada le dispositif des fours, dits *tunnels*, à la carbonisation du bois. Ces fours sont constitués, comme leur nom l'indique par un long tunnel en maçonnerie, chauffé dans sa partie médiane par un foyer latéral ; le bois chargé sur des wagons en fer d'une contenance de 7 m^3 environ entre par une extrémité du tunnel au moyen d'une porte maintenue fermée pendant la carbonisation ; on introduit à la fois quatre wagons, pendant qu'on en sort autant à l'autre extrémité ; les wagons sortants contiennent le charbon de bois formé. L'extrémité de la galerie voisine de la porte de sortie est faite en tôle pour obtenir un refroidissement plus énergique et permettre au charbon de sortir assez froid pour ne pas s'enflammer à l'air. La durée de séjour des wagons dans le four est de 24 heures, il y en a une douzaine à la fois dans le tunnel, dont quatre se trouvent en période de carbonisation dans la région chaude. Des orifices ménagés dans la voûte au voisinage de la zone chauffée permettent de recueillir les vapeurs et gaz produits. On condense les goudrons et l'eau chargée d'acide acétique, puis l'on utilise le gaz pour le chauffage du tunnel.

COKE

Principe de la fabrication. — Quand on soumet les houilles à l'action de la chaleur, certaines d'entre elles, dites houilles grasses, se ramollissent vers 340°, avant de se décomposer notablement et se soudent alors en une masse plus ou moins compacte; il n'y a pas fusion complète, mais seulement ramollissement partiel.

La distillation commence un peu au-dessus de cette température ; il se dégage d'abord de l'eau, des carbures volatils, et à mesure que la température s'élève, des gaz de plus en plus abondants mais de moins en moins carburés. A partir de 900°, ils sont formés d'hydrogène à peu près pur. La distillation est pratiquement achevée vers 1.000° ; souvent, on ne pousse pas la distillation jusqu'à son achèvement complet, dans la fabrication du gaz d'éclairage, par exemple, et le coke obtenu renferme encore quelques matières volatiles. Ce coke, obtenu au-dessous de 900° possède, à cause de sa teneur en hydrogène, un pouvoir calorifique plus élevé, utilisable lorsque le coke sert au chauffage domestique. Pour le haut-fourneau, au contraire, il est préférable d'employer un coke entièrement distillé et fabriqué par suite à la plus haute température.

Les houilles les plus convenables pour la fabrication du coke renferment de 18 à 22 % de matières volatiles ; plus la proportion de ces matières est faible, plus le rendement en coke est élevé ; l'avantage est évident, mais aussi, lorsque cette proportion devient trop faible, les houilles n'ont plus un pouvoir agglomérant suffisant. On se limitait autrefois à l'emploi de ces houilles, mais leur abondance dans les gisements ne répondant pas à la consommation croissante du coke, on a été obligé d'employer des houilles de composition plus variable et l'on va aujourd'hui depuis 17 jusqu'à 32 % de matières volatiles. On peut même employer des houilles ne tenant pas plus de 14 % de matières volatiles, mais à la condition de les mêler avec des houilles grasses en s'arrangeant pour avoir alors un mélange qui renferme en moyenne de 25 à 26 % de matières volatiles.

Les houilles tenant moins de 18 % de matières volatiles donnent un coke compact, mais d'une faible dureté, présentant une résistance à l'écrasement insuffisante pour son emploi dans les hauts-fourneaux. Cela résulte de la faible proportion du composé fusible, qui sert à l'agglomération. Les houilles tenant plus de 25 % de matières volatiles et moins de 35 % contiennent au contraire une forte proportion de ce fondant et sont par suite bien agglomérées, mais l'excès de ce fondant amène une fusion trop complète. Tantôt les gaz ne peuvent plus se dégager à travers la masse et la font gonfler, en laissant derrière eux de nombreux vides. Le coke léger et très poreux manque de solidité à cause de la présence de ces nombreux vides. Tantôt le retrait trop considérable amène le fendillement de la masse en aiguilles isolément très dures, mais de dimensions transversales trop faibles (Houille de la Sarre).

M. Charpy a montré récemment que l'on peut facilement tourner cet inconvénient en soumettant d'abord ces houilles à une distillation partielle à basse température, entre 500° et 600°, de façon à détruire une partie du corps fusible et à chasser une partie des gaz. La matière broyée ensuite et soumise à la distillation définitive donne des cokes très durs, pouvant présenter une résistance à l'écrasement, allant jusqu'à 200 kil. par centimètre carré, tandis que, par distillation en une seule fois, on obtenait du coke très léger, ayant un volume double de celui de la houille soumise à la cuisson et ne présentant parfois qu'une résistance de 30 kilogs par cm^2. Bien entendu, l'importance de la distillation préalable, c'est-à-dire la température à laquelle elle est effectuée, doit varier avec la nature des houilles.

Facteurs divers de la qualité du coke. — La qualité des cokes dépend, en dehors de la qualité de la houille et de la température de cuisson qui sont les deux facteurs essentiels, d'un certain nombre d'autres circonstances importantes à prendre en considération.

La *vitesse* d'échauffement joue un rôle notable dans le résultat final. La distillation lente passe pour donner des cokes plus durs parce que les goudrons ont le temps de se décomposer dans la masse incandescente et de la cimenter plus complètement par un nouveau dépôt de charbon. Par contre, cette lenteur de la distillation élève le prix de revient, en diminuant le rendement des appareils.

Le *broyage* préalable de la houille augmente beaucoup la dureté et la compacité du coke. Pratiquement il est impossible de faire de bon coke métallurgique sans broyer le charbon. C'est là une opération assez difficile, car elle doit être faite après lavage, sur des matières encore humides, renfermant environ 10 % de leur poids d'eau. Ce broyage se fait dans des appareils du genre des broyeurs Carr. La finesse obtenue est telle que 80 % en moyenne du charbon passe à travers un tamis à toile de 2 mm. d'ouverture. La dépense de force est d'environ 3 chvx-heure par tonne de houille broyée.

L'oxydation des houilles à l'air modifie considérablement leur pouvoir cokéfiant ; il semble que la fixation d'oxygène se porte

précisément sur la matière fusible dont le rôle dans l'agglomération est prépondérante. On doit employer le charbon le plus rapidement possible après son extraction de la mine ; c'est une raison pour placer les fours à coke sur les houillères.

On a cherché par l'addition de certaines matières étrangères à augmenter artificiellement le pouvoir agglomérant de la houille. Des recherches assez complètes poursuivies dans ce sens par M. Hennebute [1] n'ont conduit jusqu'ici à aucun résultat bien concluant, mais elles ont été le point de départ d'autres études intéressantes sur la transformation des goudrons en brai propre à la fabrication des agglomérés. Certaines matières oxygénées, le sucre, par exemple, ont la propriété, en se décomposant sous l'action de la chaleur, d'abandonner une quantité considérable de leur carbone sous une forme solide, agglomérée et très dure. Les goudrons au contraire, soumis à l'action de la chaleur, distillent en ne laissant que très peu de carbone fixe. M. Hennebute avait supposé qu'en fixant de l'oxygène sur les goudrons, on pourrait les transformer en matière se comportant comme le sucre, et dont le prix de revient serait assez bas pour permettre leur addition à la houille, dans la fabrication du coke. Ces prévisions ne se sont pas vérifiées, l'oxygène ne se fixe pas sur les goudrons aux températures de 200 ° à 300°, où il commence à réagir, mais il enlève de l'hydrogène, en laissant des carbures beaucoup plus condensés, semblables, peut-être mêmes indentiques, à ceux du brai et pouvant le remplacer dans la fabrication des agglomérés.

Un des plus grands perfectionnements réalisés dans la fabrication du coke, a été l'emploi de la *compression*. La masse de charbon pulvérulente soumise à la distillation se ramollit insuffisamment, pour permettre à tous les grains de se coller les uns contre les autres sur toute leur surface. Ils se soudent seulement par des points de contact isolés, dont l'étendue tend encore à diminuer par le boursoufflement qui accompagne la décomposition. La compression de la matière en augmentant les points de contact et en s'opposant au gonflement accroît considérablement la solidité

(1) Congrès des Mines et de la Métallurgie de Liége (1907).

des cokes ; nous verrons que cette solidité est une de leurs qualités les plus essentielles.

Fig. 26. — Pilonneuse électrique de l'atelier de la Felguera (Espagne).
Bul. Soc. Ind. Min., LXXXIX (1909).

Cette compression a d'abord été obtenue en augmentant la hauteur du charbon soumis à la distillation et en l'enfermant dans des cornues élevées ; en premier lieu des fours verticaux Appolt et plus tard, les fours belges, à cornues horizontales, dont on a progressivement augmenté la hauteur. En diminuant en même temps l'épaisseur de la masse de charbon entre les parois solides, on s'oppose par l'arcboutement résultant du frottement contre les parois, au gonflement de la masse en décomposition. On est arrivé aujourd'hui à avoir des cornues de 0,50 m. seulement de largeur pour 2 m. de hauteur ; pour certains charbons même, on réduit encore la largeur des cornues.

Cette action utile des parois a par contre l'inconvénient de soumettre le four à des efforts considérables qui tendent à le disloquer et l'on doit, suivant la nature des charbons, modifier certains détails de construction. Les houilles les plus maigres, qui sont aussi les moins molles pendant la distillation, sont celles qui exercent les efforts les plus considérables contre les parois.

Allant plus loin encore dans cette voie de la compression, on a depuis quelques années essayé d'employer la compression mécanique du charbon avant son introduction dans le four. On le pilonne dans des caisses en tôle avec des appareils semblables à celui de la figure 26 de façon à faire des sortes de gâteaux que l'on pousse ensuite à l'intérieur du four. Cette compression préalable en augmentant le nombre des points de contact entre les grains de charbon et diminuant les vides restés entre eux donne un coke plus dense ; ce procédé de compression est avantageux pour les houilles riches en matières volatiles qui tendent à donner un coke trop poreux. A première vue il serait plus avantageux encore pour les houilles maigres, à faible pouvoir agglomérant, dont il durcirait le coke, mais dans ces cas on s'exposerait à avoir des pressions trop énergiques contre les parois des fours et à les disloquer.

Propriétés du coke. — Le coke se présente sous forme de masses prismatiques provenant de la rupture par retrait du gâteau pendant sa formation à température élevée. Il présente une couleur grise, avec un aspect brillant semi métallique, d'autant plus accentué qu'il provient de houilles plus grasses. Il est toujours criblé de bulles et de cavités intérieures de telle sorte que la densité de morceaux de coke ne dépasse guère 1 quand celle du carbone compact est voisine de 1,8. Le coke en morceaux, dans une capacité de grand volume, comme un wagon, pèse au mètre cube de 300 à 350 kg. pour les cokes légers, de 400 à 450 kg. pour les cokes durs.

La *composition chimique* du coke est en général représentée par les chiffres suivants :

Carbone fixe	80 à 82 %
Matières volatiles	2 à 3
Cendres	10 à 12
Eau hygrométrique	14 à 15

Voici des analyses de coke faites par M. Mahler sur des cokes métallurgiques ou préparés au laboratoire :

Analyse élémentaire.

Origine	C	H	O + Az	Eau hygrosc.	Cendres	Pouvoir calorifique
Grand Combe	89,273	0,212	2,215	0,500	7,800	7.010
Commentry	92,727	0,444	2,629	»	4,200	7.665
Anzin	91,582	0,633	1,585	»	3,200	7.787
Pensylvanie	91,036	0,685	2,146	0,233	5,900	7.528

Analyse élémentaire abstraction faite des cendres.

Origine	C	H	O + Az	Pouvoir cal.
Grand Combe	97,353	0,231	2,416	7.920
Commentry	96,792	0,463	2,745	8.001
Anzin	97,709	0,654	1,637	8.044
Pensylvanie	96,984	0,730	2,286	8.036

Cette présence constante d'hydrogène et d'oxygène dans le coke donne immédiatement l'explication des quelques particularités observées dans l'essai des houilles pour matières volatiles. En se reportant aux tableaux donnés plus haut pour les anthracites, on voit que la proportion de matières volatiles dégagées par calcination est inférieure au poids total de corps gazeux enfermés dans la houille primitive. Cea explique également la variation dans la proportion totale des matières volatiles, dans le cas de houilles riches en éléments volatils, quand on change quelques détails des conditions de l'essai ; il peut rester dans le coke plus ou moins d'éléments gazeux. Ce n'est pas du reste la seule raison des variations de la teneur en matières volatiles, la proportion de carbone volatilisé avec l'hydrogène et l'oxygène change également avec les conditions de l'expérience.

Il s'agit là de la composition du coke séché à l'air, mais à la sortie des fours, en raison de grand excès d'eau employé pour l'extinction, la proportion d'eau retenue par le coke est beaucoup plus considérable. Elle peut s'élever en moyenne à 5 %. Aussi, quand on achète du coke, est-il indispensable de bien spécifier dans quelles conditions le poids sera mesuré. Le coke au déchargement du four, le coke séché par un séjour prolongé à l'air et enfin le coke séché à 300° correspondent à des quantités de matières combustibles notablement différentes.

La *résistance à l'écrasement* par centimètre carré des bons cokes, varie de 90 à 180 kg., c'est là une propriété très importante à prendre en considération. Elle est intéressante, en elle-même et indirectement par sa corrélation avec la compacité.

Il est indispensable pour le haut fourneau d'avoir un coke assez dur pour résister à l'écrasement sous les pressions considérables qu'il supporte, car la hauteur de la charge est généralement comprise entre 20 et 30 m. D'ailleurs, des matières solides ne peuvent se toucher que par des points de contact limités, sur lesquels les pressions par unité de surface se trouvent considérablement augmentées. Enfin, pendant la descente de la charge, le coke est soumis à des frottements, qui tendent à faciliter sa désagrégation. Or, la présence de matières fines oppose un obstacle presque absolu à la marche des hauts-fourneaux, la résistance au passage de l'air croît extraordinairement vite à mesure que les passages qui lui sont offerts diminuent de section, d'autant plus que pendant la descente de la charge, il se produit un tassement qui fait glisser les petits grains entre les plus gros morceaux et tend à réduire de plus en plus les vides.

La dureté est en relation avec la *compacité*, ou absence de porosité ; la dureté est d'autant plus grande qu'il y a moins de vides ou que ces vides sont mieux isolés les uns des autres. Cette question de la porosité du coke a, d'autre part, une très grande importance au point de vue de la quantité consommée dans le haut fourneau pour la production d'un poids donné de fonte. Le coke brûle dans deux régions distinctes : devant les tuyères où il fournit la chaleur nécessaire à la fusion des laitiers ; en ce point, la compacité n'a pas d'importance, car la quantité de coke brûlée est rigoureusement proportionnelle au volume d'air soufflé ; et vers la partie supérieure du haut-fourneau, où le coke se trouve en contact avec de l'acide carbonique, provenant d'une part de la décomposition de la castine, sous l'action de la chaleur, et d'autre part, de la réduction de l'oxyde de fer par l'oxyde de carbone. Cet acide carbonique tend à volatiliser une nouvelle quantité de carbone dépensé ainsi en pure perte en régénérant de l'oxyde de carbone. Cette production supplémentaire d'oxyde de carbone constituait autrefois une perte sèche, car on laissait brûler les gaz à la sortie du gueulard ; aujourd'hui où l'on utilise les gaz dans les moteurs, la perte est moindre, mais elle n'est pas nulle, car il serait bien plus économique de fabriquer ce gaz dans un gazogène avec de la houille à moitié prix du coke. Cette action de l'acide carbonique sur le coke n'est pas instantanée et est d'autant plus complète que le coke est moins compact.

Il y a encore, indépendamment de la question d'économie de combustible, intérêt à éviter la formation d'oxyde de carbone dans la partie moyenne du haut-fourneau, parce que ce gaz, lorsque la proportion en devient trop forte, se décompose à nouveau au sommet du haut fourneau en donnant du carbone pulvérulent, qui obstrue le haut-fourneau, et s'oppose au passage des gaz en donnant lieu à des irrégularités de marche, à des explosions et inconvénients de toutes sortes.

La question de la dureté et de la compacité du coke est donc de toute première importance, et les métallurgistes peuvent payer notablement plus cher, en y trouvant encore leur bénéfice, un coke dur et très résistant à l'acide carbonique.

Le coke renferme toujours, en dehors des cendres proprement dites, deux impuretés dont la présence est extrêmement nuisible dans la métallurgie du fer : le *soufre* et le *phosphore*.

Nous avons indiqué précédemment les limites extrêmes entre

lesquelles ces deux corps varient dans les houilles : 1 à 2 % de soufre, dont moitié environ reste dans le coke et 0,01 à 0,1 de phosphore dont la totalité reste dans le coke. Après carbonisation, le soufre du coke se trouve entièrement à l'état de sulfure de fer, mais celui-ci s'oxyde à la longue au contact de l'air de telle sorte que du coke anciennement fabriqué renfermè à la fois des sulfates solubles et du sulfure ; mais au point de vue de l'emploi, les deux formes du soufre sont aussi nuisibles, elles repassent toutes deux pendant la combustion à l'état d'acide sulfureux. Dans le haut fourneau le soufre se partage entre le fer et le laitier, la majeure partie passant dans le laitier quand il est très basique et en proportion suffisante. Dans les cubilots, où le coke est employé pour la seconde fusion de la fonte, la majeure partie de son soufre s'échappe avec les gaz chauds, mais une partie est toujours fixée par le métal ; chaque fusion enrichit donc la fonte en soufre.

La totalité du phosphore passe au haut-fourneau dans la fonte. L'inconvénient de ce phosphore est plus ou moins grand, suivant les usages de la fonte ; il est très nuisible pour la fonte Bessemer, un peu nuisible pour la fonte de moulage mécanique, avantageux au contraire pour la fonte Thomas.

En tout cas, dans l'analyse d'un coke, le dosage du soufre et du phosphore est aussi indispensable que la détermination du poids total des cendres.

O. Simmersbach indique, comme condition à exiger d'un bon coke :

Soufre	moins de	1 %
Phosphore	—	0,01 %
Eau	—	4 %
Cendres	—	9 %

Résistance à l'écrasement supérieure à 80 kg. par 1 cm².

Poids de 1 m³ après dessiccation à 100° entre 400 et 450 kg.

Fabrication. — La fabrication du coke est devenue une opération industrielle courante, du jour seulement où le coke a été employé dans les hauts-fourneaux à la fabrication de la fonte. Cette innovation est due à un ingénieur anglais, Dudley, et remonte à l'année 1619 ; auparavant on employait exclusivement le charbon de bois.

Cette fabrication est passée par une série d'étapes successives dont nous allons d'abord indiquer en quelques mots les grandes lignes. Au début, la carbonisation de la houille se faisait en tas, à l'air, exactement comme la carbonisation du bois, mais depuis une époque déjà très reculée, on commença à faire cette distillation dans des fours fixes. Ces premiers fours étaient du type dit *fours à boulangers*, à cause de leur forme intérieure en voûte surbaissée, appelés encore *beehive ovens* (fours à alvéoles), à cause du mode de groupement de ces fours entre eux, rappelant dans une certaine mesure, les alvéoles des ruches d'abeilles. Ces fours sont encore très répandus aujourd'hui dans certains pays, notamment en Angleterre et aux Etats-Unis ; on prétend parfois que leur coke est plus dur et donne un meilleur rendement au haut-fourneau, que celui des fours modernes plus perfectionnés.

En 1856, une transformation complète de la fabrication du coke a été réalisée par l'emploi des fours à cornue horizontale imaginés par Knab à Commentry puis perfectionnés par Carvès à Saint-Etienne et par Coppée en Belgique ; ils sont généralement connus sous le nom de fours belges ; en 1886, une nouvelle évolution de la fabrication a commencé avec les fours Semet-Solvay disposés pour recueillir un certain nombre de sous-produits de la distillation de la houille : goudron, ammoniaque et gaz combustible, matières qui étaient employées auparavant au chauffage et dont l'excédent était perdu dans l'air sans recevoir d'emploi.

Enfin, dans ces dernières années, l'application du principe de Siemens, relatif à la récupération des chaleurs perdues, a constitué un dernier progrès en permettant de réduire la quantité de gaz brûlés pour le chauffage des fours et d'en laisser par suite une plus forte proportion disponible pour les usages extérieurs, chauffage des chaudières ou moteurs à gaz.

M. Bousquet dans une conférence faite en 1907 à l'institut chimique de l'Université de Nancy a donné une série de croquis schématiques montrant d'une façon parlant aux yeux cette évolution du four à cornue. Nous reproduisons ici les trois diagrammes empruntés à la conférence de M. Bousquet. Le premier correspond à l'utilisation des chaleurs sensibles perdues au moyen de chaudières placées contre les fours en avant de la cheminée, de

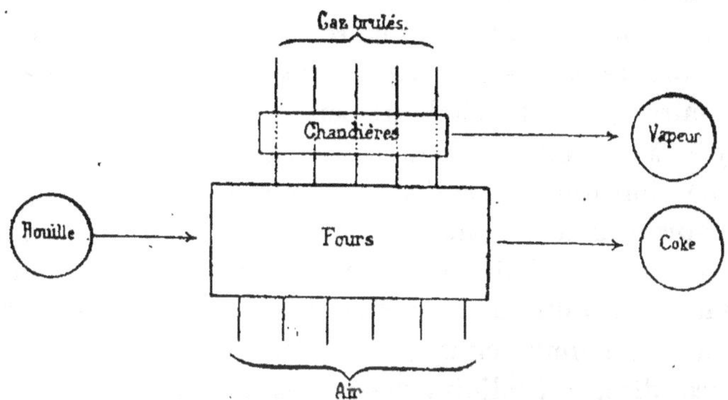

Fig. 27. — Schéma du fonctionnement d'un four à coke ordinaire.

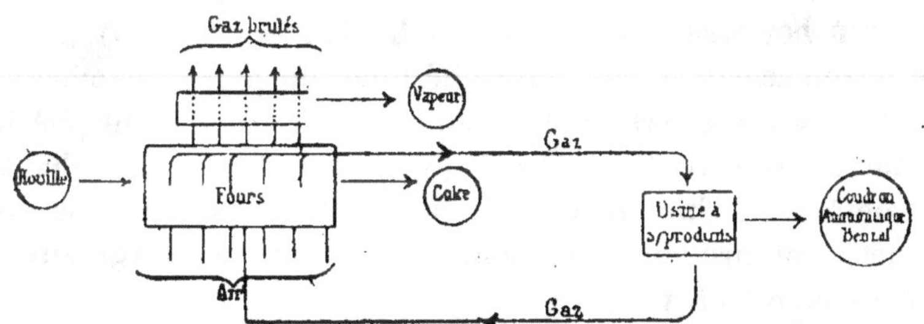

Fig. 28. — Schéma du fonctionnement d'un four à récupération de sous produits.

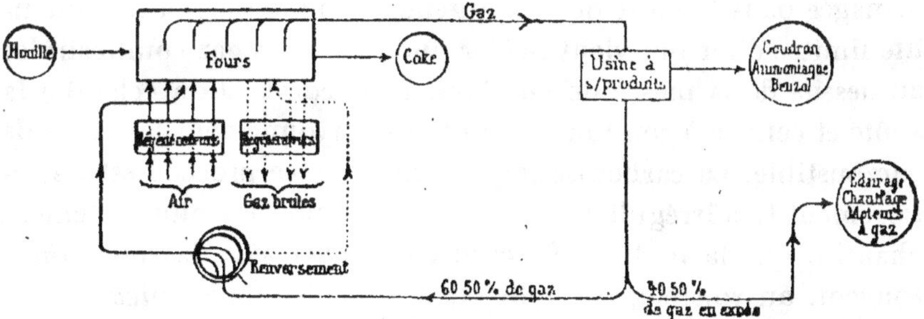

Fig. 29. — Schéma du fonctionnement d'un four à récupération de sous-produits et régénération de chaleur.

façon à recueillir une partie de la chaleur des fumées avant de les rejeter à l'air libre. Le second diagramme représente l'utilisation des sous-produits, goudrons et eaux ammoniacales, les gaz étant tous renvoyés au four et les chaleurs perdues disponibles employées comme précédemment au chauffage direct des chaudières. Enfin, le troisième diagramme représente les dispositions modernes dans lesquelles une partie du gaz est envoyée directement aux moteurs à gaz et les chaleurs perdues des fumées des fours sont employées à échauffer l'air de combustion, ce qui diminue d'autant la combustion du gaz dans ces fours (fig. 27, 28, 29).

Nous aurons dans les pages suivantes l'occasion de faire de nombreux emprunts à cette conférence de M. Bousquet, ainsi qu'à une communication sur le même sujet, faite en 1909 devant la Société des Ingénieurs civils par M. Cuvelette, ingénieur au corps des Mines, directeur adjoint des mines de Lens.

Four à boulanger. — Le four à boulanger (fig. 30) présente une forme sensiblement hémisphérique, ou plus exactement cylindrique sur une certaine hauteur avec une voûte hémisphérique comme couverture. Son diamètre varie de 2 à 4 m. et sa hauteur de 1,50 à 2 m. Une ouverture à la partie supérieure de la voûte permet l'enfournement du combustible qui est chargé sur une hauteur de 0,50 à 1 m.

Le charbon chargé dans le four encore chaud d'une opération précédente se met immédiatement à distiller ; une ouverture ménagée dans la porte de déchargement donne accès à une quantité limitée d'air qui vient brûler une partie des gaz combustibles au dessus de la masse de charbon. Leur combustion échauffe la voûte et celle-ci à son tour échauffe par rayonnement la masse de combustible. La carbonisation obtenue par ce procédé est nécessairement très irrégulière, la partie supérieure est plus fortement chauffée que la partie inférieure en contact avec la sole ; on a souvent, au voisinage de celle-ci, des incuits applés *pieds noirs*. Par contre, ce mode de chauffage obligeant tous les gaz et vapeurs dégagés par la houille à traverser la couche supérieure la plus chaude, provoque une décomposition plus complète des carbures volatils et donne, au moins dans la couche supérieure, un coke très dur et de qualité tout à fait supérieure. L'admission d'air à

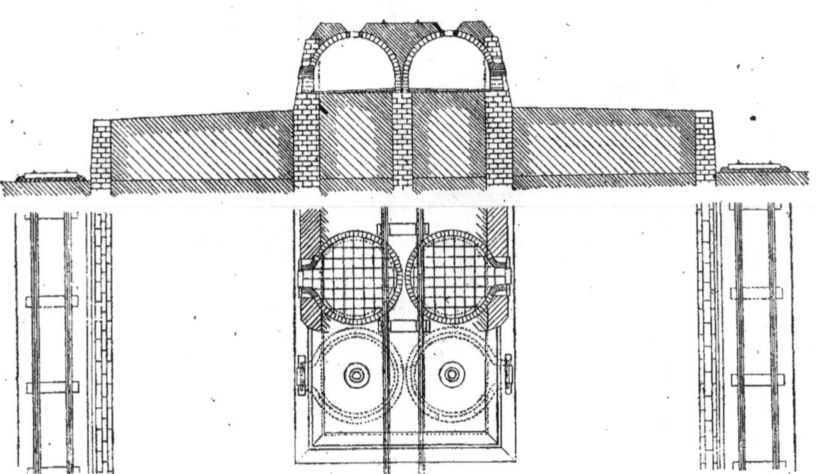

Fig. 30. — Four à boulanger.

l'intérieur du four a l'inconvénient de provoquer la combustion d'une partie du coke ; le déchet de ce chef, peut s'élever de 10 à 15 %.

Une fois la distillation achevée, on ouvre la porte de déchargement et l'ouvrier vient avec un crochet en fer tirer dehors la masse de coke incandescente, pendant que d'autres ouvriers placés à côté de lui arrosent le coke au fur et à mesure de sa sortie, pour l'éteindre. C'est là un travail très pénible pour les ouvriers et partant très coûteux.

Four belge. — Les fours dits du type belge (fig. 31 et 32) sont

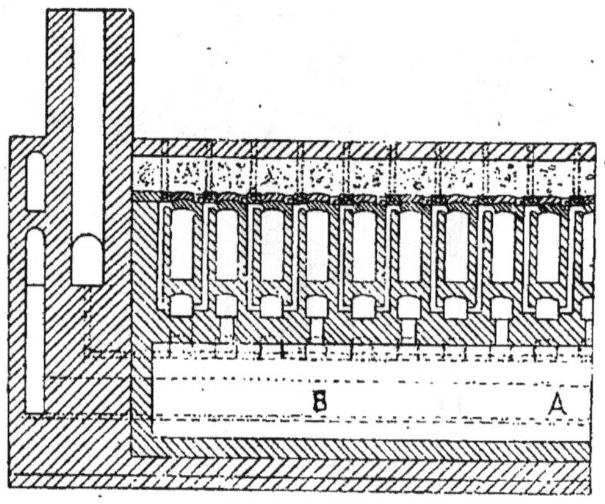

Fig. 31. — Four belge. Coupe transversale.

constitués par une grande cornue horizontale dont les parois sont formées par une maçonnerie creuse à travers laquelle circule la flamme provenant de la combustion des gaz de la distillation de la houille. L'air n'est mêlé au gaz qu'après la sortie de ce dernier de la cornue ; il ne peut donc y avoir aucune combustion anticipée du coke, d'où un premier avantage de ces fours. Un second avantage non moins considérable est de se prêter au déchargement mécanique et de réduire ainsi considérablement les dépenses de main-d'œuvre. Le chargement se fait, comme dans les fours à boulanger, au moyen d'ouvertures percées dans la voûte de la cornue ; elles sont au nombre de trois sur sa longueur. Pour le déchargement, on enlève deux portes qui forment les fonds à chaque extrémité de la cornue et une machine à vapeur vient chasser le gâteau de coke, au moyen d'un bouclier présentant à peu près la section intérieure de la cornue et commandée par une crémaillère. Le gâteau de coke à sa sortie est arrosé à la lance par des ouvriers qui se placent de chaque côté ou simplement par des pommes d'arrosoir débitant une quantité d'eau proportionnée à la vitesse de sortie du gâteau.

Pour obtenir l'extinction rapide du coke, il faut désagréger le gâteau, de façon à faciliter la pénétration de l'eau jusqu'au centre.

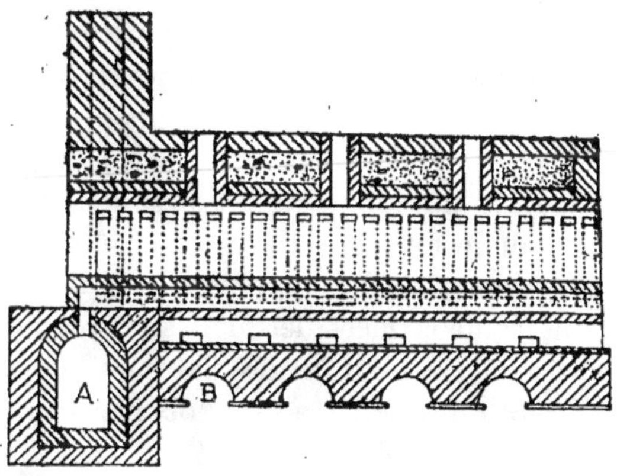

Fig. 32. — Four belge. Coupe longitudinale.

Ce travail était d'abord fait à la main, au moyen de grands ringards tenus par des ouvriers. On obtient plus économiquement le même résultat, en faisant sortir le gâteau de coke, non par sur une surface horizontale, mais sur une surface inclinée où il glisse par son propre poids, en s'effondrant au fur et à mesure qu'il arrive sur la pente. Il reçoit à ce moment son arrosage et tombe au bas de la pente dans des wagons métalliques qui l'emportent pendant que l'excès d'eau dimbibition s'évapore, sous l'action de la chaleur centrale des fragments.

Dans le premier type des fours Coppée, les parois de la cornue étaient percées de trous verticaux, au sommet desquels des ouvertures laissaient entrer l'air nécessaire de la combustion. Les flammes descendaient à travers des canaux verticaux, pour se rendre par un conduit souterrain à une cheminée commune à un massif de fours ; chaque massif de fours comprenait 12 à 18 cornues semblables, réunies en un seul bloc, par des armatures métalliques puissantes.

Le nombre des types de fours à coke existant aujourd'hui est extrêmement considérable, chaque fabricant, instruit par son expérience personnelle, a adopté certains détails particuliers et tous ces fours ont naturellement des noms différents, au milieu desquels il est assez difficile de se reconnaître, car ils ne diffèrent le plus souvent que par des détails insignifiants.

Les plus importantes modifications apportées au type primitif de Coppée ont été les suivantes : au début, les parois creuses de la cornue servaient en même temps de pieds-droits, pour supporter la voûte de ces cornues. Lorsque les parois qui constituent la partie la plus faible du four avaient besoin d'être réparées, il fallait démolir tout le four et enlever les voûtes. Dans les fours Semet-Solvay on essaya de les supporter par des pieds-droits indépendants, sur les deux faces desquels sont placées des poteries creuses servant à la circulation des flammes. Le remplacement de ces poteries peut donc se faire sans toucher au massif du four. Ce système est aujourd'hui abandonné.

La disposition verticale des conduits de flamme fut abandonnée à son tour et remplacée par une disposition horizontale où le réglage des flammes était plus facile. Les conduits horizontaux, où le gaz combustible circule, étaient disposés en chicane avec des admissions d'air successives, de façon à obtenir une combustion progressive et une température aussi uniforme que possible. Cette disposition horizontale permettait d'installer aux deux extrémités de chaque conduit des regards facilement accessibles et rendait beaucoup plus facile la surveillance de la combustion. Mais aujourd'hui, les procédés de contrôle plus méthodiques employés dans les usines, la perfection plus grande des détails de construction des fours, permettent d'obtenir un chauffage très régulier avec les conduits verticaux et l'on est revenu à l'emploi de ceux-ci car ils ont l'avantage de donner au four plus de stabilité et de nécessiter moins de réparations. Ils permettent d'obtenir un chauffage plus énergique et plus uniforme de la paroi, de mieux cuire les deux têtes du gâteau de coke en chauffant davantage les extrémités des pieds-droits vers lesquels on peut diriger une plus grande quantité de gaz. La perte de charge à la circulation des gaz est moins grande et l'on peut employer une moindre dépression motrice. Ils sont par cela même plus étanches, la dépression dans les carneaux étant moindre.

Les dimensions de ces fours sont arrivées à se fixer d'une façon sensiblement uniforme. La cornue a 10 m. de longueur, la distance d'axe en axe de deux cornues voisines est de 1 m., la largeur intérieure de la cornue varie de 0,55 m. pour les charbons gras à 30 % de matières volatiles, jusqu'à 0,35 m. pour les charbons maigres à 16 % de matières volatiles. La largeur la plus habituelle est de 0,53 m., pour les charbons à coke normaux à 22 % de matières volatiles. Il faut donner à la cornue une certaine conicité pour permettre le déchargement mécanique ; elle est en général de 0,06 m. d'une extrémité à l'autre de la cornue. Pour les charbons riches en matières volatiles, on pourrait presque réduire à 0 la conicité, pour les houilles très maigres, il faut aller jusqu'à 0,10 m.

La charge d'un four des dimensions indiquées ici, peut être de 7,5 t. et la distillation dure 36 heures. La production de coke est donc de 5 t. par 24 heures. La température dans les conduits de flamme est de 1100° à 1200°.

Les quantités de chaleur disponibles dans la combustion des matières volatiles données par la houille sont bien supérieures à celles qui sont nécessaires pour la carbonisation, comme le montrent les chiffres suivants empruntés à la conférence de M. Bousquet.

Chaleur disponible dans la combustion des gaz et vapeurs fournis par la distillation de 1 kg. de houille à coke à 22 % de matières volatiles . . . . 1.400 Cal.

Voici d'autre part les quantités de chaleurs nécessaires pour la distillation de 1 k. de houille. La chaleur attribuée aux matières volatiles est celle qu'elles emporteraient à l'état sensible si les gaz se dégageaient au dehors du four, au lieu d'être immédiatement brûlés dans les carneaux.

Perte par rayonnement du four	246
Emportée par le coke incandescent	136
Emportée par les matières volatiles chaudes .	180
Théoriquement disponible	839
Total	1.400

La chaleur inutile pour la carbonisation, et par conséquent disponible, représente donc les 60 % de la chaleur totale que peut fournir la combustion des matières volatiles.

On ne brûle pas complètement dans les carneaux du four les matières combustibles, parce que si on le faisait on aurait une température beaucoup trop élevée qui mettrait rapidement les fours hors de service sans donner de meilleur coke. On doit donc limiter l'entrée de l'air et les fumées renferment encore baucoup de gaz combustibles : elles sortent de plus du four à une température élevée, voisine de 1.000°, aussi s'enflamment-elles à la sortie de la cheminée, au contact de l'air extérieur, en donnant au sommet des cheminées ces larges flammes qui signalent à grande distance les installations de fours à coke.

On utilise parfois les chaleurs sensible et latente ainsi emportées par la fumée en accolant des chaudières à l'extrémité de chaque massif du four. Mais la dispersion des chaudières, nécessitée par cette organisation, n'est pas très avantageuse.

Récupération des sous-produits. — Un progrès considérable a été réalisé en limitant la température, non pas par réduction de la quantité d'air, mais par suppression d'une partie des gaz combustibles, pris directement aux fours, l'excédent étant employé à d'autres usages. Si ce progrès n'a pas été réalisé plus tôt, c'est que cette récupération d'une partie des produits combustibles exige des installations très complètes et partant très coûteuses, compensant en partie l'avantage économique résultant des quantités de chaleur rendues ainsi disponibles.

En fait, on ne laisse pas une partie des gaz aller directement dans les carneaux de combustion, en enlevant seulement du four la partie inutilisée, mais on complète les fours à coke par une véritable usine à gaz, de tous points semblable à celles qui sont destinées à la fabrication du gaz d'éclairage, c'est-à-dire où tous les gaz sont refroidis, les goudrons et eaux ammoniacales condensés et recueillis. Le gaz refroidi est partagé en deux parties, l'une est renvoyée aux fours à coke pour leur chauffage, et l'autre est utilisée, soit à chauffer les chaudières, soit plutôt aujourd'hui à actionner des moteurs à gaz. Mais pratiquement, par suite de la perte de chaleur due au refroidissement, la quantité de gaz ainsi disponible est sensiblement nulle avec la houille à 22 % de matières volatiles. Elle pourrait s'élever à 20 % avec une houille à 30 % de matières volatiles.

Les sous-produits recueillis sont, pour un four cuisant 5 t. par 24 heures, et par tonne de houille à 22 % de matières volatiles :

Sulfate d'ammoniac	8 à 10 kg.
Goudron	20 à 25
Benzol	3 à 5

Le gaz obtenu dans ces fours à coke présente un pouvoir calorifique *inférieur* (chaleur de combustion pour eau vapeur) de 4.000 Cal., moindre que celui du gaz d'éclairage proprement dit, qui est de 5.000 Cal. Cette différence tient à ce que, par suite de la température plus élevée des fours, le gaz est plus riche en hydrogène et par suite plus pauvre en méthane, une partie de ce dernier gaz ayant été décomposée par la chaleur; or, le pouvoir calorifique du méthane est, à volume égal, 4 fois plus grand que celui de l'hydrogène. Enfin ce gaz renferme une proportion importante d'azote provenant des rentrées d'air résultant de ce que le four marche généralement en dépression. Voici la composition moyenne d'un bon gaz de four à coke :

Acide carbonique	3
Oxyde de carbone	6
Méthane	20
Hydrogène	58
Carbures non saturés	1,5
Azote	10
Oxygène	1,5
Total	100,0

GAZ COMBUSTIBLES

Composition moyenne en volumes %

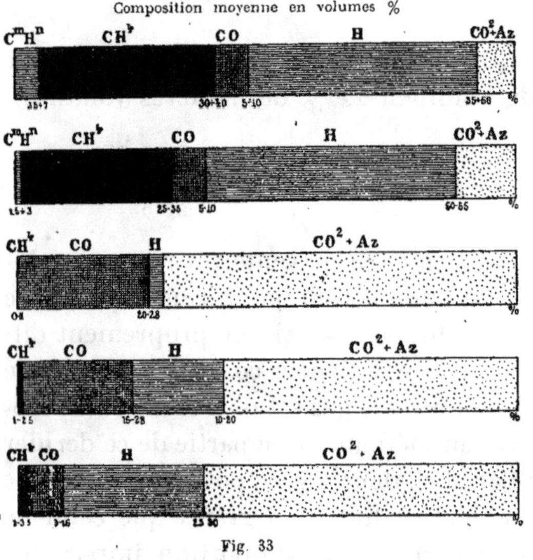

Fig. 33

Désignation. Pouvoir calorifique inférieur.
Gaz d'éclairage. 4000-5000 calories
Gaz de four à coke. 3000-4500 calories
Gaz de haut fourneau 750-1000 calories
Gaz de gazogène de coke ou d'anthracite. 1100-1300 calories.
Gaz mixte de gazogène de houille avec forte injection de vapeur. 1200-1300 calories.

Ces chiffres se rapportent aux résultats obtenus à Lens et donnés par M. Cuvelette dans sa conférence devant la Société des Ingénieurs civils ; on arrive aujourd'hui en soignant la marche des fours à diminuer les rentrées d'air et à réduire la teneur en azote et oxygène à la moitié de la valeur donnée au tableau d'analyse. Nous reproduisons également, d'après le même auteur, un tableau graphique donnant la comparaison de la composition des différents gaz combustibles industriels (fig. 33).

L'importance de la récupération d'une partie du gaz combustible s'est beaucoup accrue depuis le développement des grands moteurs à gaz qui donnent pour la production de la force motrice une bien meilleure utilisation de ce combustible, que les anciennes machines à vapeur ; la consommation de gaz à pleine charge est de 0,625 m³ par cheval effectif et par heure. La consommation serait double avec une machine à vapeur ; il ne faudrait pas en conclure cependant que les avantages des deux modes d'utilisation du gaz varient dans le même rapport, car il faut faire entrer en ligne de compte les frais d'installation et d'entretien des machines, beaucoup plus élevés dans le cas des moteurs à gaz.

L'emploi du gaz des fours à coke dans les moteurs donne lieu à deux difficultés : la présence des goudrons très nuisibles par l'encrassement des soupapes nécessite une épuration très complète, semblable à celle que l'on exige pour le gaz d'éclairage ; on arrive à ne laisser dans le gaz que 0,02 gr. de goudron par mètre cube. Le soufre, également très nuisible par l'altération des métaux, doit être abaissé au moins jusqu'à 0,2 gr. par mètre cube et même si possible à 0,1 gr. Enfin, la forte proportion d'hydrogène dans ce gaz tend à le rendre plus facilement inflammable et à faciliter les allumages anticipés pendant la période de compression.

Récupération de la chaleur. — Les fours à récupération de sous-produits perdent encore toute la chaleur latente emportée par les fumées sortant des fours à 1.000° On peut l'employer au chauffage des chaudières, mais il est plus avantageux de l'utiliser dans les fours mêmes en appliquant le principe de la récupération de Siemens. Les fumées sont envoyées dans des récupérateurs,

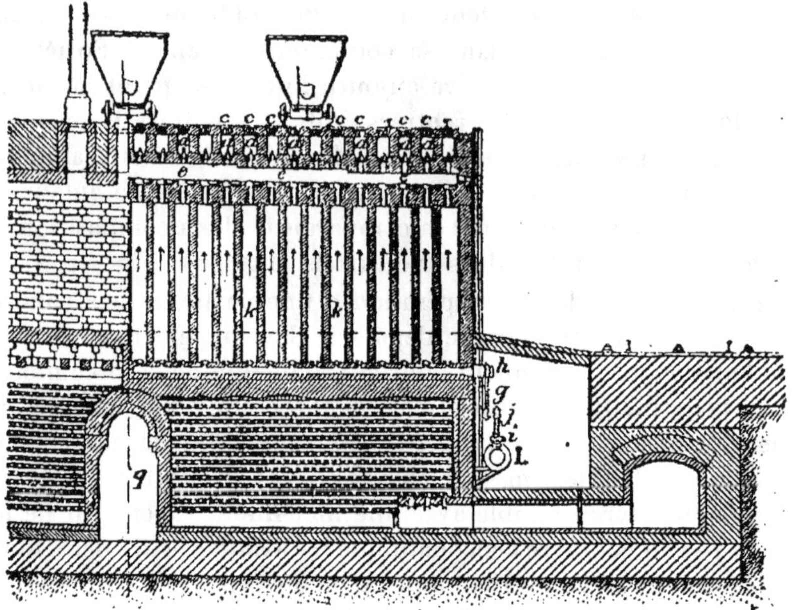

Fig. 34. — Coupe longitudinale.

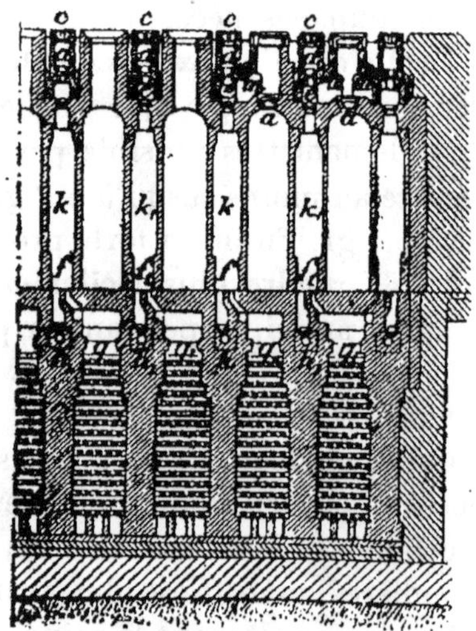

Fig. 35. — Coupe transversale.

grandes chambres garnies de briques réfractaires qu'elles échauffent, puis ensuite on fait passer dans les mêmes chambres l'air servant à la combustion des gaz de chauffage. On a le double avantage de récupérer une certaine quantité de chaleur, ce qui diminue d'autant la quantité de gaz combustibles, à brûler dans le four, et porte la proportion de ces gaz disponibles jusqu'à 30 % et même, dans le cas de houille riche en matières volatiles, à 50 %

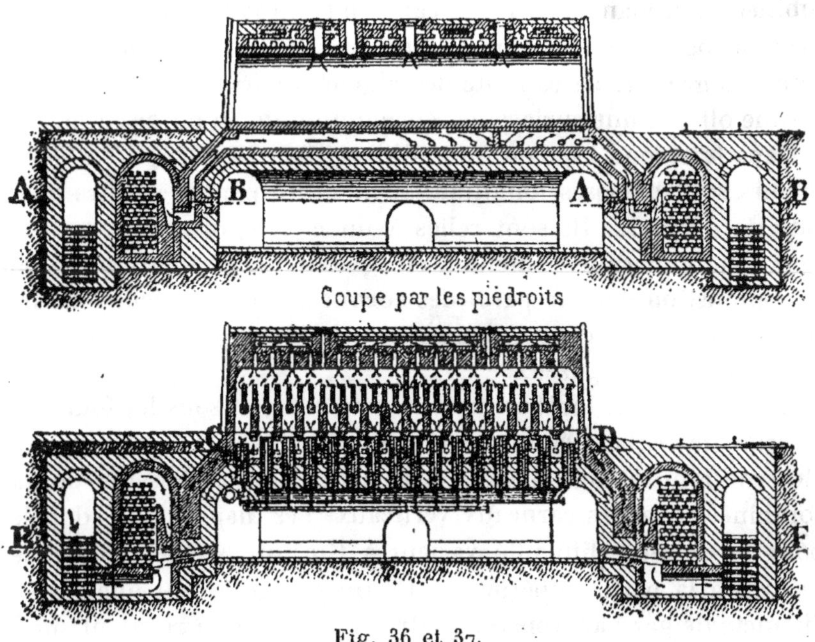

Fig. 36 et 37.

du volume total des gaz produits par la distillation pouvant dans un moteur à gaz fournir 50 chvx. En outre, l'air arrivant déjà chaud, vers la température de 400°, brûle beaucoup plus facilement les gaz combustibles qui reviennent froids de l'usine à gaz où ils ont été épurés et séparés de leurs goudrons et des eaux ammoniacales. On échauffe d'ailleurs un peu ces gaz avant de les brûler en les faisant circuler avant leur mise en contact avec l'air dans des conduits chauffés par le voisinage du four.

Les récupérateurs peuvent être disposés de deux façons différentes. Tantôt on les place directement sous les cornues où se fait la distillation, chaque cornue ayant ainsi sa chambre propre de récupération. C'est le cas des fours Koppers (fig. 34 et 35). Le massif du four est divisé en deux parties par un plan horizontal au niveau de la sole des cornues. La partie inférieure comprend les régénérateurs et la partie supérieure le four proprement dit. La séparation horizontale est percée de carneaux par lesquels les gaz passent du four aux récupérateurs et réciproquement. Des robinets commandés par un câble métallique qu'actionne une dynamo permet de renverser toutes les demi-heures, le sens des courants gazeux. La capacité des régénérateurs est de 5,5 m^3 par cornue offrant une surface de régénération de 80 m^2 environ.

Dans le second type de fours d'Otto (fig. 36 et 37) les régénérateurs sont disposés longitudinalement de part et d'autre de la batterie de fours. Ils sont reliés à un canal horizontal, passant sous chaque cornue et mettant en relation les conduits où se fait la combustion dans la paroi des cornues, avec les récupérateurs. Une seule vanne d'inversion permet dans ce cas de renverser le sens du courant gazeux.

L'emplacement logique des régénérateurs est sous les fours, les galeries de réglage étant rejetées sur les côtés. La difficulté est alors de rendre facile l'accès et le nettoyage des busettes de gaz combinées avec les carneaux verticaux. Les dispositions adoptées pour lever cette difficulté varient à l'infini. Koppers place des regards à la partie supérieure ; Collin et Carvès ont une arrivée distincte de gaz par trois ou quatre carneaux et la rejettent sur le côté. La répartition du gaz risque alors de n'être pas régulière entre les différents carneaux. Otto au contraire avec ses régénérateurs rejetés sur le côté, et sa galerie sous le four facilite, au moins en théorie, l'accès des brûleurs, mais pratiquement la température est tellement élevée dans cette galerie enveloppée par le four et les régénérateurs que son accès est presqu'impossible à moins d'une ventilation spéciale très énergique. Par contre, on augmente le volume des maçonneries, par suite les frais de premier établissement, et on multiplie les pertes de chaleur par rayonnement et conductibilité. Cette disposition cependant facilite les réparations éventuelles. En somme les avantages et inconvénients des différents systèmes se compensent à peu près.

Prix de revient. — Le prix de revient du coke comprend le prix d'achat de la houille ou le prix attribué à cette houille si la fabrication est faite par les houillères elles-mêmes, les frais d'amortissement et d'entretien des fours, et enfin les frais directs de fabrication.

Les frais de construction du four proprement dit sont pour le four à boulanger 700 fr. ; pour le four belge 3.000 fr. ; pour le four à récupération des sous-produits 6.000 fr. et pour le four complet avec récupération de chaleur 10.000 fr. Les frais d'installation de l'usine à récupération des sous-produits peuvent s'élever à 10.000 francs par four et ceux de l'installation de l'atelier de broyage à 5.000 fr.

Les frais directs de fabrication peuvent se décomposer comme suit pour la distillation d'une tonne de coke : (1912)

Frais de surveillance	0,90
Broyage et mélange des houilles	0,32
Chargement	0,45
Carbonisation	0,68
Divers	0,53
Total	2,88

N'entrent pas dans ces chiffres la valeur de la houille distillée, l'interêt du capital, ni les frais de récupération des sous-produits.

Carbonisation à basse température. — Depuis quelques années la carbonisation de la houille subit une évolution très importante. Cette opération se faisait exclusivement dans l'un des deux buts suivants :

Fabriquer du coke métallurgique.

Fabriquer du gaz d'éclairage.

On cherche aujourd'hui de plus en plus à la réaliser de façon à obtenir des combustibles liquides, capables de remplacer le pétrole, c'est-à-dire :

Fabriquer du goudron.

Depuis la guerre de 1914, cette préoccupation hante tous les

Etats Européens qui sont tributaires des Etats Unis pour leur approvisionnement en pétrole. L'Angleterre s'est particulièrement attelée à ce problème et elle le résoudra certainement à bref délai. Son programme est d'alimenter toute sa marine de guerre avec des combustibles liquides de provenance anglaise. Elle a d'ailleurs des facilités spéciales pour le succès de cette fabrication, tenant à l'usage général de chauffer les appartements au combustible solide ; le chauffage central à la vapeur y est à peu près inconnu.

Pour obtenir beaucoup de goudrons dans la distillation de la houille, il faut arrêter la distillation à une température relativement très basse, inférieure à 600 degrés. On a alors beaucoup moins de gaz et comme résidu solide un demi coke, connu sous le nom de *Coalite*, qui renferme encore 10 % de matières volatiles, brûle avec une flamme non fuligineuse et s'enflamme avec une facilité extrême. C'est le combustible idéal pour les cheminées d'appartement.

D'après les études faites jusqu'ici, les conditions optima de cette fabrication correspondent à l'emploi d'un charbon à 30 % de matières volatiles, c'est-à-dire le charbon à gaz courant, à la limitation de la température de distillation à 540 degrés. On obtient ainsi pour une tonne de houille 700 kilogs de résidu solide, Coalite à 10 % de matières volatiles ; 100 kilogs de goudrons donnant à la distillation 15 litres d'essence légère pour moteur ; 130 mètres cubes d'un gaz très riche ayant un pouvoir calorifique au mètre cube de 6.500 calories au lieu de 5.500 que donne le gaz d'éclairage normal. Il y aurait également dans le goudron des huiles lourdes pouvant être brûlées dans les moteurs Diesel. On semble cependant s'être fait, au début, des illusions sur le rendement des goudrons en huiles lourdes et avoir pris des phénols très abondants dans cette distillation, mais ne pouvant être seulement utilisés, pour des carbures d'hydrogène.

La réalisation de cette distillation à basse température donne lieu à deux difficultés très sérieuses. En premier lieu la distillation est arrêtée en pleine période de fusion de la houille, au moment où elle a pris le gonflement le plus considérable. Cela rend la sortie du charbon demi distillé assez difficile. De plus la nécessité de ne pas dépasser la température optima, de n'aller en aucun cas au delà de 650 degrés, exige un chauffage très lent et un chargement du combustible dans les cornues sur une très faible épaisseur. La distillation dure en général 8 heures, tandis que dans la distillation habituelle de la houille pour gaz d'éclairage, l'opération ne dure que 4 heures.

Les économies que l'on fait parfois valoir en faveur de ce procédé semblent illusoires ; la question n'est pas de faire des économies, mais de se procurer coûte que coûte du combustible liquide.

CHAPITRE SIXIÈME

ACÉTYLÈNE ET GAZ À L'EAU

ACÉTYLÈNE. — Historique. — Propriétés physiques. — Solubilité. — Décomposition explosive. — Vitesse de propagation. — Explosion de l'acétylène liquide. — Combustion. — Chalumeau oxyacétylénique. — Eclairage. — Carbure de calcium. — Accidents.

GAZ A L'EAU. — Principe. — Historique. — Fabrication. — Résultats.

ACÉTYLÈNE

Historique. — L'acétylène, découvert par E. Davy, fut pendant longtemps considéré comme une simple curiosité de laboratoire, on en obtenait de petites quantités dans la décomposition de l'éther par la chaleur ou dans la combustion incomplète du gaz d'éclairage ; il était dans les deux cas, mêlé à un très grand excès de corps gazeux différents parmi lesquels on le reconnaissait au moyen du précipité rouge sang d'acétylure cuivreux ; ce composé était obtenu en faisant barboter le mélange gazeux dans la solution ammoniacale de chlorure cuivreux. On pouvait ensuite retirer l'acétylène pur de cette combinaison, en la décomposant par l'acide chlorhydrique. M. Berthelot réalisa la synthèse directe de l'acétylène en faisant passer un courant d'hydrogène pur et sec dans un ballon où jaillissait l'arc électrique entre deux baguettes de charbon, c'est l'expérience dite de l'œuf électrique. Cette expérience a eu pour deux motifs différents un grand retentissement au point de vue scientifique ; elle a d'abord été le point de départ de la synthèse d'un grand nombre de composés organiques, réalisée par Berthelot, contrairement à l'idée très répandue auparavant, que ces corps ne pouvaient être obtenus sans l'intervention de la vie ; d'autre part la production aux températures élevées de l'arc électrique d'un corps, aussi facilement décomposable par la chaleur que l'acétylène, a, sur le moment, profondément surpris les chimistes ; on attribuait ce phénomène à une action mystérieuse de l'électricité. En réalité, c'est un exemple particulier d'une loi générale de la mécanique chimique, celle du déplacement de l'équilibre chimique, d'après laquelle les corps formés avec absorption de chaleur, comme l'acétylène, sont d'autant plus stables que la température est plus élevée.

Quand Moissan eut découvert le carbure de calcium, la fabrication de l'acétylène devint non seulement très facile au laboratoire, mais même relativement économique ; de cette époque datent les applications industrielles de l'acétylène. Le carbure de calcium est obtenu en chauffant au-dessus de 1.800° au four électrique, un mélange de chaux vive et de charbon :

$$\text{Ca O} + 3\,\text{C} = \text{Ca C}^2 + \text{CO}.$$

Ce corps décompose immédiatement l'eau en produisant un dégagement tumultueux d'acétylène d'après la réaction :

$$\text{Ca C}^2 + 2\,\text{H}^2\text{O} = \text{C}^2\text{H}^2 + \text{Ca O, H}^2\text{O}.$$

Propriétés physiques. — *Densité.* — Le poids moléculaire correspondant à la formule C^2H^2 (22,32 l.) est de 26 gr.

Le poids du litre à 0° et 760 mm. est 1,169 gr. On en déduit immédiatement que le kilogramme d'acétylène occupe 865 l.

Liquéfaction. — M. Villard a déterminé à différentes températures les tensions de vapeur de l'acétylène liquide et solide ; le tableau suivant donne les résultats de ces expériences, les pressions sont exprimées en atmosphères.

Températures	Pressions	Remarques
−90°	0,69	
−80	1,25	Point de fusion
−23,8	13,2	
0	26,02	
5,8	30,3	
11,5	34,8	
15	37,9	
20	42,8	
35,5	61,65	Point critique.

La densité de l'acétylène liquide varie rapidement avec la température, comme le montrent les chiffres suivants :

Températures	Densités
− 7°	0,460
0	0,451
16,4	0,420
35,8	0,364

Solubilité. — Dans les conditions ordinaires de pression et de température 1 l. d'eau dissout environ 1 l. d'acétylène, cette solubilité serait 4 fois moindre dans la solution saturée de chlorure de sodium.

L'acétylène est plus soluble encore dans certains liquides organiques : l'alcool en dissout 6 l., l'acétone est le plus énergique de ses dissolvants, 1 l. d'acétone à 0° dissout 31 l. d'acétylène, à 15° il en dissout 25 l.

Dans tous ces liquides, y compris l'acétone, la solubilité de l'acétylène suit la loi de Henry, c'est-à-dire, croît proportionnellement à la pression, au moins jusqu'à 20 atm., limite des expériences faites.

La formule suivante donne le poids en kilogs d'acétylène dissous dans 1 kg. d'acétone à la température de 15°, et sous la pression p. exprimée en kilogs par centimètre carré :

$$q = 0{,}35\ p.$$

La tension de l'acétylène émise par une solution de concentration déterminée varie rapidement avec la température suivant une loi analogue à celle des tensions de vapeur des liquides. Des expériences de MM. Berthelot et Vieille ont fait connaître la loi de variation en fonction de la température de la tension de dissolution d'acétylène dans l'acétone. Ces expériences ont porté sur trois dissolutions de concentrations différentes, saturées à la température de 15° sous les pressions de 6,8 ; 12,6 et 20,5 kg. par centimètre carré. Le rapport des tensions entre deux températures différentes est indépendant de la concentration initiale, comme le veut la loi de Henry ; ce rapport est donné dans la dernière colonne du tableau.

Températures	Pression en kg. par cm2			Rapport
0°	4,5	9	15	0,70
10	6	11,3	19	0,90
15	6,8	12,6	20,5	1
20	7,7	14,2	23,1	1,13
30	9,6	17,5	28,5	1,49
40	11,9	21,2		1,70
50	14,3			2,10
60	17			2,5

La dissolution de l'acétylène dans l'acétone se fait avec une contraction considérable, c'est-à-dire que le volume de la dissolution est inférieur à la somme des volumes de l'acétone et de l'acétylène liquides qu'elle renferme. La densité réelle de l'acétylène liquide est 0,42, sa densité apparente dans l'acétone est 0,70 ; cette densité apparente est calculée en appliquant à l'acétone employé comme dissolvant la densité normale de ce corps pris à l'état isolé. Grâce à cette propriété il est possible d'emmagasiner dans un récipient en métal d'une capacité déterminée, des quantités peu différentes d'acétylène, qu'on le prenne à l'état liquide ou à l'état de solution dans l'acétone.

Décomposition explosive. — L'acétylène pris sous la pression atmosphérique se décompose progressivement quand on élève sa température ; vers 500° il se polymérise en donnant du benzène et surtout du styrolène ; la température plus élevée, au-dessus de 700°, il se décompose directement en carbone et hydrogène, d'autant plus rapidement que la température est plus élevée, tant du moins que l'on ne se rapproche pas des températures extrêmement élevées de l'arc électrique, auxquelles il recommence à être stable.

La décomposition de l'acétylène en carbone et hydrogène dégage une quantité considérable de chaleur, +51,12 Cal., pour 1 molécule $C^2H^2 = 26$ gr. Cette quantité de chaleur serait suffisante pour porter à 3.200° les produits de la décomposition de ce corps et développer en vase clos, une pression de 12 atm.

Une réaction dégageant une aussi grande quantité de chaleur devrait, par raison d'analogie, pouvoir présenter un caractère explosif, c'est-à-dire que la décomposition provoquée en un point de la masse par une source limitée de chaleur, devrait se propager de proche en proche, comme cela a lieu dans la combustion des mélanges de gaz et d'air.

En fait, la décomposition de l'acétylène peut prendre le caractère explosif, pourvu que la pression intitiale, soit un peu supérieure à la pression atmosphérique. Cette influence de la pression est difficilement explicable, car la réaction se fait sans changement de volume, le volume de l'hydrogène produit étant égal à celui de l'acétylène décomposé.

Les expériences de M. Vieille ont montré que l'on pouvait obtenir la décomposition explosive de l'acétylène sous des pressions d'autant moins fortes que le diamètre des vases renfermant les gaz comprimés était plus grand. Le tableau suivant donne les pressions et diamètres des tubes correspondant au début de l'explosibilité des gaz :

Diamètre du vase en mm.	Pression en atm.
5	5
20	2
200	1,33

On admet généralement que sous la pression atmosphérique la décomposition explosive ne peut pas se transmettre dans une masse d'acétylène exempte d'air, mais ce fait n'est pas exact. Il est certain que dans des gazomètres de plusieurs mètres cubes, l'acétylène emmagasiné sous la pression atmosphérique peut prendre le régime de décomposition spontanée, pourvu que la décomposition soit provoquée au début par une flamme suffisamment volumineuse.

Vitesse de propagation. — La vitesse avec laquelle se propage la détonation provoquée en un point d'une masse d'acétylène comprimée peut être mesurée par des procédés variés. M. Vieille a employé dans ce but une méthode très originale : il prend un tube d'acier de 4 m. de longueur et 20 mm. de diamètre rempli d'acétylène comprimé et librement suspendu comme un pendule. La détonation provoquée par un procédé électrique à une extrémité du tube donne lieu, pendant la propagation de l'explosion à des changements locaux de densité et par suite, à un déplacement par rapport au tube, du centre de gravité de la masse d'acétylène, le tube doit prendre simultanément des mouvements de sens contraire, pour assurer l'invariabilité du centre de gravité du système total, que l'action des forces intérieures au système ne peut déplacer. L'enregistrement du mouvement du tube permet de déterminer la durée de propagation de l'explosion. Le tableau suivant donne les durées de propagation de l'explosion dans un tube de 4 m. de long et de 20 mm. de diamètre, sous des pressions différentes :

Pression en kg.	Durée en secondes	Vitesse moyenne en mètres par 1"
3,5	0,077	52
6	0,050	80
11	0,030	135
21	0,017	235

Cette vitesse peut encore être mesurée par la méthode photographique, dont l'emploi a été indiqué précédemment pour l'étude de la combustion des mélanges de gaz sulfurés. La lumière produite par décomposition explosive de l'acétylène est suffisante pour donner un impression photographique, même avec des tubes en verre de 5 mm. de diamètre intérieur. L'inflammation était produite au moyen d'une petite charge de poudre, la vitesse initiale, très variable suivant la pression du gaz, ne dépasse pas habituellement quelques centaines de mètres par seconde, mais elle croît rapidement au fur et à mesure de sa progression pour atteindre bientôt des vitesses variant de 1.200 à 1.800 m. quand la pression initiale passe de 5 atm. à 35. Cette vitesse finale est sensiblement uniforme, mais ne l'est pas rigoureusement comme dans le cas de l'onde explosive véritable. Les courbes photographiées présentent de légères sinuosités. Les photographies, fig. 38 et 39, donnent la reproduction d'expériences faites sous des pressions de 10 et de 30 atm. La décomposition de l'acétylène correspond au trait fin vers le bas des photographies, la grande flamme blanche supérieure provient de la combustion à l'air du carbone après la rupture du tube, l'inclinaison de la limite inférieure de cette grande flamme donne la mesure de la vitesse avec laquelle se propage en arrière la rupture du tube. Cette vitesse est d'environ 1.500 m. par sec.

Explosion de l'acétylène liquide. — L'acétylène liquide détone plus facilement encore que l'acétylène gazeux et les pressions obtenues sont beaucoup plus considérables en raison de l'élévation de la densité de chargement ; les expériences de M. Vieille ont donné les résultats contenus dans le tableau suivant : la colonne intitulée densité de chargement donne le poids en grammes d'acétylène par centimètre cube de la capacité close où se fait la détonation, et la colonne pression, la pression explosive mesurée, exprimée en kilog par centimètre carré.

Densité	Pression
0,15	1.500
0,365	2.564

Ces pressions sont tout à fait comparables à celles que donne l'explosion de la dynamite sous les mêmes densités de chargement.

Les dangers d'explosion de l'acétylène liquide sont tellement grands, par suite de la facilité avec laquelle se produit cette détonation et par la grandeur des pressions résultantes, que son transport et son emploi ont été complètement interdits par les règlements de police. Quelques accidents très graves se sont produits

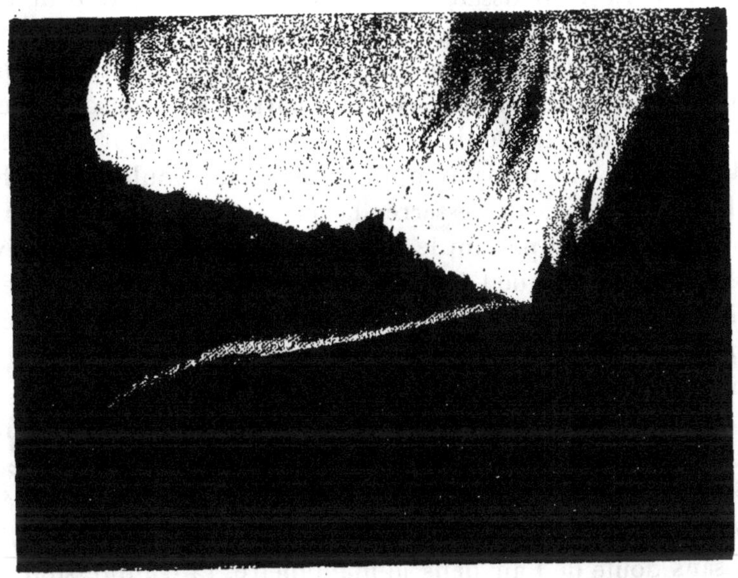

Fig. 38.

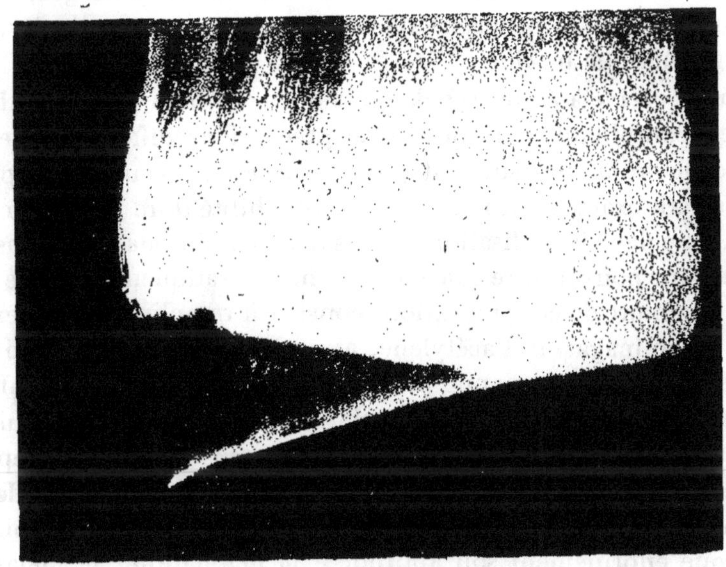

Fig. 39.

lorque l'on ne connaissait pas encore ce danger ; il peut être intéressant de rappeler la cause de quelques-unes de ces explosions pour montrer la facilité avec laquelle elles peuvent se produire. Dans une fabrique installée à Montmartre, un consommateur avait renvoyé une bouteille en acier, que l'on croyait complètement vidée. Avant de la remplir à nouveau, voulant étancher une fuite, on essaya de resserrer la tête en bronze vissée sur le récipient en acier et portant le robinet pointeau : la friction développée par le serrage de l'écrou fit détoner la bouteille et les deux ouvriers employés à ce travail furent tués ; un frottement de métal sur métal avait suffi pour provoquer l'explosion.

Un second accident se produisit en Belgique, au moment où l'on ouvrait le robinet d'une bouteille pour la mettre en communication avec un manomètre et s'assurer par la mesure de la pression, s'il restait ou non de l'acétylène liquide dans le récipient ; la bouteille sauta en tuant les personnes présentes. Il y avait sans doute de l'air dans le manomètre, sa compression par la détente de l'acétylène avait suffi pour élever sa température jusqu'à celle d'inflammation du mélange d'acétylène et d'air, qui s'était formé nécessairement au contact des deux gaz, et la détonation s'était propagée dans toute la masse de l'acétylène tant gazeux que liquide.

On est arrivé à éviter ces dangers d'une façon à peu près absolue en combinant deux ordres de précautions différentes, telles que chacune d'elles suffirait pour assurer une sécurité complète si elle était exactement réalisée ; la probabilité d'un manquement simultané dans la réalisation des ces deux conditions devient assez faible pour pouvoir être considérée comme pratiquement nulle.

La première de ces précautions consiste à remplir les récipients, où l'on emmagasine l'acétylène, avec des corps poreux, dont la présence suffit pour s'opposer à la détonation, non seulement de l'acétylène gazeux comprimé, mais même de l'acétylène liquide. C'est un phénomène analogue à celui que l'on utilise depuis longtemps dans la fabrication de la dynamite ; le mélange de la nitro-glycérine avec une matière poreuse, la silice d'infusoires, diminue énormément son aptitude à la détonation ; le mélange de trois parties de nitro-glycérine, pour une de silice d'infusoires peut être manié sans précautions spéciales, mais détone par le choc du fulminate de mercure ; au contraire, le mélange de une partie de nitro-glycérine, pour trois de silice d'infusoires ne peut plus détoner dans aucune condition.

On emploie comme corps poreux, pour l'emmagasinement de l'acétylène dans les bouteilles d'acier, des mortiers très poreux, constitués par un mélange de ciment et de silice d'infusoire, au milieu duquel on loge des fragments de charbon de bois ; on obtient ainsi une masse solide qui, après durcissement et dessication, présente des pores très fins, donnant un volume de vides atteignant 80 % de celui de la capacité ainsi remplie.

La seconde mesure préventive consiste à emmagasiner l'acétylène, non pas à l'état libre, mais en solution dans l'acétone ; la présence de ce corps, dont la décomposition absorbe de la chaleur, s'oppose à la détonation de l'acétylène. 1 molécule d'acétone, C^3H^6O= 58 gr. absorbe en se décomposant 39 Cal. ; 1 molécule d'acétylène, C^2H^2=26 gr. dégage en se décomposant, 51,4 Cal. Le mélange de ces deux corps, à molécule égale, dégagera en se décomposant 12,4 Cal., quantité trop faible pour élever beaucoup la température de la masse. Si l'on doublait au contraire la quantité d'acétylène, à raison de 2 molécules pour 1 d'acétone, la chaleur dégagée serait 63,8 Cal., quantité suffisante pour porter la température de la masse au rouge naissant ; il semble *à priori* que le premier mélange ne doit pas être explosif et que le second peut l'être ; or, c'est à peu de chose près, le résultat obtenu par l'expérience. Les dissolutions saturées à la température ordinaire sous des pressions inférieures à 15 kg. ne sont pas susceptibles de prendre le régime de la détonation explosive, tandis que les mélanges saturés sous la pression de 20 kg. le font très facilement et leur détonation donne en vase clos des pressions de 5.000 kg. par centimètre carré.

L'*acétylène dissous*, qui a reçu un grand nombre d'applications industrielles : l'éclairage des automobiles, la soudure autogène de l'acier, est précisément une solution d'acétylène dans l'acétone, saturée sous la pression de 10 atm. et emmagasinée dans des récipients d'acier remplis d'une masse poreuse. L'emploi très répandu de ce combustible n'a occasionné jusqu'ici aucun accident par explosion à l'intérieur des récipients ; il s'est produit par contre des accidents par combustion spontanée à l'air, dans certains cas où ces récipients avaient été brisés par des chocs extérieurs. L'inflammation spontanée de l'acétylène, mis ainsi brusquement en contact avec l'air, n'est pas très facile à expliquer, car la détente du gaz comprimé devrait amener un refroidissement au-dessous de la température ambiante. Peut-être la projection de fragments en fer de la bouteille brisée donne-t-elle lieu à des étincelles. Cette inflammation spontanée n'est d'ailleurs pas particulière à l'acétylène, on l'a observée plus souvent encore dans la rupture des récipients renfermant de l'hydrogène comprimé, employés dans l'aérostation militaire.

Combustion de l'acétylène. — La combustion totale de l'acétylène aux dépens de l'air se fait suivant la formule de réaction :

$$C^2 H^2 + 2{,}5\, O^2 + 10\, Az^2 = 2\, CO^2 + H^2 O + 10\, Az^2.$$

ce qui correspond à une proportion, dans le mélange initial, de 7,74 % d'acétylène contre 92,26 % d'air.

En diminuant progressivement la proportion d'air, on observe dans les produits de la combustion, de l'oxyde de carbone et de l'hydrogène, jusqu'à la proportion limite de 17,37 % d'acétylène correspondant à la formule de réaction :

$$C^2 H^2 + O^2 + 4\, Az^2 = 2\, CO + H^2 + 4\, Az^2.$$

Enfin, avec des quantités d'air moindres encore, la combustion de plus en plus incomplète donne lieu à la précipitation d'un abondant dépôt de charbon.

Limite d'inflammabilité. — Les limites extrêmes de composition entre lesquelles les mélanges d'acétylène sont inflammables, sont les suivantes, à condition d'opérer dans des vases d'un diamètre suffisant pour annuler complètement l'influence refroidissante des parois, c'est-à-dire de 50 mm. de diamètre au moins.

Oxygène pur	2,8 à 93 % d'acétylène
Air	2,8 à 65

En opérant dans des tubes d'un diamètre plus étroit les limites d'inflammabilité se resserrent, aucun mélange d'acétylène et d'air ne peut brûler dans des tubes d'un diamètre inférieur à 0,5 mm. Le tableau suivant montre cette influence du diamètre :

Diamètre	0,5	0,8	2	4	6	20	30	40
Limite inférieure .	9	7,7	5	4,5	4	3,5	3,1	2,9
Limite supérieure .	9	10	15	25	40	55	62	64

Vitesse de propagation. — Des expériences faites dans un tube de 40 mm. de diamètre ont donné les résultats qui suivent :

Acétylène %	2,9	8	9,5	22	64
Mètre par seconde	0,20	5	6	0,40	0,05

La courbe résumant ces résultats a été donnée dans un des chapitres précédents (fig. 15). Le point anguleux de la courbe correspond à la proportion d'acétylène à partir de laquelle le carbone commence à se déposer.

Température de combustion. — L'acétylène brûlant avec l'air dans les proportions voulues pour la combustion complète, soit 7,74 % produirait, si on néglige l'influence de la dissociation, une température de 2.400°, supérieure de 400° à celle donnée par les autres gaz combustibles.

Avec une proportion de 17,37 % d'acétylène, correspondant à la combustion pour oxyde de carbone et hydrogène, la température serait de 2.100°. En fait, l'écart entre les deux températures réelles de combustion est moindre que ne l'indiquent ces chiffres, parce que dans le second cas il n'y a pas de dissociation possible et la température calculée est exacte, tandis que pour la combustion complète, la dissociation de l'acide carbonique et de la vapeur d'eau doivent en réalité abaisser la température de près de 200°.

La combustion de l'acétylène avec l'oxygène, dans les proportions voulues pour la formation d'oxyde de carbone et d'hydrogène, donne une température extrêmement élevée, évaluée à 4.000°, bien supérieure, par conséquent, à celle du chalumeau oxhydrique qui est de 3.300° seulement ; elle est même supérieure à celle de l'arc électrique, c'est la plus élevée des températures que nous sachions produire ; elle est dépassée seulement par celle du soleil.

Il est impossible de faire aucun calcul dans le cas du mélange pour combustion complète, parce que la dissociation est alors beaucoup trop importante ; il est probable que la température reste sensiblement constante depuis la proportion correspondant à la combustion pour acide carbonique et vapeur d'eau, jusqu'à la combustion pour oxyde de carbone et hydrogène, c'est-à-dire pour des mélanges d'acétylène et d'oxygène renfermant depuis 25 % jusqu'à 50 % d'acétylène.

Chalumeau oxy-acétylénique. — Cette propriété de l'acétylène de brûler avec un faible volume d'oxygène en donnant la température la plus élevée réalisable et en même temps une flamme exclusivement composée de gaz réducteurs, a reçu une application très importante pour la soudure autogène du fer. Ce mode de travail prend un développement tous les jours plus important.

Les mélanges d'acétylène et d'oxygène ont une vitesse initiale de propagation de la combustion, extrêmement considérable, voisine de 200 m. ; on peut cependant empêcher la flamme de rentrer dans les chalumeaux à gaz mêlés en faisant écouler le gaz sous une pression suffisamment énergique, voisine de une atmosphère et à travers des orifices suffisamment étroits. Cette vitesse énorme de combustion permet d'obtenir des flammes d'un volume extraordinairement petit, dans lesquelles la concentration de chaleur par unité de volume dépasse tout ce que l'on aurait pu prévoir et n'est égalisée que par l'arc électrique ; un chalumeau oxy-acétylénique, par exemple, brûlant 150 l. à l'heure, donne, quand on laisse l'acétylène se dégager dans l'air sans aucun mélange d'oxygène, une flamme d'environ 250 mm. de longueur et 100 cm^3 de volume. Après l'addition de la proportion voulue d'oxygène, la flamme se réduit à un petit dard bleu de 5 mm. de longueur et de moins de 1/10 de centimètre cube de volume ; la chaleur dans le second cas est donc concentrée dans un volume 1.000 fois moindre que dans le premier cas.

En dirigeant le dard de ce chalumeau contre une masse de fer de dimensions quelconques, le point touché par le dard fond instantanément, la quantité de chaleur apportée par la flamme dépassant de beaucoup celle qui peut être enlevée dans le même temps par la conductibilité de la masse compacte de métal. Comme d'autre part la flamme est exclusivement composée de gaz réducteurs, l'oxydation du métal est impossible dans la partie centrale de la flamme, là où l'air n'a pas encore pénétré en quantité suffisante. On peut avec ce chalumeau réaliser la soudure autogène de pièces de métal de plusieurs centimètres d'épaisseur, on l'emploie couramment pour la réparation des chaudières marines, en particulier pour l'obturation de toutes les fentes, qui sont une cause de danger très sérieuse. On peut même remettre ainsi des pièces pour remplacer des régions altérées.

L'application la plus importante de ces procédés, auxquels on peut prédire un développement rapide, concernera certainement les réparations journalières dans les usines. La rapidité de ces réparations présente en général une importance capitale, parce que tout arrêt de la fabrication est une source de dépenses considérables. On peut, en combinant le coupage des métaux à l'oxygène et la soudure oxy-acétylénique exécuter en quelques heures un grand nombre de réparations, qui exigéraient sans cela des jours et parfois des semaines.

Eclairage à l'acétylène. — De tous les gaz combustibles, l'acétylène est celui qui possède le pouvoir éclairant le plus considérable. Il doit cette propriété à deux causes différentes : il se décompose à très basse température et laisse ainsi facilement déposer son carbone ; d'autre part la chaleur dégagée dans la décomposition de ce gaz élève sa température de combustion et par suite l'éclat des parcelles de carbone incandescent.

Par contre, la forte proportion de carbone fournie par sa décomposition tend à donner des flammes fuligineuses, comme c'est d'ailleurs le cas également des vapeurs de benzène et de naphtaline. Pour éviter cet inconvénient, il faut brûler ces gaz avec des orifices très étroits et par suite sous des pressions très fortes, 30 à 50 mm. pour l'acétylène au lieu de 2 mm. pour le gaz d'éclairage. Dans les becs Manchester à trous conjugués, on atteint même la pression de 100 mm. d'eau.

Voici quelques résultats relatifs aux pouvoirs éclairants des différents becs à acétylène. On remarquera que le rendement lumineux est d'autant meilleur que le bec est plus puissant, propriété commune d'ailleurs à tous les gaz éclairants.

Nature du bec	Débit à l'heure en litres	Pouvoir éclairant en Carcels	Litre par Carcels
Bec Bougie	8	0,8	10
Bec Manchester	12	1,5	8
Bec à fente	35	5,2	6
Bec à fente	67	12,8	5,5
Bec à fente	92	18,9	5

La largeur des trous des becs Manchester ou des fentes des becs Papillon ne dépasse généralement pas quelques dixièmes de millimètre. Dans les becs Manchester, on écarte notablement les trous l'un de l'autre, d'environ 1 mm. par litre de débit à l'heure.

L'acétylène peut être employé dans des brûleurs Bunsen, mais dans ce cas, la pression nécessaire pour entraîner le volume voulu d'air avec une vitesse suffisante pour empêcher le retour de la flamme en arrière est de 150 mm. d'eau. On peut avec ces brûleurs chauffer des manchons Auer dont le rendement est remarquable ; un bec de 100 l. à l'heure donne la carcel pour 2 l. d'acétylène.

L'éclairage à flamme libre par l'acétylène donne lieu à une difficulté assez sérieuse résultant de l'encrassement des becs ; il se forme autour de l'orifice de dégagement de petites croûtes de coke résultant d'un dépôt de charbon aggloméré par de l'acide phosphorique. Elles sont très dures tant que le bec est chaud, mais après son extinction, l'acide phosphorique absorbe l'humidité de l'air en se dissolvant et coule sur les parties métalliques qu'il attaque énergiquement. L'acétylène brut renferme toujours des quantités importantes de phosphure d'hydrogène, 0,5 gr. à 2 gr. par mètre cube. Pour éviter cette difficulté de l'encrassage, on emploie d'une part les becs dits à *entraînement d'air* et d'autre part on débarrasse le gaz de son phosphure d'hydrogène en le faisant passer sur de l'anhydride chromique. On trouve dans le commerce une matière fabriquée pour cet usage ; elle est obtenue en imprégnant la silice d'infusoires d'une solution d'anhydride chromique. On emploie aussi le chlorure de chaux.

Carbure de calcium. — Le carbure de calcium s'obtient en fondant au four électrique un mélange de 100 parties de chaux vive et 65 parties de carbone ; la dépense d'électricité est de 5 à 6 chvx-heure par kilog. de carbure ; le prix de revient peut atteindre 200 fr. la tonne (prix de 1920).

Le carbure de calcium pur donnerait théoriquement 340 l. d'acétylène au kilog., mais le produit industriel renferme toujours des impuretés, argile ou magnésie, provenant des calcaires et des cendres de combustibles, et le rendement ne dépasse pas 300 l. au kilog.

L'action de l'eau sur le carbure de calcium est extrêmement violente et donne lieu à un dégagement tumultueux, que l'on ne peut arriver à régler qu'au moyen d'artifices spéciaux. Pour les faibles productions, on peut faire arriver l'eau goutte à goutte sur le carbure, mais ce procédé n'est pas applicable pour les productions industrielles mettant toujours en jeu des masses importantes. L'échauffement résultant de la chaleur de réaction élève la température à 100° et même au-dessus, ce qui provoque, surtout en présence de la chaux, une polymérisation rapide de l'acétylène et le rendement diminue. En même temps si la pression s'élevait dans les appareils, la décomposition explosive de l'acétylène pourrait se produire.

On préfère dans ce cas employer des dispositifs mécaniques qui projettent progressivement le carbure dans un grand excès d'eau dont la masse s'oppose à une élévation trop grande de la température.

La décomposition du carbure par l'eau est considérablement ralentie quand on fait dissoudre dans l'eau différents corps organiques : du sucre, de la glycérine, de l'alcool. Par exemple le mélange :

Eau	60
Glycérine	20
Alcool	20
Total	100

donne un dégagement lent et assez régulier.

Enfin on a proposé l'emploi de sels hydratés, comme le carbonate neutre de soude décahydraté. En mettant le sel cristallisé avec du carbure dans un cylindre et faisant lentement tourner ce dernier on obtient un dégagement régulier dont on peut régler la vitesse par la vitesse de rotation qui met en contact le carbure avec le sel non encore décomposé.

Accidents causés par l'acétylène. — L'emploi de l'acétylène a occasionné déjà de nombreux accidents et quelques-uns ont été très graves. Il en est résulté un certain discrédit pour ce combustible. On a considéré ce gaz comme particulièrement dangereux. En réalité il n'est guère plus dangereux par lui-même que n'importe quel autre gaz combustible, toutes les fois du moins qu'il n'est pas employé sous pression. En fait, la presque totalité des accidents occasionnés par l'acétylène l'ont été dans des circonstances où il se trouvait sous la pression atmosphérique. La cause de ces accidents a toujours été la même : des imprudences dans le maniement des appareils servant à la production de ce gaz ; les appareils avaient été mis entre les mains de personnes insuffisamment au courant des précautions à prendre dans la préparation d'un gaz formant avec l'air des mélanges explosifs. Si l'on avait chez soi de petites usines à gaz d'éclairage, comme on installe partout de petites usines productrices d'acétylène, les accidents occasionnés par le gaz d'éclairage ne seraient pas moins nombreux. Les manipulations à faire pour charger et décharger les appareils producteurs, sans laisser le gaz se répandre dans des locaux trop souvent confinés, sont infiniment plus délicates que l'ouverture ou la fermeture d'un simple robinet, seule opération que le consommateur ait à faire pour l'emploi du gaz d'éclairage.

Tous les accidents occasionnés par l'acétylène seraient facilement évités si l'on s'astreignait à placer les appareils producteurs en plein air, ou au moins sous les hangars ouverts à tous les vents et si l'on s'abstenait systématiquement d'y pénétrer avec des lumières allumées, précautions trop rarement prises.

GAZ À L'EAU

Principe. — *Réaction chimique.* — Le principe de la fabrication du gaz à l'eau repose sur la réaction chimique suivante :

C	$+H^2O$ (vap.)	$=CO+H^2$	
12 kg. + 18 kg.		donnent	44,65 m³
−58,200 Cal.	+30,000 Cal.		= −28,200 Cal.

Cette formule de réaction conduirait à un rendement en volume de 3,75 m³ par kg. de carbone pur. C'est là seulement un rendement théorique, car en réalité, la réaction est endothermique, elle absorbe 28.200 Cal., différence entre la chaleur latente de décomposition de la vapeur d'eau, 58.200 Cal. et la chaleur de formation de l'oxyde de carbone : 30.000 Cal. Il faut, en dehors du charbon servant à la réaction, en brûler une certaine quantité pour compenser cette absorption, sans parler de celle qui est nécessaire pour porter l'eau et le charbon à leur température de réaction.

Si l'on envisage que 12 kg. de carbone dégagent en brûlant 98.000 Cal., il est facile de calculer que la combustion de 3,5 kg. de carbone sera nécessaire pour fournir les 28.000 Cal. demandées, ce qui porte à 15,5 kg. le poids du carbone indispensable à la réaction ci-dessus, supposée effectuée à partir de l'eau vapeur.

En partant de l'eau liquide, dont la décomposition exige 69.000 Cal. au lieu de 58.200 Cal., un calcul analogue permettrait de voir qu'un supplément de 4,8 kg. de carbone est nécessaire à la même réaction, ce qui porterait à 16,8 kg. le poids du carbone employé.

En résumé donc :

avec l'eau vapeur 15,5 kg. de carbone donnent 44,65 m³ de gaz ;
avec l'eau liquide 16,8 kg. — — —

Soit encore :

dans le premier cas 2,90 m³ de gaz par kg. de carbone,
et dans le second 2,65 m³ de gaz par kg. de carbone,

en supposant, bien entendu, qu'il n'y ait pas de perte de chaleur, et en négligeant la chaleur nécessaire pour échauffer les corps à leur température de réaction, voisine de 1.000°.

Si l'on considère, non plus du carbone pur, mais un charbon à 10 % de cendres et à 5 % d'eau hygrométrique, on trouve qu'avec l'eau vapeur :

1 kg de charbon donne $2,9 \times 0,85 = 2,46$ m³ de gaz ;

et qu'avec l'eau liquide :

1 kg. de charbon donne $2,65 \times 0,85 = 2,25$ m³ de gaz,

toujours sans tenir compte des pertes de chaleur.

On obtient pratiquement de 2 m³ à 2,4 m³ par kg. de charbon. Ces rendements élevés, preque théoriques, tiennent à deux causes : 1° à ce que le charbon employé renferme des produits volatils ; 2° au mélange d'une certaine proportion d'azote de l'air entraîné avec le gaz pendant la fabrication.

Composition. — Le gaz théorique pur de coke renfermerait 50 % de chacun des deux gaz, oxyde de carbne et hydrogène ; en fait, le gaz obtenu industriellement présente la composition suivante, abstraction faite de la vapeur d'eau, qui n'est pas dosée dans les analyses :

Hydrogène	50
Oxyde de carbone	40
Acide carbonique	5
Azote	5
Total	100

Le gaz obtenu avec la houille renferme plus d'hydrogène et un peu de méthane.

Pouvoir calorifique. — La quantité de chaleur dégagée par la combustion du gaz à l'eau (pour eau vapeur) est donnée par les chiffres suivants :

1 m³ de gaz théorique sous 760 mm. de mercure dégage 2820 Cal.
1 m³ de gaz réel (10 % de gaz inerte) — 2540 Cal.

Dans les mêmes conditions le mètre cube de gaz d'éclairage dégage 5.100 Calories.

Température de combustion. — Le tableau suivant donne la

température de combustion du gaz à l'eau comparée à celles de différents gaz combustibles et du carbone.

Gaz à l'eau théorique	2.040°
Gaz à l'eau réel (10 % de gaz inertes)	1.950
Gaz d'éclairage	1.900
Oxyde de carbone	2.000
Hydrogène	1.970
Méthane	1.850
Carbone	2.040

Limites d'inflammabilité. — Les limites d'inflammabilité sont les suivantes :

	Limite inférieure	Limite supérieure
Gaz à l'eau théorique	13,7 %	30 %
Gaz à l'eau réel	15	32,5
Gaz d'éclairage	8,1	15

Fabrication. — Le procédé de fabrication, qui semble être le plus simple, consisterait à faire passer un courant de vapeur d'eau sur du charbon chauffé dans une cornue. Mais les cornues de terre

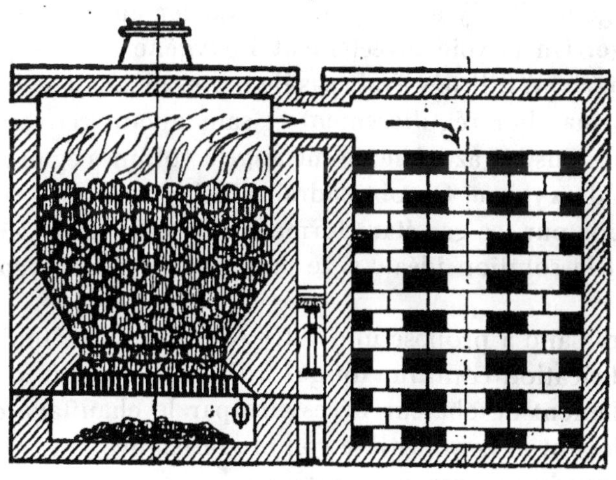

Fig. 40.

ou de fonte étant perméables au gaz hydrogène, le procédé n'est pas pratique.

En fait, le principe de la fabrication est le suivant : on brûle par un courant d'air, dans un gazogène à enveloppe métallique étanche, du charbon en couche épaisse ; une fois la masse du combustible en ignition portée à une température suffisante, on substitue au courant d'air un courant de vapeur. Celle-ci se décompose d'après la formule de réaction indiquée, en donnant le gaz à l'eau ; mais par le fait de la réaction, la température s'abaisse et la production du gaz s'arrête bientôt. On recommence alors à faire passer de l'air pour brûler une nouvelle quantité de charbon et réchauffer la masse. On continue ainsi ces arrivées alternatives d'air et de vapeur d'eau.

Le croquis schématique (fig. 40) donne une idée des appareils employés. A gauche, le gazogène où passent alternativement l'air et la vapeur ; à droite, un récupérateur rempli de poteries réfractaires, qui alternativement retiennent la chaleur perdue des fumées pendant le chauffage et rendent ensuite cette chaleur à la vapeur servant à la production du gaz.

On a essayé récemment aux Etats Unis de produire la chaleur nécessaire à la décomposition de l'eau en brûlant le carbone avec de l'oxygène. Il n'y a plus alors à évacuer au dehors les gaz de chauffage. On envoie directement l'oxygène et la vapeur d'eau sur le charbon. S'il n'y avait pas de pertes de chaleur, l'opération pourrait marcher régulièrement et sans aucun renversement en envoyant dans le gazogène un mélange à volumes égaux de vapeur d'eau et d'oxygène. On obtiendrait ainsi 7,5 m^3 de gaz par kilog de carbone pur, ce gaz étant formé de 75 % de CO et 25 % de H^2. Ce serait la solution idéale si le prix de l'oxygène permettait d'y songer.

M. Strassano a proposé une autre solution du même problème, de la fabrication continue du gaz à l'eau. Il fournit au gazogène le supplément de chaleur nécessaire par le chauffage électrique, en employant le combustible comme résistance.

Pour produire avec un atome de carbone, soit 12 grammes, 2 molécules de gaz, soit 44,4 litres, il faut fournir pour la réaction 28 Cal., et pour l'échauffement des gaz à 1.000° 14 Cal. ; cette dernière chaleur est récupérée pour la vaporisation de l'eau. Ces 42 Calories nécessiteront la dépense de 49 watts-heure.

Ou rapportant à 1 kilog de Carbone pur, comptant le carbone à 0,12 fr. le kilog, soit 100 fr. la tonne de coke marchand, et comptant le kilowatt à 0,12 fr., on arrive au prix de revient suivant, pour les seules consommations de matière et d'énergie, les frais de fabrication étant laissés en dehors.

Pour 1 kilog de carbone coûtant 0,12, on a 3,75 m^3 de gaz et on consomme 4,9 kilowatts, coûtant 0,675 fr. Soit pour 1 m^3 de gaz 0,18 fr.

Par le procédé ordinaire, en brûlant seulement du charbon, la consommation de combustible serait double, dans les installations très soignées et triple dans les installations plus sommaires. Le prix de revient du mètre cube serait donc dans le premier cas de 0,065 fr. et dans le second de 0,10 fr., non compris les frais de fabrication.

On voit donc que en dehors de conditions exceptionnelles et de très petites installations, l'emploi de l'électricité ne peut pas être avantageux.

Historique. — *Lowe* (Etats-Unis). — Les premiers appareils industriels pour la fabrication du gaz à l'eau furent imaginés en 1874 par Lowe, et employés pour la première fois industriellement aux Etats-Unis, où ils servaient à la production d'un gaz d'éclairage, constitué par un mélange de gaz à l'eau et de gaz de pétrole. L'appareil se composait d'un gazogène et d'un récupérateur de dimensions analogues ; ils étaient l'un et l'autre enveloppés de tôle et constitués intérieurement par un revêtement réfractaire de 0,70 m. de diamètre. Les hauteurs seules différaient : 2,76 m. pour le gazogène et 4,70 m. pour le récupérateur.

Le gazogène était chargé d'anthracite servant à la fabrication du gaz à l'eau. Le récupérateur était rempli par un empilage de briques à travers lequel cheminaient les produits de la combustion du coke pendant le soufflage à l'air. La température des briques s'élevait alors considérablement ; cette chaleur accumulée par le récupérateur servait ensuite à décomposer une certaine quantité de pétrole et à le transformer en gaz.

Dans cette seconde phase de l'opération, le courant d'air étant arrêté, on envoyait à sa place un jet de vapeur à la base du gazogène ; cette vapeur réagissait sur le charbon en donnant du gaz à l'eau, au milieu duquel on injectait par pulvérisation au sommet du gazogène du pétrole. Ce mélange de gaz et de pétrole traversait ensuite le récupérateur où se produisait la décomposition des vapeurs de pétrole.

La période de soufflage à l'air et celle de soufflage à la vapeur étaient égales et duraient chacune une demi-heure. L'appareil, des dimensions indiqués plus haut, produisait 84 m³ de gaz à l'heure.

La consommation pour 100 m³ de gaz était :

71 kilogrammes d'anthracite dans le gazogène,
34 — — dans la chaudière,
51 litres de pétrole.

Une installation de six appareils pouvait donner 19.000 m³ par 24 heures.

La composition du gaz en volume était :

Acide sulfhydrique	0,46
Anhydride carbonique	2,29
Oxygène	0,20
Oxyde de carbone	20,04
Hydrogène	69
Méthane	
Azote	
Carbures (absorbables par le brôme) .	7,99

Le pouvoir éclairant était 20 bougies, soit 1/5 de plus que celui du gaz d'éclairage français actuel.

L'emploi de ce gaz mixte pour l'éclairage a pris un assez grand développement aux Etats-Unis, en raison du bon marché du pétrole. Ce gaz a l'inconvénient de renfermer une très forte proportion d'oxyde de carbone, trois fois plus grande que celle du gaz d'éclairage ordinaire ; il est par conséquent plus dangereux encore.

Strong. — Un an après l'invention de Lowe, en 1875, un autre ingénieur américain, Strong, de New-York, eut l'idée d'utiliser le gaz à l'eau comme combustible de chauffage dans les usines, en le fabriquant seul, sans addition de pétrole. Son appareil est sensiblement le même que celui de Lowe, mais le fonctionnement est notablement différent. La vapeur d'eau, au lieu de circuler dans le même sens que l'air, à travers la masse de charbon, est envoyée en sens inverse et commence par traverser le récupérateur où elle s'échauffe à une température très élevée, de telle sorte qu'il est possible d'en décomposer une plus grande quantité, avant que le gazogène soit refroidi au point de nécessiter un nouveau soufflage d'air.

Le gazogène et le récupérateur de Strong avaient même hauteur, 4,50 m. et même diamètre intérieur, 1 m. Le soufflage de l'air et de la vapeur s'effectuaient sous une pression de 30 mm. d'eau, chaque opération donnait 280 m³ de gaz au lieu de 84 dans le procédé de Lowe. On obtenait 1,37 m³ de gaz par kg. de charbon brûlé. La composition de ce gaz en volume était :

Hydrogène	52,8
Oxyde de carbone . . .	35,90
Acide carbonique . .	2,00
Méthane	4,10
Azote	4,43
Oxygène	0,77
	100,00

La teneur en méthane indiquée est certainement exagérée ; on a dû, par suite d'une erreur très fréquente dans les analyses de mélanges gazeux, compter comme méthane, une certaine quantité d'oxyde de carbone.

Witkowitz. — Le gaz à l'eau de Strong reçut quelques applications dans les usines métallurgiques, notamment pour la soudure des tubes en métal ; mais en dehors de circonstances particulières, ce mode de chauffage était trop dispendieux pour pouvoir se généraliser, car la gazéification du charbon par ce procédé entraînait une perte de 50 % de son pouvoir calorifique. Il était impossible en effet de récupérer toutes les chaleurs perdues emportées pendant le soufflage à l'air du gazogène. Les fumées, en dehors de la chaleur sensible, entraînent, sous forme d'oxyde de carbone, une grande quantité de chaleur latente. On avait bien essayé de brûler ce gaz pour chauffer davantage le récupérateur, mais on mettait rapidement les appareils hors de service sans accroissement correspondant du rendement. En fait, la récupération était limitée, parce qu'une masse donnée de vapeur d'eau ne peut emmagasiner qu'une quantité déterminée de chaleur, et le récupérateur lui en offrait plus qu'elle n'en pouvait recevoir. En supprimant la combustion du gaz de gazogène, et chauffant le récupérateur, seulement avec la chaleur sensible des fumées, on avait le même rendement en gaz à l'eau, sans abîmer les appareils.

En présence de cette impossibilité de récupérer la chaleur latente, emportée par les fumées pendant le soufflage de l'air, les ingénieurs de l'usine de Witkowitz, en Autriche, eurent l'idée de combiner, avec la fabrication du gaz à l'eau, l'emploi du gaz de gazogène, obtenu pendant une moitié de l'opération, pour chauffer des fours à acier. Le gaz à l'eau servait soit à certaines opérations spéciales de chauffage, soit à l'éclairage de l'usine, par les procédés à incandescence.

Les appareils employés donnaient pour 1 tonne de coke :

940 m^3 de gaz à l'eau
1.700 m^3 de gaz de gazogène.

La consommation de ce dernier gaz était, pour la fusion de l'acier, de 5.000 m^3 par tonne produite, et pour le réchauffage avant laminage, 270 m^3.

C'est dans cette usine que l'on a commencé à utiliser le gaz à l'eau pour l'éclairage par incandescence ; on l'employait à chauffer de petits paniers en fils de magnésie, le rendement lumineux était faible et décroissait rapidement.

Un bec de 150 l. à l'heure donnait au début 20 bougies ou 2 carcels.
— — après 50 heures 15 bougies
— — 100 heures 10 bougies

Le gaz étant fabriqué dans l'usine pour d'autres usages, auxquels incombait l'amortissement des installations, n'avait pas un prix de revient bien élevé. Les paniers en magnésie revenaient à 0,15 fr. la pièce.

Une société se fonda alors en Autriche pour l'éclairage des petites villes au moyen de l'incandescence combinée avec l'emploi du gaz à l'eau. Pendant longtemps, le succès fut très médiocre, mais la découverte par Auer des manchons au thorium additionné de cérium, d'un rendement lumineux bien plus élevé que ceux à la magnésie, et les perfectionnements les plus récents apportés à la fabrication du gaz à l'eau, ont redonné depuis un nouvel intérêt à cet emploi du gaz à l'eau.

Delwick. — Un perfectionnement considérable dans la fabrication du gaz à l'eau, fut réalisé par un ingénieur suédois, Delwick. Il ne semble pas, cependant, à la lecture de ses brevets, qu'il ait eu conscience de l'intérêt, ni même de la nature exacte de sa découverte : l'importance de cette invention fut reconnue ultérieurement par Fischer, l'ingénieur de la société allemande qui avait pris l'exploitation des brevets suédois.

Jusque-là, on donnait une durée égale, ou sensiblement telle, au soufflage de l'air et à celui de la vapeur d'eau. Delwick proposa un soufflage énergique de l'air avec des pressions de 30 à 50 cm. d'eau, soit 10 fois plus grandes que les pressions employées antérieurement, de telle sorte que finalement, la durée du passage de l'air pouvait être rendue 10 fois moindre que celle du passage de la vapeur d'eau. Il en résulte qu'en maintenant la température de la masse de combustible à des températures peu supérieures à 1.000°, on peut, grâce à la lenteur des réactions chimiques, ne produire que de l'acide carbonique pendant le passage de l'air, et éviter la perte énorme de chaleur latente résultant de la formation de l'oxyde de carbone. À la même température, néanmoins, la vapeur d'eau donne de l'oxyde de carbone, parce que son passage est assez lent pour permettre l'achèvement des réactions. On arrive ainsi à obtenir un peu plus de 2 m^3 de gaz à l'eau par kg. de charbon brûlé, ce qui est un excellent rendement.

Strache. — A la suite de ce perfectionnement dans la fabrication du gaz à l'eau, et de la découverte des manchons Auer, l'ancienne société d'éclairage par incandescence reprit l'étude de l'éclairage au gaz à l'eau. Une difficulté très grave et imprévue mit en échec les nouvelles tentatives ; les manchons Auer perdaient avec une rapidité extrême leur rendement lumineux, si avantageux. Un professeur de l'Ecole technique supérieure de Vienne, M. Strache, découvrit la cause de cette difficulté. Le gaz à l'eau renferme toujours de petites quantités de fer carbonyle, 1 mmgr. par 1 m^3 environ, et ce corps dépose sur les manchons, de l'oxyde de fer dont le pouvoir émissif, considérable pour les radiations calorifiques, abaisse la température des manchons et diminue par suite leur éclat lumineux.

M. Strache indiqua en même temps le moyen de débarrasser le gaz du fer carbonyle ; il suffit de le faire barboter dans de l'acide sulfurique concentré, qui absorbe se corps en prenant une coloration rouge intense.

Fabrication. — Nous donnerons comme exemple de fabrication du gaz à l'eau, la première installation faite en 1895 par M. Strache, pour l'éclairage d'une petite ville de Styrie, celle de Pettau. C'était une usine municipale dont la production journalière était de 1.000^3. Il s'agissait donc plutôt là d'un laboratoire expérimental que d'une usine industrielle proprement dite. Il n'y a aucune conséquence à tirer, comme prix de revient, des résultats obtenus dans une fabrication faite à aussi petite échelle. Cette installation était néanmoins très intéressante par la multiplicité des appareils de mesures mis en service, qui permettaient de suivre de très près toutes les phases de la fabrication.

Les différents appareils nécessités pour la fabrication sont les suivants :

Un *ventilateur* Root, de 3 chevaux, pouvant débiter 20 m^3 d'air par minute sous une pression de 0,60 m. d'eau. On n'utilise en réalité qu'une pression moitié moindre.

Une *chaudière* de 5 m^2 de surface de chauffe, fournissant à la fois la vapeur nécessaire à la fabrication du gaz à l'eau, et la force motrice destinée à actionner le ventilateur. A première vue, il pourrait sembler plus naturel d'employer un moteur à gaz, utilisant précisément le gaz produit. La difficulté de mise en train, lorsqu'il n'y a pas encore de gaz fabriqué, les difficultés d'entretien des moteurs à gaz, beaucoup moins perfectionnés il y a 15 ans qu'ils ne le sont aujourd'hui, ont conduit à adopter pour la production de la force, la machine à vapeur. Cette solution serait plus recommandable encore dans une usine importante, où la multiplicité des appareils simultanément en marche permettrait d'utiliser la vapeur d'échappement de ces machines, pour l'alimentation des gazogènes. La consommation de vapeur est de 0,8 kg. par m^3 de gaz produit ; la consommation totale d'eau dans les appareils de refroidissement et de lavage est de 8 litres.

Un *générateur* disposé pour traiter des lignites. Il a la forme d'un cylindre vertical, de 0,70 m. de diamètre intérieur et 5 m. de hauteur. Son garnissage réfractaire de 0,30 m. d'épaisseur est enfermé dans une enveloppe étanche en tôle. La partie inférieure constituée par une sole pleine en maçonnerie, présente sur la circonférence, trois ouvertures : deux destinées à l'enlèvement des cendres, sont fermées par de larges tampons elliptiques en fonte, à bords tranchants, du modèle des tampons servant à fermer les cornues employées pour la fabrication du gaz d'éclairage ordinaire. La troisième ouverture sert à l'entrée de l'air pendant la période de soufflage et à la sortie du gaz pendant la période de fabrication. Cet orifice est protégé contre la pénétration du combustible par une petite voûte en maçonnerie perforée permettant le passage des gaz et s'opposant à celui du charbon. A moitié hauteur de l'appareil, et au sommet, deux orifices servent, le plus bas, pour la sortie des fumées pendant la période de soufflage à l'air, et le plus élevé, pour l'entrée de la vapeur pendant la fabrication. Cette disposition permet d'utiliser toutes les matières volatiles données par la distillation du lignite sous l'action de la chaleur. Ces deux orifices sont mis en communication par des tuyaux avec une soupape unique permettant de mettre le générateur en communication avec le récupérateur, à un niveau ou à l'autre, suivant les phases de l'opération.

Un *récupérateur*, de forme cylindrique, et de dimensions extérieures analogues à celles du générateur, rempli de petits tuyaux en terre réfractaire, de forme analogue aux tuyaux de drainage. Ces tuyaux empilés debout en chevauchant les uns sur les autres, offrent une grande surface de chauffe, avec une faible résistance à la circulation des gaz. Cet appareil est chauffé par les fumées prises à mi-hauteur du générateur, pendant le soufflage d'air, puis est traversé en sens inverse par la vapeur d'eau, pendant la période de fabrication. Cette vapeur surchauffée est envoyée à la partie supérieure du générateur, où elle provoque la distillation du lignite.

Communications du générateur. — Le même orifice, à la base du générateur, sert pour l'entrée de l'air pendant le soufflage et pour la sortie du gaz pendant la fabrication. Des précautions spéciales doivent être prises pour éviter les mélanges d'air et de gaz au moment de l'inversion. Un siphon renversé avec joint de mercure, permet d'établir la communication avec le ventilateur ou avec la canalisation de gaz. Trois tubes traversant un bac rempli d'eau portant une cuvette annulaire remplie de mercure, noyée sous l'eau, sont en communication, l'un avec l'orifice de sortie du gazogène, l'autre avec le conduit du ventilateur, et le troisième avec le conduit d'émission du gaz. Une des branches du siphon renversé coiffe d'une façon permanente le conduit du générateur ; la seconde branche est placée alternativement sur le conduit d'air ou sur celui de gaz. Le conduit de gaz plonge d'autre part dans une capacité remplie d'eau, de façon à former un joint hydraulique qui s'oppose au retour du gaz, lorsque l'extrémité supérieure du tube est décoiffée. Pendant la fabrication, le gaz dégagé barbotte à travers l'eau, ce qui maintient à la base du gazogène, une pression constante, importante, comme nous allons le voir, pour la conduite de l'opération.

Le *soufflage* de la vapeur d'eau doit, non seulement être fait plus lentement que celui de l'air, pour laisser le temps nécessaire à la formation de l'oxyde de carbone, mais encore, la vitesse doit être ralentie à mesure que la température du charbon s'abaisse, par le fait de la réaction. Pour régler cette vitesse, une prise de gaz aboutit à un brûleur toujours allumé ; l'ouvrier regarde l'aspect de la flamme et ferme peu à peu le robinet de vapeur, de façon à maintenir la hauteur et l'aspect de la flamme invariables ; cela assure l'invariabilité de composition, étant donné que la pression est maintenue constante par le joint hydraulique.

L'*épuration du gaz* produit comporte les opérations suivantes : Passage dans un scrubber rempli de coke et arrosé par un courant continu d'eau pour refroidir le gaz et le débarrasser de ses poussières. Passage dans des cuves à oxyde de fer, pour débarrasser le gaz de son hydrogène sulfuré, comme cela se fait dans la fabrication du gaz d'éclairage ordinaire. Un épurateur pour le fer carbonyle renferme de la pierre ponce imbibée d'acide sulfurique.

Enfin, un parfumeur destiné à donner au gaz produit, inodore et très dangereux par sa teneur en oxyde de carbone, une odeur caractéristique, renferme des bandes de toile imprégnées de carbylamine.

Résultats. — La composition du gaz obtenu avec le lignite est la suivante :

Oxyde de carbone	40
Méthane	1
Hydrogène	50
Anhydride carbonique	4
Azote	5
Total	100

Ce gaz, brûlé sous un manchon Auer, à raison de 50 l. à l'heure donne la carcel pour 22 l., à raison de 100 l. pour 20,5 l., et à raison de 200 l. pour 19 l. Ces résultats, semblables à ceux que l'on obtenait autrefois avec le gaz d'éclairage ordinaire, avaient paru d'abord très surprenants, car, à volume égal, le pouvoir calorifique de ce gaz à l'eau, n'est que moitié de celui du gaz d'éclairage ; cela tenait à ce que dans les premiers becs Auer, l'entraînement de l'air par le gaz d'éclairage était insuffisant, ce qui diminuait considérablement le rendement lumineux. Aujourd'hui le gaz d'éclairage donne la carcel pour 10 l. Ce résultat fut d'abord obtenu en augmentant la pression du gaz, comme on le fit pour l'éclairage du Champ de Mars, lors de l'exposition de 1900. Cet excès de pression permettait l'entraînement d'un plus grand volume d'air. On arrive maintenant au même résultat, en donnant au tube des brûleurs une forme conique évasée, semblable à celles des éjecteurs à vapeur. On obtient ainsi, sans difficulté, l'entraînement de l'air nécessaire. Dans les brûleurs employant le gaz à l'eau, il n'est pas nécessaire de faire à l'avance le mélange de gaz et d'air, parce que, à l'air libre, ce gaz brûle sans dépôt de charbon ; il est par suite beaucoup plus facile de le brûler avec le volume d'air convenable.

Voici les éléments du prix de revient de l'usine de Pettau :

Production annuelle	180.000 m³
Frais d'installation	50.000 fr.
Dépenses annuelles :	
Main-d'œuvre	5.000 fr.
Charbon (160 t. à 25 fr.)	4.000
Amortissement et intérêt	3.000
Total	12.000

ce qui porte à 0,067 fr. le prix du mètre cube, non compris les frais de distribution en ville. C'est là un prix de revient supérieur à celui du gaz d'éclairage ordinaire, mais il ne s'applique qu'à une toute petite usine. L'ouvrier tenant à la main le robinet de vapeur pour le réglage de la production représente la moitié de la dépense de main-d'œuvre Avec un grand générateur produisant cinq fois plus, la dépense de ce chef serait la même et par suite, la dépense par mètre cube cinq fois moindre. Il n'est pas impossible, d'ailleurs, de supprimer cet ouvrier, en commandant le robinet de vapeur par une came donnant la loi d'écoulement reconnue en moyenne la meileure.

La dépense de combustible représente le 1/3 du prix de revient ; elle est, dans certains cas, réduite considérablement, là où on a le combustible à meilleur marché. Dans les usines à gaz, par exemple, où le coke constitue un sous-produit très difficile à écouler, la valeur du combustible consommé peut être évaluée à 0. Dans ces conditions, le prix de revient peut tomber aux 2/3 de la valeur indiquée.

L'*application* la plus importante du gaz à l'eau est aujourd'hui de servir à diluer le gaz d'éclairage, ce qui a, pour les usines, le grand avantage de réduire le stock de coke, et par suite de maintenir les cours plus élevés. Cette pratique, réclamée par toutes les usines à gaz, est d'autre part, souvent combattue par les municipalités. Une première objection est tirée de l'accroissement de la teneur en oxyde de carbone, qui rend le gaz plus toxique. Cet argument n'a peut-être pas un très grand poids, parce que le gaz ordinaire, renfermant 8 % d'oxyde de carbone, est déjà très dangereux, et l'élévation de cette teneur à 12 % ne crée pas un risque nouveau, il accroît seulement un peu, un risque existant déjà. La seconde objection, beaucoup plus sérieuse est tirée de la diminution du pouvoir calorifique : 2.400 Cal. au mètre cube, pour le gaz à l'eau, au lieu de 5.100 pour le gaz d'éclairage (eau vapeur, pouvoir calorifique inférieur). Le même volume de gaz produit donc moitié moins de chaleur pour le chauffage domestique, moitié moins de force dans les moteurs, et moitié moins de lumière avec les becs à incandescence bien proportionnés. On tend aujourd'hui, pour ce motif, à imposer au gaz, un minimum de pouvoir calorifique accepté.

Depuis la généralisation de l'emploi du gaz à l'eau pour diluer le gaz d'éclairage, son mode de fabrication a évolué. En raison de la faible valeur du coke de gaz, les économies de combustible n'ont plus le même intérêt. On se préoccupe moins d'obtenir de haut rendement en gaz par kilog de charbon, soit 2 mètres cubes par exemple ; on se contente de 1,7 mètres cubes, ce qui permet par contre de réaliser des économies importantes sur les frais de premier établissement des appareils et sur les dépenses de main d'œuvre. On maintient l'allure du gazogène plus chaude, ce qui permet de faire passer plus rapidement la vapeur d'eau et d'augmenter ainsi proportionnellement le rendement des appareils. D'autre part, on supprime l'ouvrier chargé de régler l'admission de la vapeur et l'on commande les renversements de marche par un dispositif mécanique.

Cette méthode de travail entraine quelques modifications dans la disposition des appareils. Ils comprennent trois parties placées à la suite l'une de l'autre : le gazogène, un récupérateur et une chaudière qui fournit la vapeur nécessaire. Le gaz produit pendant la combustion de chauffage traverse le récupérateur auquel il laisse une partie de sa chaleur sensible, puis il est allumé sous la chaudière. Il renferme en effet une forte proportion d'oxyde de carbone en raison de l'allure chaude du gazogène. Une fois le gazogène suffisamment chaud, on arrête le passage d'air et on envoie dans le même sens la vapeur d'eau. Le gaz produit se réchauffe dans le récupérateur et va ensuite céder sa chaleur sensible à la chaudière. Le récupérateur joue le rôle d'un simple volant de chaleur destiné à régulariser la production de vapeur de la chaudière.

CHAPITRE SEPTIÈME

GAZ D'ECLAIRAGE ET HYDROGENE

Composition. — Distillation. — Cornues. — Fours. — Chargement des cornues. — Chauffage au coke. — Chauffage au gaz pauvre. — Rendement calorifique. — Bilan du chauffage direct. — Fours à récupération. — Frais de fabrication. — Perfectionnements récents. — Epuration. — Condensation physique. — Condensation Mécanique. — Condensation Chimique. — Prix de revient.

Usage de l'hydrogène. — Divers modes de préparations. — Extraction des gaz de four à coke.

Le gaz d'éclairage s'obtient par la distillation de la houille, effectuée sous l'action de la chaleur, à l'abri de l'air. La houille ainsi décomposée donne trois produits différents : du *coke*, dont la fabrication a été étudiée précédemment, des *vapeurs* qui se condensent au refroidissement en *goudrons* et *eaux ammoniacales*, corps non miscibles, que l'on retrouve superposés par ordre de densité, et enfin le *gaz* d'éclairage, qui est l'objet essentiel de la fabrication.

On emploie de préférence pour cette fabrication, les houilles grasses à longue flamme, qui ont le double avantage de donner un rendement élevé en gaz, et un coke suffisamment aggloméré pour pouvoir être employé utilement au chauffage. On mélange parfois à la houille, du cannel-coal, du boghead, ou des schistes bitumineux, qui donnent un gaz d'un pouvoir éclairant plus élevé. Le choix de ces mélanges dépend, dans chaque cas particulier, de la valeur des matières premières, des conditions exigées pour le pouvoir éclairant du gaz et de la valeur marchande des sous-produits obtenus.

L'industrie du gaz comprend trois opérations essentiellement distinctes : la *distillation* de la houille, l'*épuration* du gaz, et sa *distribution* à domicile.

Composition. — Le gaz est constitué par un mélange d'hydrogène et de différents carbures d'hydrogène ; certains d'entre eux ont une influence prépondérante sur le pouvoir éclairant du gaz.

Voici des résultats moyens d'analyses en volume, faites aux usines de Paris et de Londres (Année 1900) :

Nature du gaz	Paris	Londres
Acide carbonique	1,7	0,0
Oxyde de carbone	8,2	6,3
Hydrogène	49,1	48,0
Méthane	36,5	33,3
Carbures saturés	»	8,0
Benzol	1,1	0,9
Carbures non saturés	4,4	3,5
Total	100,0	100,0

Les différences essentielles entre ces deux gaz portent sur l'acide carbonique et les carbures saturés, autres que le méthane. Il n'y a pas d'acide carbonique dans le gaz de Londres parce que on l'enlève par la chaux, pendant l'épuration, ce que l'on ne fait pas en France. La présence des carbures saturés, à Londres, tient peut-être à l'emploi de quantités importantes de cannel-coal, charbon plus hydrogéné que la houille, mais leur absence complète dans le gaz de Paris tient à ce qu'on ne les a pas dosés.

Pendant longtemps on s'est fait les idées les plus inexactes sur la composition du gaz d'éclairage, et l'on trouve aujourd'hui encore, dans certains ouvrages, des analyses complètement fausses indiquant plus de 10 % d'éthylène. On se contentait autrefois d'une simple analyse eudiométrique. Après enlèvement de l'oxyde de carbone on brûlait le gaz restant avec un excès d'oxygène, et l'on faisait un calcul théorique, en admettant que les deux seuls carbures d'hydrogène du gaz étaient le méthane et l'éthylène. L'échec des tentatives pour fabriquer de l'alcool en partant de l'éthylène du gaz, suivant la méthode de synthèse de Berthelot, montra l'absence de proportions importantes de ce carbure ; il y en a, en fait, à peine quelques centièmes. On supposa alors, qu'à défaut d'éthylène, il devait y avoir du butylène, et le calcul des analyses endiométriques en donna une proportion élevée. Il y en a moins encore que d'éthylène. Les recherches de Berthelot et de Emile Sainte-Clair Deville firent connaître, pour la première fois, d'une façon à peu près exacte, la composition du gaz d'éclairage et y signalèrent la présence de vapeur de benzène et de toluène. Berthelot reconnut que l'acide nitrique fumant, en agissant sur le gaz d'éclairage, donne de la nitrobenzine, facile à caractériser par sa transformation en aniline. Mais le dosage de la benzine par l'action de l'acide nitrique, en se contentant de mesurer la diminution de volume consécutive à la réaction, donne des teneurs trois à quatre fois trop élevées, parce que l'acide nitrique attaque également d'autres carbures.

Emile Sainte-Claire Deville donna le premier un procédé de dosage exact des vapeurs de benzol (mélange du benzène et du toluène). Après avoir desséché soigneusement le gaz, il le refroidit à $-80°$, et pèse le benzol ainsi condensé à l'état solide. Son poids est d'environ 40 gr. par m^3, correspondant à 1 % en volume ; la densité de la vapeur de ces carbures est en effet très élevée. Ce benzol communique au gaz la majeure partie de son pouvoir éclairant. Le gaz en barbotant dans des huiles végétales, ou des huiles de pétrole non volatiles, leur abandonne sa vapeur de benzol et perd en même temps les 2/3 de son pouvoir éclairant.

La composition des autres carbures non saturés a été étudiée par Berthelot d'abord, puis par Emile Sainte-Claire Deville. Ils traitent le gaz par des vapeurs de brome, pour obtenir avec ces carbures des composés fixes. On recueille ainsi un mélange de différents composés bromés et on les sépare par distillation fractionnée. Les résultats de ces dosages sont assez incertains ; ainsi Berthelot trouve en volume 0,2 % d'éthylène, et Emile Sainte-Claire Deville, 1,06 %. La proportion de propylène serait de 0,5 %, celle d'acétylène de 0,1, etc. Il y a encore un grand nombre d'autres carbures ; tous ceux que l'on trouve dans les goudrons passent dans le gaz en proportions nécessairement variables avec leur volatilité. Les carbures non saturés constituent, avec la benzine, les seuls éléments éclairants du gaz, bien qu'ils ne représentent ensemble que 5 % du volume total ; après leur enlèvement, le gaz perd tout son pouvoir éclairant.

Tout récemment (1913), MM. P. Lebeau et A. Damiens, sont arrivés à réaliser des analyses plus exactes du gaz d'éclairage qu'on ne l'avait fait jusqu'ici. Ils y ont réussi grâce à la découverte de réactifs nouveaux pour l'absorption des carbures non saturés et à l'emploi de la liquéfaction dans l'air liquide pour la séparation des gaz non absorbables.

Les carbures acétyléniques sont absorbés par une solution d'iodomercurate de potassium alcalinisée au moment de l'emploi par un petit fragment de potasse. La composition de la liqueur neutre est la suivante :

Iodure mercurique	25
Iodure de potassium	30
Eau	100

Cette solution absorbe 20 fois son volume de carbures acétyléniques.

Les carbures éthyléniques sont absorbés par l'acide sulfurique concentré en présence d'un catalyseur. Une solution de 1 % d'acide vanadique dans l'acide sulfurique absorbe rapidement 150 fois son volume d'éthylène. Le sulfate ferreux et mieux encore le sulfate cuivreux donnent des résultats analogues.

Les différents carbures saturés sont séparés de l'hydrogène par liquéfaction dans l'air liquide, puis soumis à la distillation fractionnée.

Voici les résultats des analyses faites par cette méthode :

	Paris	Arcueil	Montdhéry
Oxygène	0,04	0,85	traces
Oxyde de carbone	5,66	5,08	5,74
Hydrogène	54,08	50,15	55,98
Azote	3,47	8,09	3,36
Absorbable par la potasse (CO^2), etc. . .	1.81	3,48	1,65
Méthane	28,59	28,01	29,11
Ethane	0,75	0,77	
Propane	0,12	0,118	0,42
Butane	0,014	0,017	
Carbures acétyléniques	0,096	0,095	0,08
Propylène et homologues	0,48	0,40	0,18
Ethylène	2,12	1,69	1,81
Vapeurs (par différence) eau, benzol, etc.	2,77	1,25	1,67
	100,00	100,00	100,00

Distillation. — La décomposition de la houille par la chaleur en coke, goudrons, eaux ammoniacales, et gaz, donne lieu à un phénomène calorifique assez imprévu, qui a été découvert par M. Mahler. La combustion d'un poids donné de houille dégage plus de chaleur que celle de tous les produits de sa distillation, pris bien entendu, à la température ordinaire. Voici le résultat d'expériences faites par M. Mahler sur une houille à gaz de Commentry. Les nombres sont rapportés à 100 kg. de houille.

Pouvoir calorifique de 100 kg. de houille : 742.330 Cal.

Produit de la distillation.

Corps	Poids de matières o/o	Pouvoir calorifique
Coke	65,66	460.894
Goudron	7,51	66.066
Gaz	17,09	189.887
Eaux ammoniacales	9,36	»
Divers	0,38	»
Total	100,00	716.847

Cela fait donc une différence en moins, de 25.483 Cal., soit 3 % de la chaleur de combustion de la houille.

Les produits de distillation de la houille varient progressivement au fur et à mesure que la température s'élève. Le gaz obtenu au début de la distillation, à basse température, possède un pouvoir éclairant beaucoup plus élevé que celui de la fin de la distillation, composé d'hydrogène presque pur. Le tableau suivant donne les résultats de la distillation normale de la houille, faite dans un four ordinaire, chauffé à 1.000°. Le pouvoir éclairant est exprimé en carcels, le gaz étant brûlé dans le bec étalon normal à raison de 105 litres à l'heure.

Temps	Volume de gaz o/o	Pouvoir éclairant
1 heure	17	1,15
2	30	0,90
3	27	0,30
4	20	0,10
5	6	0,04
6	0	0,00

Il résulte de ces expériences qu'il ne faut pas, dans les conditions de chauffage visées ici, prolonger la distillation au delà de 4 heures, car le gaz recueilli pendant les deux dernières heures ne payerait pas les frais de fabrication.

Voici les résultats obtenus par M. Vignon sur le même sujet. Les expériences ont porté sur 100 gr. de houille enfermés dans un tube en fer. (C. R. **155**, 1514 [1912].)

Houilles à gaz de Montrambert.

Gaz	0°-600	600°-800°	800°-1000°	1.000°-1.200°	
CO	0,0	5,4	6,5	32,0	
H^2	2,7	36,0	59,5	37,0	
CH^4	76,0	45,0	24,30	13,6	
CO^2	6,0	10,8	5,2	14,9	
Air	10,0	2,0	4,0	2,0	
Carbures non saturés	5.0	1,0	0,0	0,0	
Litres par 1 kil.	68,0	72,0	107,0	69,0	Total=316
Durée	2 h. 45	1 h. 10	1 h. 30	45 m.	Total=6 h. 10

Houilles à gaz de Saarbruck.

Gaz	0°-600	600°-800°	800°-1000°	1.000°-1.200°	
CO	0,0	2,9	5,1	23,0	
H^2	2,4	24,5	62,0	45,0	
CH^4	80,5	59,5	12,0	10,8	
CO^2	3,2	2,4	2,4	10,0	
Air	7,0	8,0	19,0	11,0	
Carbures non saturés	6,8	2,6	0,0	0,0	
Litres par 1 kil.	48,0	78,0	90,0	66,0	Total=282
Durée	1 h. 0	1 h. 0	1 h. 20	1 h. 25	Total=4 h. 45

Distillation industrielle. — Les ordonnées de ces courbes représentent les quantités de gaz dégagées à des températures distantes de 100°. Elles sont exprimées en mètres cubes par tonne, ce qui revient au même qu'en centimètres cubes par gramme.

Les courbes de la Fig. 41 donnent le volume total de gaz dégagé par différents combustibles.

Toutes les houilles proprement dites donnent des courbes semblables à celles de la Sarre, N° 4 et 5, le maximum du dégagement gazeux se produisant toujours à 700°.

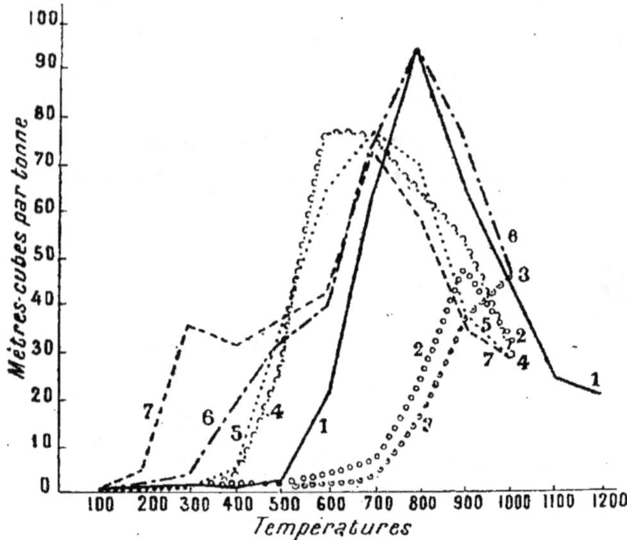

Fig. 41.

1. — Anthracite du Pays de Galles.
2. — Anthracite de la Mure (1891).
3. — Anthracite de la Mure (1923).
4. — Houille de la Sarre (Griesborn maigre).
5. — — — (Altenwald gras).
6. — Lignite de St.-Paulet du Caisson.
7. — Tourbe du Gers.

M. Lebeau a repris récemment l'étude au laboratoire de la distillation des combustibles et il a créé dans ce but une technique d'une précision remarquable. Il opère la distillation dans le vide, ce qui permet de se débarrasser de l'air contenu dans les appareils, qui fausse parfois grossièrement les résultats. Il maintient chaque température aussi longtemps qu'il se dégage une quantité appréciable de gaz. Les mesures sont faites sur 1 gramme seulement de combustible solide, ce qui donne environ 300 cc. de gaz au total, quantité suffisante pour permettre des analyses volumétriques exactes.

En répétant plusieurs fois les essais sur un même échantillon de combustible, on retrouve rigoureusement les mêmes résultats, comme le montrent les courbes de la Fig. 42. Les courbes I et I' se rapportent à deux opérations différentes sur un anthracite du Pays de Galles ; les courbes II et II' se rapportent à un lignite de Manosque-Fuveau et les courbes III et III' à de l'amidon.

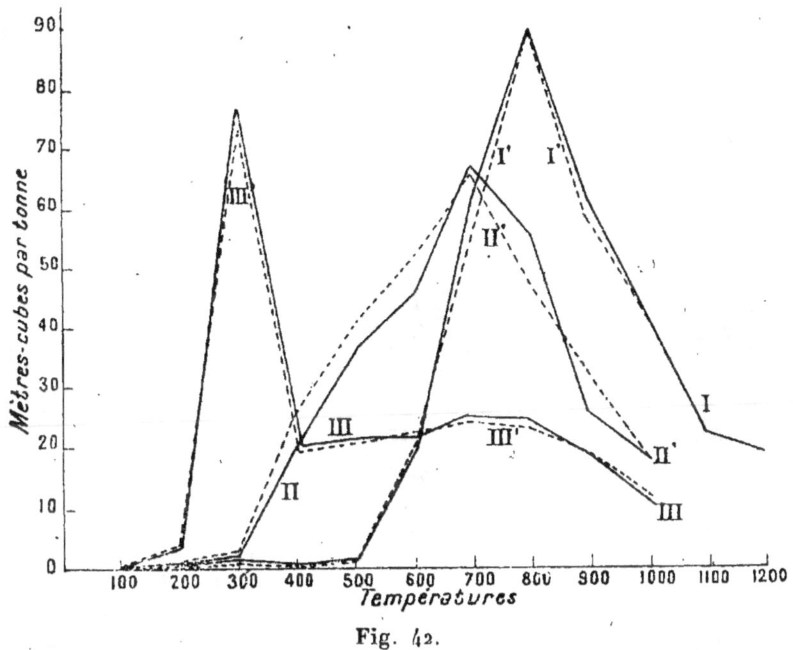

Fig. 42.

La forme des courbes est caractéristique de la nature des matières étudiées. Le saccharose, par exemple donne une courbe tout à fait différente de celle de l'Amidon.

Ces recherches ont conduit à un résultat entièrement nouveau et très important. Certains anthracites, comme ceux du Nord d'Alaïs et ceux du pays de Galles dégagent la même quantité de gaz que les houilles à gaz proprement dites, soit 300 m^3 à la tonne, mais ce gaz est presque entièrement constitué par de l'hydrogène, gaz très léger. Cela explique comment la perte à la distillation des anthracites qui est seulement de 8 %, contre 35 % dans les houilles à gaz peut fournir cependant le même volume de gaz. Le maximum du dégagement gazeux pour les anthracites a lieu à 800° au lieu de 700° pour les houilles.

Les figures 43 et 44 donnent la proportion des différents gaz produits par la distillation d'un anthracite du Pays de Galles et d'une houille de Bruay (Pas de Calais).

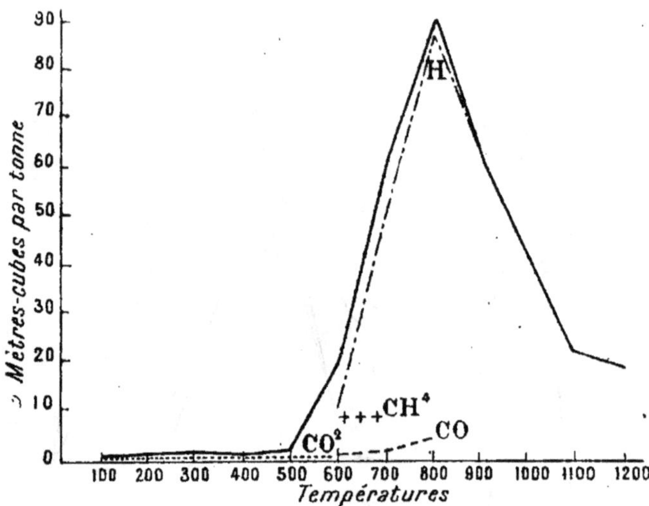

Fig. 43.

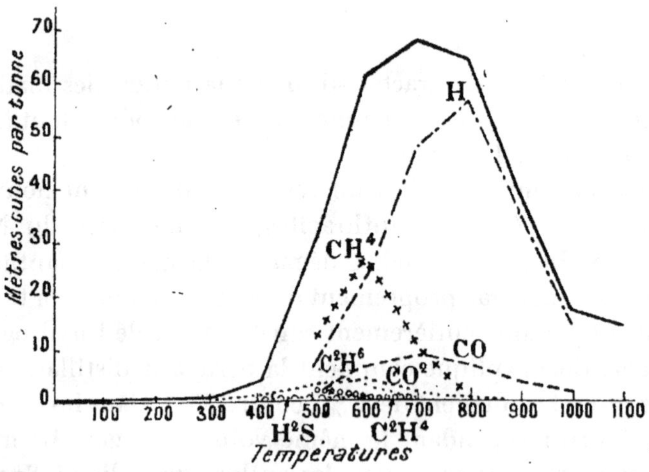

Fig. 44.

La nature des produits de la distillation, les proportions de gaz et de goudron, le pouvoir éclairant du gaz, varient avec la rapidité de la distillation. On conçoit en effet, que les goudrons puissent sous l'action de la chaleur se décomposer plus ou moins complètement, en donnant d'abord des carbures gazeux qui viennent enrichir le gaz et finalement de l'hydrogène qui augmente son volume, mais diminue son pouvoir éclairant. Suivant la rapidité de la distillation, c'est-à-dire suivant la température des fours dans lesquels se fait la distillation, on obtient des résultats très différents, comme le montre le tableau suivant. Les chiffres sont rapportés à 100 kg. de houille.

	700°	900°
Gaz	19,7 m^3	28,8 m^3
Goudron	8,8 kg.	4,9 kg.
Benzol	0,9	1,2

C'est Regnault qui reconnut ce fait important au cours d'expériences sur la fabrication du gaz d'éclairage, qui lui avaient été demandées par l'empereur Napoléon III.

Autrefois, avant la monopolisation du gaz entre les mains de la Compagnie parisienne, la distillation se faisait, dans les usines de Paris, à basse température, durait 6 heures et donnait un faible rendement en gaz, à peine 200 m^3 à la tonne. Un des grands mérites de la Compagnie Parisienne, à laquelle les consommateurs n'ont pas rendu suffisamment justice vers la fin de sa concession, a été d'introduire dans la fabrication du gaz la distillation à température élevée ; cela lui a permis, lorsqu'elle eut obtenu son monopole, d'abaisser brusquement à moitié, le prix de vente du gaz. L'on comprend mieux, en se reportant à la situation de l'industrie du gaz en 1850, la raison des avantages qui avaient été consenties alors à la Compagnie Parisienne.

La *composition* des houilles a nécessairement une grande influence sur leur rendement à la distillation. Les houilles riches en matières volatiles donnent beaucoup plus de gaz, et un gaz beaucoup plus éclairant que les houilles pauvres en matières volatiles. De nombreuses expériences ont été faites à la Compagnie Parisienne, pour comparer à ce point de vue la valeur des différentes houilles françaises et étrangères employées dans la fabrication.

M. Emile Sainte-Claire Deville, directeur de l'usine expérimentale de La Villette, a eu l'occasion d'étudier les rendements d'un très grand nombre de houilles employées dans les usines de Paris. De 1887 à 1898 il n'a pas fait moins de 1.812 essais semblables. Il a été conduit pour grouper les résultats obtenus à subdiviser les houilles employées pour la fabrication du gaz en cinq types, dont la distinction repose sur la teneur en oxygène. Le tableau suivant donne les proportions totales d'azote et d'oxygène calculées par différence d'après l'analyse élémentaire des houilles.

La proportion totale d'azote est assez constante et voisine de 1 %, de sorte que les nombres totaux donnent bien le même classement que le feraient les teneurs réelles en oxygène.

	Oxigène et azote o/o
Type I	6,56
Type III	7,66
Type III	8,71
Type IV	11,10
Type V	12,70

La proportion d'hydrogène croît dans le même sens et lentement de 5,1 à 5,6 %.

Le tableau suivant donne le résumé des résultats obtenus dans les essais de distillation faits à l'usine expérimentale. Les charbons essayés proviennent de 58 mines différentes, principalement du Pas-de-Calais et du Nord, puis du centre de la France : Blanzy et Commentry, enfin de l'étranger : Angleterre et bassin de la Ruhr.

Suivant le prix de revient des différentes natures de houille, suivant la qualité du coke obtenu et le prix de vente de ce dernier, on peut être conduit à employer des houilles donnant directement un gaz à pouvoir éclairant normal, comme la houille du type III ou des mélanges de houilles de types extrêmes. On est généralement conduit, pour éviter une surélévation des prix, à employer des houilles à faible pouvoir éclairant, dont le prix de vente est généralement moindre. Il faut alors compenser l'insuffisance de pouvoir éclairant par des artifices différents. Pendant longtemps, on s'est contenté de distiller avec la houille proprement dite certains charbons spéciaux, comme le *cannel coal* et le

Désignation			Type I	Type II	Type III	Type IV	Type V
Matières volatiles (cendres déduites)		o/o	28,652	32,753	35,102	38,261	42,115
Répartition des produits de la distillation en poids (par 100 kg. de houille)	Gaz	kg.	13,271	14,054	14,931	15,950	14,349
	Eau de condensation		4,204	5,109	6,089	8,152	14,370
	Goudron		4,556	5.486	6,149	6,929	7,547
	Coke (étouffoir)		75,294	72,188	69,943	66,570	60,872
	Divers et pertes		2,675	3,163	2,888	2,399	2,862
	Total	kg.	100,000	100,000	100,000	100,000	100,000
Volme de gaz (à 10° et 760 mm.) par 100 k. de houille		m^3	30.463	30,155	30,623	29,686	24,746
Dépense pour 1 carcel (à 10° et 760 mm.)		l.	121,67	109,74	105.69	100,47	100,85
Quantité de lumière par 100 kg. de houille		carc.	250,3	274,9	289,7	295,4	245.5
Densité de gaz (à 0° et 760 mm.)			0,3368	0,3606	0,3803	0,4161	0,4485
Composition volumétrique du gaz	Benzol	o/o	0,905	1,001	1,066	1,090	1,094
	Hydrocarbures éthyléniques		2,430	2,810	3,198	3,858	4,403
	Formène et azote		31,790	32,730	32,829	32,919	32.004
	Hydrogène		57,041	54 720	53.409	50,439	48.252
	Oxyde de carbone		6,379	7,074	7,615	9,106	10,702
	Acide carbonique		1.055	1,265	1,483	2,188	3,145
	Oxygène		0,400	0,400	0,400	0.400	0.400
	Total	o/o	100,000	100,000	100,000	100,000	100,000
Benzol en poids par mètre cube de gaz		gr.	33,752	37,342	39,754	40,630	40,794
Température du gaz au barillet		deg.	56,27	57,46	62,30	67,80	79,57
Température des cornues		deg.	902	900	898	886	854

boghead, qui donnent des gaz très riches. Le cannel coal, charbon à 8 % d'hydrogène donne un gaz renfermant 14 % de carbures absorbables par le brome, le boghead à 12 % d'hydrogène en donne plus encore. C'est surtout de la proportion de ces curbures non saturés absorbables par le brome que dépendent les variations de pouvoir éclairant du gaz, comme on peut le voir sur le tableau précédent. Le benzol, mélange de benzine et de toluène, joue certainement le rôle le plus important dans la production du pouvoir éclairant, mais il varie très peu d'un gaz à l'autre, tandis que les carbures non saturés ou éthyléniques varient dans des proportions considérables.

On a parfois relevé le pouvoir éclairant du gaz, en le surchargeant de vapeur de benzol, et utilisant à cet usage les benzols recueillis, dans les fours à récupération de sous-produits, employés pour la fabrication du coke métallurgique. Les goudrons du gaz d'éclairage renferment peu de benzol, en raison des précautions prises pour laisser ce corps dans le gaz. Aussi le benzol retiré des goudrons provenant de cette origine est-il peu abondant. Il était autrefois complètement absorbé par l'industrie des matières colorantes pour la fabrication des couleurs d'aniline et se vendait trop cher pour que l'on songeât à l'employer à l'enrichissement du gaz. Dans les fours à coke, au contraire, on a intérêt à faire passer tout le benzol dans les goudrons, au lieu de le brûler pour le chauffage des fours ou pour la marche des moteurs et l'on en recueille ainsi des quantités considérables. Or quelques grammes par mètre cube suffisent pour relever notablement le pouvoir éclairant du gaz. Aujourd'hui la tendance est plutôt d'employer le benzol comme succédant du pétrole dans les moteurs à explosion. Il rentre aussi dans la catégorie des carburants dits nationaux.

Cornues. — La distillation de la houille se fait dans des cornues en terre réfractaire, placées côte à côte, en nombre plus ou moins grand, dans un même four, où elles sont chauffées extérieurement par la flamme d'un foyer. Le choix de la matière constituant ces cornues, leur forme et leurs dimensions, leur disposition verticale ou inclinée dépend d'un certain nombre de facteurs que nous allons résumer rapidement.

La *matière* servant à la fabrication des cornues est exclusivement aujourd'hui la terre réfractaire. On avait essayé au début le fer et la fonte, mais ces métaux ne peuvent résister aux températures élevées nécessaires pour la distillation.

La perméabilité de la terre cuite réfractaire aux gaz et en particulier à l'hydrogène, un des éléments essentiels du gaz d'éclairage, semblerait être un obstacle sérieux à l'emploi de cette matière. Il est possible cependant de l'employer en raison de la décomposition des carbures d'hydrogène, qui obstruent les pores de la terre en donnant un dépôt de charbon amorphe, (appelé à tort graphite). Ce dépôt de charbon se forme également en croûte à la surface intérieure des cornues et tend à en diminuer progressivement la section utile. C'était là, autrefois, un inconvénient assez sérieux, mais les usages que ce charbon a reçus aujourd'hui pour la fabrication des conducteurs électriques en fait un sous-produit d'une vente avantageuse.

La longueur de la cornue est fixée par la distance à laquelle l'ouvrier peut lancer le charbon sans un effort exagéré, soit 3 mètres. Le section est déterminée par la nécessité de ne pas donner une épaisseur trop grande à la couche de charbon, pour que sa distillation soit suffisamment rapide, condition essentielle à un bon rendement en gaz. L'épaisseur de 10 centimètres est considérée comme satisfaisante. Si l'on s'en tenait à ce seul point de vue, on serait conduit à donner aux cornues une forme rectangulaire d'une hauteur un peu supérieure à 10 cm. de façon à ce que le gonflement du coke ne vienne pas remplir la cornue à la fin de la distillation, et rendre ainsi le déchargement long et pénible. Mais une pièce réfractaire à angle vif serait trop fragile au feu, on est obligé d'arrondir les angles et l'on s'est arrêté à une forme sensiblement elliptique dont le petit axe vertical est de 30 à 35 cm. tandis que le grand axe horizontal a une longueur double. Parfois même pour faciliter le moulage mécanique des cornues, on emploie, comme en Angleterre, où le bon marché de la houille et l'élévation du coût de la main-d'œuvre imposent des conditions particulières de travail, une section complètement circulaire de 50 cm. de diamètre. Le rendement à la distillation est alors moins satisfaisant.

L'épaisseur des parois, si l'on n'envisage que la transmission de la chaleur, devrait être aussi faible que possible ; mais il est nécessaire que la cornue ne se rompe pas sous son poids et sous le poids de la charge, surtout aux températures élevées, auxquelles la résistance de la terre cuite est bien moindre qu'à froid. On est obligé de donner aux parois une épaisseur assez forte, 7 cm. en moyenne, les fonds et les têtes étant renforcés de 3 cm. à 5 cm. On a cherché dans ces derniers temps à réduire l'épaisseur des cornues à 5 cm. en leur donnant une surface ondulée qui augmente beaucoup leur résistance mécanique à la flexion. La transmission de la chaleur, et par suite la distillation, sont ainsi améliorées, mais l'adhérence plus grande des dépôts de charbon produits par la décomposition des goudrons rend plus difficile l'enlèvement de ces derniers et occasionne des ruptures plus fréquentes des cornues, de telle sorte qu'avantages et inconvénients se balancent à peu près. L'emploi des cornues ondulées ne semble pas appelé à se répandre.

Au lieu des cornues de 3 mètres, fermées au fond, on emploie parfois des cornues de 6 mètres, résultant de l'accolement bout à bout de deux cornues sans fond. Cette disposition généralement employée en Angleterre, et qui tend à se répandre en France, présente des avantages et des inconvénients. On fait alors la cornue en trois tronçons de 2 mètres identiques entre eux, dont le moulage à la machine est beaucoup plus facile que celui des cornues fermées. Leur emploi nécessite par contre, dans le chargement à la main, que les ouvriers s'entendent à travers le massif de fours pour faire simultanément le chargement par les deux extrémités. L'action d'un coup de vent sur une extrémité de la cornue chasse la flamme par l'autre extrémité et peut brûler grièvement l'ouvrier occupé de ce côté au chargement. Un autre inconvénient assez sérieux résulte de l'engorgement des colonnes montantes pour le dégagement du gaz placées aux deux extrémités de la cornue ; la circulation du gaz se fait, de préférence, par l'une des deux et l'autre alors n'étant plus balayée par un courant assez actif tend à s'engorger. Ces avantages et inconvénients se compensent, mais avec les procédés mécaniques de chargement qui se répandront de plus en plus dans les usines à gaz, il n'y a aucune difficulté à faire le chargement sur 6 mètres de longueur ; l'on est d'ailleurs obligé de faire le chargement d'un seul côté, l'autre extrémité étant réservée au déchargement.

Les cornues sont généralement placées horizontalement dans le four. On avait, au début de la fabrication, essayé de les disposer verticalement, ou au moins de les incliner fortement, mais cette disposition fut bientôt abandonnée. Dans ces derniers temps, différentes tentatives ont été faites, pour y revenir ; un nombre important d'usines ont adopté les cornues inclinées de M. Coze, de Reims, à faible inclinaison, 19° sur l'horizontale, dans lesquelles le charbon ne remplit pas complètement la cornue. Il y a ainsi diminution notable de la main-d'œuvre de chargement et de déchargement, mais aussi une augmentation notable des frais de construction et d'entretien des fours. Plus récemment encore, on a essayé de revenir aux cornues complètement verticales, en augmentant un peu leur section, de façon à faciliter la descente du charbon et en acceptant, par contre, une diminution sur la qualité du gaz produit, que l'on enrichit après coup avec des vapeurs de benzol. Mais les résultats obtenus aujourd'hui, dans le chargement mécanique des cornues horizontales, au moyen d'appareils à commande électrique, semble devoir donner l'avantage définitif aux cornues horizontales.

Fours. — Les cornues sont placées parallèlement dans des fours chauffés, soit par la combustion directe du coke, soit par du gaz de gazogène ; la profondeur du four pour des cornues de 3 m. est de 2,50 m. de façon à laisser sortir à travers la paroi antérieure, la tête de la cornue qui porte le tampon de fermeture et une colonne montante pour le dégagement du gaz. Le choix du nombre des cornues à placer dans un même four, dépend de trois ordres de considérations différentes : il y a évidemment intérêt à mettre le plus grand nombre possible de cornues dans un même four, c'est-à-dire à faire le four très grand pour réduire l'influence relative des pertes de chaleur par rayonnement des parois. Mais il ne faut pas cependant donner au four une hauteur exagérée parce que les cornues de la partie supérieure, moins directement atteintes par la flamme, ne seraient pas suffisamment chauffées et donneraient une mauvaise distillation. On ne peut pas pratiquement superposer plus de trois rangs de cornues.

La distance à laisser entre chaque cornue est plus grande que ne le laisserait supposer *à priori*, la simple condition d'offrir aux flammes un passage direct suffisant ; il faut, pour l'uniformité du chauffage dans le four, que les remous intérieurs puissent faire circuler la masse gazeuse par le fait des différences de pression très faibles résultant des différences de températures d'un point à l'autre des gaz chauds. On doit prévoir une vingtaine de centimètres de distance entre chaque cornue ; des tentatives faites pour réduire cet espacement à 10 cm. ont conduit à des résultats déplorables comme chauffage.

Le nombre des cornues que l'on peut placer l'une à côté de l'autre dans un même four est limité par l'obligation de ne pas avoir des voûtes trop surbaissées qui manqueraient de stabilité. Pratiquement on n'en met guère plus de trois ; dans les fours chauffés directement au coke, le nombre total des cornues est de sept disposées comme le montrent les figures 45, 46, 47. On ne dépasse jamais neuf, mais l'on ne doit descendre au-dessous de sept que dans les toutes petites usines, où la production d'un four à sept serai trop considérable ; la dépense du combustible de chauffage croît rapidement à mesure que la dimension du four diminue.

Les fours sont toujours adossés dos à dos, deux par deux, de façon à supprimer la perte de chaleur par la face postérieure ; on en groupe à côté l'un de l'autre un nombre plus ou moins considérable, suivant l'organisation des ateliers ; en France, dans les grandes usines, on dispose les massifs de fours, perpendiculairement à la longueur du bâtiment, au nombre de 8 de chaque côté, soit 16 en tout ; en Angleterre, on les aligne au contraire suivant la longueur du bâtiment et le nombre des fours accolés peut être illimité.

La partie antérieure du four présente les appareils nécessaires pour le chargement des cornues et le dégagement du gaz ; l'extrémité ouverte de la cornue, renflée, comme on l'a indiqué précédemment, porte un prolongement en fonte appelé *tête de cornue*. La jonction de ces deux parties est faite au moyen de boulons,

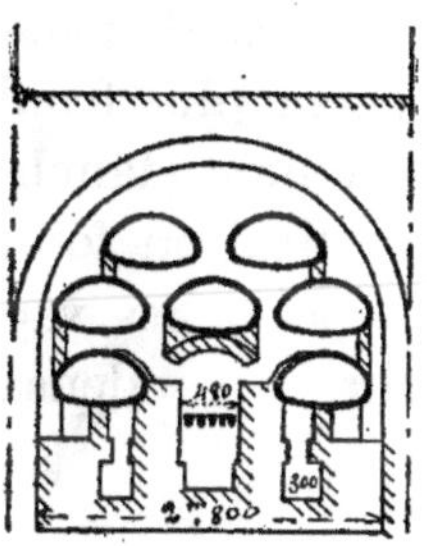

Fig. 45.

Coupe perpendiculaire aux cornues.

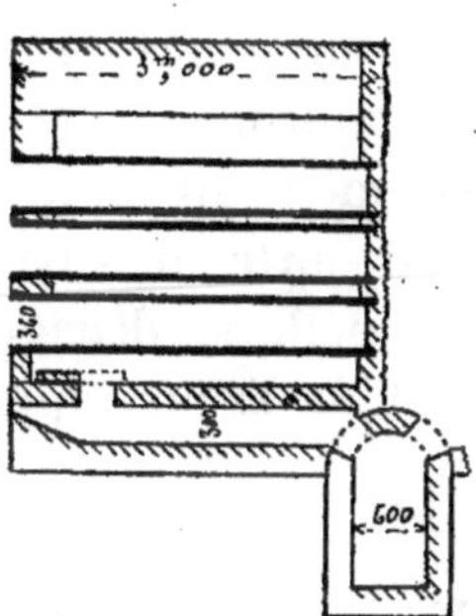

Fig. 46.

Coupe longitudinale suivant le carneau de fumée.

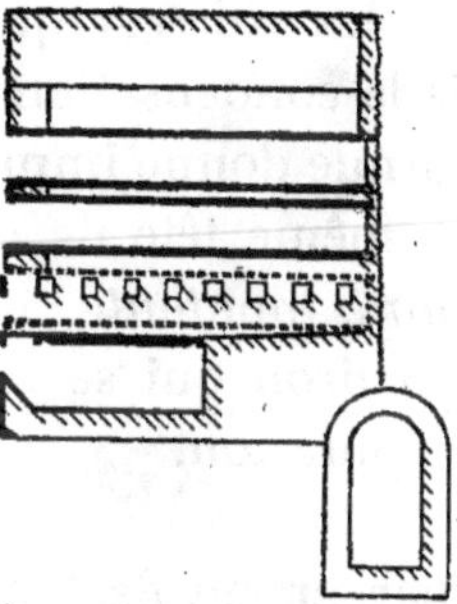

Fig. 47.

Coupe longitudinale suivant l'axe du four.

noyés dans l'épaisseur renflée de la partie réfractaire et l'étanchéite du joint est assurée par une pâte composée d'un mélange d'argile, de limaille de fer, de chlorure d'ammonium et de soufre. La partie antérieure de cette tête, complètement ouverte, peut être fermée par un *tampon* métallique, maintenu en place pendant la distillation au moyen d'un verrou et d'une vis de pression. On assurait autrefois l'étanchéité de ce joint, avec un coulis d'argile que l'on devait remplacer à chaque ouverture de la cornue ; le procédé beaucoup plus simple universellement employé aujourd'hui consiste à avoir une tête de cornue rabotée et bien plane, sur laquelle la porte de fermeture ou tampon s'applique par une arête tranchante, située également dans un plan. Le contact ne peut être absolument rigoureux, il y a nécessairement des vides de quelques dixièmes de millimètres d'épaisseur, mais la condensation des goudrons sur cette partie plus froide de la cornue donne immédiatement un joint absolument étanche.

La même tête de cornue porte un tuyau vertical en fonte ou *colonne montante*, par laquelle se dégage le gaz et les vapeurs de goudron qui se rendent de là aux appareils de condensation et d'épuration.

Chargement des cornues. — La question du chargement de la houille dans les cornues présente une très grande importance économique. Le chargement s'est fait pendant longtemps exclusivement à la pelle. Ce mode de travail très pénible et difficile à bien faire exige des ouvriers très entraînés. Si en certains points la couche de charbon est plus épaisse, la distillation y reste incomplète et le rendement en gaz diminue. Il est impossible, en cas de grève, de remplacer les ouvriers chargeurs à la pelle par des manœuvres ; on est complètement à la discrétion du personnel ouvrier.

Depuis longtemps déjà, on a, pour ce seul motif, remplacé le chargement à la pelle par le chargement à la cuiller ; il n'est pas plus économique mais permet de marcher avec des ouvriers moins expérimentés, quitte à en employer un plus grand nombre. Chaque cuiller a 3 m. et renferme une demi charge de cornue, soit 75 kg. On la remplit à la pelle en arrière du four et, pour l'introduire dans la cornue, trois ouvriers l'enlèvent, l'un avec une poignée placée à l'arrière, les deux autres avec un bâton passé sous la partie avant ; ils l'élèvent au niveau de la cornue, l'ouvrier arrière la pousse au fond et la retourne pour la vider. La charge est absolument régulière, si l'on a bien nivelé le charbon dans la cuiller.

De nombreuses tentatives ont été faites depuis longtemps pour réaliser le chargement mécanique des cornues. La difficulté principale provient de ce que les cornues sont très petites, et par suite très nombreuses, ce qui nécessite un appareil de chargement très mobile ; chaque charge est de 150 kg. environ. Le premier procédé essayé, celui de Ross, employé il y a une vingtaine d'années à Marseille, consiste à lancer le charbon au moyen d'un jet de vapeur ; on règle le point de chute en faisant varier à la main l'ouverture du robinet de vapeur. Cela demande des ouvriers plus expérimentés encore que pour le chargement à la pelle, mais, par contre beaucoup moins nombreux. Ce procédé ne s'est pas généralisé. Depuis, la Compagnie Parisienne a étudié un appareil de chargement électrique qui paraît donner toute satisfaction. C'est une sorte de pompe centrifuge à axe vertical, où le charbon tombe par une trémie ; les palettes lancent tangentiellement les fragments de charbon, comme elles le feraient pour de l'eau. Le charbon projeté sous un certain angle décrit une parabole et va tomber plus ou moins loin dans la cornue, suivant sa vitesse initale. On doit faire varier progressivement cette vitesse, de façon à charger uniformément la cornue, comme on faisait varier la vitesse du jet de vapeur dans le système Ross. On obtient cette variation continue de vitesse par l'interposition progressive dans le circuit électrique de rhéostats dont l'introduction est commandée par une came animée d'un mouvement de rotation continu. Le profil de la came est réglé empiriquement, dans des essais préalables où l'on observe l'épaisseur de charbon déposée en chaque point de la cornue. On arrive facilement ainsi à faire le chargement sur une longueur de 6 m. c'est-à-dire sur une double cornue. L'appareil porté sur un truck se déplace devant le massif de fours, il peut en même temps être élevé au niveau de chaque rangée de cornues. Tous ces mouvements sont commandés électriquement ce qui assure un fonctionnement rapide et très précis.

Le déchargement du coke se fait, dans le cas du travail à la main, avec des crochets en fer, au moyen desquels l'ouvrier tire le coke incandescent et le fait tomber dans des wagonnets en tôle, où on l'éteint au moyen d'un jet d'eau. Dans le cas du chargement mécanique, le déchargement est obtenu, comme dans les fours à coke ordinaires, au moyen d'un bouclier poussé par une crémaillère à commande électrique. La charge d'une cornue de 6 m. tombe dans un grand panier en tôle perforée suspendu à une grue mobile, portée elle-même sur un chariot. Le panier rempli de coke incandescent est submergé dans un bac rempli d'eau, puis versé dans le wagon qui doit l'emporter.

Chauffage au coke. — Le chauffage des fours se faisait autrefois exclusivement par la combustion directe d'une partie du coke provenant de la distillation. On brûlait ce coke dans un foyer à grille ordinaire, placé à la partie inférieure et antérieure du four, comme le montre la figure 47 qui donne la coupe suivant l'axe d'un four ordinaire à sept cornues. Les fumées ressortent par deux carneaux placés à la partie antérieure du four, à droite et à gauche du foyer, comme le montre la figure 46 qui donne la coupe par le conduit de fumée. On place en avant le foyer et les sorties de fumées pour concentrer la chaleur sur la face antérieure du four qui est le siège principal de refroidissement. Cette disposition est indispensable pour obtenir une température sensiblement uniforme dans toute l'étendue du four. On peut encore obtenir le même résultat en coupant le four en deux par un mur placé à 1 m. environ de la paroi antérieure, et arrêté un peu au-dessous de la voûte, de façon à obliger toutes les flammes à monter contre cette paroi avant de redescendre dans la partie arrière vers les carneaux d'échappement des fumées.

La consommation de coke varie bien entendu avec les dimensions des fours et le nombre des cornues, en raison de l'influence relative des pertes de chaleur par rayonnement, qui diminue à mesure que les dimensions du four deviennent plus grandes.

Voici les dépenses de coke pour des fours de dimensions différentes. Il s'agit de fours au milieu d'un massif, ceux des extrémités du massif dépensant plus de charbon à cause de la perte plus grande de chaleur par la face latérale libre.

La première colonne du tableau donne le nombre de cornues par four et la seconde colonne la quantité de coke brûlé pour distiller 100 kg. de houille. Il est sous-entendu que le coke est chargé froid dans le foyer, comme cela se fait habituellement dans les usines françaises.

Nombre de cornues par four	Kg. de coke par 100 kg. de houille
3	36
4	30,5
5	26,5
6	23,5
7	21,1
8	19,1
9	17,1

Le coke employé au chauffage provenant de la distillation de la houille et étant par suite produit dans le four même qu'il s'agit de chauffer, il est assez naturel de charger dans le foyer le coke incandescent tel qu'il sort des cornues. Il y a ainsi un petit gain de chaleur résultant de la haute température du coke à sa sortie de la cornue et de l'absence d'eau d'extinction. On économise en outre les manutentions pour porter le coke au dépôt et le ramener aux fours. Par contre, il n'y a pas de contrôle possible sur la quantité brûlée ; lorsque les ouvriers chauffeurs sont responsables de leur consommation de combustible et conduisent le feu à leur guise, il est préférable d'opérer avec du coke froid et de le peser. Mais dans les usines bien dirigées, la conduite des fours est mise entre les mains du laboratoire qui règle l'ouverture des registres, sans que les ouvriers aient jamais le droit d'y toucher. Ils n'ont alors aucune action sur la quantité de combustible brûlé et la pesée du coke ne présente plus d'intérêt. Cette organisation avait autrefois été très remarquablement installée aux usines de Nine Elms à Londres.

Chauffage au gaz pauvre. — Le chauffage au coke est très défectueux, il est impossible, comme dans toute combustion sur grille, d'éviter une marche irrégulière, tantôt avec excès d'oxygène, tantôt avec excès d'oxyde de carbone ; d'autre part, l'ouverture de la porte du foyer pour le chargement du coke et le décrassage de la grille provoque des rentrées brusques d'air froid, qui refroidissent le four et font casser les cornues. Un grand progrès dans la fabrication du gaz a été de remplacer le chauffage direct par le chauffage au gaz pauvre de gazogène avec récupération des chaleurs perdues. La récupération des chaleurs emportées par les fumées permet de chauffer à 700° l'air secondaire, c'est-à-dire, celui qui est introduit dans le four pour brûler le gaz de gazogène. Ce progrès a été réalisé vers 1860 par la Compagnie Parisienne du gaz, qui a appliqué pour la première fois dans cette industrie les fours à récupération de Siemens. Aujourd'hui, l'emploi des fours à récupération est absolument général. Ils sont d'une construction coûteuse, mais ils ont l'avantage de prolonger le service des cornues, qui n'étant plus exposées aux rentrées brusques d'air froid, durent en moyenne deux fois plus longtemps, deux années au lieu d'une ; or, chacune d'elles coûte 120 francs. D'autre part, l'économie sur le combustible est, en poids, de 30 % et en valeur argent, de 50 % au moins ; on peut brûler dans les gazogènes une certaine quantité de poussier de coke, sans valeur marchande.

Les types de fours à récupération employés aujourd'hui sont très nombreux. La Compagnie Parisienne continue à employer le type primitif de Siemens, tel qu'elle l'avait adopté il y a 70 ans. La récupération se fait par passage alternatif des fumées et de l'air dans des chambres remplies de briques. On reproche à ce système la nécessité de renverser périodiquement, toutes les deux heures environ, le sens du courant gazeux. Il a par contre l'avantage de se prêter à une construction plus robuste et de réduire les dépenses d'entretien. Les figures 48 et 49 donnent les coupes verticales en travers et en long des fours de la Compagnie Parisienne. Les récupérateurs sont entièrement placés sous le four, le gazogène est en avant. Le gaz du gazogène traverse dans un conduit souterrain toute la longueur du four, pour arriver à passer

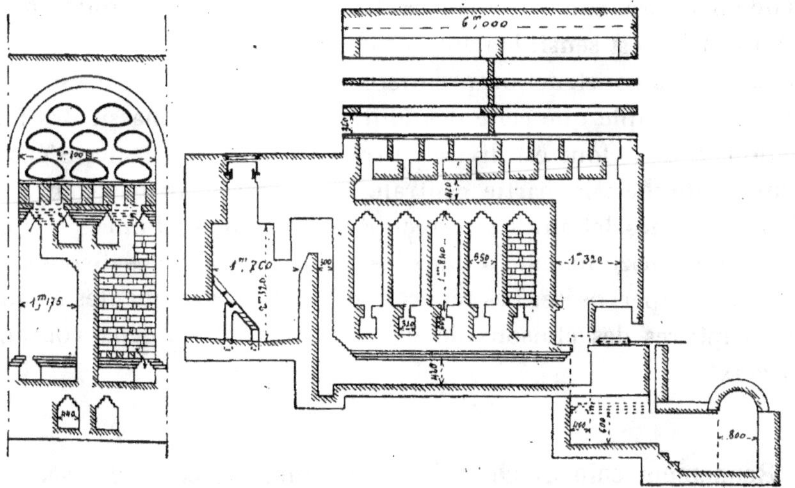

Fig. 48.

Fig. 49.

près des valves d'inversion situées à l'arrière du four, sur le conduit des fumées.

La plupart des autres usines à gaz emploient de préférence des fours à récupération par transmission de la chaleur à travers des plaques réfractaires plus ou moins épaisses, séparant les conduits de sortie des fumées des conduits d'entrée d'air ; cela dispense de toute inversion du courant gazeux. Ces échanges de chaleur à travers des matériaux peu conducteurs sont moins satisfaisants en théorie que dans le système de Siemens, mais comme on dispose dans les fumées d'un grand excédent de chaleur, qu'il est impossible de récupérer entièrement par le chauffage de l'air, le rendement est encore satisfaisant. En fait la consommation de combustible est sensiblement la même avec tous les fours à récupération. La construction première de ces derniers fours est peut-être plus simple que celle des fours Siemens ; le massif des fondations sous le four est divisé en trois tranches verticales d'épaisseur analogue : la partie centrale est réservée au gazogène, les deux tranches latérales aux récupérateurs où les fumées et l'air circulent horizontalement dans les conduits parallèles disposés en chicanes superposées. Les réparations sont plus fréquentes à cause des ruptures des cloisons de séparation entre les deux courants gazeux.

Rendement calorifique. — M. Euchène, directeur des services techniques de la Compagnie Parisienne, a fait une étude comparative très intéressante du bilan calorifique des fours à chauffage direct et des fours à récupération et précisé la répartition de la chaleur du combustible dans le chauffage de chacun de ces fours. Pour une étude semblable il y a cinq éléments fondamentaux à envisager :

La chaleur de *combustion* du coke consommé, la chaleur de *distillation* de la houille traitée : la chaleur *rayonnée* par les parois, la chaleur emportée par les *fumées* et enfin la chaleur emportée par les matières *élaborées*. Voyons les valeurs trouvées par M. Euchène pour chacune de ces grandeurs.

Chaleur de combustion. — Le coke brûlé avait pour composition :

Eau hygrométrique	6
Cendres	10
Hydrogène	1
Soufre	1
Azote	0,5
Carbone	81,5
Total	100,0

Le pouvoir calorifique au kilog. de ce coke brut, avec son eau et ses cendres, était de 6.500 Cal.

Chaleur d'élaboration. — La décomposition de la houille en gaz, goudron et eau ammoniacale correspond, d'après les expériences de Mahler, à un dégagement de 250 Cal. par kilog. de houille, soit pour 100 kilogs, poids auquel seront rapportés les résultats définitifs : 25.000 Cal.

Chaleur rayonnée. — Les expériences faites par M. Euchène sur les fours de la Compagnie Parisienne, chauffés intérieurement à 1.000°, ont donné des pertes variables suivant l'épaisseur des parois :

Epaisseur des parois	Perte par m2 et par heure
—	—
0,33 m.	3.500 Cal.
0,50	1.800

Chaleur sensible des fumées. — M. Euchène a admis, pour la grandeur des quantités de chaleur emportées par les fumées, celle qui résulte des expériences de MM. Mallard et Le Chatelier sur les chaleurs spécifiques des gaz aux températures élevées. Ces chaleurs d'échauffement ont été données plus haut, page 143.

Chaleur des matières élaborées. — Les matières élaborées qui sortent du four en emportant de la chaleur sont le coke, le gaz et les vapeurs d'eau et de goudron.

MM. Euchène et Biju Duval ont mesuré la chaleur emportée

par le coke incandescent pris à différentes températures. Voici les résultats de leurs expériences rapportés à 1 kilog. de coke :

Températures	Chaleur d'échauffement
100°	22 Cal.
300	79
500	153
700	232
900	325
1.000	424

Les chaleurs spécifiques *vraies* du coke déduites de ces nombres donnent à 300°, un changement brusque dans l'allure de leur variation.

$$\text{de } 0° \text{ à } 300° \quad \frac{dq}{dt} = 0{,}16 + 0{,}64\ t.\ 10^{-3}$$

$$\text{de } 300° \text{ à } 1.000° \quad \frac{dq}{dt} = 0{,}30 + 0{,}20\ t.\ 10^{-3}.$$

Toutes ces grandeurs doivent être reliées par la relation suivante, conséquence immédiate du principe de conservation de l'énergie :

Chaleur de combustion du coke
\+ Chaleur de décomposition de la houille, égale
Chaleur sensible des fumées
\+ Chaleur emportée par les matières élaborées
\+ Chaleur de rayonnement.

Bilan du chauffage direct. — La chaleur de combustion résulte des données expérimentales suivantes. Pour distiller 100 kg. de houille on consomme dans la fabrication industrielle 0,560 hl. de coke, 1 hl. pesant 40 kg. ; cela donne un poids de 22,4 kg. de coke. Mais 5 % de ce coke est perdu sous forme d'escarbilles avec les cendres. Il en reste donc 21,3 kg. renfermant 17,4 kg. de carbone pur. Cela représente, à raison de 6.500 Cal. au kilog. une chaleur de combustion totale de 138.000 Cal.

La chaleur d'élaboration des 100 kg. de houille est de 25.000 Cal. d'après Mahler, comme nous l'avons rappelé.

La chaleur de rayonnement a été calculée de deux façons différentes, qui ont donné des résultats concordants. Une première fois on est parti des chiffres unitaires donnés par les expériences de MM. Euchène et Biju-Duval. On les a multipliés par la surface totale d'un four et ce produit a été divisé par le nombre de 100 kg. de houille distillée en une heure dans le four. D'autre part on a fait marcher un four à blanc, c'est-à-dire sans mettre de charbon dans les cornues et on a réglé le poids de coke brûlé dans le foyer de façon à maintenir à l'intérieur du four la même température qu'en marche normale. La chaleur de combustion du coke brûlé, diminuée de la chaleur emportée par les fumées donnait exactement la perte par rayonnement.

Le résultat concordant de ces deux procédés de mesure a été une perte de 23.000 Cal. par 100 kg. de houille distillée.

La chaleur emportée par les fumées se calcule de la façon suivante. Les fumées sortent vers 1.000° du four. Leur composition moyenne peut être la suivante :

Acide carbonique	0,16
Vapeur d'eau	0,06
Azote et oxygène	0,84
Total	1,06

Ce volume de 1,06 mol. correspond à 1 mol. de fumées mesuré à la température et à la pression ordinaires, c'est-à-dire après condensation de l'excès de vapeur existant dans les gaz chauds. Cette vapeur provient de l'eau que l'on met dans le cendrier pour éviter de brûler les grilles et de l'eau d'imbibition du coke brûlé.

La quantité de chaleur emportée par ce volume de fumée est d'après les tables données plus haut :

0,16 mol CO^2	2,03 Cal.
0,84 Az^2 et O^2.	6,14
0,06 H^2O	1,26
Total	9,43 Cal.

Ces fumées ont été fournies par $0,16 \times 12$ gr. $= 1,92$ gr. de charbon.

Or le coke brûlé renferme, d'après le calcul donné plus haut,

17.400 gr. de carbone pur. La chaleur correspondante enlevée par les fumées sera donc

$$9,43 \frac{17,400}{1,92} = 86,000 \text{ Cal.}$$

Enfin les quantités de chaleur emportées par les matières élaborées seraient pour 70 kg. de coke sortant à 900° :

$$70 \times 325 = 22.800 \text{ Cal.}$$

pour le gaz sortant à 600°, à raison de 30 m³ par 100 kg.

9.000 Cal.

Enfin pour les goudrons et les gaz sortant en majeure partie à une température inférieure à 400° :

9.000 Cal., comme pour le gaz.

On a donc finalement le tableau de comparaison suivant :

Chaleur de combustion du coke	138.000 Cal.
Chaleur de décomposition	25.000
Total	163.000 Cal.
Chaleur des fumées	86.000
Chaleur du coke	22.800
Chaleur du gaz	9.000
Chaleur des eaux et goudrons	9.000
Rayonnement	23.000
Total	149.800

Or d'après le principe de conservation de l'énergie, ces deux totaux devraient être indentiques.

La différence 163.000 − 149.800 = 13.200 donne la mesure de l'erreur commise dans cette répartition de la chaleur. Il manque 13.200 Cal., soit 8 % de la chaleur dépensée. On peut donc admettre que chacun des nombres représentant l'importance relative des divers emplois de la chaleur est en moyenne exact ; avec cette approximation, on aurait donc finalement la répartition suivante :

Chaleur des fumées	53 %
Chaleur du coke	14
Chaleur du gaz	5,5
Chaleur des groudrons	5,5
Chaleur par rayonnement	14
Erreurs	8
Total	100 %

Four à récupération. — Refaisons maintenant le même calcul pour un four à récupération de la Compagnie Parisienne. Dans ces fours, la distillation de 100 kg. de houille n'exige que la combustion de 15 kg. du coke précédemment employé, qui donne en brûlant, 95.000 Cal. En y ajoutant les 25.000 Cal. dégagées par la décomposition de la houille, il y aura un total de 120.000 Cal.

Voyons maintenant la répartition de cette chaleur. Pour calculer la chaleur emportée par les fumées, il faut en connaître la composition qui est la suivante :

Acide carbonique	0,18
Vapeur d'eau	0,08
Azote et oxygène	0,82
Total	1,08

Composition rapportée à 1 molécule de fumée après condensation de la vapeur d'eau.

On trouve finalement la répartition suivante des quantités de chaleur :

Chaleur des fumées	35.000 Cal.
Chaleur du coke	22.800
Chaleur du gaz	9.000
Chaleur des eaux et goudrons	9.000
Chaleur des mâchefers du gazogène	1.000
Rayonnement du four	18.000
Rayonnement du gazogène	6.100
Rayonnement du récupérateur	2.400
Total	103.300 Cal.

L'écart entre la chaleur fournie au four, 120.000 Cal. et celle retrouvée, 103.300 Cal., est donc de 16.700 Cal. L'écart est plus grand que dans le cas précédent, soit parce que les pertes de chaleur par le sol sous les récupérateurs ont été plus considérables qu'on ne l'a supposé, ou que la température de 500° attribuée aux fumées pour la sortie du récupérateur est trop faible.

On a, en tout cas pour la répartition des chaleurs, le tableau suivant :

Chaleur des fumées	30 %
Chaleur du coke	20
Chaleur du gaz et des goudrons	15
Rayonnement	22
Erreurs	13
Total	100 %

Prix de revient. — Pour donner une idée des frais de fabrication du gaz d'éclairage, nous donnerons ici quelques chiffres, déjà anciens, car ils se rapportent à l'année 1885, mais dont l'exactitude est certaine, car ils ont été relevés sur les livres de différentes compagnies gazières.

Prenons d'abord le cas d'un four à 7 cornues ordinaires ; voici les détails des frais de construction relevés à l'usine à gaz de Reims. Les prix de Paris, en raison des droits d'octroi et de l'élévation de la main-d'œuvre, ne peuvent être considérés comme des chiffres moyens.

Partie réfractaire.

7 cornues à 120 fr. pièce	840 fr.
30 m³ de briques à 43 fr. le mètre cube . .	1.350
10 m³ de briques réfractaires à 90 fr. . . .	900
700 briques spéciales à 120 fr. le cent	840
1.000 briques de foyer à 0,10 fr. l'une	100
Total	4.030 fr.

Partie métallique.

Armature du massif	610 fr.
Outillage	200
Tête de cornue, colonne montante, etc. . .	2.000
Total	2.810 fr.

Soit un total de 6.840 francs, ce qui fait environ 960 francs par cornue.

A Paris, en raison de l'octroi et de la main-d'œuvre plus élevée, un four semblable revient à 1.250 francs par cornue. Le four à récupération coûte à Paris 2.400 fr. par cornue.

A Paris, une batterie de 16 fours nécessitait alors 16 ouvriers se décomposant ainsi : 2 chauffeurs, 4 chargeurs, 4 déchargeurs et 6 ouvriers divers, représentant ensemble 1 fr. par 100 m³ fabriqués.

En 1885 le prix de revient moyen de la fabrication a été le suivant :

333 kg. de houille à 23,50 fr.	7,80
70 kg. de coke à 24 fr.	1,70
Main-d'œuvre	1,00
Amortissement des fours à 10 %	0,33
Entretien	0,67
Total	11,50 fr.

La fabrication de 100 m³ de gaz donne en même temps des sous-produits, goudron, coke et eaux ammoniacales, dont le prix total moyen de vente était alors 8,08 fr. En défalquant ce chiffre du total 11,50 ,on trouve, 3,42 fr. comme frais directs de fabrication de 100 m³ de gaz.

Les chiffres du tableau ci-dessus demandent quelques explications. Le prix de la houille à 23,50 fr. ne comprend pas le droit habituel d'octroi de 6 fr., remplacé par une taxe équivalente de 2 fr. par 100 m³ ; on ne fait pas payer directement aux usines alimentant la ville de Paris le droit sur la houille consommée, parce qu'avec ce système, en raison de la situation des principales usines en dehors de l'octroi, la majeure partie de la houille ne payerait pas de droits.

Le prix de 24 fr. attribué au coke consommé est fictif, sa valeur réelle n'est pas moitié de ce chiffre. La Compagnie Parisienne vend son coke à des prix très variables, depuis 50 fr. aux Parisiens, jusqu'à 10 fr. à des consommateurs très éloignés de Paris. Le chiffre de 24 fr. est le prix mouen de vente, mais si la Compagnie Parisienne cherchait à vendre le coke qu'elle brûle pour son usage personnel, elle ne pourait bien entendu le vendre qu'au prix minimum, et peut-être plus bas encore, car il y aurait une dépréciation résultant de l'accroissement des quantités mises sur le marché.

L'amortissement de 0,33, pour les fours à chauffage direct devrait être doublé pour les fours à récupération dont la construction est deux fois plus chère, mais dans ces fours en raison de la régularité du chauffage, les cornues font un service deux fois plus prolongé et la dépense d'entretien est réduite à moitié, de telle sorte que la dépense totale relative au four est sensiblement la même, mais la dépense de combustible est réduite de moitié environ, tant par diminution de quantité de coke brûlée, que par la possibilité de passer dans les gazogènes, une certaine quantité de poussier sans valeur. L'emploi de ces fours entraînerait de ce chef une économie de 0,85 fr. ; si on admet, comme dans le tableau ci-dessus, le prix de 24 fr., ou plus exactement une économie de 0,42 fr., si l'on réduit à moitié la valeur attribuée au coke, cela fait encore, sur un prix total de 3.40 fr., une réduction de plus de 10 %, qui n'est pas à dédaigner.

Perfectionnements récents. — Des tentatives multiples sont faites pour changer les dispositions générales des fours à distiller la houille ; aucun résultat définitif n'a été encore atteint, mais il semble bien que l'on doive, dans un avenir plus ou moins lointain, arriver à employer des fours se rapprochant des fours à coke modernes, à récupération de sous-produits et régénération de chaleur, avec lesquels les frais de fabrication sont beaucoup moindres, et le rendement en volumes de gaz, plus considérable, mais il est vrai, avec un pouvoir éclairant bien inférieur, et avec un pouvoir calorifique un peu plus faible.

Les quatre facteurs de cette évolution sont :

1° L'abaissement du prix de revient des benzols fournis en grande quantité aujourd'hui par les fours à coke métallurgique, qui peuvent servir à enrichir le gaz d'éclairage ordinaire. L'obligation ancienne de distiller la houille très rapidement, et par suite sur une très faible épaisseur, de façon à avoir un bon pouvoir éclairant, n'est plus aussi impérative ; en remplissant les cornues et en les prenant de plus grande dimension, on diminue considérablement les frais de main-d'œuvre ;

2° L'emploi de plus en plus général de l'éclairage à incandescence enlève au pouvoir éclairant une grande partie de l'importance qu'il avait autrefois. Le pouvoir calorifique seul importe en théorie, mais en pratique, son importance n'est pas très grande, parce que les gaz à faible pouvoir éclairant, plus riches en hydrogène exigent moins d'air pour se brûler ; l'entraînement de cet air est plus facile et les brûleurs ordinaires des becs Auer ont généralement un meilleur rendement quand le pouvoir calorifique diminue, ce qui compense en partie l'inconvénient résultant du pouvoir calorifique moindre. Cette remarque a conduit à diluer le gaz d'éclairage ordinaire avec du gaz à l'eau, ce qui a, pour les compagnies gazières, le grand intérêt de diminuer leur stock de coke, d'une vente toujours difficile. Un certain nombre des fours à cornues verticales, essayés dans ces dernières années, avaient en partie pour objet de permettre la fabrication d'une certaine quantité de gaz à l'eau, dans la cornue même de distillation ;

3° L'ignorance des municipalités qui rédigent les traités imposés aux compagnies gazières, paraît également avoir été un facteur essentiel des différentes tentatives faites aujourd'hui. Elles ne sont pas encore habituées à l'introduction, dans les cahiers des charges, de clauses relatives au pouvoir calorifique, et cela pousse nécessairement les compagnies gazières à se préoccuper surtout de l'accroissement du volume de gaz produit par tonne de charbon distillé, en attachant moins d'importance à la diminution corrélative du pouvoir calorifique.

4° Dans l'industrie du gaz, les sous-produits vendus ont une importance comparable à celle du gaz, et les nouveaux procédés de fabrication à distillation lente et cornue pleine, semblent devoir donner un accroissement notable de la qualité des sous-produits, pouvant compenser en partie la diminution de valeur du gaz. Le coke, plus dense et plus compact, convient mieux aux usages industriels, ce qui augmente sa valeur marchande ; le séjour moins prolongé des gaz et vapeurs dans les cornues complètement remplies diminue la décomposition de l'ammoniac par la chaleur, et augmente les rendements en sels ammoniacaux, auxquels l'agriculture offre des débouchés pratiquement infinis ; enfin, les goudrons renferment moins de noir de fumée, et une plus grande quantité de carbures utilisables ; il y a donc accroissement du bénéfice sur les trois sous-produits.

Cette nouvelle source de bénéfices, jointe à la diminution de la main-d'œuvre, conduit à envisager comme très probable, l'introduction plus ou moins complète des fours à coke métallurgique dans les usines à gaz. Dès aujourd'hui, les villes situées dans des centres houillers, au voisinage des grandes installations modernes de fours à coke, peuvent obtenir de ces installations un gaz de très bonne qualité, comme pouvoir éclairant et pouvoir calorifique, avec un prix de revient très faible, en prenant le gaz de la première moitié de la distillation, qui est le plus riche ; celui de la seconde moitié plus pauvre est réservé pour le chauffage des fours. Dans le cas, au contraire, où ces fours à coke seraient installés loin des centres houillers, près de grandes villes, comme à Paris, la totalité du gaz devrait être utilisée pour l'éclairage, le chauffage étant fait au moyen de gazogène au coke comme il l'est déjà avec les fours actuellement employés. Le consommateur n'a aucune raison pour refuser le gaz moins riche qui lui sera alors fourni, à condition que le prix en soit fixé proportionnellement au pouvoir calorifique.

Il ne sera pas hors de propos de rappeler ici que les premiers fours à gaz installés à Paris, il y a plus de 50 ans par Dubochet étaient de véritables fours à coke, à chambres de grandes dimensions, qui furent bientôt abandonnés, en raison de l'insuffisance du pouvoir éclairant, et qui sont repris aujourd'hui. L'éclairage par incandescence et la production économique des benzols par les fours à coke métallurgique ont été les deux facteurs essentiels de ce revirement.

Epuration. — Le gaz, à la sortie des cornues, renferme des quantités importantes de vapeur d'eau et de goudrons, qu'il faut séparer ; il renferme en outre certains corps gazeux, qu'il y a intérêt, pour des motifs divers, à éliminer. Les opérations employées pour cette épuration mettent successivement en jeu des phénomènes d'ordre *physique* : refroidissement du gaz pour provoquer la condensation des vapeurs ; d'ordre *mécanique* : précipitation des particules liquides ou solides résultant de la condensation et restant en suspension dans le gaz ; d'ordre *chimique* : enlèvement à l'état de combinaison chimique, de certains corps nuisibles, comme l'hydrogène sulfuré, ou d'une vente avantageuse comme l'ammoniac.

Condensation physique. — L'opération consiste à refroidir le gaz jusqu'à la température ordinaire ; pendant ce refroidissement on obtient la condensation de la vapeur d'eau et de toutes les vapeurs de goudrons en excès sur celles qui peuvent subsister à l'état de vapeur dans le gaz froid. A première vue ce refroidissement semble devoir constituer une opération très simple, la condensation dépendant uniquement, pourrait-on croire, de la température finale du mélange gazeux. Il n'en est rien ; ce phénomène de la condensation constitue un problème délicat, parce que les vapeurs à condenser sont des mélanges complexes. Suivant la température à laquelle on isole du gaz les premiers produits condensés, ceux-ci entraînent en dissolution une quantité plus ou moins grande de vapeurs volatiles, qui, prises isolément, ne se condenseraient pas aussi complètement. Plus les premiers goudrons condensés seront séparés à basse température, plus ils entraîneront, par exemple, une proportion considérable de vapeur de benzol (mélange de benzine et de toluène) et de vapeur de naphtaline ; or il y a intérêt à laisser dans le gaz la plus grande quantité possible de vapeur de benzol, pour augmenter son pouvoir éclairant, et au contraire à le débarrasser le plus complètement possible de la naphtaline, dont le dépôt ultérieur dans les conduites de distribution donnera lieu à des obstructions ; ce corps se condense en effet en lamelles très fines, qui sont entraînées à de très grandes distances par le courant gazeux et viennent s'amasser aux changements de direction ou de section des tuyaux. Il faudrait donc, pour enrichir le gaz en benzol, enlever les goudrons à aussi haute température que possible, faire ce que l'on appelle la *condensation à chaud*, et au contraire, pour éliminer la naphtaline, faire la *condensation à froid*, c'est-à-dire laisser les goudrons au contact du gaz jusqu'à la température ordinaire.

Pratiquement, on arrive à satisfaire suffisamment à cette double condition, en séparant du gaz les goudrons lourds à une température comprise entre 60 et 80° ; cela peut être considéré comme de la condensation à chaud pour la benzine, corps très volatil, puisqu'elle bout à 85°, c'est au contraire de la condensation à froid pour la naphtaline qui bout à 218°. Dans les grandes usines la disposition des premiers appareils de condensation, c'est-à-dire du barillet placé au-dessus des fours donne précisément, sans qu'on l'ait cherché d'ailleurs, cette température voisine de 70°. L'importance de faire la première condensation à cette température fut découverte en 1885 par M. Coze, dans une petite usine de province, celle d'Epernay ; en réchauffant le barillet au moyen d'un serpentin de vapeur, il obtint un accroissement notable du pouvoir éclairant du gaz. Mais lorsqu'on voulut étendre ce perfectionnement aux grandes usines, on s'aperçut que la température du barillet avait déjà, sans qu'on l'eût cherché, la température la plus favorable.

Les appareils de condensation, sont d'abord les conduits où le gaz circule pour se rendre des fours aux gazomètres, mais généralement leur développement n'est pas suffisant pour permettre aux gaz de revenir par refroidissement spontané à la température ordinaire ; il faut achever le refroidissement dans des appareils spéciaux. Passons rapidement en revue les appareils dans lesquels le gaz circule en se refroidissant ainsi :

Colonne montante. — Le gaz sort de la cornue par un tuyau vertical en fonte, de 10 à 15 cm. de diamètre intérieur, appelé colonne montante ; sa température doit être voisine de 300° pour y éviter une condensation trop abondante des goudrons qui l'obstrueraient ; elle ne doit pas être notablement supérieure, pour éviter la décomposition de ces goudrons avec formation de produits fixes, ce qui occasionnerait encore des obstructions. Elle est placée verticalement contre la paroi extérieure du four, et sa température est maintenue à un degré suffisant, par le voisinage de cette paroi d'une part, et d'autre part, par la circulation des gaz chauds venant de la cornue. Quand on craint un échauffement trop grand, on laisse tomber goutte à goutte l'eau par la partie supérieure de la colonne montante. Il ne devrait y avoir aucune condensation dans ce premier conduit ; il s'en produit cependant toujours un peu, et on s'en débarrasse au moyen d'une longue tige de fer flexible que l'ouvrier fait monter à travers la colonne montante pendant que la cornue est ouverte au moment du déchargement.

Barillet. — De la colonne montante, les gaz passent dans le barillet, conduit horizontal placé à la partie supérieure du four ; il est généralement constitué, dans les grandes usines, par un tube ou un canal prismatique de 60 à 80 cm. de diamètre. Il est rempli, aux 2/3 de sa hauteur, d'eau et de goudron condensés. La température y est en moyenne de 60 à 70° avec les dimensions et conditions de travail habituelles des grandes usines. Pour une surface de 0,024 m^2 par 100 m^3 de gaz traversant le barillet en 24 heures, la proportion des goudrons condensés et déposés dans le barillet est d'environ 60 % de leur quantité totale.

L'eau et le goudron se déposent en deux couches superposées, le goudron formant la couche inférieure ; ces liquides s'écoulent d'une façon continue par une extrémité du barillet, au moyen de deux siphons placés à des hauteurs convenables.

Le tube de la colonne montante s'élève au-dessus du barillet, se retourne de 180° et pénètre en descendant à travers la partie supérieure du barillet ; il plonge de quelques millimètres dans l'eau de façon à former un joint hydraulique qui isole les cornues de la canalisation au moment où elles sont ouvertes, pour le déchargement et le chargement.

Collecteurs. — Le gaz est emmené des barillets vers les autres parties de l'usine au moyen de longs tuyaux, dits tuyaux collecteurs, qui sont exposés à l'air et servent par conséquent de refroidisseurs. Bien entendu, leur longueur est très variable suivant la disposition des usines ; à l'usine à gaz de La Villette, de la Compagnie Parisienne, par exemple, ces collecteurs sont constitués par des tuyaux de 50 à 60 cm. de diamètre. Leur développement total correspond à une surface de 0,08 m^2 pour 100 m^3 de gaz les traversant par 24 heures ; il s'y dépose environ 20 % de la quantité totale des goudrons, et la température des gaz à leur sortie est encore de 20 à 30 % supérieure à la température ambiante.

Refroidisseur. — Le refroidissement final est obtenu dans des appareils spéciaux, dont la disposition varie beaucoup d'une usine à l'autre. Au début de la fabrication du gaz, on a employé le *scrubber*, grande tour remplie de coke et arrosée abondamment d'eau par la partie supérieure ; ce procédé est partout abandonné aujourd'hui à cause de son action néfaste sur le pouvoir éclairant du gaz. La vapeur de benzine est en partie dissoute et enlevée par l'eau et celle-ci dégage son air dissous. Ces deux causes contribuaient à faire baisser le pouvoir éclairant. A la Compagnie Parisienne on emploie depuis longtemps les jeux d'orgues, grands tuyaux verticaux de 10 à 20 m. de hauteur, refroidis en hiver par le simple contact de l'air, et en été par un arrosage extérieur. La surface est de 1,6 m^2 pour 100 m^3 de gaz les traversant par 24 heures ; il s'y dépose 18 % de la quantité totale des goudrons ; il en reste alors encore 2 % en suspension dans le gaz à l'état de fines gouttelettes ; ces jeux d'orgue ont le grand avantage d'occuper une surface de terrain très limitée, en raison de leur grande hauteur.

On peut obtenir un système de refroidissement plus rationnel encore, en disposant les tuyaux de l'appareil refroidisseur sensiblement horizontalement ou plutôt avec une faible inclinaison de façon à ce que les goudrons condensés s'écoulent par la pesanteur, en sens inverse du mouvement du gaz, et retournent par suite, vers les parties les plus chaudes de l'appareil. Il se produit une distillation fractionnée, remettant à l'état de vapeur dans le gaz le benzol entraîné pendant la condensation des goudrons légers. La disposition de ces appareils est extrêmement variable ; on leur donne parfois la forme de serpentins constitués par des tubes horizontaux de 10 m. de longueur, disposés les uns au-dessus des autres ; il faut, bien entendu dans ce cas, une charpente métallique pour supporter ces tuyaux. D'autres fois, on les dispose en partie sur le four, à côté et au-dessus du barillet, ce qui dispense de l'emploi de supports spéciaux, et en partie contre les murs extérieurs de l'atelier de distillation, où la température est toujours moins élevée qu'à l'intérieur de l'atelier ; enfin dans certaines usines, à Manchester par exemple, ces appareils sont constitués par d'immenses boîtes en tôle, placées au sommet du toit des ateliers. Elles sont divisées par des cloisons horizontales, formant chicane pour la circulation du gaz. Le refroidissement dans ce cas est assuré par une série de tubes métalliques fixés transversalement et rivés à ces caisses. Le vent en s'engouffrant à travers ces tubes produit le refroidissement cherché.

Condensation mécanique. — Les vésicules très fines de goudron restées en suspension, seraient entraînés très loin avec les gaz et elles iraient obstruer les différents appareils traversés par lui, c'est-à-dire les caisses d'épuration pour l'enlèvement de l'ammoniaque et de l'hydrogène sulfuré, et plus loin les compteurs des consommateurs. On emploie presque exclusivement, pour se débarrasser mécaniquement de ces gouttelettes en suspension, les condensateurs à choc, dont le principe a été découvert il y a 50 ans par deux ingénieurs de la Compagnie Parisienne, MM. Pelouze et Audouin.

Lorsqu'un filet gazeux, tenant en suspension des gouttelettes liquides, est animé d'une grande vitesse, puis brusquement dévié de sa direction par un obstacle, les gouttelettes liquides, en raison de leur masse et, par suite, de leur inertie plus grande, ne se dévient pas aussi rapidement et vont frapper l'obstacle solide sur lequel elles peuvent se coller. L'appareil de MM. Pelouze et Audouin est constitué par une grande cloche en tôle, à joint hydraulique, sous laquelle le gaz arrive. Latéralement elle présente une double paroi, la première vers l'intérieur est percée de trous très rapprochés, de 1 mm. de diamètre, disposés par rangées horizontales, séparées l'une de l'autre. La seconde tôle, distante de 3 mm. de la première, est percée d'orifices plus grands placés en face des parties pleines de la première tôle. Le gaz s'écoule à travers cette double paroi sous une pression de 10 cm. d'eau et sa vitesse de passage à travers les orifices étroits peut être de 50 m. par seconde. Le gaz en arrivant sur la paroi pleine vis-à-vis se dévie brusquement pour aller passer par les grands orifices, tandis que les gouttelettes de goudron viennent se coller sur la paroi et s'écoulent ensuite vers la partie inférieure, pour tomber dans l'eau du joint hydraulique. Un certain nombre des orifices, bien entendu, finissent par s'obstruer par le goudron, et pour faire passer la même quantité de gaz à travers l'appareil, il faudrait augmenter la différence de pression ; en fait, la cloche se soulève par cet excès de pression et dégage au-dessus de l'eau du joint hydraulique de nouveaux orifices qui étaient précédemment noyés, de telle sorte que l'appareil fonctionne à pression et débit sensiblement constants.

Condensation chimique. — Les substances qu'on enlève aux gaz par voie chimique sont l'*ammoniac*, l'*hydrogène sulfuré*, l'*acide carbonique* et le *sulfure de carbone*.

L'ammoniac se trouve dans le gaz dans la proportion de 6 gr. environ par mètre cube. Sa présence n'a aucun inconvénient ; on l'enlève cependant à cause de la valeur des sels ammonicaux comme engrais : 1 t. de houille fournit ainsi 7 kg. de sulfate d'ammoniac, valant 0,25 le kilogramme.

L'hydrogène sulfuré est extrêmement nuisible, à deux points de vue différents ; lors des fuites de gaz, inévitables chaque fois que l'on allume un bec, ce composé se répand dans l'atmosphère des habitations et noircit rapidement l'argenterie. Il est peut-être plus nuisible encore par les produits de sa combustion, formés d'abord d'acide sulfureux, qui se transforme progressivement dans l'air humide en acide sulfurique ; cet acide se dépose bientôt sur tous les corps solides qu'il rencontre, provoquant très rapidement la rouille du fer et la désagrégation de toutes les matières cellulosiques : papier, tissus de lin, de chanvre et de coton, qui se transforment au contact de l'acide en hydrocellulose.

Les houilles françaises renferment environ 1 % de soufre, les houilles anglaises deux fois plus. Elles donnent les premières, environ 7 gr. de soufre par mètre cube et les secondes deux fois plus. La majeure partie du soufre reste dans le coke à l'état de protosulfure de fer, qui s'oxyde ensuite partiellement à l'air en donnant du sulfate.

L'acide carbonique n'a d'autre inconvénient que de diminuer le pouvoir éclairant ; sa présence importe peu aux consommateurs, pourvu qu'on lui fournisse le pouvoir éclairant convenu ; c'est affaire au fabricant de voir s'il a plus d'intérêt à obtenir ce pouvoir éclairant en enlevant l'acide carbonique ou en ajoutant du benzol. Le second procédé est en fait le plus économique. En général on n'enlève pas l'acide carbonique du gaz, et quand on le fait, comme cela a lieu en Angleterre, c'est pour rendre possible ensuite, l'enlèvement du sulfure de carbone, imposé par les règlements administratifs de ce pays.

Le gaz renferme 1,5 à 3 % de son volume d'acide carbonique et en poids, 60 à 100 gr. par mètre cube.

Le sulfure de carbone présente, par sa combustion, les mêmes inconvénients que l'hydrogène sulfuré, mais sa proportion est beaucoup moindre. Il y a donc moins d'inconvénient à le laisser dans le gaz ; son épuration, d'ailleurs assez difficile et onéreuse, ne peut jamais être rendue complète. Si l'on fait généralement cette épuration en Angleterre, c'est parce que les houilles employées à la fabrication du gaz y sont très riches en soufre, et par suite le gaz est plus riche en sulfure de carbone que le gaz de nos pays.

Les procédés d'épuration chimique employés pour absorber ces différents gaz sont les suivants :

L'*ammoniac* est enlevé par simple dissolution dans l'eau. Cette opération est grandement facilitée par l'excès d'acide carbonique contenu dans le gaz ; il donne avec l'eau une dissolution de bicarbonate d'ammoniac, dont la tension en ammoniac est beaucoup plus faible que celle de la solution ammoniacale pure de même teneur. On procède bien entendu par lavage méthodique, c'est-à-dire en faisant circuler l'eau en sens inverse du gaz de façon à obtenir des solutions ammoniacales relativement concentrées, dont la distillation dépense ensuite moins de combustible ; en réduisant la quantité d'eau mise au contact du gaz on a en outre l'avantage de lui enlever une moindre quantité de son benzol. Le tableau suivant donne la densité en degrés Baumé des solutions de bicarbonate et les quantités d'ammoniac restant dans le gaz en équilibre avec ces solution,

Dissolution	6° Baumé	3° Baumé	2° Baumé
Gaz	1,5 gr. AzH^3	0,3 gr.	0,15 gr.

En réalité on arrive, grâce à un lessivage semi-méthodique, à sortir les dissolutions à 3° Baumé en ne laissant dans le gaz que 0,15 gr. d'ammoniac.

Cette épuration de l'ammoniac est une application intéressante d'une des lois de la mécanique chimique, celle de l'*action de masse*. Le bicarbonate d'ammoniac se dissocie suivant la réaction :

$$Az\,H^5O,\ CO^2 = Az\,H^3 + H^2O + CO^2.$$

Le sel solide, ou l'une de ses dissolutions de concentration déterminée, donne par sa dissociation un mélange des trois gaz : AzH^3, H^2O et CO^2, dont les pressions partielles obéissent à la relation

$$p. = \text{constante}.$$

La valeur de la constante dépend de la température et de la concentration de la solution envisagée. Par conséquent à la température ambiante plus la tension de l'acide carbonique sera grande, plus celle de l'ammoniac sera faible dans le mélange gazeux.

Les appareils dans lesquels se fait cette épuration de l'ammoniac peuvent se classer en deux types distincts. On a longtemps exclusivement employé, et l'on emploie encore aujourd'hui dans les petites usines, des cuves remplies de sciure humide, à travers lesquelles on fait passer le gaz ; elles ont de 0,50 m. à 1 m. de profondeur ; la sciure repose sur une claie en osier, portée elle-même par des supports appuyés sur le fond de la cuve. La cuve est fermée par un couvercle à joint hydraulique ; de temps en temps on arrête le courant gazeux, on soulève le couvercle et au moyen d'un arrosoir, on verse sur la sciure de l'eau fraîche qui déplace la solution plus ou moins saturée précédemment obtenue ; le lessivage méthodique est donc seulement intermittent. Le gaz passe dans trois cuves successives dont la surface totale doit être au moins de 0,075 m² par 100 m³ de gaz épurés par 24 heures.

On emploie de préférence, dans les grandes usines, des appareils continus, avec agitateur rotatif intérieur. L'eau entre par une extrémité et le gaz circule en sens inverse. On supprime ainsi toute main-d'œuvre autre que celle qui est nécessaire, une fois par an environ, pour enlever les incrustations de calcaire formées sur les palettes agitatrices. La surface nécessaire pour l'installation de l'appareil est considérablement moindre que celle des caisses à sciure ; cela est très important dans les villes où le terrain a souvent une grande valeur. L'appareil Kirckham, basé sur ce principe est constitué par un cylindre fixe en fonte de 3 m. de diamètre et 6 m. de longueur, placé horizontalement sur le sol et à moitié rempli d'eau. Il est divisé par une série de cloisons parallèles aux bases du cylindre en 6 compartiments dont les communications sont assez étroites pour que le gaz et l'eau circulent nécessairement de l'une à l'autre, d'une façon continue, sans aucun retour possible en arrière. Il est traversé suivant son axe par un arbre tournant à raison de un tour en trois minutes ; cet arbre porte des palettes tournant dans chaque compartiment, de façon à plonger alternativement dans l'eau, puis à venir ensuite passer dans le gaz, de façon à renouveler constamment les surfaces liquides en contact avec le gaz.

L'épuration de *l'hydrogène sulfuré* s'est faite au début au moyen de la chaux suivant la réaction :

$$Ca\,O\,H^2\,O + H^2S = Ca\,S + 2\,H^2O.$$

On enlevait en même temps ainsi tout ou partie de l'acide carbonique. Mais ce procédé malgré sa simplicité est presque partout abandonné, en raison de la difficulté de se débarrasser du sulfure de calcium. Abandonné à l'air, il empoisonne l'atmosphère par le dégagement d'hydrogène sulfuré :

$$CaS + H^2O + CO^2 = Ca\,O\,C\,O^2 + H^2S$$

et il empoisonne en même temps les cours d'eau par la formation simultanée de bisulfure de calcium soluble :

$$2\,Ca\,S + O + CO^2 = Ca\,O\,CO^2 + Ca\,S^2.$$

Ce procédé est cependant employé encore aujourd'hui en Angleterre, parce qu'il permet l'épuration du sulfure de carbone. On absorbe en effet ce corps par le sulfure de calcium pour former un sulfocarbonate

$$Ca\,S + CS^2 = Ca\,S,\ C\,S^2.$$

En Angleterre, et à Londres en particulier, on se débarrasse de ces matières sulfureuses, en les chargeant dans des navires et les portant en pleine mer.

L'épuration du sulfure de carbone par cette réaction est incomplète, parce que le sulfocarbonate présente dès la température ordinaire une certaine tension de dissociation ; elle est d'autre part très aléatoire, car si on ne change pas à temps les matières épurantes, et qu'il reste dans le gaz de l'acide carbonique non absorbé, celui-ci décompose le sulfocarbonate en mettant brusquement en liberté l'hydrogène sulfuré et le sulfure de carbone absorbés pendant une semaine peut-être.

L'épuration de l'hydrogène sulfuré se fait aujourd'hui presque partout au moyen de sesquioxyde de fer provenant le plus souvent de la décomposition du sulfate de fer par la chaux ; on emploie parfois aussi du minerai de fer naturel et même de vieilles ferrailles rouillées. Ce dernier procédé n'est pas à recommander, car ces ferrailles renferment toujours du fer métallique qui peut, avec l'oxyde de carbone du gaz, donner du fer carbonyle ; la présence de ce corps dans le gaz met tout de suite hors de service les manchons Auer. Cet accident s'est produit autrefois à Nancy.

La réaction utilisée est la suivante :

$$Fe^2 O^3 + H^2 S = 2 FeS + 3 H^2O + S.$$

On peut régénérer l'oxyde de fer aux dépens du sulfure formé par simple oxydation à l'air, selon la formule :

$$2 Fe S + 3 O = Fe^2 O^3 + 2 S.$$

Théoriquement l'oxyde de fer pourrait être indéfiniment régénéré ; en pratique on n'arrive guère à faire plus de 60 opérations. Il existe en effet dans le gaz une très petite quantité de cyanogène qui transforme peu à peu l'oxyde de fer en bleu de Prusse sur lequel l'hydrogène sulfuré ne se fixe plus.

L'opération se fait dans des cuves semblables aux cuves à sciure où l'on introduit un mélange de sciure et d'hydrate de chaux que l'on arrose avec une solution concentrée et bouillante de sulfate ferreux. Le rôle de la sciure est de diviser la masse et la rendre perméable aux gaz. On fait passer successivement le gaz dans trois cuves de façon à faire une épuration méthodique. On arrive ainsi à enlever la totalité de l'hydrogène sulfuré contenu dans le gaz. Un papier imprégné d'acétate de plomb doit pouvoir y séjourner sans se teinter aucunement.

La régénération de l'oxyde de fer est un problème délicat, qui a reçu suivant les temps et les lieux des solutions tout à fait différentes. A la Compagnie Parisienne, on emploie de toutes petites cuves, où les ouvriers viennent prendre la matière épuisée à la pelle ; ils la chargent dans des brouettes, vont la verser sur une aire couverte, à côté de l'atelier et la retournent là de temps à autre avec un râteau. Dans les usines anglaises on préfère employer de grandes cuves, d'où la matière est enlevée par des procédés mécaniques ; elle est ensuite labourée par une charrue traînée par un cheval. Il y a là une économie évidente de main-d'œuvre, mais l'avantage est plus apparent que réel en raison d'un inconvénient inhérent à l'emploi des grandes cuves. Il faut mettre hors de service chaque cuve, non pas lorsque toute sa matière est épuisée, mais dès qu'elle l'est sur une section verticale quelconque, car en ce point il passe du gaz non épuré. Il est évident que pour de grandes cuves la chance qu'une colonne verticale soit épuisée trop tôt est plus grande que pour de petites cuves ; il faudra donc faire la régénération quand la matière sera, en moyenne, moins complètement épuisée. Chaque revivification coûte donc moins cher, mais il faut en faire davantage.

On commence à utiliser un procédé plus simple, dont l'idée première est déjà très ancienne, mais que l'on a longtemps considéré comme trop dangereux pour pouvoir l'employer, au moins dans les grandes usines. Il consiste à faire la régénération dans la cuve même en soufflant de l'air à travers la masse épurante. L'échauffement dû à la chaleur d'oxydation peut donner lieu à des incendies ; il faut, pour les éviter, ralentir suffisamment le passage de l'air et le mêler à un excès de vapeur d'eau. On est toujours obligé de remuer les matières dans les cuves pour empêcher leur agglomération et leur tassement qui s'opposeraient au passage des gaz. On craint tellement le feu, et avec raison, partout où l'on manipule le gaz d'éclairage, que ce procédé de revivification a longtemps été considéré comme irréalisable sur une grand échelle.

Un procédé plus simple encore consiste à mêler de l'oxygène au gaz, de telle sorte que l'oxyde de fer n'exerce plus alors qu'une action de présence, il n'y a pas à proprement parler à régénérer la masse. L'oxydation dans ce cas commence d'ailleurs à se produire avant les cuves à oxyde de fer. Ce procédé se répandra sans doute rapidement, quand on pourra fabriquer l'oxygène à un prix suffisamment bas. L'oxygène de l'air ne convient pas aussi bien, parce qu'il laisse derrière lui son azote, qui dilue le gaz et en diminue le pouvoir éclairant. Peut-être cependant y aurait-il intérêt à ajouter ainsi au gaz une petite quantité d'air pour épurer l'hydrogène sulfuré, quitte à forcer les additions de benzol pour retrouver le pouvoir éclairant réglementaire.

Les frais d'épuration à Paris reviennent à 0,15 fr. les 100 m³ ; dont 2/3 pour la matière et 1/3 pour la main-d'œuvre.

Prix de revient. — Le tableau suivant donne les prix de revient comparatifs, aux 100 m³, pour trois grandes villes en 1885. Le gaz est supposé rendu chez le consommateur ; ce prix de revient comprend donc les frais de distribution :

	Paris	Londres	Reims
Matières premières	8,42	6,40	7,83
Sous-produits vendus	7,00	4,17	3,53
Reste	1,42	2,23	4,30
Main-d'œuvre	1,52	1,33	1,20
Entretien général	1,75	1,48	2,00
Epuration	0,16	0,30	0,05
Frais généraux et distributions	2,30	2,00	2,20
Total	7,15	7,34	9,75

Ces chiffres ne comprennent pas les intérêts du capital engagé qui à Paris sont voisins de 3 fr.

Il ne sera pas hors de propos d'expliquer ici comment du gaz revenant en nombres ronds à 0,10 fr. le mètre cube, était vendu autrefois 0,30 fr. C'est là une question que les Parisiens se sont souvent posée mais qui ne leur a pas toujours été expliquée clairement. Cette différence de 0,20 fr. ne représente pas, comme on se l'est souvent figuré, les bénéfices de la Compagnie. La ville touchait en effet sur ces 0,20 fr., 0,10 fr. répartis sous trois rubriques différentes : un droit fixe de 2 fr. par 100 m³ remplaçant le droit d'octroi fixe de 6 fr. par tonne, payé par tous les consommateurs parisiens de charbon ; puis l'éclairage gratuit des rues de Paris et de tous les bâtiments publics ayant des relations plus ou moins directes avec la ville, depuis les grands établissements d'enseignement supérieur, jusqu'aux cafés concerts des Champs Elysées ; enfin le partage par moitié avec les actionnaires des bénéfices restant après ces différents prélèvements. De telle sorte que l'abaissement de 0,10 fr. du prix de vente du gaz, donné aux Parisiens comme un grand avantage, a été pris en partie sur les ressources de la ville de Paris, qui a dû remplacer le déficit ainsi produit dans ses finances par de nouveaux impôts payés sous une autre forme par les consommateurs de gaz.

HYDROGÈNE

Jusqu'à ces dernières années les usages industriels de ce gaz étaient assez limitées et ne comportaient pas pour sa fabrication d'installations bien importantes. Il servait au gonflement des ballons militaires et avait été employé pour la soudure de l'acier au chalumeau oxhydrique. Dans cette dernière application cependant il avait été bientôt détrôné par l'acétylène, qui tend lui-même à disparaître devant la soudure électrique.

Depuis quelques années la situation a changé du tout au tout ; on peut prévoir un développement prochain très considérable des applications de l'hydrogène. On l'emploie déjà pour l'hydrogénation des huiles végétales par les nouvelles méthodes catalytique et l'on commence à s'en servir pour la synthèse de l'ammoniaque. On peut prévoir enfin, que dans un avenir peu éloigné on arrivera à mettre au point des méthodes pour la synthèse des pétroles ; cette industrie nécessitera encore des quantités importantes d'hydrogène.

La préparation de l'hydrogène est toujours une opération coûteuse ; la plupart des procédés retirent ce gaz de l'eau. Il faut pour la dissociation de l'eau dépenser une quantité de puissance égale et de signe contraire à celle que peut fournir l'hydrogène dans sa combustion et même notablement plus en raison de l'impossibilité pratique d'arriver à opérer cette décomposition par des procédés entièrement réversibles.

Le premier mode de préparation employé pour l'hydrogène servant au gonflement des ballons a consisté à décomposer l'eau par le fer en présence de l'acide sulfurique. L'oxydation du fer et la combinaison de l'oxyde avec l'acide sulfurique fournissent l'énergie nécessaire, mais c'est là une source d'énergie très coûteuse.

On a ensuite employé pour cette décomposition l'énergie électrique. On électrolysait une solution alcaline entre deux électrodes en fer. C'est là un procédé de fabrication d'un emploi très commode, mais qui utilise encore une source d'énergie coûteuse : l'électricité, et en dépense une quantité notablement supérieure à la quantité théoriquement nécessaire. La décomposition réversible de l'eau par le courant électrique nécessiterait une force électromotrice de 1 volt, pratiquement il faut 1,75 volt en raison du phénomène de polarisation des électrodes et de la résistance chimique de l'électrolyte. En comptant le kilowatt à 12 centimes, prix fréquent aujourd'hui (1924) la dépense d'électricité, abstraction faite de tous les frais accessoires de fabrication, est de 0,50 fr. par mètre cube d'hydrogène.

L'énergie fournie par la combustion du charbon est moins coûteuse et on a cherché à l'utiliser directement pour la fabrication de l'hydrogène. On a repris le vieux procédé par lequel Lavoisier a découvert la composition de l'eau, lorsqu'il cherchait précisément à fabriquer de l'hydrogène pour le gonflement des ballons. On décompose la vapeur d'eau au rouge par le fer métallique en formant de l'oxyde de fer, puis on régénère le métal en réduisant l'oxyde produit par de l'oxyde de carbone provenant de la combustion incomplète du charbon. En comptant la tonne de houille à 100 fr., l'énergie calorifique revient 4 fois moins cher que l'énergie électrique comptée à 12 centimes le kilowatt. En réalité cependant, le prix de revient n'est pas meilleur que par l'électrolyse ; les réactions ne sont pas réversibles et il y a de l'énergie ainsi perdue ; de plus, l'opération doit être conduite très lentement de façon à donner aux phénomènes de diffusion des gaz et de transmission de la chaleur, le temps de se produire. Cela conduit à employer des appareils de très grande dimension, d'un prix coûteux de premier établissement et perdant beaucoup de chaleur par rayonnement. Ce procédé ne sert guère que pour la préparation de l'hydrogène très pur demandé par l'aérostation militaire.

Depuis longtemps déjà, M. Claude avait imaginé une autre façon d'utiliser l'énergie calorifique du charbon, consistant à préparer le gaz à l'eau, mélange d'oxyde de carbone et d'hydrogène, par les procédés ordinaires, puis à séparer les deux constituants de ce gaz par liquéfaction, l'oxyde de carbone étant enlevé à l'état liquide et l'hydrogène étant obtenu à l'état gazeux. Le mode opératoire est exactement le même que pour la séparation des éléments de l'air par liquéfaction. Dans ce cas cependant, les températures atteintes sont bien plus basses encore que dans le cas de l'air et le graissage du piston de la machine avec l'essence de pétrole ne suffit plus. M. Claude a employé comme lubrifiant l'azote liquide qui lui a donné toute satisfaction. L'hydrogène est ainsi mêlé d'une certaine proportion d'azote mais cela n'a aucun inconvénient quand l'hydrogène ainsi préparé est destiné à la synthèse de l'ammonique.

Actuellement le procédé le plus économique de préparation de l'hydrogène, imaginé également par M. Claude, consiste à le retirer du gaz de distillation des fours à coke, en employant, comme dans le cas du gaz à l'eau, le procédé de la liquéfaction. L'avantage de ce procédé est le bas prix auquel on compte aujourd'hui la matière première d'où l'on extrait l'hydrogène. Les gaz de four à coke servent au chauffage de ces fours et n'ont d'autre valeur que celle de leur pouvoir calorifique. Si l'on compte à 100 fr. la tonne le prix d'une houille donnant 7.000 calories au kilog, le mètre cube d'hydrogène donnant 2.600 calories vaut en nombres ronds 4 centimes. Les frais de séparation de l'hydrogène sont d'ailleurs payés par la valeur ou la plus value des sous-produits obtenus. L'extraction du benzol se faisant sous pression est plus complète, les rendements sont grandement améliorés ; enfin on obtient l'éthylène à un degré d'enrichissement tel que sa transformation en alcool est considérablement facilitée.

CHAPITRE HUITIÈME

GAZ PAUVRE DE GAZOGÈNE

Théorie. — Principe. — Limite des réactions. — Vitesse de réaction. — Houille. — Influence des cendres. — Température dans la masse du combustible. — Mécanisme théorique de la combustion. — Adjonction de vapeur d'eau. — Influence de la conductibilité. — Fusion des cendres.

Données pratiques. — Nature des charbons. — Soufflage. — Tirage naturel. — Ventilateurs. — Souffleurs à vapeur. — Addition d'eau et d'acide carbonique. — Décrassage. — Chargement et piquage. — Construction des gazogènes.

Types de gazogènes. — Siemens. — Duff. — Taylor. — Kerpely. - Wilson. — Talbot. — Sépulchre.

THÉORIE

Principe. — Une masse de combustible incandescent suffisamment épaisse, traversée par un courant d'air, donne la réaction :

$$C + 1/2\ O^2 + 2\ Az^2 = CO + 2\ Az^2 \text{ avec dégagement de } +29{,}1 \text{ Cal.}$$

Traversée de même par un courant de vapeur d'eau elle donne la réaction :

$$C + H^2O = CO + H^2 \text{ avec absorption de } -30 \text{ Cal.}$$

La production simultanée de ces deux réactions, associées dans des proportions variables, est la base de la fabrication du gaz pauvre, employé aujourd'hui sur une très grande échelle pour le chauffage des fours métallurgiques ou pour la production de la force motrice dans les moteurs à gaz.

La transformation par ce procédé du charbon solide en combustible gazeux a pris un développement énorme dans l'industrie en raison des avantages considérables des combustibles gazeux. Ces avantages sont : l'absence de cendres encrassant les foyers par la formation de mâchefers ; la possibilité de régler rigoureusement la proportion d'air nécessaire pour une combustion complète ; et avant tout la possibilité de récupérer la chaleur perdue des fumées par les procédés de sir William Siemens. Enfin l'emploi de ces combustibles donne un chauffage plus régulier, sans changements brusques de température susceptibles de disloquer les fours, comme il s'en produit avec les combustibles solides, chaque fois que l'on ouvre la porte du foyer pour le chargement du combustible ou le décrassage de la grille.

Cette transformation du charbon en combustible gazeux, très simple à décrire sur le papier, est en fait une opération très difficile à réaliser convenablement. Son succès plus ou moins complet dépend d'un certain nombre de facteurs que nous allons passer successivement en revue, avant d'étudier les différents types d'appareils, ou *gazogènes*, employés pour cette transformation.

Limite des réactions. — Les réactions indiquées plus haut pour la formation d'oxyde de carbone en partant du charbon ne sont pas en réalité complètes. Il se produit des équilibres variables avec la température, résultant d'une part du dédoublement de l'oxyde de carbone en acide carbonique et charbon :

$$2\,CO = CO^2 + C \text{ dégageant } +39 \text{ Cal.}$$

et d'autre part de l'action sur l'oxyde de carbone de la vapeur d'eau en excès non décomposée par le charbon :

$$H^2O + CO = CO^2 + H^2 \text{ dégageant } +9{,}9 \text{ Cal.}$$

Le gaz obtenu renferme donc toujours de l'acide carbonique, en proportion d'autant moindre que la température est plus élevée, et de la vapeur d'eau non décomposée.

Il existe à chaque température certains états d'équilibre entre les cinq corps : C, CO, CO^2, H^2, H^2O. Il est très important de préciser ces équilibres, car ils permettent de se rendre compte, dans chaque cas particulier, de l'écart entre les résultats pratiquement obtenus et les résultats théoriquement possibles, en un mot de déterminer les conditions du rendement maximum en gaz combustibles.

Nous avons précédemment étudié en détail ces phénomènes d'équilibre (pages 65 à 89). Il suffira de reproduire ici les données numériques. Nous les présenterons sous une forme un peu différente. Le tableau ci-dessous donne d'après les nombres de MM. Boudouard et Haber, les rapports des proportions de gaz en équilibre au contact du carbone solide.

$t°$	CO/CO^2	$CO/CO^2 : H^2/H^2O$	H^2/H^2O
500°	0,106	0,25	0,42
600	0,94	0,41	2,3
700	3,70	0,59	6,2
800	11,1	0,88	13,6
900	64	1,20	45
1.000	165	1,60	103

En réalité ces calculs ne sont pas tout à fait exacts, parce que l'on n'a pas tenu compte de l'influence de la pression partielle des différents gaz combustibles, qui intervient dans les conditions d'équilibre relatives à la première et à la dernière colonnes. L'action de la vapeur d'eau sur le charbon n'introduit pas, comme l'air, d'azote dans le mélange et augmente par suite la pression partielle des gaz combustibles ; mais cette influence est faible et peut être négligée en présence de l'incertitude actuelle sur les résultats expérimentaux qui servent de base à ces calculs.

Un fait résultant immédiatement de ces nombres est l'impossibilité de faire disparaître, comme on l'a parfois cherché, l'acide carbonique des gaz pauvres en augmentant l'épaisseur de la couche de charbon traversée par le mélange gazeux. Il y a une limite inférieure pour la teneur en acide carbonique dépendant exclusivement de la température de sortie des gaz du gazogène.

Vitesse de réaction. — L'état final d'équilibre, indiqué au paragraphe précédent, n'est dans tous les cas atteint qu'après un certain temps, d'autant plus long que la température est plus basse. Au dessous de 600° la vitesse de réaction de l'acide carbonique sur le charbon est tellement lente que pratiquement l'état d'équilibre n'est jamais atteint. Au dessus de 1200° on peut considérer la réaction comme instantanée ; le gaz aussitôt en contact avec le charbon réagit sur lui. Entre 700° et 1000° les vitesses de réaction ont des valeurs finies et apréciables, c'est-à-dire ni infiniment petites ni infiniment grandes ; la composition du mélange gazeux se rapproche plus ou moins de la composition limite d'équilibre, suivant la vitesse du courant gazeux. Dans le procédé Delwick-Fleischer, pour la préparation du gaz à l'eau, on obtient dans le même appareil, comme nous l'avons vu, de l'acide carbonique par l'action d'un courant d'air extrêmement rapide sur le charbon, et de l'oxyde de carbone avec la vapeur d'eau dont on réduit suffisamment la vitesse de passage.

Houille. — L'emploi de la houille dans les gazogènes donne lieu à une série de réactions nouvelles, qui viennent compliquer celles de l'air et de la vapeur d'eau sur le charbon. Sous l'action de la chaleur, la houille distille des gaz, des goudrons et de la vapeur d'eau. Ces corps gazeux peuvent ensuite se décomposer sous l'action de la chaleur ou réagir les uns sur les autres. Il y a, comme précédemment, à distinguer les conditions d'équilibre vers lesquelles s'orientent ces réactions chimiques et la vitesse avec laquelle ces réactions se produisent.

La première réaction est la distillation des produits volatils de la houille. A la température ordinaire la houille est un corps hors d'équilibre. Elle tend à se décomposer en acide carbonique, méthane, azote et carbone. A chaud au contraire, à 1000° par exemple, le méthane et les autres carbures d'hydrogène ne sont plus stables ; ils tendent tous à se décomposer en carbone et hydrogène ; en même temps l'acide carbonique tend à réagir sur le charbon et l'hydrogène en donnant des équilibres avec formation d'oxyde de carbone et d'hydrogène.

L'action de la chaleur sur la houille ne donne pas directement les corps correspondant aux états définitifs d'équilibre ; il se produit des composés intermédiaires qui tendent ensuite à disparaître, notamment des carbures plus ou moins condensés, qui constituent les goudrons, et de l'eau. Ces dégagements de matières volatiles commencent d'une façon notable vers 500° et sont à peu près terminés vers 900°. Ils se produisent à la partie supérieure du gazogène, au-dessus du niveau de combustion du charbon.

Cette distillation de matières volatiles est accompagnée d'un phénomène bien connu, celui de la cokéification. Vers 350°, comme nous l'avons indiqué précédemment, la houille grasse se ramollit et les différents fragments se soudent entre eux pour former une masse compacte qui restera telle pendant la distillation et laissera un bloc de coke solide. Ce phénomène a l'avantage de coller entre elles les parties fines et de les transformer en morceaux plus gros, Cela permet d'employer les fines grasses d'une façon très avantageuse dans les gazogènes, comme du reste dans tous les foyers. Par contre, cette agglomération a l'inconvénient de tendre à obstruer le gazogène, en formant un gâteau compact de coke, qui ne laisse plus passer les gaz et ne peut pas descendre lorsque le gazogène, du fait de la combustion, se vide par le bas. Il faut un travail de piquage pénible et onéreux pour briser le coke au fur et à mesure de sa formation.

Parmi les produits distillés, les trois plus abondants sont le méthane, la vapeur d'eau et les goudrons. Voyons leur façon de se comporter.

Les conditions de stabilité du méthane ne sont pas connues d'une façon précise. C'est un corps formé avec dégagement de chaleur, il est donc de plus en plus stable aux basses températures. Des expériences un peu vagues semblent indiquer que vers 1000°, les conditions d'équilibre entre l'hydrogène, le carbone et le méthane correspondent à une proportion de méthane de quelques centièmes seulement par rapport à l'hydrogène. Il doit par contre être assez stable vers 600° ou 700° surtout dans les gaz de gazogène qui renferment toujours un excès d'hydrogène. A 800° il se décompose déjà rapidement et à 900° sa décomposition est instantanée, au moins jusqu'à la proportion limite correspondant à l'état d'équilibre.

Les goudrons se décomposent aussi sous l'action de la chaleur, mais on ne sait rien sur leurs températures de décomposition. Elles doivent être un peu inférieures à celle du méthane. L'expérience montre que dans les gazogènes, si les gaz sortent au-dessous de 800°, les goudrons restent en partie indécomposés et vont se condenser dans les conduits refroidis. Il faut tous les quinze jours ou tous les mois nettoyer ces conduits. Si au contraire les gaz sortent à une température supérieure à 800°, les goudrons et le méthane se décomposent complètement en donnant du noir de fumée très léger qui obstrue les galeries bien plus rapidement que les goudrons. Il faut alors nettoyer les conduits presque tous les jours.

L'eau de la distillation de la houille ou celle qui a traversé la masse de combustible sans être décomposée, réagit sur les gaz combustibles. Elle agit d'abord sur l'oxyde de carbone en donnant la réaction équilibrée :

$$H^2O + CO = H^2 + CO^2.$$

Cette réaction se continue à bien plus basse température que l'action de l'eau et de l'acide carbonique sur le charbon. Elle doit être encore assez rapide à 300°. On peut donc admettre que dans les gaz de gazogène, toujours plus chauds, il y a équilibre complet entre les quatre gaz : H^2, H^2O, CO^2, CO. Nous avons donné plus haut (page 328) les valeurs aux différentes températures, des rapports de l'oxyde de carbone à l'acide carbonique et de l'hydrogène à la vapeur d'eau.

Enfin la vapeur d'eau agit sur les goudrons et le méthane en donnant de l'hydrogène et de l'oxyde de carbone :

$$CH^4 + H^2\,O = CO + 3\,H^2.$$

Mais les températures auxquelles cette réaction se produit et la vitesse de cette réaction ne sont pas connues. L'équilibre tend à se renverser vers les basses températures.

Dans le chauffage des fours métallurgiques, la présence des goudrons n'a pas une bien grande importance, surtout avec le système des fours à récupération, parce que l'inversion alternative du gaz et des fumées brûle à chaque inversion les goudrons qui auraient pénétré dans les chambres de récupération. Leur présence est au contraire extrêmement nuisible pour le fonctionnement des moteurs à gaz pauvre et il faut pour cet usage enlever les goudrons avec le plus grand soin, en employant des appareils d'épuration souvent assez compliqués. La décomposition des goudrons donne dans les soupapes du moteur un dépôt de coke qui s'oppose à la fermeture de ces soupapes et occasionne des fuites mettant bientôt le moteur dans l'impossibilité de fonctionner.

Influence des cendres. — Tous les combustibles solides employés dans les gazogènes renferment des proportions de cendres souvent importantes, toujours plus de 5 % et parfois jusqu'à 25 %. La présence de ces cendres est la cause de difficultés très sérieuses dans le fonctionnement des gazogènes ; les types innombrables de ces appareils, que l'on fait tous les jours breveter, prétendent tous mieux se tirer que leurs concurrents des difficultés relatives à la présence des cendres, sans y arriver d'ailleurs jamais d'une façon satisfaisante. Le problème des cendres est la question dominante dans l'étude de tous les gazogènes. Ces cendres fondent partiellement en formant des mâchefers ; ceux-ci s'opposent d'abord au passage de l'air à la base du gazogène, puis, augmentant de volume, ils forment de grosses boules qui restent au milieu du gazogène et occupent la place qui devrait être laissée au charbon ; enfin ils vont se coller contre les parois du gazogène dont ils réduisent progressivement la section jusqu'à l'obstruer presque complètement. L'enlèvement de ces mâchefers demande une main d'œuvre très onéreuse, occasionne la dégradation des parois intérieures du gazogène et entraine des pertes de charbon non brûlé. Cet enlèvement devient même impossible quand les mâchefers ont trop complètement fondu et sont devenus très durs. Bien entendu cette formation des mâchefers est fonction de la fusibilté des cendres. Nous avons donné plus haut des tableaux de la fusibilité d'un grand nombre de cendres de combustibles minéraux. Leurs points de fusion sont habituellement compris entre 1150° et 1500°.

Les cendres ont encore un autre inconvénient dans le gaz destiné à alimenter des moteurs ; entraînées en petite quantité avec le gaz, elles usent les parois des cylindres. En fait cependant les cendres ainsi entraînées sont en très faible proportion, bien moins abondantes que dans les gaz de haut-fourneau, en raison de la plus lente circulation des gaz ; dans un gazogène cette vitesse peut être cent fois moins grande qu'au gueulard des hauts-fourneaux. De plus, l'épuration des goudrons, toujours nécessaire, suffit pour enlever la faible proportion de poussière contenue dans le gaz ; aussi ne se préoccupe-t-on pas habituellement de ce danger des cendres.

Température dans la masse du combustible. — Pour empêcher la formation trop abondante de mâchefer, il faut éviter la production de températures trop élevées dans la masse du charbon en combustion. A première vue ce problème peut sembler insoluble, car la température normale de combustion du charbon est supérieure aux températures indiquées pour la fusion des cendres de combustibles minéraux. Mais il se produit dans la combustion d'une masse un peu épaisse de charbon des phénomènes très curieux, sur la grandeur desquels on ne possède malheureusement pas de données expérimentales précises ; on peut cependant discuter d'une façon théorique l'ordre de grandeur de ces phénomènes et se rendre compte dans quel sens ils varient avec la construction et la conduite des gazogènes.

Nous avons calculé précédemment la température de combustion du carbone pur et nous avons trouvé

Combustion pour CO^2	2.040°
Combustion pour CO	1.280°

On serait tenté à première vue de croire que ces nombres donnent les températures maxima produites dans la masse de charbon ; il n'en est rien. Ces chiffres donnent uniquement la température à laquelle les fumées se dégagent du foyer, mais dans l'intérieur de la masse en combustion il s'est produit des températures bien plus élevées ; cela résulte de ce que le charbon était déjà chaud au moment de la combustion. Il avait été chauffé par les produits de la combustion qui prennent les températures finales indiquées plus haut seulement après s'être refroidis en échauffant le charbon froid.

De plus dans la combustion pour oxyde de carbone, la combustion se fait en deux phases : le charbon brûle d'abord pour CO^2

en dégageant toute sa chaleur ; puis plus loin l'oxyde de carbone se produit par la réaction de cet acide carbonique sur une nouvelle quantité de charbon ; la température s'abaisse alors, et le gaz riche en oxyde de carbone se dégage finalement à 1280°.

En outre il se produit d'un point à l'autre du gazogène des échanges de chaleur par conductibilité qui tendent à niveler les différences de température. De même les pertes de chaleur par rayonnement extérieur abaissent la température moyenne de la masse.

Enfin l'addition de vapeur d'eau à l'air de soufflage diminue un peu par sa masse la température de la zone à combustion pour CO^2 et beaucoup celle de la zone à formation de CO par suite de la chaleur latente absorbée dans la décompositon de l'eau par le charbon.

Nous allons successivement discuter ces trois phénomènes :

Mécanisme théorique de la combustion ;
Influence de la conductibilité ;
Adjonction de vapeur d'eau.

Mécanisme théorique de la combustion. — Supposons un gazogène théorique rempli de charbon pur en fragments infiniment petits, répartis d'une façon uniforme dans l'espace avec une densité moyenne égale à l'unité. Cela correspond, étant donnée la densité du charbon de 1,8 à un vide de 44 % du volume total, chiffre qui ne doit pas s'éloigner beaucoup de la réalité.

Nous supposons le charbon arrivant d'une façon continue par le haut du gazogène à raison de 1 atome, soit 12 g. par 1 seconde et par mètre carré. Cela correspond à un chiffre tout à fait normal de 43,2 kg. de charbon brûlé par mètre carré et par heure.

La quantité correspondante d'air, admise par le bas, en supposant la combustion complète pour oxyde de carbone suivant la réaction :

$$C + 1/2\, O^2 + 2\, Az^2 = CO + 2\, Az^2$$

sera de 2,5 molécules et la quantité de gaz circulant au milieu de la masse de combustible sera de 3 molécules de gaz, soit 67 l. Cela corerspond, en supposant les gaz à la température ordinaire, à une vitesse moyenne de 0,067 m. par seconde s'il n'y avait pas de charbon, et, à travers les vides du charbon égaux à 0,44 de la section totale, à une vitesse de 0,15 m. par 1 seconde. En réalité on doit pour obtenir la vitesse vraie multiplier ce nombre par le rapport des températures absolues. A 1000°, par exemple, la vitesse réelle serait environ cinq fois plus grande, soit 0,75 m. par seconde, ce sont là des vitesses très faibles pour des gaz. C'est un point important à retenir. Les échanges de chaleur peuvent par suite, à chaque instant, être complets entre les gaz et le combustible solide en contact. On doit donc dans chaque tranche horizontale considérer la température comme uniforme en tous les points, aussi bien dans le gaz, qu'à l'intérieur des morceaux de charbon.

Dans le cas du charbon en grains infiniment petits, offrant par suite une surface infiniment grande à l'air, on peut admettre que la combustion est instantanée pour CO, c'est-à-dire se fait dans la première tranche infiniment mince de la masse de charbon.

Les gaz à la partie supérieure sortent, comme nous l'avons indiqué, à la température de 1.280°. Pour avoir la température x dans la masse du combustible, il suffit d'écrire que la chute de température des trois molécules de gaz de cette température x à celle de 1.280° suffit pour élever la température du charbon de la température ambiante à la température x de toute la masse. En se reportant aux chaleurs d'échauffement des gaz (page 150) et à celle du charbon (page 319), on trouve :

Refroidissement des 3 mol. de gaz de 1630° à 1280° = 9,3 ;
Echauffement d'un atome de charbon de 0° à 1630° = 9,3.

On aurait pu calculer autrement cette température en cherchant à quelle température il faut prendre le charbon pour qu'en le brûlant pour CO avec de l'air froid, les produits de combustion aient précisément la température initiale du charbon.

Nous pouvons représenter graphiquement ces variations de température au moyen du schéma suivant (fig. 50). La ligne ponctuée AB représente le gazogène. A partir de la ligne AB prise comme origine des températures on porte à chaque hauteur du gazogène la température des gaz. Le point A représente l'entrée de l'air et la disparition correspondante du charbon brûlé par cet air. Le point B représente l'entrée du charbon et la sortie du gaz combustible. Entre ces deux points à l'intérieur du gazogène la température est uniforme sur toute la hauteur et égale à 1630°, aussi bien pour le gaz que pour le charbon puisque l'on a admis l'équilibre de température dans chaque tranche horizontale.

En réalité les grains de charbon ne sont pas infiniment petits et par suite la combustion finale pour CO ne peut pas être obtenue

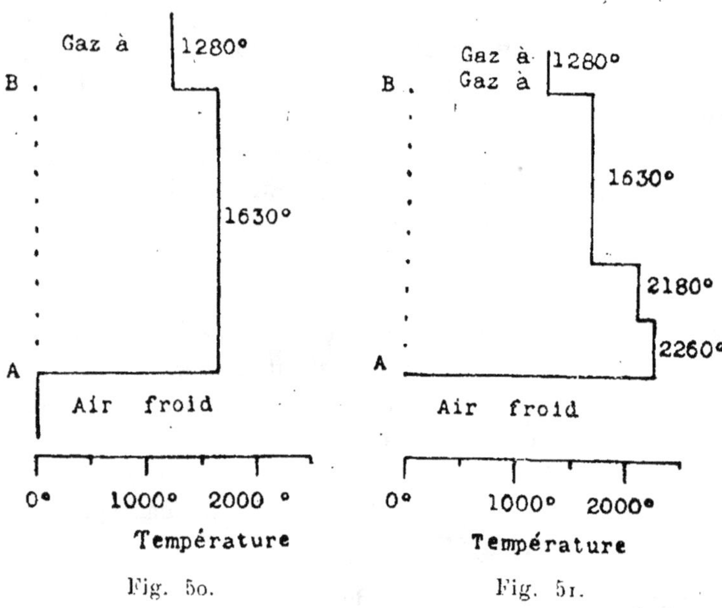

Fig. 50.

Fig. 51.

dans la première couche infiniment mince de charbon. Les réactions sont progressives et se font sur une certaine hauteur de la masse du combustible, généralement comprise entre 10 et 50 cm., suivant la grosseur des morceaux de charbon. Dans ces conditions, à l'arrivée de l'air, là où il est encore en excès, il se formera d'abord de l'acide carbonique et l'on arrivera à une zone où la combustion pour CO^2 étant complète, la température sera très élevée. Puis ces gaz très chauds échaufferont les couches supérieures de charbon et enfin peu à peu l'acide carbonique réagira sur le charbon pour donner de l'oxyde de carbone, comme dans le cas théorique et la température finale sera la même par suite de l'absorption de chaleur résultant de cette seconde partie de la combustion. Admettons par la pensée que ces phénomènes successifs se produisent instantanément, mais, à différentes hauteurs dans le gazogène et calculons la température de chacune des zones successives. Nous obtenons les chiffres suivants (fig. 51) :

Zone à combustion pour CO^2	2.260°
Echauffement du charbon par ces gaz	2.180
Zone de formation de CO	1.630
Gaz à leur sortie	1.280

En fait chacun de ces phénomènes est lui-même progressif et les deux zones à échauffement du charbon et à formation de CO se confondent. On a en réalité le diagramme (fig. 52).

On voit donc que dans toute la masse du combustible la température serait supérieure à celle de fusion des cendres les plus réfractaires (1500°) et que dans la zone la plus chaude l'excès de température serait énorme. Il ne devrait donc pas être possible de faire fonctionner un gazogène alimenté à l'air ordinaire sans produire la fusion complète des cendres.

Adjonction de vapeur d'eau. — Il est possible de baisser la température en ajoutant de la vapeur d'eau à l'air. Le rôle de cette vapeur d'eau est double. Elle augmente la masse des gaz qui circulent et par suite, pour un même dégagement de chaleur, la température est moindre, mais surtout sa décomposition au contact du charbon est accompagnée d'une absorption considérable de chaleur. La première de ces actions agit seule dans la zone à formation de CO^2 et la seconde agit en plus dans la zone à formation de CO, dont la température est ainsi plus fortement abaisée.

Soit par exemple l'adjonction de 1/4 de molécule de vapeur d'eau pour un atome de C, soit 375 gr. de H^2O pour 1 kil. de C. Nous admettrons que dans la zone à CO, les réactions restent complètes, c'est-à-dire qu'il ne se forme que de l'oxyde de carbone et que la totalité de la vapeur d'eau soit décomposée. Cela n'est pas tout à fait exact en raison des équilibres de plus en plus importants à mesure que la température devient plus basse.

$$C + 0,25\ H^2O + 0,75\ (O + 2\ Az^2) = CO + 0,25\ H^2 + 1,50\ Az^2.$$

Dans la zone à CO^2 la moitié du carbone est déjà disparue et par suite la proportion de vapeur d'eau est deux fois plus grande ; en faisant les mêmes calculs que précédemment nous trouvons les températures suivantes (fig. 53).

Zone à combustion pour CO^2	2.000°
Zone à combustion pour CO	1.000
Gaz à la sortie du gazogène	770

La température de la zone la plus chaude a été abaissée de 260°, et elle reste encore bien supérieure à la température de fusion de

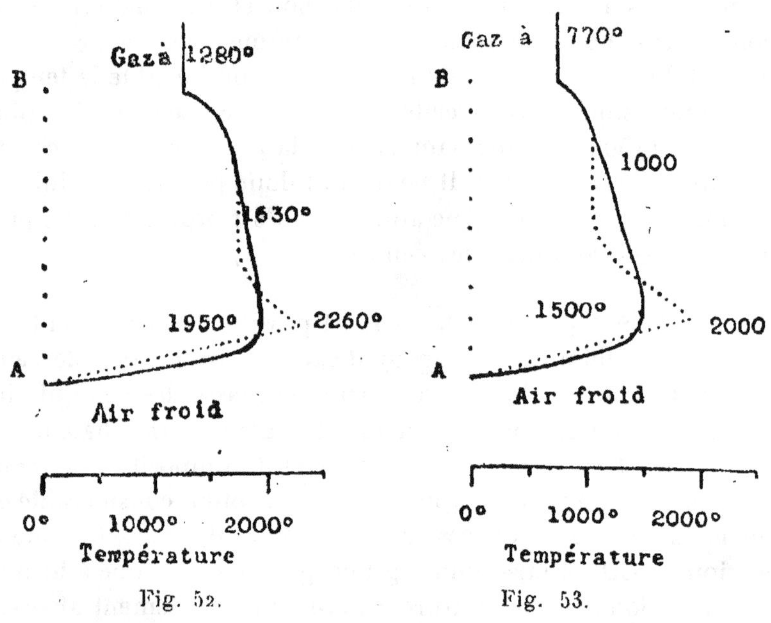

Fig. 52.

Fig. 53.

toutes les cendres. La zone à CO a été abaissée de 530°, c'est-à-dire deux fois plus et elle est tombée au-dessous de la température de fusion des cendres les plus fusibles.

Si on avait employé, au lieu de vapeur, de l'eau liquide et que l'on ait emprunté la chaleur nécessaire à sa vaporisation à la zone la plus chaude, on aurait abaissé un peu plus les températures. Dans la zone à CO^2, nous avons comme précédemment 0,5 Mol. H^2O pour 1 At. de C. Or la chaleur de vaporisation d'une molécule d'eau est de 10 Cal. Il faut donc retrancher 5 Cal. de la chaleur de combustion du charbon 97,6 Cal., soit 92,6 Cal. On trouve alors pour la zone à température maxima une centaine de degrés en moins que le cas précédent, soit 1.900°. Dans la zone à CO la température tombe à 850° et enfin la température du mélange gazeux est abaissée à la sortie du gazogène de 130° environ, de telle sorte que les gaz sortiraient à 640° en supposant toujours que les réactions pour CO sont complètes. Il semble donc à première vue que l'emploi de l'eau liquide est bien plus avantageux, mais il y a certaines difficultés pratiques à son emploi sur lesquelles nous reviendrons plus loin.

Influence de la conductibilité. — Nous avons fait abstraction dans les calculs précédents de la conductibilité de la masse de charbon. Elle existe cependant et permet des échanges de chaleur entre les zones superposées de combustible à des températures différentes et tend à égaliser leurs températures, par suite à abaisser la température des zones les plus chaudes en remontant par contre celle des zones plus froides. Elle exerce donc une action favorable tendant à la diminution de la formation des mâchefers.

Dans l'étude de la combustion des masses de charbon incandescentes, on néglige souvent les phénomènes de conduction intérieure de la chaleur. Leur existence est cependant démontrée d'une façon évidente par la basse température des foyers de faible dimension, comme les poêles d'appartement ; en marche lente leur température n'atteint pas, dans les parties les plus chaudes, un milier de degrés ; les cendres en sortent sans aucune apparence d'agglomération. Or d'après le calcul précédent la température devrait être de 2.260° Il faut donc que la chaleur perdue par rayonnement extérieur ait été enlevée par conductibilité jusqu'au centre de la masse de charbon.

On ne possède pas de données précises sur la conductibilité d'une masse de charbon, mais on peut se faire une idée de son ordre de grandeur. M. Wologdine, dans ses études sur les produits réfractaires, a mesuré la conductibilité de briques en plombagine. Il l'a trouvée, à la température ordinaire, de 0,015, pour des briques dont la porosité était de 30 %. Notre masse théorique de combustible de porosité 44 % doit être moins conductrice en raison de la présence de vides plus importants. Mais d'autre part, M. Wologdine a reconnu un accroissement rapide des coefficients de conductibilité avec la température. Il ne semble donc pas déraisonnable d'attribuer vers 1.500° à une masse de charbon dans un gazogène une conductibilité égale à celle de la brique de plombagine à la température ordinaire, d'autant plus qu'à cette température, le rayonnement à travers les vides prend une grande importance.

Le calcul des pertes de chaleur de la zone chaude à CO^2 vers les zones froides à CO peut se faire ainsi. Admettons une distance

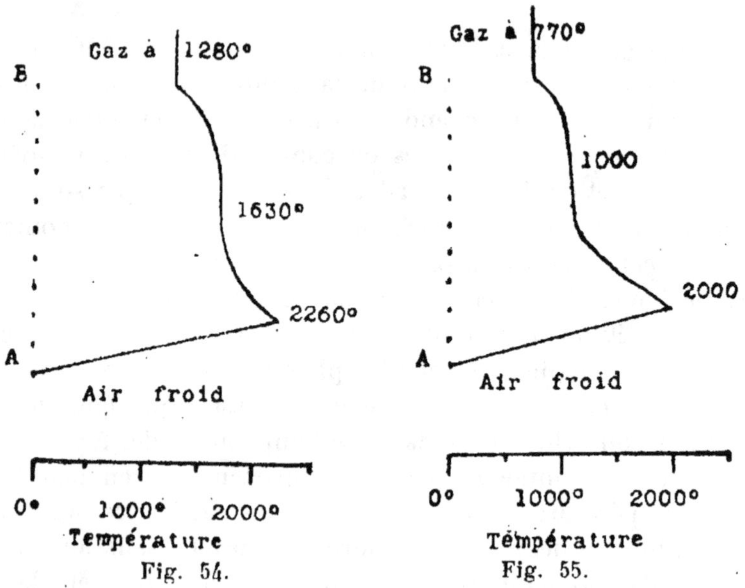

Fig. 54. Fig. 55.

de 10 centimètres entre les deux zones et un écart de 1.000°, comme cela est le cas du gazogène alimenté avec de l'air humide dans les proportions adoptées plus haut :

Le coefficient de 0,015 Cal.-gr. par cm^3 par seconde et par degré donne dans ces conditions une chute de 15 Cal.-kil. par m^2 et par seconde. Or, dans ce temps, la quantité de carbone brûlé dans la zone CO^2 est la moitié de celle introduite dans le gazogène, soit $\frac{1}{2}$ atome dégageant en brûlant 48,8 Cal. La comparaison de ces deux nombres et leur rapprochement des chaleurs d'échauffement des gaz, conduirait à une chute de température de 500°, si la température de la zone moins chaude n'augmentait pas en même temps. Cette hypothèse est évidemment inexacte et la chute de température ne doit guère dépasser 300°.

Avec l'air sec la différence de température entre les deux zones n'est que 630°. Cela correspondrait à une chute de température du fait de la conductibilité de 300° seulement qu'il faut réduire à 200° environ, pour tenir compte de l'échauffement correspondant des régions moins chaudes.

La tranche chaude envoie en même temps de la chaleur vers l'entrée d'air qui est plus froide, mais cette chaleur est ramenée avec l'air vers la zone en combustion de telle sorte que les deux effets se compensent et il n'y a pas, de ce fait, d'abaissement de la température de la zone chaude. Il en résulte seulement une déformation de la courbe de répartition des températures dans le gazogène. On a finalement une courbe de répartition des températures ressemblant à l'une de celles des figures 54 et 55.

Il y a un second mode d'action de la conductibilité pour égaliser les températures, important à signaler. Nous avons supposé un appareil théoriquement parfait, où tous les points d'une tranche horizontale sont à chaque instant dans la même période de transformation et par suite à la même température. En réalité les choses ne se passent pas ainsi ; les vides sont irréguliers et l'air circule inégalement suivant des colonnes verticales voisines dans le gazogène. Par suite, les zones à température maxima voisinent avec des zones plus froides à CO et la conductibilité latérale dans un plan horizontal contribue encore à l'égalisation des températures entre ces différents rayons.

On peut donc finalement admettre pour les températures maxima :

Gazogène alimenté à l'air sec	1.960°
— à l'air humide avec 0,25 H^2O par 1 C.	1.500

Il n'en résulte pas moins ce fait capital que le rôle de la conductibilité pour atténuer les maxima est d'autant moins sensible que l'allure du gazogène est plus rapide. En réduisant à moitié la quantité de charbon brûlé, soit à 0,5 atome par seconde et 1 m², la chute de température serait deux fois plus grande en théorie, soit de 1.000° dans le cas du gaz humide et dans ces conditions il ne devrait plus y avoir de cendres fondues. Ce résultat est bien conforme à l'expérience : avec des vitesses de combustion de 25 kg. par 1 m² et par 1 heure tous les charbons font un bon service. Au contraire avec une vitesse double la chute de chaleur sera moitié moindre, soit 250° ; la température de la zone chaude reste supérieure à 1.800° ; toutes les cendres doivent fondre et c'est bien ce que l'expérience confirme. Il est à peu près impossible de brûler dans un gazogène 100 kg. à l'heure par 1 m² d'un combustible très cendreux.

On doit enfin mentionner ici un dernier procédé d'égalisation des températures, indépendant de la conductibilité, mais concourant à produire un effet semblable : l'agitation de la masse de combustible par des procédés mécaniques, soit des bras que l'on promène à travers la masse de charbon incandescent, soit simplement la rotation continue de la sole.

Fusion des cendres. — La conséquence de ces difficultés pour abaisser la température au-dessous du point de fusion des cendres semble être que l'on devrait, au contraire, chercher franchement à les fondre et à les éliminer à l'état liquide du gazogène. Cette idée très simple a été la première d'Ebelmen, l'inventeur des gazogènes ; elle a depuis continué à être l'objet de recherches incessantes. Le problème est difficile ; les cendres fondues sont pâteuses et non liquides, comme c'est du reste le cas de toutes les matières très siliceuses. On devrait remédier facilement à cet inconvénient par une addition de calcaire ; les laitiers calcaires les plus fusibles fondent au-dessous de 1.300°. Dans les hauts-fourneaux cette élimination des laitiers à l'état fondu se fait très facilement. Mais quand on veut réduire les dimensions et la production de l'appareil, les difficultés commencent. Un haut-fourneau brûle en moyenne 10 t. de combustible à l'heure. On est arrivé à faire des gazogènes à fusion de cendres brûlant seulement 1,5 t. à l'heure, mais au-dessous cela ne va plus. L'appareil se bloque bientôt, il se remplit de laitier solide que l'on ne peut plus sortir ;

il faut démolir le gazogène pour enlever le bloc formé à l'intérieur. Cette difficulté doit tenir aux irrégularités de marche inévitables. On tire le laitier d'une façon continue ; il se rencontre par place dans le charbon de gros morceaux de schiste qui sont plus lents à se dissoudre dans le laitier calcaire ; il se fait des passages plus ou moins faciles aux gaz dans différents points, etc. Dès que pour une cause quelconque une solidification s'est produite en un point, elle augmente bientôt parce que le charbon au voisinage finit de brûler sans être remplacé par du charbon frais ; le courant d'air refroidit alors rapidement la masse de laitier.

Cette fusion des laitiers a un autre inconvénient. Elle exige l'emploi d'air sec et par suite la température à la sortie du gazogène est nécessairement très élevée, au moins avec les combustibles les plus usuels, employés à peu près secs. Or la chaleur sensible des gaz combustibles est bien plus difficile à utiliser que la chaleur latente apportée par l'oxyde de carbone et l'hydrogène du gaz. On arrivera cependant certainement à employer un jour des gazogènes à fusion de cendres d'une façon courante. Des appareils de très grandes dimensions peuvent seuls fournir une marche régulière. Il ne semble pas prudent de descendre au-dessous de 3 tonnes à l'heure. L'emploi de ces gazogènes semble surtout recommandable sur le carreau des mines, où ils pourront servir à brûler tous les déchets trop cendreux pour la vente, en fournissant sur place de la force motrice.

DONNÉES PRATIQUES

Nature des charbons. — On peut employer dans un gazogène toute espèce de charbon, sauf les fines maigres. Mais bien des raisons peuvent dans des circonstances particulières conduire à donner la préférence à telle ou telle variété de charbons. Les plus commodes à employer sont les maigres classés en morceaux de la grosseur d'un œuf, renfermant le moins de cendres et les cendres le moins fusibles possible. Les lignites et les houilles sèches à longue flamme donnent un gaz très riche, particulièrement convenable là où la récupération n'est appliquée qu'au chauffage de l'air secondaire et pas au chauffage du gaz. Il y a intérêt alors à avoir un gaz riche en éléments combustibles. Les maigres à courte flamme donnent un gaz moins riche, mais un gaz très propre, ne renfermant pas de goudrons et n'encrassant pas les conduits de distribution.

Les houilles grasses n'ont pas besoin d'être classées, puisqu'elles se réagglomèrent au sommet du gazogène pendant leur distillation sous l'action de la chaleur. On peut brûler des fines grasses dans un gazogène. Mais les houilles grasses ont l'inconvénient de donner un gâteau de coke très dur à briser, qui exige de la part de l'ouvrier un travail de piquage très pénible. Pour ce motif elles doivent autant que possible être mêlées avec des houilles maigres de façon à diminuer la dureté de la masse de coke.

La nature et la proportion des cendres doivent être prises très sérieusement en considération dans le choix d'un charbon pour gazogène. Avec des cendres fondant au-dessous de 1.300° et en proportion supérieure à 10 %, la conduite des gazogènes ordinaires devient difficile et pénible pour les ouvriers. On arrive cependant à faire fonctionner de grands gazogènes de 3 m. de diamètre, brûlant 50 kg. à l'heure par mètre carré, avec des charbons à 20 % de cendres. C'est là une limite maxima qui n'a guère été dépassée dans les types courants de gazogènes. Par contre, avec des teneurs en cendres inférieures à 10 % on arrive à dépasser 100 kg. à l'heure par 1 m^2.

On est arrivé à brûler des schistes houillers, déchets de l'exploitation de la houille, tenant jusqu'à 49 % de cendres, mais dans des gazogènes spéciaux à allure très lente et les frais d'installation de ces appareils très volumineux pour une très faible production compensent jusqu'ici et au délà l'avantage résultant de l'emploi de ces combustibles de qualité inférieure.

Soufflage. — La quantité d'air à faire passer à travers la masse de combustible est proportionnelle à la quantité de charbon à brûler. Pour une marche moyenne de 50 kg. de charbon à l'heure et par m^2, il faut à raison de 4,3 m^3 d'air par kilog. de charbon 200 m^3 à l'heure, ce qui donne, comme nous l'avons indiqué plus haut, une vitesse moyenne de 0,05 m. par seconde dans toute la section supposée vide et pour le gaz supposé froid. En réalité la vitesse réelle de l'air et des gaz brûlés est au moins dix fois plus forte du fait de la section moindre des vides libres et de l'élévation de la température des gaz qui en augmente le volume. Pour communiquer à un gaz une vitesse de cet ordre, il suffirait cependant de différences de pression de quelques centièmes de millimètre d'eau. Mais les remous entre les morceaux de charbon, résultant des changements incessants de section des espaces vides, éteignent à chaque instant cette vitesse qui doit de nouveau être restituée au gaz, et il faut au total des pressions motrices bien plus considérables. Avec les combustions très lentes et les faibles épaisseurs de combustibles, comme dans les anciens gazogènes Siemens, il suffit d'une pression de 5 mm., mais dans les gazogènes à allure plus rapide avec une couche épaisse de combustible la pression nécessaire pour faire circuler l'air à travers la masse de combustible peut décupler, atteindre 50 mm. et même davantage. La pression motrice croît comme le carré de la vitesse ; pour passer d'une combustion de 25 kg. à une combustion de 100 kg., chiffres extrêmes rencontrés habituellement dans la pratique, il faut faire varier les pressions dans le rapport de 1 à 16. Il faut encore ajouter à la pression nécessaire pour forcer l'air à traverser la masse de combustible, celle qui est nécessaire pour amener les gaz aux fours, où ils pénètrent par des orifices parfois très étranglés. Cette pression supplémentaire s'élève dans certains cas à 10 ou 20 mm. d'eau. Il faut donc parfois compter sur une pression motrice de 100 mm. d'eau pour être assuré de pouvoir faire marcher un gazogène sans difficultés. Mais cette pression totale peut se réduire au dixième de cette valeur dans le cas de gazogènes à allure lente, chauffant des fours à très larges conduits de gaz, comme les fours de glacerie ou les fours Siemens-Martin pour la fabrication de l'acier.

Tirage naturel. — On arrive difficilement par le tirage naturel à dépasser une dépression motrice de 10 mm. Il y a deux cas à distinguer, celui où les fours sont complètement fermés en marche normale, comme les fours à distiller la houille dans la fabrication du gaz d'éclairage. Il est possible alors d'utiliser le tirage de la cheminée destinée à l'évacuation des fumées ; la dépression se transmet au gazogène par l'intermédiaire du four, dont l'intérieur se trouve en dépression par rapport à l'atmosphère intérieure. Cela est sans inconvénient, du moment où le four ne présente pas d'ouvertures libres ; plus exactement l'inconvénient est moins grave, car les maçonneries des fours sont toujours plus ou moins fendillées et il se fait par là des rentrées d'air froid qui abaissent la température dans le four et diminuent pour le même motif le tirage de la cheminée.

Dans les fours ouverts pour le travail, comme les fours à fondre l'acier, la pression intérieure doit nécessairement être égale à la pression atmosphérique extérieure. La pression motrice doit être créée et dépensée tout entière avant le four. La différence de niveau entre la grille des gazogènes et la sole du four donne déjà une certaine pression motrice que l'on peut évaluer en moyenne, dans le cas où le gaz passe par un récupérateur à température élevée, à 1 mm. d'eau par mètre de différence de niveau. La température du gaz à la sortie du gazogène peut être de 600° et elle s'élève à 1.200° à la sortie des récupérateurs. Il faudrait donc une dizaine de mètres de dénivellation pour une pression de 10 mm. d'eau. Il n'est pas toujours facile de créer dans une usine des dénivellations semblables, cela est même absolument impossible dans les terrains avec niveau aquifère peu profond.

Sir William Siemens a tourné cette difficulté par un artifice connu sous le nom de siphon de Siemens. Le conduit de gaz allant du gazogène aux récupérateurs présente la forme d'un siphon renversé. Le gaz s'élève du massif des gazogènes par une cheminée verticale en maçonnerie où il conserve sa température. A une dizaine de mètres de hauteur la canalisation est prolongée par un conduit de tôle horizontal et de longueur très variable, suivant les dispositions des usines. Il sert de refroidisseur ; le gaz redescend ensuite par un autre conduit vertical en tôle jusqu'à la base des récupérateurs. La différence de température entre la colonne montante et la colonne descendante de gaz, produit une dépression de 0,5 mm. par mètre de hauteur environ, qui vient ajouter son effet à la différence de niveau existant entre les gazogènes et les fours. On obtient en même temps la condensation des goudrons les plus lourds.

Emploi des ventilateurs. — Le tirage naturel reste toujours très précaire, car il donne seulement une pression motrice faible, à peine suffisante dans bien des cas et donnant toujours lieu, même quand son emploi est possible, à l'inconvénient très grave suivant. Un des principaux avantages théoriques de l'emploi des combustibles gazeux est la possibilité, au moins théorique, de les brûler avec la quantité strictement nécessaire d'air, et d'obtenir par conséquent le maximum du rendement calorifique. Ceci suppose essentiellement que les pressions motrices d'une part, et d'autre part, les sections des passages traversés par l'air et le gaz, restent à chaque instant invariables. Ce résultat est facilement atteint pour l'air qui traverse seulement des sections étranglées, constituées par des carneaux, des conduits de fumées ou des registres dont la section ne peut pas changer d'elle-même. Pour le gaz combustible, au contraire, la principale résistance est offerte, à moins de dispositions particulières, par la masse de combustible où la section des espaces libres varie à chaque instant avec l'avancement de la combustion, la formation des mâchefers et celle de la croûte de coke. Malgré un tirage constant, le débit du gaz doit donc être extrêmement irrégulier. On atténue dans une très large mesure cet inconvénient, en disposant sur le passage d'arrivée d'air aux gazogènes, un étranglement dont la résistance soit très grande par rapport à celle de la masse de combustible ; les variations de résistance de cette dernière deviennent alors négligeables. Supposons qu'il faille pour le passage de l'air à travers la masse de combustible, une différence de pression de 10 mm., chiffre atteint dans les combustions un peu rapides, on devra disposer un orifice sur le trajet des gaz, nécessitant pour le passage du même volume de gaz une différence de pression 10 fois plus grande, 100 mm., par exemple. On aura alors un débit très régulier, quels que soient les changements survenus dans la masse de combustible. Mais le tirage naturel ne suffit pas dans ce cas, l'emploi de procédés mécaniques de soufflage devient indispensable ; les ventilateurs permettent précisément d'obtenir les fortes pressions nécessaires.

Si l'on ne veut pas recourir aux procédés mécaniques de soufflage et se contenter du tirage naturel, comme dans les anciennes installations de Siemens, il faut grouper ensemble un nombre suffisant de gazogènes, pour que leurs irrégularités de marche se compensent. Le piquage, le décrassage et le chargement se faisant alors successivement, on arrive à obtenir une marche moyenne plus ou moins régulière.

On peut employer deux types différents de ventilateurs pour le soufflage des gazogènes ; les appareils *voluménogènes*, comme le ventilateur de Root, et les ventilateurs à *force centrifuge* ; chacun de ces appareils a ses avantages et ses inconvénients, qui doivent faire préférer l'un ou l'autre suivant les applications. Les ventilateurs voluménogènes, construits pour donner un volume constant d'air, répondent évidemment mieux à la condition de régularité de production du gaz. Si la résistance offerte au passage du gaz vient à croître, le volume débité ne change pas, quand la vitesse de rotation du ventilateur est maintenue constante, la pression seule varie. Mais, il est impossible, par contre, de faire varier facilement le débit, si par exemple on veut d'un moment à l'autre d'une même journée, pousser plus ou moins la marche du gazogène. Ne pouvant changer les transmissions de commande du ventilateur pour faire varier la vitesse, on doit perdre une partie de l'air soufflé, en ouvrant un registre ménagé sur le conduit de distribution d'air. Les ventilateurs à force centrifuge tendent au contraire à donner une pression fixe, et la constance de résistance des passages offerts au gaz doit être assurée autant que possible. Mais on peut dans ce cas plus facilement faire varier le débit de l'appareil, il suffit d'ouvrir ou de fermer plus ou moins le registre de communication avec le conduit d'air.

Autrefois, l'installation des ventilateurs présentait quelques complications à cause de la nécessité de rapprocher la machine motrice du ventilateur, ou au moins de l'y rattacher par des arbres de transmission plus ou moins longs. Aujourd'hui l'emploi des moteurs électriques pour la transmission de la force, simplifie bien le problème de l'installation des ventilateurs, et leur usage se répandra certainement de plus en plus.

Souffleurs à vapeur. — Un procédé mécanique de soufflage de l'air, très employé dans le cas de gazogènes, est celui des éjecteurs à vapeur, qui ont le grand avantage d'être une installation très simple et économique, de ne rien coûter comme fonctionnement, parce que l'on emploie pour les actionner la vapeur même que l'on doit envoyer de toute façon dans le gazogène.

Ces appareils cependant donnent souvent dans les usines de nombreux mécomptes, faute de savoir les employer convenablement. On oublie trop souvent un fait capital mis en évidence par M. Rateau : le rendement de ces appareils varie avec une extrême rapidité quand on change les conditions de leur emploi. Il y a pour un appareil de dimensions déterminées, fonctionnant avec une pression de vapeur donnée, un certain volume d'air entraîné et une certaine pression produite, pour lesquels le rendement, c'est-à-dire, le rapport du travail emmagasiné dans l'air soufflé à celui dépensé par la vapeur est maximum. Si on demande au même appareil de donner plus de pression en entraînant moins d'air ou d'entraîner plus d'air en donnant moins de pression, on produit une chute énorme dans le rendement. Aussi, arrive-t-il très souvent que les souffleurs vendus par les constructeurs avec les gazogènes font un service déplorable parce qu'ils ne sont pas employés dans les conditions pour lesquelles ils ont été calculés. Il est préférable de faire soi-même dans chaque cas particulier le calcul et l'établissement de son appareil.

La théorie complète des souffleurs à vapeur a été donnée par M. Rateau, dans la *Revue de Mécanique* en 1900. Un jet de vapeur lancé dans l'air communique à cet air une vitesse facile à calculer par le principe de la conservation des quantités de mouvement ; mais, par suite de la différence initiale de vitesse entre la vapeur et l'air, il se produit des remous et une partie de la vitesse restante n'est pas orientée parallèlement à l'axe du souffleur. On peut admettre, dans le cas d'un jet de vapeur, que la vitesse moyenne de la masse gazeuse, parallèlement à l'axe de l'appareil, n'est que les 0,80 de la vitesse calculée par le principe de la conservation des quantités de mouvements.

Ce mélange d'air et de vapeur est lancé dans un cône divergent où la vitesse se ralentit en restituant à la masse gazeuse une certaine pression, obtenue aux dépens de la force vive disparue. Mais le rendement de ces appareils est assez défectueux en raison des remous et aussi de l'adhérence incomplète de la veine gazeuse aux parois du cône. Pour obtenir cette adhérence, la divergence du cône ne doit pas dépasser 10 %, c'est-à-dire que la différence de diamètre de deux sections doit être au plus égale au 1/10 de cette distance. Quand cette condition n'est pas remplie, le rendement tombe rapidement à 0. Si au contraire cette condition est remplie, le rendement, c'est-à-dire le rapport de la pression obtenue à la pression calculée par le principe de conservation des forces vives, varie suivant les cas de 40 à 70 %. Il est d'autant-plus grand que la vitesse du fluide entraînant est moindre ; avec la vapeur sous pression, il ne dépasse guère 40 %.

Une condition de bon fonctionnement de ces appareils, est que l'orifice d'écoulement du jet de vapeur ne soit pas percé en mince paroi, mais évasé de lui-même en forme de cône, de même angle que le diffuseur et dont les parois soient précisément dans le prolongement de celles du diffuseur. Sans cette précaution les filets de vapeur, au lieu de sortir sensiblement parallèlement à l'axe de l'appareil, divergeraient dans tous les sens, par suite de la détente de la vapeur qui n'aurait pas encore perdu toute sa pression au moment de la sortie de l'orifice.

Pour guider le courant d'air dans le cône divergent et l'orienter parallèlement au jet de vapeur, avant l'arrivée en contact des deux courants gazeux, il est utile de mettre en avant de la partie étranglée du diffuseur, un ou plusieurs pavillons évasés, dont l'orifice étroit se trouve sur le prolongement du cône divergent, comme le montre la figure 56.

Il est indispensable d'envoyer aux souffleurs de la vapeur sèche, car les gouttelettes d'eau qui arrivent à l'orifice de la tuyère l'obstruent momentanément, l'eau liquide ayant une vitesse d'écoulement bien moindre que celle de la vapeur. Le débit est alors diminué. La vitesse moyenne d'un jet de vapeur humide est inférieure à celle d'un jet de vapeur sèche.

Nous donnerons l'exemple d'un calcul semblable : on se propose de brûler dans un gazogène 120 kg. de charbon à l'heure, en envoyant avec l'air un poids de vapeur égal à celui du charbon ; la pression de la vapeur à la chaudière est de 3 kg. absolus. Quelle est la pression dont on pourra disposer en effectuant ce soufflage avec la quantité de vapeur indiquée ? On trouve, tous calculs faits, que le poids d'air nécessaire M est environ 4 fois celui de charbon brûlé m. Les tables de Zeuner donnent pour la vitesse V d'écoulement de la vapeur 606 m. par seconde sous la pression de 3 kg. Le poids de cette vapeur est dans le cas actuel égal, par hypothèse, au poids m du charbon.

L'équation des quantités de mouvement avec le coefficient de rendement de 0,80, donne pour la vitesse x du mélange gazeux, dans la partie étranglée de l'éjecteur :

$$(M+m)x=(4+1)x=0{,}80\ mV \qquad =0{,}80 \,.\, 1 \,.\, 606$$

d'où

$$x=96 \text{ m.}$$

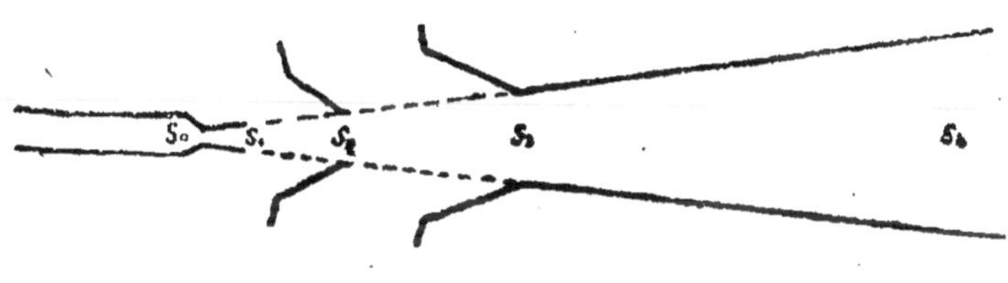

Fig. 56.

Appliquons maintenant le principe de conservation de la force vive. Nous admettrons pour l'orifice de sortie de l'éjecteur une section triple de celle de la partie étranglée. Il n'y a pas intérêt à augmenter indéfiniment la longueur du cône, les frottements compensant rapidement la récupération théoriquement plus complète de la force vive. Avec ce rapport de section de 3 à 1, le carré de la vitesse de sortie V est 1/9 de celui de la vitesse x.

$$V^2=\frac{1}{6}\ x^2$$

En appelant U le volume débité par le souffleur et p la pression de l'enceinte dans laquelle il souffle, le principe de conservation de la force vive donne, avec le coefficient de correction de 0,40, l'équation :

$$0{,}40 \,.\, 1/2 \,.\, (M+m)\ \ (x^2\text{-}V^2)=p\,U$$

Or, en appelant D le poids spécifique du mélange soufflé d'air et de vapeur ; prenant ce poids spécifique égal à 1,2, il vient

$$M+m=\frac{(U\,.\,D\,.\,)}{g}$$

Reportant dans l'équation ci-dessus, il vient :

$$0{,}40\,.\,1/2\,.\,U\,.\,D\,.\,8/9\,.\,x^2=p\,.\,U\,.\,g$$

ou $$0{,}20\,.\,1{,}2\,.\,8/9\,.\,(96)^2=p\,.\,9{,}8$$

d'où $p=200$ kil, par m², soit $h=200$ mm. d'eau.

Une fois ces données établies, il ne reste plus qu'à calculer les sections des différentes parties de l'appareil.

La section S_3 est calculée de façon à pouvoir débiter sous la vitesse de 96 mètres, le poids d'air et de vapeur soufflés qui sont ensemble égaux à 5 fois le poids du charbon brûlé. On trouve ainsi :

$$S_3=13\ \text{cm}^2.$$

La section évasée du divergent, S_4, est prise égale au triple de la section S_3 :

$$S_3=3\ S_3=39\ \text{cm}^2.$$

La section étranglée du jet de vapeur, S_0, calculée d'après la vitesse d'écoulement de 600 m. par seconde, et le poids de vapeur débitée, de 33 g. par seconde, est égale à :

$$S_0=0{,}56\ \text{cm}^2.$$

Le diffuseur S_2, en supposant que l'on n'en mette qu'un, sera pris égal à la moyenne proportionnelle entre S_0 et S_3 :

$$(S_2)=S_0\,.\,S_2$$

d'où

$$S_2=2{,}93\ \text{cm}^5.$$

Enfin, la section S_1 de l'orifice évasé du jet de vapeur est calculée d'après le tableau suivant qui a été dressé par M. Rateau à la suite d'expériences faites pour étudier le rendement des souffleurs à vapeur :

Press. abs. par kg.	Vitesse en mm. par "	Rapport $\frac{S_0}{S_1}$
2	482	1,04
3	606	1,17
4	681	1,34
5	734	1,52
6	774	1,70
7	807	1,88
8	835	2,07
9	858	2,26
10	878	2,45

Dans le cas actuel, pour la pression de 3 kg., il faut prendre le rapport 1,17. On a donc,

$$S_1 = 1,17 \; S_0 = 0,66 \text{ cm}^2.$$

On a ainsi tous les éléments nécessaires pour la construction d'un souffleur répondant aux conditions données.

Le tableau suivant donne en millimètres les rayons des différentes sections et leur distance à l'orifice de sortie.

Sections	Rayons	Distances
S_4	35,2	0
S_3	23,0	244
S_2	9,7	510
S_1	4,57	631
S_0	4,22	624

Il est facile de se rendre compte pourquoi l'on ne peut pas pratiquement faire varier le débit d'un souffleur. Supposons que sans changer la disposition de l'appareil, nous voulions doubler son débit en air. Il faut pour cela doubler la vitesse en S_3. Nous pouvons, pour y arriver, essayer d'augmenter la pression de la vapeur. D'après le tableau précédent, il faudra passer de la pression de 3 à celle de 9,5 atmosphères, variations que l'on ne peut demander à une chaudière. Il y a impossibilité pratique de doubler le débit par un changement de pression. On peut par contre changer le diamètre de la tuyère, et augmenter le débit de vapeur. Le résultat cherché sera atteint en quadruplant approximativement le débit de vapeur, mais alors le gazogène sera noyé par l'excès de vapeur d'eau mêlée à l'air et il s'éteindra. Aucune de ces deux solutions n'est donc admissible. Au contraire, en construisant un autre souffleur, nous pourrons avoir exactement le même rendement, à condition de doubler toutes les sections. Nous pourrions même doubler la proportion d'air sans augmenter celle de vapeur, c'est-à-dire employer un mélange comburant moitié moins humide à condition de se contenter d'une pression motrice 4 fois plus faible, soit de 50 mm., ce qui serait encore suffisant dans bien des cas. Il faut donc pour chaque consommation un souffleur différent. Le prix de construction de ces appareils est insignifiant quelques rognures de tôles ou des feuille de zinc suffisent.

Voici des chiffres donnés pour un souffleur que l'on trouve dans le commerce, le souffleur Körting. Avec une pression de vapeur de 8 atmosphères, les rendements seraient les suivants :

Poids de vapeur par 1 m³ d'air . . .	25 gr.	37 gr.	55 gr.	74 gr.
Pression de l'air soufflé en mm. d'eau.	50 mm.	100 mm.	200 mm.	300 mm.

Addition d'eau et d'acide carbonique. — Pour abaisser la température dans le gazogène, on ajoute à l'air comburant, comme cela a été indiqué précédemment, une certaine quantité d'eau, soit à l'état de vapeur, soit à l'état liquide, parfois même, de l'acide carbonique, introduit sous forme de fumées prélevées à la sortie du four. La décomposition de cette eau ou de cet acide carbonique absorbe de la chaleur et s'oppose à la fusion trop complète de mâchefer.

Ces additions ont, par contre, il est vrai, l'inconvénient d'augmenter la masse de fumée passant dans le four pour un même poids de charbon brûlé, et par suite d'abaisser la température de combustion. Il faut toujours, pour brûler une même quantité de charbon, employer un même volume d'air, qui donne par suite une masse constante de fumées, auxquelles s'ajoute l'eau ou l'acide carbonique, ou tout autre gaz inerte introduit avec l'air.

Ces additions ont enfin, dans certains cas, l'avantage de modifier utilement les proportions relatives de l'air envoyé aux gazogènes, ou air *primaire*, et de l'air envoyé aux fours pour brûler le gaz combustible, ou air *secondaire*. Plus on fait passer de vapeur d'eau dans le gazogène, plus on augmente la proportion d'air secondaire envoyé directement aux fours. Or souvent, pour simplifier les installations, on fait porter la récupération de la châleur empruntée aux fumées seulement sur l'air secondaire. Plus la proportion de ce dernier sera grande, plus l'effet de la récupération sera important.

Nous envisagerons successivement trois cas différents : l'addition de *vapeur d'eau, d'eau liquide* ou d'*acide carbonique*, ce dernier pris sous forme de fumées chaudes contenant en même temps de la vapeur d'eau et de l'azote.

L'addition de *vapeur d'eau* est de beaucoup la plus fréquente ; elle est très simple à réaliser ; il suffit, dans le cas où l'air est soufflé par un ventilateur, d'un jet de vapeur débouchant dans le conduit de vent. Souvent, d'ailleurs, on utilise ce jet de vapeur comme force motrice pour le soufflage de l'air, de telle sorte que le charbon brûlé pour produire de la vapeur, fournit en même temps le travail nécessaire au soufflage. Cette liaison entre l'addition de vapeur à l'air et le soufflage, certainement économique au point de vue de la dépense du combustible, a l'inconvénient d'enlever toute élasticité au fonctionnement du gazogène. On ne peut pas faire varier sa production suivant les besoins, changer le taux d'humidité d'après la nature du charbon et la fusibilité de ses cendres. Le soufflage par ventilateur indépendant, grandement facilité aujourd'hui par les distributions de force électrique qui existent dans toutes les usines, est certainement préférable.

Pour retirer tout l'avantage de cette indépendance du soufflage et de l'introduction de la vapeur, il est nécessaire d'avoir à sa disposition des procédés relativement simples pour contrôler et régler la quantité de vapeur envoyée. Un procédé très simple consiste à faire dégager la vapeur par une tuyère d'une ouverture donnée, sous une pression également déterminée ; pour maintenir fixe la pression, il suffit de maintenir celle de la chaudière constante, en évitant tous les étranglements dans les conduits où circule la vapeur, en particulier toute espèce de registres ou de robinets destinés au réglage. La pression sur l'orifice de la tuyère doit être sensiblement égale à celle de la chaudière même ; on peut alors faire varier le débit, dans des limites assez étroites il est vrai, en faisant varier la pression à la chaudière, ou dans des limites plus étendues, en changeant les orifices des tuyères qui doivent être disposés de façon à être faciles à enlever. Le débit de vapeur se calcule d'après la section de l'orifice et d'après la vitesse d'écoulement de la vapeur, qui est donnée par les tables en fonction de la pression. On peut encore mesurer expérimentalement ce débit de vapeur en faisant plonger la tuyère dans un seau rempli d'eau froide et mesurant l'augmentation de poids du seau au boût d'un temps déterminé.

Un autre procédé tout différent permet d'apprcier, sinon le débit absolu de vapeur, du moins sa proportion dans l'air soufflé, ce qui est en réalité la seule donnée directement intéressante. La vapeur aussitôt détendue à la pression atmosphérique, retombe à la température de 100° ; en la mêlant alors avec de l'air à la température ambiante, le mélange gazeux prendra une température intermédiaire entre 100° et la température initiale de l'air, variable avec la proportion de vapeur envoyée dans cet air. Il suffit donc d'avoir deux thermomètres voisins, sur la conduite de vent, l'un avant l'arrivée de vapeur et l'autre après, pour pouvoir déterminer le taux d'humidité de l'air. On peut alors régler le débit de vapeur au moyen d'un robinet, sans avoir à se préoccuper de maintenir jusqu'à l'orifice d'écoulement une pression constante dans la canalisation.

D'après des expériences faites par M. Bied, aux usines du Teil, de l'air pris initialement à la température de 25° et additionné d'une quantité de vapeur suffisante pour élever sa température à 65° donnait un mélange humide renfermant 1 vol. de vapeur pour 3 vol. d'air, et en outre une certaine quantité d'eau vésiculaire en suspension. 4 m³ de ce mélange, supposé mesuré à 25°, renferment 730 g. de vapeur d'eau et 3,6 kilogs d'air ; il peut brûler dans un gazogène 7 kil. de coke à 10 % de cendres et à 4 % d'eau hygrométrique.

Le poids de vapeur d'eau est en général de 0,5 pour les houilles à 1 kg. pour le coke par kilogramme de charbon brûlé, soit 0,2 kg. et 0,4 kg. par 1 m³ d'air soufflé. On va même jusqu'à 2 kg. dans les gazogènes du système Mond à récupération des sous-produits, pour accroître le rendement en sels ammoniacaux ; mais il faut alors refroidir complètement les gaz avant de les employer, de façon à les débarrasser de l'excès de vapeur d'eau contenue.

L'emploi exclusif d'eau liquide est peu répandu ; on fait souvent arriver un peu d'eau sous la grille pour refroidir les mâchefers ; d'autres fois, un joint hydraulique permet d'extraire sous l'eau ces mâchefers, de façon à ne pas être obligé d'arrêter le soufflage et par suite la production du gaz pendant le décrassage. Mais, le plus souvent, dans ces cas, on ajoute encore de la vapeur d'eau à l'air, l'évaporation de l'eau liquide au contact des mâchefers chauds ne constituant qu'un léger appoint sur la quantité d'eau totale introduite. L'emploi de l'eau liquide présente en effet une difficulté assez sérieuse, son évaporation est essentiellement variable avec la distance entre la zone de combustion et la surface supérieure du liquide. Après le décrassage, quand le charbon incandescent est descendu, l'évaporation est beaucoup plus active; le feu peut même être noyé si on l'a fait descendre trop bas ; plus tard au contraire, avant la période suivante de décrassage, l'évaporation diminue considérablement. De toute façon la marche est très irrégulière. Il existe cependant quelques types de gazogènes où l'on emploie exclusivement l'eau liquide.

Dans les anciens gazogènes de Siemens, à allure très réduite, non soufflés et ne brûlant guère que 25 kg. par mètre carré par heure, on se contentait de faire arriver un filet continu d'eau au pied de la grille à gradins. La lenteur de la combustion permettait d'ailleurs de marcher sans eau, et il n'y avait pas d'autre part, avec la disposition des grilles à gradins de ces appareils, à craindre de noyer le feu.

On alimente également, exclusivement à l'*eau liquide*, les gazogènes d'usines à gaz du type, dit : four de Munich. L'air primaire, destiné à l'alimentation du gazogène, traverse, comme l'air secondaire, les récupérateurs du four, et en sort à une température voisine de 700°. Cet air passe sur une nappe d'eau, maintenue à niveau constant et en évapore une quantité proportionnée à la surface libre de l'eau et au volume du gaz. La température du mélange gazeux tombe au-dessous de 400° et ce mélange peut alors traverser les grilles du gazogène sans les brûler. Cet artifice assure la proportionnalité entre la quantité d'air soufflé et la quantité d'eau évaporée.

La même proportionnalité existe dans les gazogènes tout à fait modernes de Keperly ; au niveau de la zone de combustion, la cuve est constituée par une enveloppe en tôle à double parois, sans aucun revêtement réfractaire ; l'air soufflé traverse cette enveloppe, s'y échauffe et va de là lécher la surface de l'eau, qui remplit une cuve en fonte constituant une sole tournante sous le gazogène, dans laquelle l'eau sert de joint hydraulique.

L'addition d'*acide carbonique* est une caractéristique du gazogène Bidermann et Harvey, appareil lancé il y a une quinzaine d'années par la maison Siemens de Londres. Il y a dans cet appareil une addition simultanée de fumées et de vapeur d'eau, car les fumées sont aspirées dans la cheminée et soufflées avec l'air frais vers le gazogène par un injecteur à vapeur ; cependant, la disposition de ce souffleur, dissimulée au centre de la maçonnerie, est telle, qu'il n'y a pas moyen de s'assurer si l'entraînement des fumées est bien réel, aussi a-t-on parfois contesté l'existence d'une addition réelle d'acide carbonique à l'air primaire. Quelques ingénieurs, par contre, sont tombés dans une erreur contraire, ils se sont enthousiasmés outre mesure pour le four Biderman et Harvey, et ont admis qu'en faisant traverser à plusieurs reprises le four par une même quantité de carbone, on pouvait retirer plus de chaleur d'un poids donné de combustible, ce qui est évidemment absurde. Cet appareil présente néanmoins des dispositions de détails bien étudiées, qui suffisent à en expliquer le succès.

Composition des gaz de gazogène. — La composition des gaz de gazogènes varie avec la nature du charbon employé, houille ou coke et avec la proportion de vapeur d'eau mêlée à l'air.

Voici des résultats relatifs à trois combustibles dont les analyses sont données ci-dessous.

	Coke de Gaz	Houille A	Houille B
Carbone	81,5	58,0	78,4
Hydrogène	1,0	3,7	5,5
Oxygène	0,0	9,2	10,0
Soufre	1,0	0,7	0,8
Azote	0,5	0,6	1,3
Cendres	10,0	18,0	4,0
Eau Hygrom	6,0	10,8	0,0
Total	100,0	100,0	100,0

Le tableau suivant donne les conditions de la combustion, c'est-à-dire les quantités d'air et de vapeur d'eau employées pour la combustion et le volume de gaz produit, abstraction faite de la vapeur d'eau, condensée par refroidissement avant les mesures ; enfin la combustion de ce gaz rapportée à 100 volumes de gaz sec. La différence entre le total et 100 est précisément égal au volume de vapeur d'eau.

La colonne I se rapporte au gaz de coke (Euchène).

Les colonnes II et III au gaz de la houille A (K. Wendt, *Rev. de Métal.*, V bis. 487 (1908).

Le reste des colonnes à la houille B (A. Bone, *Rev. de Métal.*, IV bis. 532 (1907).

	I	II	III	IV	V	VI	VII	VII
Air soufflé par 1 kg. C.	3,50	2,55	2,27	2,25	2,18	2,30	2,30	2,33
Kil. Eau par 1 kil. de C.	0,50	0,00	0,35	0,45	0,55	0,80	1,10	1,55
Kil. Eau par 1 m^3 d'air	0,15	0,00	0,15	0,20	0,25	0,35	0,48	0,67
M^3 de gaz par 1 kil. C.	4,7	2,6	2,8	3,9	3,8	4,0	4,1	4,2

Composition du gaz pour 100.

	I	II	III	IV	V	VI	VII	VIII
CO^2 . . .	5,0	0,7	5,5	5,2	6,9	9,2	11,6	13,8
CO . . .	27,0	31,0	27,0	27,3	25,4	21,7	18,3	16,0
H^2	8,0	6,6	14,6	16,6	18,3	19,6	21,8	22,6
CH^4 . . .	0,0	2,5	3,3	3,3	3,4	3,4	3,4	3,5
N^2	60,0	59,2	50,1	47,5	45,9	46,1	44,8	44,5
H^2O . . .	2,0	2,0	2,5	2,4	4,6	12,7	20,0	24,0
	102,0	102,0	102,5	102,4	104,6	112,7	120,0	134,0

Le volume relativement faible de gaz obtenu dans les expériences II et III tient à la forte proportion de cendres de la houille employée.

Décrassage. — L'enlèvement des mâchefers est une des parties les plus délicates de la conduite des gazogènes, celle dont dépend avant tout le succès de son fonctionnement. Cette opération nécessite des tours de main que les ouvriers acquièrent à la longue, mais il est très difficile de faire fonctionner pour la première fois un gazogène quelconque introduit dans une usine, où il n'en existait pas auparavant de semblable .De nombreux dispositifs ont été imaginés pour faciliter le décrassage, aucun n'est entièrement satisfaisant.

Le travail du mâchefer comprend deux parties bien distinctes : en premier lieu l'opération du piquage qui a pour but essentiel de désagréger les boules de mâchefer, de les décoller de la paroi avant qu'elles n'aient durci par refroidissement ; il faut, pour faire en temps utile ce travail et ne pas en exagérer l'importance, une réelle expérience pratique. Par des trous ménagés à la partie supérieure, l'ouvrier introduit un ringard à travers la masse de charbon et se rend ainsi compte de la position et de la dureté des agglomérations de mâchefer ; il doit s'empresser de les désagréger et de les décoller de la paroi, avant qu'elles aient eu le temps de devenir trop dures par refroidissement ; il faut, autant que possible, pour faciliter l'enlèvement final de ces mâchefers, les empêcher de se mettre en boules d'une grosseur supérieure à celle du poing.

Les procédés d'enlevage sont extrêmement nombreux, nous passerons rapidement en revue les plus employés d'entre eux. Dans les anciens gazogènes de Siemens la grille est disposée en gradins et interrompue à une certaine distance au-dessus du niveau de la sole du cendrier. Les cendres meubles, non agglomérées sont enlevées avec un crochet entre les barreaux plats de la grille. Les boules de mâchefer descendent jusqu'à la partie inférieure et sont enlevées en-dessous de la grille.

Un dispositif très fréquent consiste à employer ce que l'on appelle une fausse grille, on laisse le gazogène brûler pendant 12 ou 24 heures sans le décrasser et il se forme au-dessus de la grille un gâteau de scories, plus ou moins épais, qu'il a cependant fallu briser de temps en temps pour assurer le passage de l'air. Au moment du décrassage, on introduit à 25 cm. au-dessus de la grille, des barres de fer, par des orifices convenablement aménagés dans la paroi ; ces barreaux rapprochés l'un de l'autre constituent ce que l'on appelle la fausse grille. Une fois celle-ci mise en place, on enlève la grille proprement dite, de façon à laisser tomber toute la masse de mâchefer avec une petite quantité de coke. On nettoie les parois du foyer qui sont alors devenues visibles, on remet la grille en place et on supprime la fausse grille ; le combustible retombe sur la grille proprement dite, et le gazogène est prêt à brûler pour une nouvelle période de 24 heures. Cela est sans doute le procédé de décrassage le plus sûr, lorsque l'on a des difficultés résultant, soit de la mauvaise qualité du charbon, soit de l'inexpérience des ouvriers.

Un certain nombre de gazogènes, la plupart d'origine américaine, présentent une sole tournante qui expulse automatiquement le mâchefer au dehors. Ces soles peuvent tourner d'une façon continue, comme dans le gazogène Kerpely, ou discontinue, comme dans le gazogène Taylor ; là où leur fonctionnement est possible, elles amènent une économie importante de main-d'œuvre ; mais le plus souvent, elles ne font un service convenable qu'avec des charbons de qualité supérieure, c'est-à-dire, avec des charbons maigres, classés en fragments d'égale grosseur, et peu cendreux, à moins de 10 % de cendres, et à cendres peu fusibles, fondant au-dessus de 1.300° ; ces conditions faciles à réaliser avec les anthracites des Etats-Unis, sont plus difficiles à obtenir en France.

Un procédé très original, employé dans le gazogène Wilson, consiste à employer les mâchefers eux-mêmes comme grille pour supporter le combustible. On laisse continuer la combustion pendant plusieurs jours sans faire aucun décrassage, jusqu'à ce que l'épaisseur des mâchefers atteigne 1 à 2 m. Il faut, bien entendu, que leur fusion reste partielle, de façon à constituer une masse facilement perméable à l'air. Pour le décrassage, on donne un coup de feu, en diminuant la vapeur d'eau admise avec l'air ; il se forme alors, sous la masse de combustible et au sommet de celle de mâchefer une voûte, qui a fondu pendant le soufflage, et s'est solidifiée aussitôt son arrêt. Elle est alors prête à supporter le combustible incandescent. On ouvre une grande porte dans la paroi latérale du gazogène, et les ouvriers arrachent avec des ringards, toute la masse inférieure du mâchefer sans toucher à la voûte ; le gazogène est ainsi complètement vidé dans le bas, on referme la porte et avec quelques coups de ringard, on crève la voûte de mâchefer, et l'on fait ainsi retomber le combustible.

Il faut, pour cette conduite, des ouvriers très expérimentés et des combustibles à cendres convenables. Un mélange de deux combustibles à cendres, inégalement fusibles, paraît donner les meilleurs résultats ; ce décrassage se fait tous les trois ou quatre jours, par exemple. Jusqu'ici ces gazogènes n'ont guère donné de résultats satisfaisants, qu'en Belgique.

Enfin, comme nous l'avons signalé précédemment, un dernier procédé, peu répandu encore, mais qui le deviendra sans doute plus dans l'avenir, est celui de la fusion des cendres, étudié par M. Sepulchre, aux verreries de Gironcourt, dans les Vosges ; ces gazogènes brûlaient un lignite du pays très impur, renfermant 20 à 35 % de cendres, 20 % d'eau de carrière et pas mal de soufre. La fusion était obtenue au moyen d'addition de castine, de façon à obtenir un laitier fusible, et l'on ajoute même une certaine quantité de laitier fusible pour faciliter la réaction des schistes sur la chaux.

On retire à la partie inférieure, outre le laitier, de la fonte blanche et du sulfure de fer fondu, l'extraction du laitier est une opération pénible, car la pression du vent lance constamment par le trou de coulée, un jet de flammes qui projette sur les ouvriers des fragments de coke et de laitier incandescents. Le fonctionnement de ces gazogènes n'a été possible à Gironcourt que parce que le directeur était un ancien ingénieur de hauts-fourneaux, et avait amené avec lui des ouvriers, également familiarisés avec le travail des laitiers. Ces gazogènes ne peuvent fonctionner qu'avec une très forte production pour éviter les refroidissements dans le creuset. Les gazogènes de Gironcourt brûlent, dans un creuset de 0,66 m² de section, 1 tonne à l'heure ; c'est donc environ 30 fois la quantité de charbon que l'on pourrait brûler dans un gazogène ordinaire de même section. Malgré cette allure très rapide, il arrive de temps en temps que tout le creuset se remplit de matières figées, il faut le démolir pour enlever le bloc solide. Dans le but de faciliter cette manœuvre, toute la cuve du gazogène est portée sur des colonnes, de façon à rendre le creuset complètement indépendant.

L'emploi de ces combustibles très pauvres a été plus tard abandonné dans cette usine ; on a en même temps renoncé à l'emploi du gazogène à fusion des cendres imaginées pour brûler ces combustibles. Des essais semblables ont été repris dans la Loire pour utiliser des combustibles très cendreux et les résidus de la distillation de la houille à basse température. Les houilles grasses et tous les produits collant à la distillation sont inutilisables dans ces gazogènes.

Piquage et chargement. — Un élément de dépense important dans la conduite des gazogènes est la main-d'œuvre de piquage ; cette opération se fait par des trous ménagés à la partie supérieure du gazogène à travers lesquels l'ouvrier introduit de grands ringards en fer qu'il promène dans la masse de combustible. Cette opération est motivée par trois raisons d'ordre tout à fait différent ; en premier lieu, la nécessité de briser les mâchefers, comme cela a été indiqué précédemment ; en second lieu, dans le cas d'emploi des charbons gras, la nécessité de briser la croûte de coke, qui tend à se produire au sommet du gazogène, car cette croûte imperméable au gaz, finirait par obstruer le gazogène, et en outre sa formation s'oppose à la descente du charbon au fur et à mesure de la combustion ; enfin la nécessité de détruire les cheminées qui se forment en certains points de la masse et laisseraient l'air arriver directement dans le gaz combustible.

Le piquage est une opération pénible et malsaine, car les gaz du gazogène, très riches en oxyde de carbone, s'échappent par les trous de piquage et arrivent directement sur l'ouvrier. De plus ils s'enflamment parfois quand ils sont assez chauds, et peuvent le brûler.

L'importance du piquage est extraordinairement variable d'une installation de gazogènes à une autre ; elle dépend de la nature des charbons brûlés, et de certains détails d'installation. C'est un des éléments les plus importants à prendre en considération dans les frais de transformation du combustible solide en combustible gazeux.

Le piquage se fait par des ouvertures de 10 cm. de diamètre environ, ménagées à la partie supérieure du gazogène. Elles sont fermées en temps ordinaire par un bouchon conique ou par un boulet sphérique, la condensation des goudrons assurant l'étanchéité du joint, toujours imparfait entre surfaces métalliques.

Pour le travail, l'ouvrier enlève le bouchon et descend par l'ouverture une longue tige en fer, appelée ringard ; il la fait pénétrer à travers le combustible en tâtant les parties résistantes, dues vers la surface, à la formation du coke, et vers le bas, à celle du mâchefer. Après avoir ainsi reconnu les points défectueux de la masse, il les attaque énergiquement avec le ringard pour les briser et rétablir l'homogénéité générale de la masse de combustible, au point de vue de la circulation des gaz. Il ringarde également les points plus chauds à la surface du charbon, dont la présence correspond au sommet des cheminées donnant un trop facile accès à l'air. Il les bouscule avec son ringard, et ramène en ces points une surépaisseur de charbon.

Pendant tout ce travail, l'ouvrier est exposé aux jets de gaz toxiques et chauds qui se dégagent en raison de la pression intérieure. Dès que la pression dépasse une dizaine de millimètres d'eau, la violence du jet est telle qu'elle rend le travail presque impossible. De nombreux dispositifs ont été imaginés pour remédier à cette difficulté, mais aucun n'est entièrement satisfaisant. On emploie parfois des boulets ou des disques percés d'un trou juste suffisant pour le passage du ringard ; l'ouvrier est alors protégé, mais il ne voit pas ce qu'il fait et doit remuer au hasard la masse de charbon ; cela exige de sa part un travail plus considérable pour arriver à régulariser convenablement la masse de combustible.

Un autre dispositif essayé à bien des reprises, consiste à placer autour de l'orifice, soit un peu en dehors, soit un peu en dedans, un tube annulaire d'arrivée de vapeur, percé de trous soufflant vers l'intérieur du gazogène ; en réglant convenablement, avec un robinet, ce soufflage, on arrive à empêcher, par la contrepression produite, la sortie des gaz, mais on s'expose par un soufflage trop énergique à envoyer de l'air dans le gazogène ; les trous très fins se bouchent d'ailleurs assez vite. Les avis sont partagés sur l'efficacité du système.

Un procédé, très efficace, mais un peu coûteux comme fonctionnement, consiste à avoir sur le gazogène une canalisation reliée à un ventilateur aspirant et présentant des portes d'aspiration, fermées en temps ordinaire par des registres au voisinage de chaque trou de piquage. En ouvrant le registre en même temps que le trou de piquage, on aspire tous les gaz et l'on protège très convenablement l'ouvrier.

Un procédé, beaucoup plus radical et qui parait très satisfaisant en théorie, consiste à maintenir en permanence dans la masse de combustible, un agitateur commandé mécaniquement ; il faut dans ce cas, pour éviter son échauffement et sa fusion, le refroidir intérieurement par une circulation d'eau. Ce dispositif existe dans les gazogènes Talbot, employés en Amérique, mais ne semble pas s'être beaucoup répandu jusqu'ici sur le continent européen. Cette agitation continue est très efficace pour s'opposer à la formation de la croûte de coke, car il est beaucoup plus facile de l'empêcher de se produire que de la briser une fois formée. Au point de vue de la désagrégation des mâchefers, l'efficacité du système est moins évidente. Il est possible cependant, d'après la théorie de la répartition de la chaleur donnée plus haut, que cette agitation constante, en uniformisant la température dans la masse de charbon, diminue le maximum de température, et par suite, la fusion des mâchefers ; il semble cependant que ces agitateurs sont employés en Amérique avec des charbons à cendres peu fusibles.

Enfin, les soles tournantes, employées dans certains gazogènes pour l'enlèvement des mâchefers, produisent dans la masse de combustible de petits mouvements, certainement moins efficaces que l'agitation par un bras, mais contribuant cependant à diminuer l'importance du piquage.

L'introduction du charbon dans le gazogène se fait presque toujours par une trémie placée à la partie supérieure. Le plus souvent, le chargement est discontinu, mais il peut aussi, comme dans les gazogènes Morgan, être rendu continu au moyen d'un plateau distributeur tournant sous la trémie ; ce mode de chargement peut dans le cas des charbons gras, contribuer à réduire beaucoup le piquage nécessaire pour désagréger le coke. Si la température au sommet du gazogène est suffisamment élevée, chaque morceau de charbon se cokéfie isolément en tombant, avant d'avoir été recouvert par d'autres fragments de charbon qui viennent le presser ; on évite alors presque complètement toute espèce d'agglomération, mais le résultat n'est qu'incomplètement atteint, si la température est trop basse, pour provoquer la cokéfication immédiate de la houille.

Les trémies, les trous de piquage et même la porosité de la maçonnerie donnent lieu à des fuites importantes d'oxyde de carbone, très nuisibles pour la santé des ouvriers. On ne saurait prendre trop de précautions pour assurer la bonne ventilation des locaux où sont enfermés les gazogènes. Ils devraient même être autant que possible placés en plein air avec une simple toiture pour les protéger de la pluie.

Construction des gazogènes. — Un gazogène comprend un certain nombre de parties remplissant chacune une fonction spéciale et se trouvant également dans tous les appareils ; ce sont :

La cuve réfractaire ;

Les armatures ou enveloppes métalliques ;

La grille ou la sole ;

La trémie de chargement et le couvercle supérieur.

La *cuve* est toujours faite en briques réfractaires argileuses d'une épaisseur assez variable suivant les types d'appareil et suivant la présence ou l'absence d'une enveloppe de tôle continue.

Sa section intérieure peut être rectangulaire ou circulaire. Les anciens gazogènes Siemens étaient tous rectangulaires ; cette disposition facilite la construction et le groupement des appareils en batteries ; mais elle ne convient que dans le cas de faibles pressions intérieures ne nécessitant pas une enveloppe étanche en tôle. Aujourd'hui la plupart des gazogènes modernes sont construits avec une section circulaire ; leur diamètre varie de 50 cm. pour les petits appareils alimentant des moteurs isolés à gaz pauvre, jusqu'à 3 m. pour les grands appareils de chauffage des fours en métallurgie.

L'*enveloppe* continue en tôle est indispensable dès que la pression du gaz au sommet du gazogène doit dépasser 10 mm. d'eau. Elle est encore avantageuse pour les pressions inférieures parce que les maçonneries, même en bon état, sont toujours perméables aux gaz, et qu'elles tendent en outre à se disjoindre sous l'action de la chaleur.

Théoriquement, dans les gazogènes circulaires à enveloppe de tôle continue, on devrait laisser un vide entre la paroi réfractaire et la tôle pour permettre la dilatation de la maçonnerie sous l'action de la chaleur. L'expérience montre que cela est inutile et même nuisible, le tassement des joints entre les briques suffit pour permettre la dilatation du massif réfractaire ; d'autre part un espace vide permettrait le passage direct de l'air, depuis le bas du gazogène, jusqu'à la chambre à gaz où il brûlerait ce dernier et pourrait même provoquer des explosions.

Les *grilles* pour l'évacuation des cendres et des mâchefers présentent des dispositions variant à l'infini, que l'on peut seulement indiquer à propos de chaque type d'appareils, sans qu'il soit possible d'en faire une classification générale. Certains gazogènes n'ont pas de grille du tout, comme celui de Wilson ou certains types du Siemens. D'autres ont des grilles à barreaux exactement semblables à celles des foyers ordinaires pour brûler directement le charbon, sous les chaudières, par exemple. Ailleurs on emploiera la grille à gradins, préconisé autrefois par Siemens, qui semble fournir de plus larges orifices à l'entrée d'air. Dans la plupart des gazogènes circulaires, on emploie une tuyère centrale pour l'arrivée d'air, combinée ou non avec une grille pour l'enlèvement des mâchefers.

Le *couvercle* du gazogène est simplement constitué par une voûte en briques suffisamment épaisse dans les gazogènes sans enveloppe métallique, comme ceux de Siemens. Dans les gazogènes circulaires, la voûte est généralement beaucoup plus mince et le sommet du gazogène chauffe beaucoup, ce qui brûle les pieds des ouvriers, et rend leur travail plus pénible, cela tend en outre à déjeter le couvercle métallique de l'enveloppe en tôle. On remédie a ce second inconvénient en évitant de river le couvercle sur le cylindre et assurant l'étanchéité par un joint au sable. On peut également adopter une disposition théoriquement plus satisfaisante, mais qui a l'inconvénient d'être d'une installation délicate ; faire un couvercle à double paroi métallique, dans lequel on fait circuler un fluide refroidissant, de l'eau ou de l'air, et l'on utilise l'air ou l'eau ainsi chauffé pour l'alimentation inférieure du gazogène.

TYPES DE GAZOGÈNES

Le nombre des types de gazogènes aujourd'hui employés est en quelque sorte indéfini. On en décrira seulement ici une demi-douzaine choisis parmi les plus répandus [1].

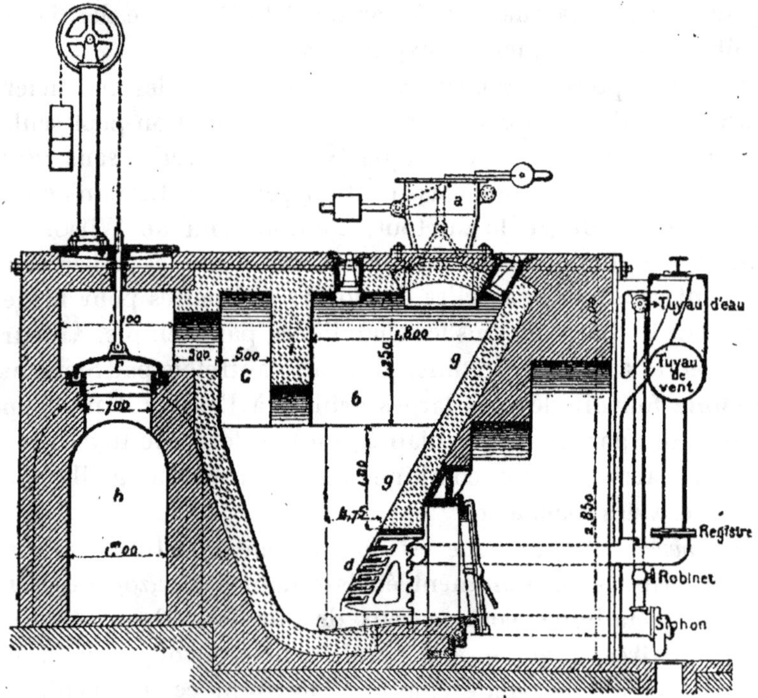

Fig. 57. — Gazogène Siemens.

Siemens. — Les gazogènes Siemens ont été les premiers employés d'une façon pratique dans l'industrie ; le gazogène bien antérieur d'Ebelmen était resté un simple appareil d'expérience. Les gazogènes Siemens ont l'avantage d'être d'une construction très simple et économique ; ils ont une forme rectangulaire qui

(1) Les figures reproduites sont empruntées les unes au *Traité de Métallurgie* de M. Babu, les autres à une communication faite au congrès de Düsseldorf par M. Hofmann.

permet d'en accoler un grand nombre l'un à côté de l'autre et d'adosser deux rangées semblables. On réalise ainsi avec le minimum d'encombrement, une grande stabilité dans leur construction et on réduit les pertes de chaleur. Ils n'ont pas d'enveloppe métallique, au plus quelques tirants en fer pour empêcher leur maçonnerie extérieure de se déjeter.

La figure 57 représente un des types les plus récents et les plus perfectionnés de ce système de gazogènes ; il est caractérisé par les détails de construction suivants : Une poitrine antérieure inclinée *g* sur laquelle s'étale le charbon introduit par la trémie *a* ; cette disposition s'oppose aux passages d'air contre la paroi en question sur laquelle le charbon est pressé par la pesanteur ; de plus, la hauteur du talus de charbon oppose au mouvement des gaz dans cette direction une résistance bien plus grande qu'à travers la masse du combustible perpendiculairement à son épaisseur.

La grille à gradins *d*, formée de barres plates assez larges, permet l'emploi de combustible pulvérulent, tout en conservant entre les barreaux un intervalle assez grand, nécessaire pour l'extraction des cendres.

Le cendrier est fermé par une porte derrière laquelle un tuyau amène l'air soufflé ; enfin un tuyau d'eau vient déboucher à la partie inférieure du cendrier.

La voûte barrage *i* descend souvent assez bas dans ces gazogènes et isole le conduit de sortie des gaz *c* de la chambre de distillation *b*, de façon à ce que l'eau dans les combustibles humides, ou les goudrons, dans le cas de houille grasse, soient obligés de traverser la masse de combustible incandescente et se décomposent en partie avant de s'échapper du gazogène. Le gazogène Siemens se prête facilement en raison de la section intérieure rectangulaire à la combustion du bois. La seule modification à lui apporter est de remplacer les deux ou trois trémies de chargement voisines, par une seule, ayant la longueur des bûches de bois, 2 mètres par exemple. Il faut de plus remplir le gazogène de bois jusqu'au sommet, sans laisser d'espace vide comme avec la houille.

Duff. — Le gazogène Duff, perfectionné par Schmidt et Desgraz et par d'autres constructeurs, présente extérieurement une forme circulaire avec enveloppe métallique en tôle continue ; mais sa section intérieure est encore rectangulaire ; cette disposition extérieure est commune d'ailleurs à la presque totalité des gazogènes modernes, elle permet de circuler tout autour de l'appareil et de faire symétriquement le décrassage, ce qui facilite la régularité d'allure de l'appareil. La caractéristique de ce gazogène (fig. 58) est de présenter à la partie inférieure une joint hydrau-

Coupe verticale par P Q

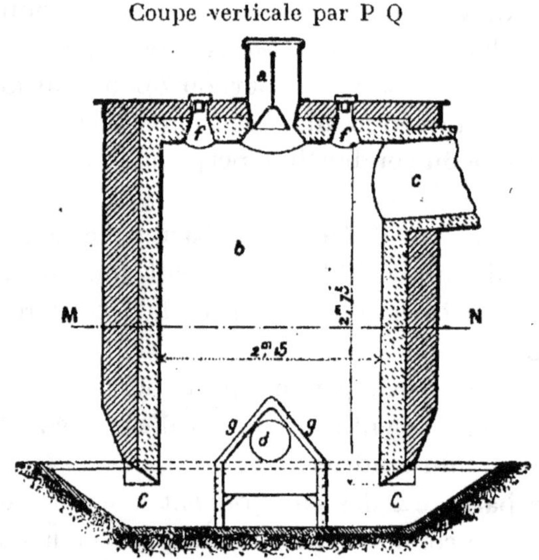

Coupe horizontale par M.N

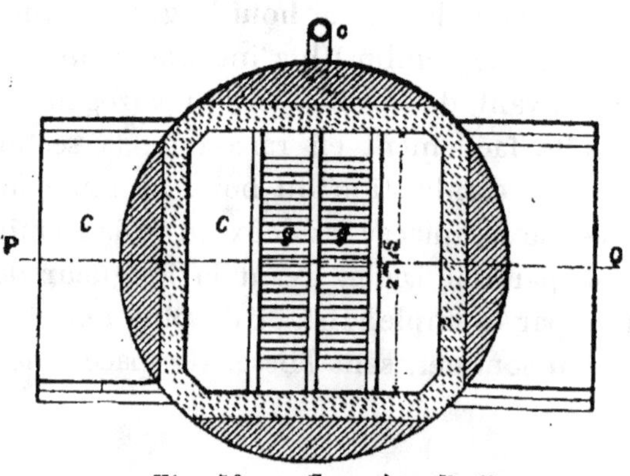

Fig. 58. — Gazogène Duff.

lique constitué par une cuve *c* dans laquelle plonge la partie inférieure de l'enveloppe du gazogène. Les mâchefers tombent dans cette cuve et peuvent être relevés au moyen d'une pelle sans arrêter le soufflage ni par suite la marche de l'appareil, comme cela est nécessaire dans le cas des gazogènes Siemens soufflés, où le décrassage nécessite l'ouverture de la porte du cendrier.

L'air arrive à travers une grille centrale *g* sous laquelle il est soufflé par le tuyau *d* ; cette disposition centrale de la grille a l'avantage d'éviter le passage de l'air contre les deux parois qui lui font vis-à-vis, mais cet inconvénient est moins bien évité aux deux extrémités de la grille que l'on a souvent le tort de faire beaucoup trop longue.

Le décrassage de cet appareil est un peu délicat et demande une certaine attention ; il faut toujours laisser le bas de l'appareil rempli de mâchefer jusqu'à un niveau un peu supérieur à celui de la grille, sans quoi il se formerait sur cette grille des mâchefers adhérents, que l'on ne pourrait enlever faute de moyens d'accès. D'autre part, si l'on poussait trop loin le décrassage, on arriverait à faire tomber le charbon incandescent dans l'eau et à perdre une grande quantité de combustible, qui s'éteindrait et serait enlevé avec le mâchefer.

Taylor. — C'est un gazogène complètement cylindrique à enveloppe métallique, l'air arrive par une tuyère centrale recouverte d'un chapeau conique qui empêche le charbon d'y pénétrer (fig. 59) ; sa caractéristique essentielle est la présence d'une sole tournante dont la rotation doit faire tomber les mâchefers par un espace annulaire vide réservé entre cette sole et la base d'un cône renversé en tôle qui prolonge le revêtement réfractaire et retient les mâchefers. Ce gazogène a été un des premiers où le décrassage ait été tenté au moyen d'une sole tournante. Il semble avoir été employé aux Etats-Unis sur une assez grande échelle pour la combustion des anthracites de Pennsylvanie, combustibles peu cendreux et à cendres peu fusibles. On a souvent essayé de les employer en France, mais dès que la proportion des cendres et la fusibilité de celles-ci deviennent trop considérables, la rotation de la sole ne suffit pas pour assurer un décrassage régulier ;

bien souvent dans ce cas, on immobilise la sole et on fait le décrassage par piquage comme dans les gazogènes sans sole mobile.

Kerpely. — Le gazogène Kerpely (fig. 60), est un des plus récents parmi les gazogènes à sole mobile, il diffère du gazogène Taylor, essentiellement par les trois caractères suivants :

La sole mobile, au lieu d'être enfermée à l'intérieur de l'enveloppe en tôle et de nécessiter, par suite, l'arrêt du soufflage au moment où on veut enlever les mâchefers accumulés sous la sole, déborde sur l'enveloppe extérieure en tôle et est constituée par une

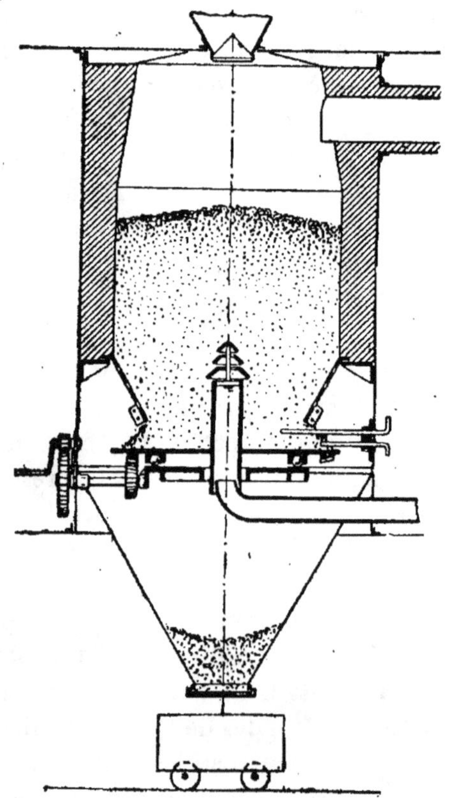

Fig. 59. — Gazogène Taylor.

cuvette remplie d'eau, dans laquelle vient plonger cette enveloppe de tôle, de façon à faire joint hydraulique. L'élimination des mâchefers se fait, comme dans le gazogène Duff, à travers la couche d'eau, mais elle se fait d'une façon automatique au moyen d'un plan incliné qui plonge dans la cuve et contre lequel le mouvement de rotation de celle-ci fait remonter les mâchefers de façon à les déverser dans un wagonnet ; la sole tourne d'une façon

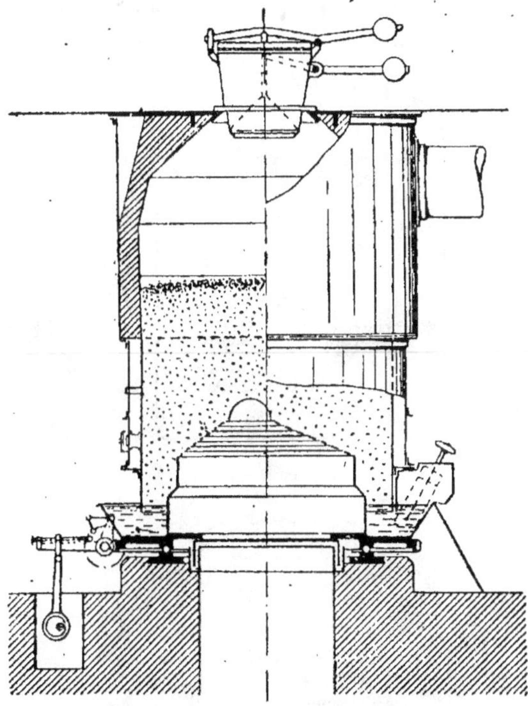

Fig. 60. — Gazogène Kerpely.

continue et la position du plan incliné est réglée de façon à enlever la quantité de mâchefer correspondant au charbon brûlé.

Un second détail de construction important est que la partie inférieure du gazogène, celle où se fait la combustion, ne présente pas de revêtement réfractaire ; elle est constituée par une double paroi en tôle, refroidie à l'intérieur par la circulation continue de l'air soufflé dans le gazogène. Cet air ainsi échauffé va lécher la cuve et s'y charger de vapeur d'eau, avant de pénétrer à travers une grille dans la masse de charbon incandescente.

Enfin, cette pénétration de l'air se fait au moyen d'une grille à gradins en pyramide carrée, qui est fixée sur le fond de la

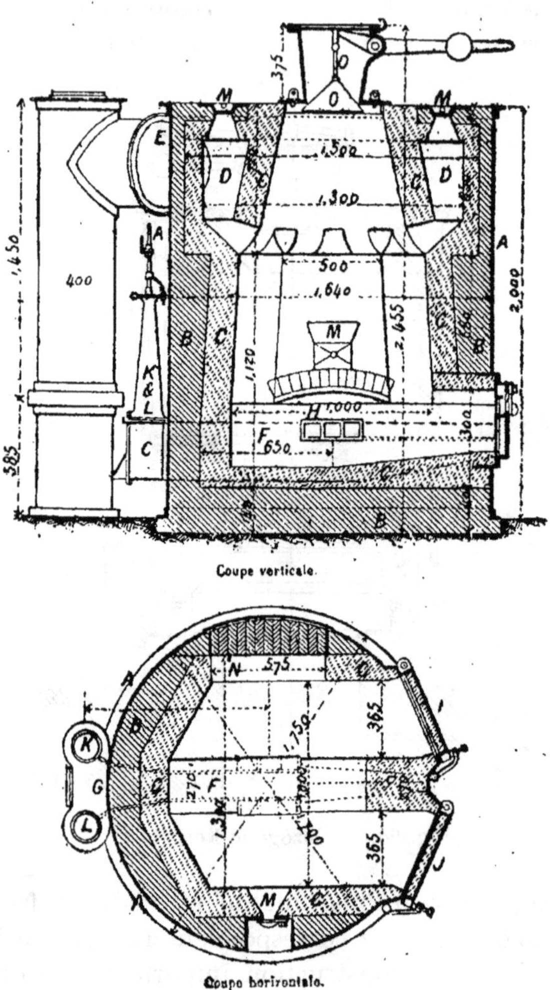

Coupe verticale.

Coupe horizontale.

Fig. 61. — Gazozègne Wilson.

cuve, mais à une certaine hauteur au-dessus du niveau de l'eau ; l'air soufflé débouche sous cette grille. La forme de pyramide carrée donnée à la grille a pour résultat de brasser constamment la masse de charbon par le fait de la rotation de cette grille entraînée avec la cuve. On exagère cet effet en désaxant la grille par rapport à l'axe de rotation qui coïncide avec l'axe de figure du gazogène. Cette agitation brise les boules de mâchefer qui ont pu se former et bouscule les cheminées qui tendraient à se produire dans la masse de combustible. Avec des combustibles purs,

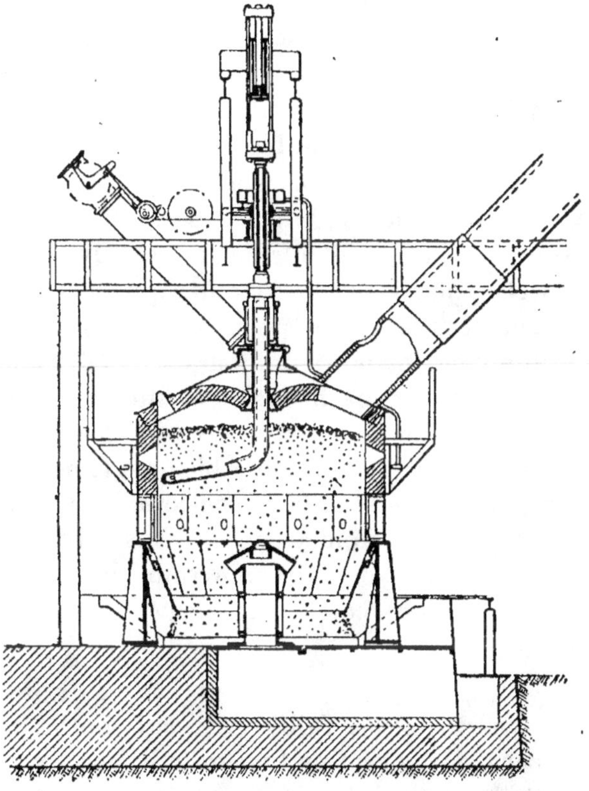

Fig. 62. — Gazogène Talbot.

à cendres moyennement fusibles, mais peu abondantes, ce gazogène fonctionne d'une façon remarquable, ne nécessitant pour sa conduite qu'une main-d'œuvre presque nulle.

Wilson. — Le gazogène Wilson (fig. 61) n'est guère employé qu'en Belgique ; il nécessite pour son fonctionnement des combustiles dont la teneur en cendres et la fusibilité des cendres ne s'écartent pas de certaines conditions favorables à sa marche ; souvent même on emploie un mélange de deux combustibles à cendres inégalement fusibles. Le principe de cet appareil est de fonctionner sans aucune grille, les mâchefers déjà formés supportant le combustible et en même temps donnant accès à l'air comme une véritable grille. Ceci exige que les mâchefers formés soient à demi agglomérés pour former une masse perméable ; des cendres complètement fusibles donneraient un gâteau complètement imperméable, des cendres infusibles donneraient une masse pulvérante également imperméable aux gaz.

L'air soufflé par deux éjecteurs à vapeur, K et L arrive à la base du gazogène par le conduit F et sort par les ouvertures H. Pour empêcher le charbon d'entrer dans ces ouvertures, on place devant elles et appuyés sur le conduit, quelques gros blocs de mâchefer formant une voûte, puis, par-dessus le charbon. On marche ensuite pendant plusieurs jours sans faire aucun décrassage, jusqu'à ce que les mâchefers aient atteint une épaisseur de 1 m. à 1,50 m. On donne alors un coup de feu en réduisant la vapeur soufflée dans l'air de façon à bien agglomérer la dernière couche de mâchefer, puis on ouvre en grand les portes I et J et on vide tout le mâchefer froid accumulé dans le bas de l'appareil. On replace de nouveau de gros morceaux de mâchefer devant les ouverture H et l'on recommence l'opération comme la première fois.

Talbot. — Les gazogènes Talbot (fig. 62) sont essentiellement caractérisés par l'existence d'un bras métallique animé d'un mouvement de rotation constant au milieu de la masse de combustible; cette agitation égalise les températures d'un point à l'autre, détruit les cheminées et empêche les agglomérations de mâchefer ; ce dispositif a été essayé surtout aux Etats-Unis.

Sepulchre. — Le gazogène Sepulchre (fig. 63) est un gazogène à fusion de cendres reposant par conséquent sur le principe des anciens gazogènes d'Ebelmen ; c'est un haut fourneau à échelle réduite. Cet appareil a donné des résultats intéressants avec certains combustibles très impurs, renfermant beaucoup de cendres et d'eau de carrière. Sa mise au point pour les combustibles de nature variée est encore à l'étude ; ces appareils ne peuvent fonctionner qu'avec de très fortes productions, nécessaires pour maintenir dans le creuset la température indispensable à la fusion

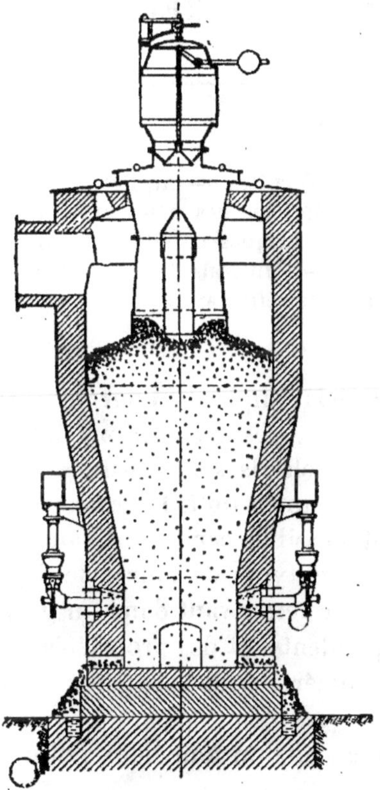

Fig. 63 — Gazogène Sépulchre.

des cendres. Ils ont l'avantage, sur les appareils précédemment décrits, de pouvoir s'appliquer en principe à des combustibles très chargés en cendre, peut-être même à des schistes.

Ce seront sans doute des appareils analogues qui donneront la solution du problème depuis si longtemps cherché de l'utilisation des déchets de charbon sur les houillières.

CHAPITRE NEUVIÈME

MATÉRIAUX RÉFRACTAIRES

Matériaux des fours. — Qualités. — Argiles. — Fusibilité. — Fabrication des briques. — Propriétés des pâtes argileuses cuites. — Silice. — Transformations. — Briques de silice. — Alumine. — Magnésie. — Matériaux calcaires. — Minerais divers. — Carbone. — Carborundum. — Choix des produits réfractaires. — Propriétés. — Waterjacket.

Les fours industriels employés pour le chauffage à températures élevées présentent des dispositions indéfiniment variables avec les usages auxquels ils sont destinés. Leur description détaillée ne peut être donnée qu'à l'occasion de chaque industrie particulière. Il est possible cependant, au milieu de la variété indéfinie des différents types de fours, de dégager certaines dispositions générales, se retrouvant dans un grand nombre d'entre eux, celles qui dépendent soit des propriétés du combustible, soit des propriétés des matériaux de construction et non des matières traitées.

On peut envisager dans un four deux points de vue essentiellement différents :

1° Les matériaux qui entrent dans sa construction ;

2° Ses formes et dispositions générales.

Nous étudierons successivement ces deux points de vue.

Matériaux des fours. — Presque tous les fours employant des températures élevées comprennent trois parties distinctes constituées avec des matériaux différents.

1° Un *revêtement réfractaire* intérieur, qui doit résister à l'action de la chaleur et à l'action chimique des matières chauffées dans le four ; cette double condition impose dans certains cas l'obligation d'employer des matériaux très coûteux ; aussi réduit-on au minimum l'épaisseur de ce revêtement pour réduire les frais de construction.

Le plus souvent, ce revêtement est constitué par des briques cuites au préalable à une température aussi voisine que possible de celle à laquelle elles devront être employées. Exceptionnellement dans les anciens fours de verrerie et aujourd'hui dans quelques fours tournants à ciment, on emploie des briques crues qui cuisent dans le four lui-même ; enfin, dans quelques cas, on emploie ce que l'on appelle des *pisées*, c'est-à-dire des matières préparées comme pour la fabrication habituelle des briques mais mises immédiatement en place, sans façonnage préalable, et damées sur la paroi intérieure du four pour les agglomérer en leur donnant la forme voulue. On prépare ainsi les soles d'un grand nombre de fours métallurgiques ;

2° Un *massif solide* construit avec des matériaux à bon marché, destiné à donner aux fours, en tant que construction, une stabilité suffisante et en même temps à diminuer les pertes de chaleur par transmission à travers les parois. Au lieu d'employer un second massif, on peut se contenter de donner une plus grande épaisseur au revêtement réfractaire intérieur ; le résultat obtenu est le même au point de vue de la solidité et des pertes de chaleur. On le fait parfois, par exemple, dans les cornues Bessemer, mais dans la majeure partie des cas on est obligé, par des raisons d'économie évidentes, à réduire au strict minimum l'épaisseur du massif réfractaire et à employer pour la construction extérieure des matériaux plus économiques ; par exemple, des briques ordinaires, de la pierre, quelquefois même du béton, lorsque l'échauffement des parois extérieures n'est pas trop élevé ;

3° Une *armature métallique* destinée à consolider l'ensemble du four et à empêcher sa dislocation sous l'action des dilatations résultant de l'action de la chaleur. La température varie dans l'épaisseur des parois d'une façon continue depuis la surface intérieure, où elle est la plus élevée, jusqu'à la surface extérieure. La dilatation plus grande du revêtement intérieur tend à faire fendre le massif extérieur du four. Il est impossible de s'opposer aux dilatations des matériaux de construction ; les efforts développés sont énormes et quand on cherche à serrer trop exactement les armatures métalliques contre la paroi extérieure du massif du four, ces armatures cassent infailliblement. Un raisonnement très simple permet de le comprendre ; supposons un four avec un massif intérieur en briques réfractaires, de 10 cm. d'épaisseur chauffé à 1.000° ; la dilatation sur 1 m. de diamètre sera de 7 mm. Supposons une enveloppe en tôle de 1 cm. d'épaisseur, dimension d'ailleurs absolument exagérée, que l'on ne songerait jamais à employer en raison de son prix de revient trop élevé ; la dilatation élastique du fer sous le même diamètre ne peut pas dépasser 1 mm. ; il faut donc que l'armature en fer cède, ou que le massif réfractaire s'écrase sur lui-même. La résistance à l'écrasement d'une brique, dans les conditions où l'on fait habituellement cet essai, c'est-à-dire sur un cube dont 4 faces sont libres, est en moyenne de 100 kg. par centimètre carré. Mais dans un massif continu, les conditions sont tout autres, il n'y a plus de surface libre permettant le cisaillement, ou du moins il n'y en a qu'une seule, de forme cylindrique et concave, ne se prêtant pas aux déformations pour faire un essai dans des conditions comparables à celles de la paroi d'un four, il faudrait enfermer le cube soumis à la compression dans une boîte d'acier indéformable et l'écraser à l'intérieur. La pression serait de 10 à 100 fois celle que l'on trouve dans l'essai ordinaire. Prenons le coefficient 10 qui est certainement un minimum ; il faudra, pour écraser le revêtement réfractaire de 10 cm. d'épaisseur, développer un effort de 10.000 kg. par 1 cm. de hauteur, ce qui correspond, pour la même hauteur de la tôle de 1 cm. d'épaisseur, à un effort de 100 kg. par millimètre carré, soit cinq fois la limite élastique du fer, c'est donc lui qui devra céder pratiquement. Les armatures employées ont des sections bien plus faibles, au moins cinq fois moindres, de telle sorte que l'effort représente 25 fois au moins la limite élastique de cette armature.

A quoi servent alors les armatures métalliques ? Quand on chauffe intérieurement un four non armé, on observe les faits suivants : Au premier chauffage, le massif extérieur se fend suivant un petit nombre de directions ; toutes les briques ne prennent pas un écartement égal de l'une à l'autre, comme on serait tenté de le supposer *à priori*. De plus, l'ouverture totale de ces fentes en nombre limité est bien supérieure à celle que l'on calculerait d'après la dilatation du revêtement intérieur. Il se produit des mouvements d'ensemble du massif extérieur, des rotations autour de certains axes, qui donnent naissance à des fentes béantes, hors de proportion avec la dilatation intérieure des parties chauffées. Quand ensuite le four se refroidit, ces fentes ne se referment pas ou le font seulement d'une façon incomplète ; à un nouveau chauffage, le massif réfractaire agit encore, quoique moins énergiquement, sur le massif extérieur, et provoque de nouvelles fentes ou augmente celles qui se sont produites précédemment, si bien qu'au bout d'un certain temps, le four est complètement disloqué et s'effondre.

L'armature métallique a pour objet de limiter l'ouverture de ces fentes en permettant seulement un mouvement du massif extérieur proportionné à la grandeur de dilatation interne. Pour obtenir ce résultat il faut prévoir un certain jeu entre les différentes pièces en contact : des joints de brique pas trop remplis, un espace vide entre la chemise réfractaire et le massif extérieur avec remplissage en matière facilement compressible, comme des fragments de mâchefer, de la silice d'infusoire, etc... ou enfin des jeux dans les articulations des différentes pièces des armatures métalliques. Souvent on se contente de desserrer les armatures pendant la première mise en feu. On apprécie la tension par le son que rendent les pièces métalliques frappées avec un marteau.

De ces trois sortes de matériaux entrant dans la construction des fours, les matériaux réfractaires sont de beaucoup les plus importants et les seuls que nous étudierons ici avec quelques détails.

Qualités. — Les points de vue à faire entrer en ligne de compte dans le choix des matériaux réfractaires sont extrêmement nombreux ; voici quelques-unes des qualités les plus importantes à demander :

1° *Infusibilité.* Indispensable pour permettre au revêtement réfractaire de remplir son office ; les températures utilisées dans les différents fours sont extrêmement variables, depuis quelques centaines de degrés pour la dessiccation des matières humides, jusqu'à 2.000° dans le creuset du haut-fourneau et dans certains fours électriques. Les conditions d'infusibilité sont donc très variables suivant les usages ;

2° *Résistance chimique* à l'action des corps chauffés. Indispensable pour empêcher l'altération des matières élaborées par leur combinaison avec les éléments de la paroi réfractaire et pour empêcher aussi la fusion de cette paroi au contact des laitiers et scories formées dans un grand nombre d'opérations métallurgiques. Le fer fondu au contact de parois siliceuses se charge en silicium et change de nature. Inversement, le laitier calcaire, nécessaire pour la déphosphoration de l'acier, entraînerait la fusion immédiate des parois siliceuses ;

3° *Invariabilité de volume* suffisante pour assurer la stabilité des maçonneries. L'emploi de briques argileuses ou siliceuses peu cuites dans les revêtements réfractaires des fours à températures très élevées occasionne des accidents graves : la contraction de l'argile par la cuisson amène l'effondrement des voûtes, inversement le gonflement des briques de silice amène le renversement des pieds-droits des voûtes et la rupture des armatures. Ces matériaux réfractaires doivent, avant leur mise en place, avoir subi une cuisson préalable suffisante pour que l'on n'ait plus à craindre des changements ultérieurs de volume trop importants ;

4° *Prix de revient* abordable, permettant l'emploi industriel des matériaux. Dans toute opération industrielle, le prix de revient du produit fabriqué doit être la préoccupation dominante ; cette considération s'oppose à l'utilisation de certaines matières employées au contraire avec succès dans les laboratoires. La thorine des manchons Auer est extraordinairement réfractaire et sert parfois pour la construction des fours dans les laboratoires scientifiques ; mais on ne pourrait songer actuellement à l'employer industriellement. La magnésie elle-même a une valeur assez élevée pour s'opposer dans bien des cas à la généralisation de son emploi.

On doit enfin mentionner quelques qualités d'importance moindre : *l'absence de porosité* qui ralentit l'attaque des parois des fours par les matières fondues en contact avec elles. Un morceau de pain de sucre se dissout infiniment plus vite dans l'eau qu'un cristal compact de sucre Candie ; de même les laitiers fondus attaquent extraordinairement vite les briques trop poreuses. La *faiblesse de dilatation* diminue la dislocation des maçonneries et assure une conservation plus longue des fours.

Nous allons étudier successivement les principales matières réfractaires employées dans l'industrie en passant en revue leurs propriétés essentielles dans l'ordre suivant :

1° *Etat naturel et impuretés ;*

2° *Fusibilité ;*

3° *Procédés de fabrication ;*

4° *Propriétés diverses.*

Les matériaux réfractaires que nous allons ainsi passer en revue sont : argile, silice, magnésie, matériaux calcaires, minerais divers, carbone, carborundum.

Argiles. — L'argile se rencontre dans la nature sous deux aspects géologiques distincts, l'*argile* proprement dite et le *kaolin*, différant surtout par les conditions de leur gisement et les impuretés qui les accompagnent.

L'argile et le kaolin sont essentiellement constitués par un silicate d'alumine hydraté, la *kaolinite* :

SiO^2	46,4
Al^2O^3	39,7
H^2O	13,9
	100

$$2\,SiO^2\,Al^2O^3\,2\,H^2O$$

qui est cristallisée en lamelles hexagonales très fines. Un gisement de l'Utah présente des cristaux de 1/10 de mm. de diamètre, mais dans les argiles ordinaires, ces dimensions tombent souvent au-dessous du millième de millimètre. On reconnaît alors l'existence de cette structure lamellaire au chatoiement que produit la matière, mise en suspension dans l'eau et légèrement agitée.

C'est à cette structure lamellaire que l'argile doit sa plasticité, c'est-à-dire la propriété de donner avec l'eau des pâtes déformables sans rupture, mais en même temps suffisamment résistantes, ce qui permet de la façonner sous les formes les plus variées. Tous les corps également lamellaires et fins possèdent la même plasticité, par exemple, le mica et même la glauconie. Cette dernière matière se trouve à l'état naturel sous forme d'un sable en grains ronds dépourvus de toute plasticité, mais ces grains se clivent au broyage en donnant des lamelles très fines.

Le *kaolin* est une argile provenant de la décomposition de certaines roches feldspathiques ; on le trouve en amas ou filons dans les terrains granitiques ; il est remarquable par sa belle couleur blanche. Il renferme comme impuretés des fragments de feldspath, de quartz et quelquefois de mica ; il est facile de l'obtenir très pur par lavage à l'eau. Les impuretés se séparent facilement grâce à leurs fortes dimensions ; le kaolin serait l'argile réfractaire par excellence, si ces gisements étaient plus abondants et, par suite, son prix de revient moins élevé.

L'*argile* se trouve au contraire en masses très abondantes dans un grand nombre de terrains sédimentaires, tantôt en couches stratifiées, tantôt en poches dans le calcaire ; son mode de formation est inconnu ; elle est généralement colorée en gris et même en noir par de petites quantités de matières organiques qui disparaissent à la cuisson ; elle conserve alors une teinte jaunâtre, due sans doute à la présence constante de petites quantités de titane.

Elle est souvent mêlée à des impuretés très variées et parfois très abondantes, dont les principales sont le mica blanc et le quartz qui se trouvent même dans les variétés les plus pures employées comme argiles réfractaires. Le mica blanc

$$2\,SiO^2\,Al^2O^3\ (1/3\,K^2O\ 2/3\,H^2O)$$

se trouve en lamelles extrêmement fines que l'on a longtemps confondues avec celles de la kaolinite. Il contribue pour sa part à la plasticité de l'argile, mais en augmente en même temps la fusibilité. Sa proportion ne tombe guère au-dessous de 10 % dans les argiles les plus pures et s'élève jusqu'à 30 et même 50 % dans les argiles, dites à *grès*, qui grâce à la présence de ce mica donnent déjà à 1.200° une pâte semi-vitrifiée, imperméable. Le quartz se trouve à l'état de sable relativement grossier, car ses parties les plus fines sont supérieures comme grosseur aux lamelles de kaolinite les plus grandes ; ses dimensions cependant atteignent rarement 1 mm. Sa proportion est très variable, elle ne descend guère au-dessous de 5 % dans les argiles les plus pures et atteint 75 % dans certaines argiles très sableuses.

Fusibilité. — La fusibilité de l'argile chimiquement pure, c'est-à-dire de la kaolinite, est très faible ; elle fond à 1.770°, mais son point de fusion s'abaisse rapidement, quand elle renferme du quartz et surtout du mica ; avec le quartz seul, le maximum de fusibilité correspond au mélange suivant, fondant à 1.630° :

SiO^2	85,5
Al^2O^3	14,5
	100

$$10\,SiO^2 + Al^2O^3$$

ce qui correspond à une argile renfermant une proportion de quartz égale à 63 % du poids total de l'argile ; cette proportion est très rarement atteinte, aussi peut-on dire pratiquement que la fusibilité d'une argile croît progressivement avec sa teneur en sable. Pour des proportions de quartz plus élevées encore, la fusibilité diminuerait un peu pour se rapprocher de celle de la silice pure, qui fond à 1.780° ; au contraire, l'addition d'un excès d'alumine à la kaolinite, comme cela se présente dans le minéral appelé *bauxite*, diminue considérablement la fusibilité ; le point de fusion tend à se rapprocher de celui de l'alumine pure qui fond à 2.050°. Le mica fond isolément vers 1.100°, sa présence dans les argiles fait donc rapidement croître leur fusibilité ; elles fondent vers 1.200° pour une teneur en mica de 50 %.

Toutes ces matières siliceuses fondent en se ramollissant progressivement et donnent des matières pâteuses devenant de plus en plus fluides à mesure que la température s'élève. Le plus souvent il n'y a pas de véritable point de fusion et la température indiquée comme telle est celle où une pyramide constituée avec la matière étudiée, ayant environ 5 cm. de hauteur et 1,5 cm. de base, s'affaisse sous son propre poids de la moitié de sa hauteur.

La présence de chaux augmente la fusibilité de l'argile en donnant des silico-aluminates de chaux fusibles.

En particulier les deux silicates définis :

L'anorthite : $2\,Si\,O^2\,Al^2\,O^3\,Ca\,O$
et la humboldtilite : $Si\,O^2\,Al^2\,O^3\,3\,Ca\,O$

fondent vers 1.400° ; quand on ajoute du quartz à la kaolinite pure, la fusibilité des mélanges avec la chaux augmente encore plus et les mélanges les plus fusibles fondent vers 1.275° ; il ne faut donc dans aucun cas laisser la chaux venir en contact avec des briques réfractaires aux températures supérieures à 1.200°.

La magnésie, un peu moins fusible que la chaux, exerce sur l'argile une action fondante analogue quoique moins énergique ; à composition correspondante, il y a un écart de 100° entre les points de fusion des mélanges à base de magnésie et ceux à base de chaux ; lorsqu'au contraire de la magnésie et de la chaux se trouvent simultanément en présence d'argile, la fusibilité pour certaines proportions devient plus grande qu'avec la chaux pure. Il faut éviter, dans la construction des fours, de mettre en contact, comme on le fait parfois, les briques de magnésie et les briques d'argile dès que la température peut dépasser 1.300°.

L'introduction simultanée de l'oxyde de fer avec la chaux dans l'argile augmente beaucoup plus encore la fusibilité. Certaines argiles impures servant à la fabrication des briques rouges ordinaires, employées dans la construction des maisons, ont un point de fusion voisin de 1.150°.

Fabrication des briques. — Les procédés de fabrication des briques argileuses sont très simples ; on forme par addition d'une quantité suffisante d'eau une pâte plastique, on laisse sécher et on cuit à une température suffisamment élevée ; pour avoir des briques de forme bien régulière, on emploie une faible quantité d'eau de façon à produire une pâte assez ferme qui nécessite pour se mouler une pression énergique, obtenue alors avec une machine ; on a ainsi des briques qui permettent de réaliser des constructions avec des joints très minces, ce qui est une condition très favorable à la longue conservation de maçonnerie exposée à l'action de la chaleur et des corps en fusion.

La cuisson de l'argile et la fabrication des briques présentent cependant une difficulté très sérieuse qui oblige de modifier sur un point important le procédé sommaire de fabrication indiqué ici. Pendant la dessiccation l'argile prend un premier retrait linéaire qui peut atteindre de 5 à 10 % des dimensions primitives de l'objet moulé ; ce retrait est d'autant plus important que la proportion d'eau de gâchage est plus forte et que l'argile employée a un grain plus fin ; puis, pendant la cuisson elle prend encore un second retrait qui peut atteindre jusqu'à 10 et 15 % des dimensions de la brique sèche. Ces retraits sont une cause d'accidents graves dans la fabrication et rendent impossibles l'obtention de pièces un peu épaisses fabriquées en argile pure. En effet, le retrait commence toujours par la surface des pièces qui se dessèche ou s'échauffe la première ; il en résulte des fentes ou au moins des déformations qui rendent les pièces cuites presque inutilisables ; on ne peut guère fabriquer avec de l'argile pure que des petites baguettes de quelques millimètres de diamètre, comme on en emploie par exemple, pour supporter les assiettes en faïence pendant leur cuisson.

Pour la fabrication de pièces réfractaires de dimensions importantes, comme le sont toujours les briques, il faut ajouter à l'argile ce que l'on appelle des matières *dégraissantes*, c'est-à-dire des matières qui ne prennent pas de retrait à la cuisson. Ces matières forment à l'intérieur de la brique une carcasse indéformable qui empêche le retrait de l'argile de provoquer des fentes intéressant toute l'épaisseur des pièces ; il se produit seulement de petites fissures isolées, localisées entre les grains de la matière dégraissante ; ces fentes donnent bien de la porosité, mais comme elles sont discontinues, elles ne suppriment pas la solidité de la pièce.

La matière dégraissante, généralement employée dans la fabrication des produits réfractaires de qualité supérieure, est l'argile calcinée au préalable à une température élevée. On la broie en fragments dont les dimensions maxima varient de 1 à 5 mm. et on l'incorpore à l'argile crue, dans des proportions variables suivant les usages, depuis poids égaux d'argile crue et d'argile cuite, jusqu'à deux parties d'argile cuite pour une d'argile crue. Plus la proportion d'argile crue est considérable, plus la dureté des briques est grande ; mais aussi plus leur retrait à la cuisson reste élevé et plus il faut prendre de précautions dans leur dessiccation pour éviter les fentes.

On appelle *chamotte* le mélange à poids égaux d'argile cuite broyée très fin et d'argile crue. Elle sert de coulis réfractaire pour maçonner les briques et d'enduit superficiel pour boucher les fentes des maçonneries.

Dans la fabrication des produits réfractaires de seconde qualité, on emploie comme matière dégraissante le sable quartzeux. Il a l'inconvénient d'augmenter, comme on l'a dit plus haut, la fusibilité de l'argile, et, d'autre part, il donne des briques moins solides en raison de la moindre adhérence de l'argile aux surfaces lisses du quartz et de la dilatation irrégulière de ce dernier corps.

Malgré cette addition d'une certaine quantité de matières dégraissantes, les briques prennent toujours du retrait à la cuisson, surtout si l'argile cuite n'a pas été calcinée au préalable à une température suffisamment élevée. L'emploi dans la construction d'un four, de briques qui n'ont pas encore pris tout leur retrait par la cuisson, est, comme nous l'avons dit plus haut, une cause très grave de destruction des maçonneries.

En Angleterre, on emploie comme dégraissant, dans la fabrication des produits réfractaires, une matière spéciale *Fire Clay* qui possède la composition de la kaolinite, mais n'a pas la plasticité habituelle des argiles. Ce serait donc tout à fait inexact de traduire ce mot anglais par argile réfractaire. L'intérêt de l'emploi de cette matière réfractaire est qu'elle ne prend que très peu de retrait à la cuisson et peut entrer dans la composition des briques sans calcination préalable. C'est là une économie sensible.

Cette matière provient du terrain houiller, des schistes intercalés entre les couches de houille exploitées. Il est propable que, si on en faisait la recherche méthodique, on trouverait dans les mines de houille françaises des produits analogues. Il existe dans les mines du Gard un banc de Leverriérite qui semble posséder les mêmes qualités réfractaires que le Fire Clay. Il faudrait faire cette recherche au voisinage des couches de houille réputées pour l'infusibilité de leurs cendres.

Propriétés des pâtes argileuses cuites. — Les propriétés des briques réfractaires d'argile varient à l'infini avec leur composition, leur température de cuisson. Il est impossible d'entrer dans des détails complets sur ce sujet ; on donnera seulement quelques chiffres à titre d'exemples. Voici des résultats obtenus avec une argile très pure de Mussidan (Dordogne), employée à la fabrication des creusets d'aciérie ou de verrerie, qui exigent les meilleures qualités d'argile. Cette argile renferme 2 % de quartz, 14 % de mica et 84 % de kaolinite ; son grain est plutôt un peu grossier.

Les expériences ont porté soit sur l'argile pure sans aucune addition de matière dégraissante, soit sur un mélange de composition :

Argile	30
Sable quartzeux	65
Carbonate de chaux	5

Ces échantillons ont été cuits à la manufacture de porcelaine de Sèvres aux températures de 1.000°, 1.280° et 1.410°.

Les propriétés mesurées ont été :

Le *retrait linéaire* à la cuisson, c'est-à-dire le raccourcissement proportionnel d'une tige de 100 mm. de longueur, compté à partir de ses dimensions à l'état sec. Les chiffres du tableau représentent indifféremment le retrait % de longueur initiale ou le retrait en millimètres de la barre de 100 mm.

La *porosité*, c'est-à-dire le volume des vides intérieurs rapporté au volume extérieur de l'échantillon, pris égal à 100.

Le *coefficient d'élasticité*, c'est-à-dire l'effort exprimé en kilogrammes par millimètre carré, qui doublerait la longueur de la tige si elle s'allongeait indéfiniment sans rupture, proportionnellement aux efforts.

La *ténacité*, c'est-à-dire l'effort en kilogramme par millimètre carré nécessaire pour produire la rupture par traction.

Argile pure.

Température de cuisson	Retrait linéraire	Porosité	Coefficient d'élasticité	Ténacité
1.000°	3,2 %	20,5 %	500 kg.	9,8 kg.
1.280	7	5,7	3.900	4,3
1.410	8,7	0,0	2,900	4,7
Mélanges sableux.				
1.000	0,4	7,6	1.400	1,6
1.280	1,5	6,4	1.760	1,8
1.410	4,7	0	1.690	4.4

Le coefficient de dilatation des briques en argile pure est relativement faible et présente cette particularité de décroître à mesure que la température s'élève, tandis que pour la plupart des corps, pour les métaux, pour les verres par exemple, le coefficient de dilatation croît avec la température. La courbe de dilatation dans le cas des argiles a donc sa concavité tournée vers l'axe des températures ; pour les autres corps, c'est la convexité qui est tournée dans ce sens.

La dilatation moyenne de l'argile entre 0 et 500° est en moyenne 0,5 % et entre 0 et 1.000° de 0,7 %. L'addition de sable à l'argile élève considérablement son coefficient de dilatation ; le mélange précédent cuit à la température de 1.200°, présente entre 0 et 500° une dilatation de 0,7 % ; entre 0 et 1.000°, de 1,3 %.

Dans un tableau d'ensemble placé à la fin de l'étude des matériaux réfractaires, nous donnerons quelques renseignements numériques relatifs à la conductibilité calorifique et à la perméabilité aux gaz des briques en argile, deux propriétés qui jouent un rôle très important dans leur emploi pour la construction des fours.

La chaleur d'échauffement des briques est importante à connaître pour le calcul des récupérateurs des fours Siemens ; d'après les expériences faites par M. Euchène à la Compagnie parisienne du Gaz, cette chaleur d'échauffement, exprimée en calories kilog. et rapportée à 1 kg. de briques réfractaires, peut être exprimée par la formule :

$$Q_0^t = 0{,}20t + 0{,}000062\, t^2$$

Enfin, comme dernier renseignement, on peut dire que la résistance à l'écrasement des briques ordinaires, faites avec des matières dégraissantes varie en général de 50 à 200 kg. par centimètre carré, les essais étant faits sur des cubes dont 4 faces sont libres, Pour des produits fabriqués sans matière dégraissante, avec de l'argile pure, ou pour des mélanges un peu fusibles cuits jusqu'à semi-vitrification, cette résistance peut s'élever jusqu'à 1.000 kg. par centimètre carré.

Le tableau suivant résume quelques-unes des expériences que nous avons faites, M. Bogitch et moi, sur la résistance mécanique, aux températures élevées, des principaux produits réfractaires. Le kaolin, pris comme type d'argile réfractaire très pure, présente une résistance à l'écrasement constante jusqu'à 900°. C'est là un fait général pour tous les produits argileux. Puis à 1.000° un maximum. Ce maximum avait déjà été signalé par un savant anglais, Mr Mellor, qui avait même trouvé des accroissements de résistance, bien plus forts, pouvant aller jusqu'à doubler la résistance observée à froid. Ce phénomène doit sans doute être attribué à un commencement de ramolissement qui supprime la fragilité. De même le verre est bien moins fragile entre 400° et 500°, qu'à la température ordinaire. La grandeur de ce maximum de résistance dépend de la vitesse de mise en charge. Pour des écrasements très rapides, effectués en quelques secondes, la résistance maxima peut atteindre le double de celle qui correspond aux températures inférieures. Dans les expériences rapportées ici, l'écrasement était très lent, la mise en charge ayant duré près d'une heure.

Après ce maximum, entre 1.100° et 1.200°, la matière présente une véritable plasticité, qui lui permet de céder d'une façon continue sous les efforts permanents, de telle sorte qu'il n'y a plus à proprement parler de résistance à l'écrasement. Les chiffres portés sur le graphique correspondent à la valeur de l'effort au moment où l'échantillon s'est affaissé de moitié de son épaisseur, la vitesse mise en charge étant de 5 kilogs par minute. La région des courbes en traits ponctués correspond à la période de plasticité.

Silice. — La silice existe dans la nature à un très grand état de pureté, tantôt sous forme de masses compactes de quartz, appelées *quartzites*, que l'on rencontre, soit dans les terrains cristallins, soit dans les terrains métamorphiques. La désagrégation des roches cristallines et l'enlèvement des débris par les torrents laissent dans le lit de ces derniers des galets de quartz assez abondants pour être l'objet d'une exploitation.

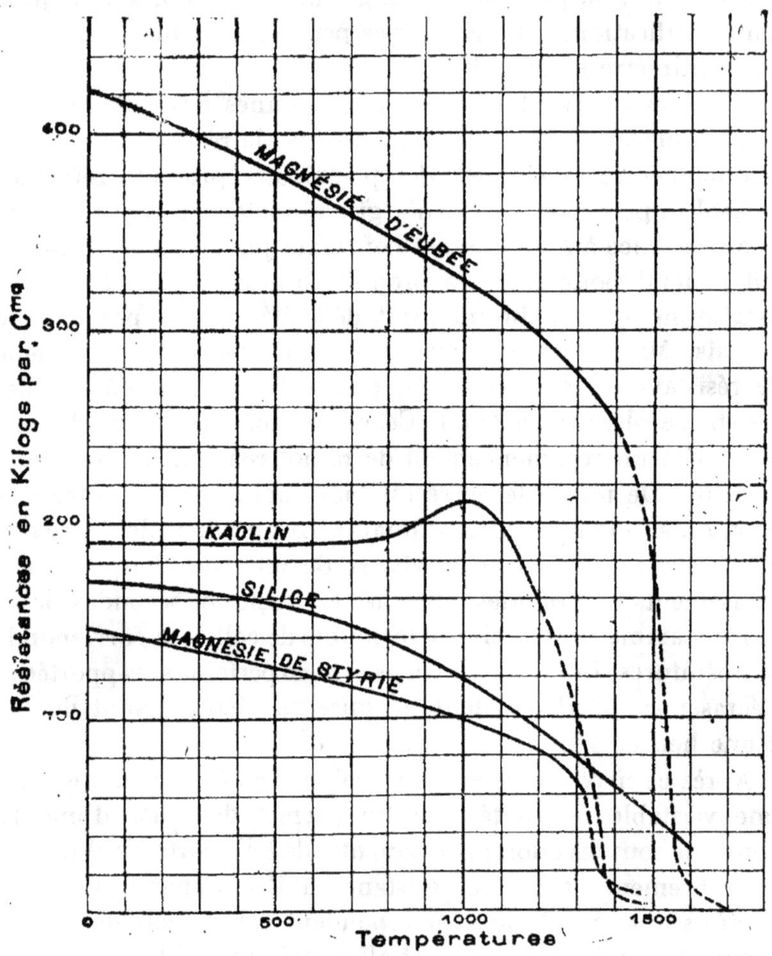

Fig. 64. — Variation de la résistance des produits réfractaires, en fonction de la température.

La silice se rencontre encore à l'état de petits grains isolés de quartz constituant ce que l'on appelle les *sables*, ou de petits grains agglomérés, constituant ce que l'on appelle les *grès* ; quelques sables comme ceux de l'étage de Fontainebleau, possèdent en certains points de leur gisement une pureté comparable à celle des quartzites ; ils se rencontrent dans les terrains sédimentaires en bancs très épais pouvant dépasser 50 m.

Enfin, on trouve dans certains terrains calcaires, en particulier dans la craie, une variété spéciale de silice, la *calcédoine*, disséminée au milieu du calcaire, tantôt en rognons isolés, tantôt en bancs continus d'une certaine épaisseur. On donne généralement le nom de *silex* à cette calcédoine commune, tandis qu'une variété de couleur plus riche, employée dans l'ornementation, s'appelle l'*agate* ; une troisième variété relativement impure constitue la pierre *meulière*. Les rognons et bancs de silex sont généralement très purs.

La silice possède certaines propriétés importantes qu'il est indispensable de bien préciser avant de dire quelques mots de la fabrication et des usages des briques en silice, car ces propriétés jouent un rôle capital dans l'emploi de cette matière comme produit réfractaire.

Il existe un très grand nombre de variétés cristallographiques différentes de silice qui jouissent de propriétés tout à fait différentes et la plupart d'entre elles interviennent à des degrés divers dans l'emploi en question de la silice. Ces variétés se distinguent à première vue par leur densité et leur forme cristalline.

Variétés	Densité	Forme cristalline
Quartz	2,65	Rhomboédrique.
Calcédoine . . .	2,60	Triclinique, microcristallin.
Cristobalite . .	2,34	Pseudo-cubique.
Tridymite . . .	2,28	Orthorhombique, pseudo-hexagonale.
Silice vitreuse .	2,22	Amorphe.

Les dilatations de ces différentes variétés de silice présentent des anomalies singulières, correspondant à l'existence de points de transformation réversibles et elles sont très différentes d'une variété à une autre. La silice fondue est 25 fois moins dilatable, par exemple, que le quartz. La figure 65 reproduit les courbes de dilatation des différentes variétés de silice.

Transformations. — Ces différentes variétés de silice peuvent se transformer les unes dans les autres sous l'action de la chaleur ;

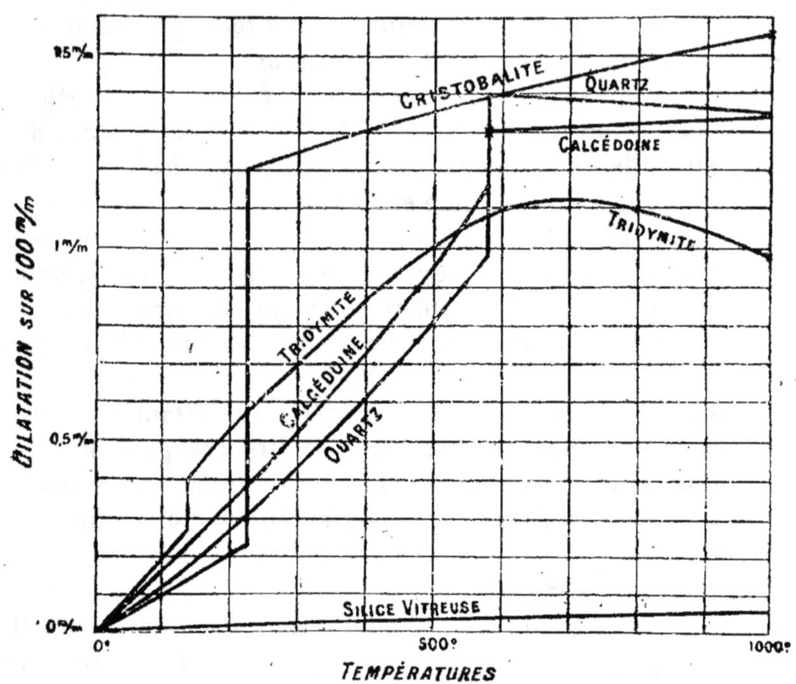

Fig. 65. — Dilatation de la silice.

ces transformations sont accompagnées de changements de volume résultant des différences de densité, et elles entraînent en même temps, comme nous venons de le dire, des modifications importantes dans les coefficients de dilatation. Ces deux faits donnent l'explication très simple d'anomalies, longtemps restées inexplicables, dans les propriétés des matériaux réfractaires et des produits céramiques renfermant de la silice non combinée.

Voici en gros, d'une façon qualificative, la succession des phénomènes qui se produisent quand on élève, à des températures progressivement croissantes, chacune de ces variétés de silice.

Le *quartz* est la variété de silice normalement stable jusqu'à 700°, mais il se conserve inaltéré à des températures bien plus élevées. Le quartz en fragments et en l'absence du contact de corps étrangers se conserve jusqu'à 1.400° sans altération ; chauffé rapidement il paraît fondre vers 1.600° sans être transformé en une autre variété. Chauffé lentement au contraire, il se transforme en cristobalite d'abord, dont le point de fusion est de 200° environ plus élevé que celui du quartz.

Le quartz en poudre fine se transforme à température beaucoup plus basse, d'autant plus facilement qu'il est broyé plus fin ; cette transformation commence alors dès 1.200°. La présence de chaux favorise également cette transformation. La présence d'alcalis tend au contraire à faire passer directement le quartz à l'état de silice amorphe, comme cela se produit dans la porcelaine, dont la pâte est partiellement vitreuse.

La *calcédoine*, extrêmement voisine, par sa densité et ses autres propriétés du quartz, en différant surtout par la finesse de ses éléments cristallins, subit les mêmes transformations mais à des températures beaucoup plus basses. Dès 1.000° la cristobalite commence à prendre naissance ; cela explique pourquoi la substitution dans une pâte céramique cuite à 1.200°, comme la faïence fine, d'une certaine quantité de silex à du quartz, en modifie complètement les propriétés ; à cette température le quartz n'a pas commencé à transformer, mais la calcédoine l'a fait à peu près complètement.

La *cristobalite* se conserve indéfiniment à la température ordinaire bien qu'elle n'y soit pas normalement stable. On n'en a trouvé dans la nature que des échantillons isolés extrêmement rares, mais il est possible qu'elle soit plus abondante qu'on ne le croit ; l'absence presque complète de double réfraction permettant de la confondre avec des matières vitreuses. Par chauffage prolongé à des températures supérieures à 1.000° mais inférieures à 1.400° et en présence de fondants, elle se transforme en tridymite, elle n'est donc plus stable à ces températures. Il semble qu'elle soit stable seulement au dessus de 1.480°.

La *tridymite* est la variété de silice cristallisée stable entre 700° et 1.480°. Bien qu'instable aux températures plus basses, elle s'y conserve indéfiniment sans altération, au moins tant que l'on ne fait pas intervenir des durées comparables à celles des âges géologiques. Dans la nature, en effet, la tridymite des roches volcaniques revient parfois à l'état de quartz, seul état stable à froid.

La silice *amorphe* est stable seulement au-dessus de 1.800°, point de fusion de la variété la moins fusible de la silice ; on ne peut la conserver à la température ordinaire qu'en la refroidissant suffisamment rapidement à partir d'une température supérieure à ce point de fusion. Entre la température ambiante de 1.000°, elle paraît se conserver indéfiniment sans altération ; mais quand on la chauffe à des températures supérieures à une certaine limite un peu indécise, comprise entre 1.100 et 1.300°, elle commence à se dévitrifier, et le fait d'autant plus vite que la température est plus élevée, en donnant de la cristobalite qui, par un chauffage ultérieur se transforme à son tour en tridymite.

Briques de silice. — Les matières premières employées dans la fabrication de briques de silice sont toujours l'une des deux variétés à haute densité : quartz ou calcédoine ; mais comme on les emploie toujours dans des fours à très haute température, elles doivent nécessairement finir par s'y transformer en variétés à faible densité, c'est-à-dire éprouver une transformation accompagnée d'une augmentation considérable de volume ; si l'on n'a pas réalisé cette transformation pendant la fabrication, elle se fera ensuite à l'emploi et amènera des dislocations de fours ; c'est là une difficulté qui a été longtemps un obstacle à l'emploi des briques de silice.

La fabrication des briques de silice comprend trois opérations distinctes : le broyage du quartz, la confection des briques et leur cuisson ; ces trois opérations sont également délicates et expliquent le prix de revient élevé de ces matériaux réfractaires.

La matière est broyée et tamisée de façon à ce que les plus gros grains atteignent au plus 5 à 10 millimètres et qu'il y ait 25 % d'impalpables traversant le tamis de 4.900 mailles au cm^2. Cette matière granuleuse est exempte de plasticité, on ne peut l'agglomérer comme l'argile ; on est obligé d'introduire comme agglomérant une petite quantité de chaux qui diminue un peu les propriétés réfractaires : 1 à 2 % de chaux grasse. On humecte avec une très petite quantité d'eau, 10 à 15 % du poids total de la matière et on pilonne très énergiquement dans des moules en métal avec une masse de fonte ou l'on presse à la machine. Les briques démoulées sont abandonnées pendant un certain temps à l'air pour obtenir par dessiccation un certain durcissement qui permette de les manipuler et de les transporter au four de cuisson.

La température de cuisson doit atteindre au moins 1.400° de façon à provoquer la fusion des silicates de chaux et l'agglomération complète des grains de silice, et être très longtemps prolongée, 24 heures au moins, à 1.400°, pour amener la transformation à peu près complète du quartz en cristobalite et en tridymite. On a alors des briques extrêmement dures pouvant résister à tous les transports. Quand on se limite à une température de cuisson de 1.200 à 1.300°, on a seulement une combinaison partielle de la chaux avec la silice, les briques restent très friables et occasionnent un déchet énorme au transport. De plus le quartz non transformé gonfle en changeant de densité et peut ainsi amener la dislocation des voûtes.

La propriété essentielle de ces briques est leur résistance mécanique à chaud qui est notablement supérieure à celle des briques d'argile. Elles fondent seulement vers 1.750° ; l'écart est faible avec la kaolinite pure, mais la présence constante du mica et du quartz dans les argiles réfractaires en abaisse, comme nous l'avons dit, le point de fusion plus que ne le font pour la silice les quelques centièmes de chaux ajoutés en vue de l'agglomération ; et surtout la période de ramollissement ne commence qu'au-dessus de 1.600°, au lieu de 1.200, pour les meilleures briques réfractaires argileuses (fig. 60). De plus, au contact des bases et surtout des laitiers calcaires, les parois siliceuses résistent mieux que les parois argileuses ; le silicate monocalcique ou wollastonite $Si\,O^2$ CaO fond seulement à 1.510° et l'eutectique plus riche en silice $1,25\ SiO^2 + Ca\,O$ à 1.450°, c'est-à-dire à 200° au-dessus des mélanges les plus fusibles d'argile ; la magnésie donne avec la silice comme avec l'argile des produits un peu moins fusibles que la chaux, 1.550° pour la pyroxène et 1.500° pour son eutectique siliceux, soit 50° plus haut que les mélanges calcaires correspondants.

Les briques de silice présentent un inconvénient assez sérieux résultant de l'anomalie de leur coefficient de dilatation ; le changement brusque de dimension qui se produit au point de transformation de la cristobalite amène des désagrégations rapides dans les fours alternativement chauffés et refroidis complètement ; pour ce motif, les briques de silice ne conviennent qu'aux fours à marche continue ; et encore dans ce cas, si la température n'est pas très élevée, on observe souvent une désagrégation progressive et continue de ces briques.

On trouvera plus loin dans le tableau de la fin du chapitre quelques données numériques relatives à la conductibilité calorifique, à la porosité, et à la perméabilité des briques de silice.

On peut rapprocher des briques de silice certaines roches quartzeuses qui sont employées pour le revêtement des fours à cuve, des cubilots. Mais parmi les très nombreuses variétés de grès, de quartzite existant dans divers étages géologiques de l'écorce terrestre, un petit nombre seulement résistent au feu sans éclater. On ne connaît pas bien les conditions dont dépend cette tenue au feu. Il semblerait, d'après des études en cours, que certains grès employés avec succès sont constitués par un mélange de grains très fins de quartz et d'un silicate d'alumine particulier, la pyrophyllite $4\ SiO^2, Al^2O^3, H^2O$.

Alumine. — L'alumine pure existe dans la nature à l'état cristallisé : c'est le corindon ; ses gisements sont relativement assez rares et par suite son prix de revient est élevé ; elle ne peut guère être employée industriellement comme matière réfractaire.

L'*émeri* que l'on trouve dans les îles Naxos, en Grèce, est un corindon impur mêlé à de l'oxyde de fer et à d'autres impuretés qui en augmentent la fusibilté ; son prix est encore asez élevé. On peut cependant l'employer avec avantage dans les laboratoires pour le revêtement intérieur des petits fours destinés à supporter des températures élevées ; on traite l'émeri pulvérisé du commerce par l'acide chlorhydrique concentré et chaud qui enlève le fer et une partie des impuretés, en ne dissolvant que très peu d'alumine ; l'émeri ainsi purifié est délayé avec une petite quantité de silicate de soude et damé à l'intérieur des fours sur une épaisseur de 5 mm. à 1 cm. ; on peut, par le même procédé, faire de petits creusets.

On fabrique encore de l'alumine fondue, vendue sous le nom d'*alundum*, en fondant au four électrique de la *bauxite*, minerai constitué par un mélange de silice, alumine et fer ; il se fait du siliciure de fer et de l'alumine fondue.

La seule variété d'alumine que son prix permette d'employer dans la fabrication des produits réfractaires est précisément la bauxite. Elle contient un hydrate d'alumine, le diaspore, Al^2O^3, H^2O, mêlé à une forte proportion d'impuretés : oxyde de fer anhydre, Fe^2O^3, qui lui donne sa couleur rouge et argile. On emploie ce minerai pour la fabrication de l'aluminium, de préférence les variétés rouges, très ferrugineuses, mais renfermant peu de silice ; l'élimination du fer est en effet plus simple que celle de la silice. On pourrait également employer cette variété comme produit réfractaire, à condition d'enlever le fer par un traitement préalable à l'acide chlorhydrique concentré chauffé à 60°. On obtient ainsi de l'alumine relativement très pure et par suite très réfractaire ; c'est ainsi qu'ont été faites les premières briques en bauxite qui furent essayées vers 1870 dans la construction des fours à fondre l'acier.

Mais ce traitement est fort coûteux et aujourd'hui on emploie exclusivement pour les produits réfractaires les bauxites blanches ou légèrement rosées sans aucune purification préalable ; ce sont des mélanges d'alumine et d'argile dont la fusibilité est intermédiaire entre celles de l'argile et de l'alumine. Le plus souvent d'ailleurs, on se contente d'ajouter une certaine quantité de bauxite aux autres argiles réfractaires pour en améliorer la qualité.

Les propriétés réfractaires de l'alumine sont bien supérieures à celles de la silice ; elle fond vers 2.050° quand elle est parfaitement pure. Avec la chaux elle donne des aluminates fondant vers 1.500°. Les silico-aluminates de chaux, à excès d'alumine, sont beaucoup moins fusibles que ceux à excès de silice, aussi les briques riches en alumine résistent-elles mieux aux laitiers calcaires que les briques plus siliceuses. Les aluminates alcalins et les aluminates de plomb sont assez peu fusibles ; pour ce motif on emploie souvent la bauxite dans la construction des fours à plomb.

La fabrication des briques en bauxite est plus difficile que celle des briques argileuses et par suite plus coûteuse. Les bauxites blanches naturelles ne se délayent pas dans l'eau comme les argiles ; elles prennent cependant après broyage une certaine plasticité et peuvent alors être moulées directement comme l'argile. La bauxite rouge dépouillée de son fer par l'acide chlorhydrique est très peu plastique et demande pour être agglomérée l'addition de matières liantes étrangères ; on a employé avec un égal succès des additions de 10 % d'argile ou l'emploi de solutions concentrées de chlorure de calcium.

La bauxite prend à la cuisson un retrait plus considérable encore que celui de l'argile et donne des matières cuites extrêmement poreuses ; il faut donc, pour la confection des briques, employer toujours une forte proportion de bauxite calcinée servant de matière dégraissante.

Dans ces dernières années, on a mis en vente dans le commerce, sous le nom de *Corindite*, de la bauxite fondue dans un cubilot de forme spéciale, qui par addition de 10 % d'argile réfractaire donne des briques et revêtements qui fondent seulement vers 1.700°. Mais la matière commence à devenir plastique et à céder sous la pression vers 1.300°, comme les produits argileux. Cette matière peut rendre des services pour la construction des parois des fours qui n'ont aucun effort mécanique à supporter. Elle ne convient pas pour les voûtes. Malgré sa forte teneur en fer, le mélange indiqué plus haut est aussi réfractaire que les argiles les plus pures, comme le kaolin.

La fusion de cette corindite, s'obtient avec une consommation de 50 % de son poids d'anthracite dans un petit four soufflé pouvant tourner autour d'un axe horizontal. On évite le collage contre les parois par un artifice très ingénieux. Grâce à un anneau mobile en tôle, laissant un espace vide de 7 cm. entre lui et la paroi réfractaire, on constitue une enveloppe de la charge, en remplissant cet anneau avec de la bauxite crue exempte de combustible. Puis au milieu de l'anneau, on fait le chargement avec le mélange de bauxite et d'anthracite. Après émission on culbute l'appareil pour sortir la charge.

On doit signaler enfin une roche alumineuse, la *sillimanite*, SiO^2, Al^2O^3 dont il existe d'importants gisements aux Indes. On commence à l'employer en Angleterre, en mélange avec l'argile, pour la fabrication des briques servant dans les fours de verrerie. Cette matière n'a aucune plasticité, c'est seulement un dégraissant. La forte teneur en alumine et la grande pureté de cette roche la rendent peu altérable aux alcalis et peu fusible.

Magnésie. — La magnésie se trouve principalement dans la nature à l'état de carbonate neutre, répondant à la formule $Mg\,O\,C\,O^2$; on ne connaît guère que deux gisements importants de carbonate de magnésie pur, celui de l'île d'Eubée, en Grèce, qui commence à être épuisé, et un autre dans les Indes, dont l'exploitation est à peine commencée. Il existe en outre des carbonates de magnésie impurs, beaucoup plus abondants, qui renferment en mélanges isomorphes cristallisés, des proportions importantes de carbonate de fer ; les deux principaux gisements de ce carbonate ferrugineux se trouvent en Autriche ; l'un dans les montagnes de Styrie et l'autre dans les Karpathes ; la magnésie provenant de la calcination de ces carbonates est brune.

Il existe enfin, dans les eaux de la mer des qualités considérables de magnésie à l'état de sulfate et de chlorure ; un procédé ingénieux, dû à M. Schlœsing, permettrait sans doute de l'extraire économiquement. On précipite la magnésie par la chaux ; cependant le lavage de la magnésie obtenue pour la débarrasser des sels de l'eau de la mer ou des marais salants, semble à première vue une opération irréalisable en grand à cause de l'état gélatineux du précipité. M. Schlœsing a eu l'idée de mouler une pâte ferme de chaux en petits filaments par compression à travers une filière ; ces filaments gardent leur structure dans l'eau de mer tout en se transformant en magnésie, la chaux se dissolvant en même temps ; on peut alors laver par déplacement ces filaments à travers lesquels l'eau circule facilement.

La magnésie pure est peu fusible, elle fond à 2.800°, c'est le moins fusible de tous les produits réfractaires employés industriellement ; la magnésie ferrugineuse brune est plus fusible, elle présente dès 1.300° un commencement de ramollissement par la fusion du ferrite de magnésie ; il reste cependant un grand excès de magnésie non fondue, celle-ci se dissolvant progressivement dans le ferrite fondu à mesure que la température devient plus élevée. Les briques ont alors une consistance analogue à celle du sable humide ; elles peuvent supporter sans s'écraser des pressions assez fortes, mais elles n'ont pas de dureté et se désagrègent sous le moindre frottement : on ne peut donc pas les employer dans les régions des fours où elles se trouveraient en contact avec des matières solides en mouvement, comme cela a lieu dans la cuve des fours coulants. La façon de se comporter de ces briques est toute différente de celle des briques siliceuses ou argileuses qui se vitrifient dans leur ensemble en se ramollissant progressivement et ne peuvent alors supporter des pressions longtemps prolongées sans s'écouler.

La magnésie éprouve sous l'action de la chaleur, vers 1.600°, une transformation irréversible accompagnée d'une grande augmentation de densité et par suite d'une grande diminution de volume ; il serait impossible d'employer des briques en magnésie qui n'auraient pas encore subi cette transformation, car elles diminueraient de volume et tomberaient en morceaux une fois mises en place. Avant tout emploi, la magnésie doit donc être calcinée à une température extrêmement élevée et c'est là une des raisons du prix élevé des produits réfractaires magnésiens ; cette cuisson doit être faite au gaz ou avec des charbons très pauvres en cendres, car le mélange à la magnésie de cendres toujours argileuses augmente considérablement sa fusibilité.

La magnésie possède une seconde propriété également très importante à prendre en considération dans l'emploi des produits magnésiens ; au contact de l'eau, elle s'hydrate en gonflant et s'éteint comme la chaux, mais elle le fait heureusement avec une lenteur beaucoup plus grande ; à la température ordinaire, cette extinction complète demande des mois au lieu de quelques heures avec la chaux ordinaire, ou de quelques jours avec la chaux surcuite. A 100° dans un excès d'eau bouillante, la magnésie s'éteint en six heures tandis que la chaux moyennement cuite le fait en quelques secondes et la chaux surcuite très compacte, en moins de deux heures. Grâce à cette lenteur d'extinction, on peut manipuler à l'air les briques de magnésie sans précautions exagérées ; il ne faut pas cependant les mouiller sans motif et il faut plus encore éviter de mettre en feu trop lentement un four où il y aurait des briques de magnésie humide ; elles pourraient s'éteindre sous l'action de l'eau chaude et disloquer par leur gonflement tout le revêtement réfractaire et même parfois le massif du four.

La fabrication des briques de magnésie présente une difficulté analogue à celle des briques de silice résultant du défaut de plasticité de la matière ; les briques sont très fragiles tant qu'elles n'ont pas été très fortement cuites. Schlœsing qui a le premier utilisé dans le laboratoire les propriétés réfractaires de la magnésie, confectionnait ses briques avec un mélange de 9 parties de magnésie calcinée à mort et une partie de magnésie pulvérulenté très fine, faiblement calcinée ; il comprimait à sec le mélange à la presse hydraulique. La présence de magnésie faiblement calcinée et pulvérulente permettait d'obtenir de suite une certaine cohésion, suffisante pour le transport des briques jusqu'au four de cuisson ; ces briques prenaient une dureté très suffisante une fois cuites à une température élevée. Mais cette précaution d'éviter complètement l'emploi d'eau n'est pas utile ; on peut se contenter de prendre de la magnésie fortement calcinée et pulvérisée et l'humecter avec quelques centièmes d'eau, puis la comprimer et la sécher assez rapidement ; on obtient ainsi une dureté initiale bien plus grande que par voie sèche sans aucun risque d'extinction, si la dessiccation a été faite assez rapidement ; on fait très facilement par ce procédé dans le laboratoire de petits ustensiles en magnésie, comme des nacelles ou creusets. On peut encore, au lieu d'eau, employer des solutions de chlorure ou d'azotate de magnésie qui donnent une dureté initiale plus grande encore, grâce à la formation de sels basiques.

On trouvera dans le tableau de la page 426 quelques renseignements sur les propriétés des briques en magnésie.

Matériaux calcaires. — La *chaux* devrait pouvoir fournir de bons matériaux réfractaires, son point de fusion est très élevé, 2.570°, supérieur par conséquent à celui de l'alumine et à celui de la silice. La seule difficulté qui a empêché de l'employer jusqu'ici est sa trop facile extinction. La chaux pure très poreuse s'éteint en quelques minutes ; la chaux compacte elle-même, obtenue soit par fusion, ce qui ne serait évidemment pas un procédé industriel, soit par calcination en présence de quelques centièmes de matière fondante, argile ou oxyde de fer, s'éteint encore en quelques jours. Il n'est pas impossible cependant que l'on arrive dans l'avenir, à tourner cette difficulté.

La *dolomie* calcinée, mélange par parties équivalentes de chaux et de magnésie, est employée sur une large échelle dans les fours métallurgiques. Son extinction à l'air est lente, à condition de l'avoir amenée à l'état absolument compact par cuisson à une température très élevée. Elle est cependant notablement plus rapide que celle de la magnésie. Ce résultat peut être obtenu pratiquement avec des dolomies renfermant 3 % de matières argileuses et ferrugineuses, qui donneront après calcination un mélange chaux-magnésie à 6 % d'impuretés, la perte de poids par dégagement d'acide carbonique étant d'environ 50 %.

La fabrication des briques en dolomie comprend deux opérations. La calcination de la dolomie dans des cubilots, dont le revêtement est fait lui-même avec de la dolomie déjà calcinée ; la dépense de combustible peut atteindre 500 kgs par tonne de produit calciné ; cette dolomie est broyée et agglomérée avec du goudron, la masse pâteuse ainsi obtenue est moulée à la presse ; Ces briques servent par exemple pour confectionner le revêtement des convertisseurs Thomas. Le mélange pâteux peut être employé directement comme pisé pour préparer la sole des fours électriques, le revêtement intérieur des fours à chaux ou encore celui des cubilots servant à la calcination de la dolomie ; dans tous les cas, briques ou pisé doivent être soumis à l'action de la chaleur très rapidement après leur préparation si l'on a employé du goudron ordinaire, toujours saturé d'eau. Au bout d'une huitaine de jours, l'extinction aurait commencé et les briques se désagrégeraient.

Sous l'action de la chaleur, le goudron se décompose en laissant du coke qui sert de liant aux grains de dolomie et durcit la masse. Ce coke peut ensuite brûler à l'air sans que la matière se désagrège. Les réductions et oxydations successives des petites quantités d'oxyde de fer de la dolomie et peut-être aussi de la chaux pour former du carbure de calcium, soudent entre eux les grains.

On peut signaler enfin comme produit réfractaire calcaire, les *ciments* hydrauliques. Ces ciments sont essentiellement composés par un silicate tricalcique SiO^2 3 CaO dont le point de fusion inconnu passe pour être supérieur à 2.000°. Ces ciments renferment en outre, il est vrai, de petites quantités de silico-

aluminates et de silico-ferrites plus fusibles. Mais dans certaines chaux hydrauliques, comme celle du Teil, la proportion en est extrêmement faible.

On confectionne les briques de ciment ou les revêtements en pisé avec un mélange de 2 parties de *clinker* de ciment, c'est-à-dire de roches dures de ciment surcuit, concassées en fragments ne dépassant pas 2 cm. et 1 partie de ciment moulu ordinaire, ou encore 1 partie de clinker en fragments, 1 partie de clinker passé au préparateur, c'est-à-dire concassé de façon à ce que les plus gros grains n'aient pas plus de 3 mm. et enfin 1/2 partie de chaux hydraulique. On gâche avec de l'eau ce mélange et on le moule dans les formes en bois pour faire les briques, ou on le pilonne sur place dans des coffres, exactement de la même façon que l'on travaille le béton ordinaire. Ces briques durcissent rapidement par hydratation du ciment. On les emploie crues et l'on peut mener rapidement la mise en feu du four ; elles n'éclatent pas au feu et n'éprouvent pas de changement de volume par la cuisson. Ce produit réfractaire est aujourd'hui presque exclusivement employé dans les revêtements des fours tournants à cuire le ciment où la température atteint de 1.500 à 1.600° suivant la nature des matières traitées. Ses usages pourraient se répandre davantage, en raison de son prix de revient très faible et de sa facilité d'emploi.

Ces briques en ciment présentent cependant un inconvénient qui en limitera les applications, à moins qu'on arrive à lever d'une façon certaine la difficulté actuelle. Les briques se comportent bien tant qu'elles restent à une température élevée, comme cela a lieu dans les fours à ciment dont la marche est continue. Mais si on les laisse refroidir, on les voit souvent se désagréger et même parfois se fendre et tomber en morceaux. Ce phénomène n'est pas dû, comme on pourrait le supposer, à l'extinction de la chaux libre, mais à une transformation dimorphique du silicate dicalcique SiO^2, 2 CaO. Ce corps jouit de la propriété bien connue de se pulvériser spontanément au refroidissement. Ce composé ne devrait pas pouvoir prendre naissance en raison de la quantité de chaux existant normalement dans le ciment ; il arrive cependant à se produire dans des conditions encore mal déterminées, sans doute par dédoublement du silicate tricalcique

$$Si\,O^2\,3\,Ca\,O = Si\,O^2\,2\,Ca\,O + Ca\,O.$$

Minerais divers. — Le *sesquioxyde de chrome* ne serait guère moins fusible que l'alumine P. F. = 1.990° ; on a proposé depuis longtemps de l'employer pour la confection d'ustensiles de laboratoire, mais son prix est beaucoup trop élevé pour les applications industrielles. Son minerai, le fer chromé $Cr^2\,O^3\,Fe\,O$, quoique encore assez rare, présente un prix de revient plus abordable. Il est également peu fusible P. F. = 2.100° et possède la propriété intéressante de ne pas former avec la chaux ni avec la magnésie de combinaisons fusibles. Aussi emploie-t-on les briques de fer chromé pour séparer dans les fours métallurgiques, certaines parties du revêtement faites en magnésie de celles faites en argile ; on évite ainsi la fusion de l'argile au contact de la magnésie.

Les briques de *fer chromé* se préparent en agglomérant le fer chromé pulvérisé pris seul ou mélangé avec de la magnésie au moyen du goudron. A chaud, le durcissement se produit par le même mécanisme que dans les briques de dolomie, mais d'une façon beaucoup plus complète. Le fer chromé partiellement réduit par le charbon se réoxyde ensuite et tous les grains sont ainsi soudés par ces deux réactions successives.

On peut mentionner comme autre produit réfractaire naturel le *zircon*, $Si\,O^2\,Zr\,O^2$. C'est un minéral assez rare, qui n'a guère été employé que pour les fours de laboratoires, où il sert parfois à faire le revêtement intérieur. On l'agglomère alors avec du silicate de soude ou avec un peu d'argile. Il a l'avantage, qu'il partage du reste avec le fer chromé et avec le corindon ou l'émeri, de ne prendre ni retrait ni gonflement par calcination à température élevée.

Carbone. — Le carbone est de tous les corps connus le plus réfractaire, son point de fusion est supérieur à 3.000° puisqu'il résiste dans l'arc électrique qu'il sert lui-même à produire. Mais sa facile combustion, quand il est chauffé à température élevée au contact de l'air, limite beaucoup ses applications. On emploie parfois pour construire les parois du creuset des hauts-fourneaux des briques en coke, que l'on prépare en calcinant de la houille grasse dans des boîtes métalliques. Le moule est fermé par un couvercle présentant seulement des orifices pour la sortie des gaz. Si on calcinait la houille dans un vase ouvert, elle gonflerait et donnerait un coke poreux d'une résistance mécanique insuffisante. La température de cuisson est d'environ 800°. Ces briques sont très dures et conservent leur solidité jusqu'à des températures bien supérieures à celles des hauts-fourneaux.

On utilise également une autre variété de carbone, le *graphite* on plombagine, qui présente une cristallisation lamellaire et possède, par suite, une certaine plasticité comme l'argile. On s'en sert surtout pour la confection de creusets ou de cornues. On évite son oxydation à l'air au moyen d'un artifice ingénieux, consistant à mêler au graphite une certaine quantité d'argile, choisie de façon à ce qu'elle fonde à la température d'emploi des objets fabriqués ainsi. La couche superficielle de graphite brûle rapidement, mais alors l'argile fond et forme à la surface extérieure un vernis protecteur qui empêche la combustion de continuer dans la masse. Les briques en graphite sont, de toutes les briques réfractaires, les plus conductrices de la chaleur, 5 fois plus environ que celles d'argile ; par contre elles sont à peu près complètement imperméables au gaz, même avant la formation du vernis protecteur.

Les propriétés réfractaires du carbone sont enfin d'un usage constant dans la production de la lumière électrique ; les filaments des lampes à incandescence, les baguettes des lampes à arc sont fabriquées avec des mélanges de noir de fumée et de charbon des cornues à gaz, agglomérés avec un peu de goudron, puis cuits en vases clos à une température très élevée, voisine de 1.600°. Ces objets ne renferment pour ainsi dire pas de graphite, bien que l'on désigne couramment sous ce nom, dans le commerce, les variétés de charbon de cornue servant à leur fabrication.

Carborundum. — Le carbure de silicium, Si C est également un corps très réfractaire, qui ne fond pas, mais se décompose en abandonnant des vapeurs de silicium et laissant un résidu de graphite à des températures très élevées, voisines de 2.700°. Bien que formé de deux éléments combustibles, le silicium et le carbone, ce corps est infiniment moins oxydable que le charbon. Lorsqu'il est pur, il est à peine oxydable jusqu'à 1.500°, mais la présence des bases alcalines ou alcalino-terreuses abaisse sa température d'oxydation jusque vers 1.000°. Si ce corps coûtait moins cher, il pourrait comporter des applications intéressantes ; on s'en est surtout servi pour faire des revêtements plus ou moins épais, de 2 à 20 mm. par exemple, sur des parois en argile réfractaire. On peut l'appliquer en simple badigeon sur les maçonneries déjà faites ou le fixer en couches plus épaisses sur les briques pendant la fabrication de celles-ci.

Le carborundum n'est pas plastique ; pour l'agglomérer, on le mélange avec 10 % d'argile réfractaire, corps sans action sur lui. Souvent dans les laboratoires, on emploie une solution de silicate de soude, mais alors la présence d'un alcali rend le carborundum plus facilement oxydable. On peut également agglomérer le carborundum pulvérulent par simple compression à condition de le chauffer ensuite à une température très élevée ; on peut ainsi préparer des creusets et différents objets de laboratoire très solides. L'agglomération, dans ce cas, doit résulter de l'oxydation superficielle des grains qui donnent un enduit de silice servant de liant.

Choix des produits réfractaires. — Le choix à faire dans chaque cas particulier de tel ou tel des matériaux précédents dépend de plusieurs considérations dont les trois plus importantes sont : la température du four, la nature des matières en contact avec les parois et enfin le prix de revient.

L'argile est de tous le meilleur marché, mais elle est aussi la moins réfractaire et la plus facilement altérable par les différents laitiers des opérations métallurgiques.

La silice coûte plus cher, est un peu plus réfractaire et un peu moins altérable que l'argile. Mais elle possède à chaud une résistance mécanique bien supérieure à celle des autres produits réfractaires. Elle convient seule pour la confection des voûtes dans les fours où la température dépasse 1.300°.

La magnésie est de tous les produits réfractaires usuels le plus réfractaire, le moins altérable au contact des laitiers basiques, mais aussi le plus cher et, dans bien des cas, son prix élevé rend son emploi inabordable.

Ces trois matières se travaillent relativement facilement, se prêtent à la fabrication de briques et de pièces de toutes formes ; on peut les mettre en pâte avec de l'eau, ce qui facilite grandement et leur fabrication et leur emploi.

Les autres produits réfractaires : ciment, dolomie, fer chromé, carbone et carborundum, n'ont que des applications limitées en raison tant de leur prix de revient que des difficultés de leur agglomération ou de leur conservation.

Propriétés. — M. Wologdine a fait au laboratoire de l'Ecole des Mines un ensemble de recherches sur quelques-unes des propriétés les plus importantes des matériaux réfractaires usuels. Les résultats en sont consignés dans le tableau suivant. Rappelons d'abord les unités au moyen desquelles chacune des grandeurs mesurées est exprimée.

Produits	Température de cuisson	Conductibilité	Perméabilité	Densité	Porosité
Briques réfractaires . .	1.050°	1,32	14,72	1,81	30,8
— — .	1.300	1,45	106,2	1,78	30,2
Creusets de verrerie . .	cru	0,96	»	1,77	29,4
— — .	1.200	0,96	1,02	1,71	30,4
— — .	1.600	1,62	1,11	1,95	21,9
Briques rouges . . .	1.050	1,34	0,53	1,90	25,7
Bauxite	1.300	1,19	76,39	1,92	38,4
Silice	1.050	0,71	3,32	1,58	42,58
—	1.300	1,12	192,9	1,50	42,9
Kiesselguhr	1.000	0,64	34,45	1,03	58,00
Magnésie	1.050	2,08	186,1	2,00	35,1
—	1.300	2,35	3,49	2,0	41,0
Plombagine	1.300	6,66	0,4	1,7	28,4
Carborundum	1.050	1,20	1,90	1,96	35,2
—	1.300	5,22	1,55	1,96	30,6
Fer chromé	1.300	1,23	1,7	2,49	26,4
Grès céramique . . .	1.050	1,15	0,80	1,96	23,4
— . . .	1.300	1,78	0,00	2,13	10,1

Conductibilité calorifique, donne en Calorie-kilog. les quantités de chaleur passant en 1 heure à travers une surface de 1 m^2 pour une différence de température de 1° sur 1 m. d'épaisseur de la paroi. En multipliant ces nombres par 10 on a la conductibilité calorifique par cm^3 exprimée en Calories-grammes par heure. En divisant ce nouveau nombre par 3.600 on aura la conductibilité par seconde.

Perméabilité, donne le volume en litres, passant en 1 heure à travers une surface de 1 m^2 pour une différence de pression de 1 cm. d'eau, pour 1 m. d'épaisseur.

Densité, donne la densité apparente, c'est-à-dire le poids exprimé en kilogs. d'un volume de briques égal à 1 litre.

Porosité, donne le volume des vides contenus dans 100 vol. de briques.

Une méthode expérimentale assez simple, si l'on désire seulement comparer le pouvoir conducteur de différentes briques, consiste, comme l'a indiqué Fitz Gérald, à construire un petit four cubique de 23 cm. de côté (longueur des briques) et de 6 cm. d'épaisseur de parois (épaisseur des briques) et de chauffer la capacité intérieure par des résistances électriques. On règle l'intensité du courant de manière à maintenir invariable la température de l'enceinte. La chaleur perdue à l'extérieur par la conductibilité des briques est alors équivalente à l'énergie électrique dépensée.

Voici des résultats obtenus par Fitz Gérald. Les chiffres donnés sont exprimés en Grandes Calories par heure.

	Température de l'enceinte		
	500	700°	800°
Brique réfractaire	400	660	780
Brique rouge	240	400	490
Brique de tripoli	110	280	320
Brique de silice	480	800	900
Brique de magnésie	690	1.100	1.300
Brique réfractaire + 25 mm. d'amiante	150	270	340

Water-jacket. — Dans certains cas, aucun de ces produits réfractaires ne présente une résistance suffisante à l'action combinée de la chaleur ou des laitiers fondus ; c'est le cas par exemple des creusets de hauts-fourneaux où la température atteint 2.000° et où il existe des laitiers calcaires très corrosifs ; c'est encore le cas de certains fours à plomb. On tourne dans ce cas la difficulté par un artifice très simple : on refroidit extérieurement, au moyen d'un courant d'eau, la paroi du fourneau que l'on arrive ainsi à maitenir certainement au-dessous de 100°. Les briques se dissolvent peu à peu dans le laitier jusqu'au moment où leur épaisseur est suffisamment réduite pour que la température intérieure soit inférieure à celle de fusion du laitier.

Fig. 66. — Water-jacket.

Celui-ci se solidifie alors sur la paroi et toute réaction cesse entre lui et les briques réfractaires. C'est ainsi que l'on procède dans les hauts-fourneaux. Dans les fours à plomb on emploie une solution plus radicale encore. Les parois du creuset sont entièrement métalliques, mais elles sont creuses et traversées par un courant continu d'eau froide (fig. 66). On crée ainsi une enveloppe d'eau autour du four (water-jacket). Les laitiers fondus arrivant sur la paroi intérieure complètement froide, se solidifient et leur épaisseur augmente jusqu'au moment où la transmission de la chaleur est devenue assez faible pour que la température de la paroi intérieure en laitier solidifié soit égale à la température de fusion de celui-ci.

Ce refroidissement entraîne évidemment une perte de chaleur et, par suite, une dépense additionnelle de combustible ; mais dans les fours à grande production, où l'on brûle beaucoup de charbon par unité de section grâce à un soufflage énergique, la perte relative, seule à prendre en considération, peut devenir assez faible. Les anciens hauts-fourneaux pouvaient fabriquer 40 t. par 24 heures, les fourneaux modernes atteignent 400 t. La perte relative due au refroidissement est donc aujourd'hui 10 fois moindre qu'elle l'aurait été si on avait appliqué le refroidissement par l'eau aux anciens hauts-fourneaux.

CHAPITRE DIXIÈME

LES FOURS

Classification.

MATIÈRES MÊLÉES AU COMBUSTIBLE. — Tas à l'air. — Bas foyers. Fours à cuve. — Bilan thermique. — Formation d'oxyde de carbone. — Irrégularités d'allure. — Chauffage Eldred. — Profils des fours à cuve. — Four Hoffmann. — Irrégularités d'allure.

MATIÈRES CHAUFFÉES PAR LA FLAMME. — Généralités. — Réverbères. — Chambres. — Tunnels. — Fours rotatifs. — Consommations de combustible. — Foyers. — Grilles pour la houille. — Conduite du feu. — Chargement mécanique. — Charbon pulvérisé. — Foyers à bois. — Combustibles liquides. — Combustibles gazeux. — Récupération des chaleurs perdues. — Régénérateurs Siemens. — Calcul d'un récupérateur. — Appareils de tirage. — Cheminées. — Pertes de charge. — Débit. — Construction des cheminées.

CHAUFFAGES DIVERS. — Creusets. — Cornues. — Moufles. — Convertisseurs. — Fours électriques. — Chauffage à arc. — Fours d'induction.

Classification. — Parmi l'infinie diversité des appareils industriels servant au chauffage, on peut tenter certains rapprochements, grouper ensemble des dispositifs analogues et signaler les types d'un usage plus fréquent. Dans chaque cas particulier, il faut mettre en regard le *combustible* employé et les appareils servant à le brûler, les *matières* à chauffer et les enveloppes destinées à les renfermer, qui empêchent la chaleur de se dissiper au dehors. On peut établir d'abord une division fondamentale se rattachant à deux usages également importants de la chaleur. Ou bien celle-ci sert à produire de la force motrice par l'intermédiaire de la vaporisation de l'eau, et l'on a une première catégorie d'appareils d'un usage extrêmement répandu, présentant partout des caractères très voisins : les *chaudières à vapeur*. Ou bien la chaleur sert à échauffer des corps variés dans le but de provoquer leur fusion, leur décomposition, leur transformation chimique, leur agglomération, etc... et l'on a pour cet usage une seconde catégorie d'appareils appelés les *fours industriels*. Nous nous occuperons seulement ici de ces derniers appareils, l'étude des chaudières appartenant essentiellement au cours de Machines.

Parmi les différents types de fours, on peut établir des catégories assez nettement délimitées, différant tant par la nature de la source de chaleur employée, que par les dispositions servant à réaliser l'échange de chaleur entre le combustible et les matières élaborées. Nous ferons ainsi trois catégories différentes :

1° Matières mêlées au combustible ;

2° Matières chauffées par la flamme ;

3° Matières chauffées par des procédés divers.

Nous passerons rapidement en revue quelques fours rentrant dans chacune de ces catégories, en insistant seulement sur leurs caractéristiques essentielles.

MATIÈRES MÊLÉES AU COMBUSTIBLE

Les appareils de ce groupe peuvent se rapporter à quatre types principaux :

1° Tas à l'air ;

2° Bas foyers ;

3° Fours à cuve ;

4° Fours Hoffmann.

Tas à l'air. — Ce mode de chauffage, le plus simple de tous, dont l'usage remonte certainement à la plus haute antiquité, reçoit aujourd'hui encore des applications industrielles importantes, notamment pour la cuisson du plâtre, la cuisson des briques et le grillage de certains minerais sulfurés, sans parler de la fabrication du charbon de bois dont il a été question plus haut.

Le dispositif le plus simple, encore employé aujourd'hui par les Arabes du sud de l'Algérie pour la cuisson du plâtre, consiste à creuser dans le sol une cavité plus ou moins hémisphérique en rejetant la terre à la circonférence extérieure de façon à faire un bourrelet s'élevant au-dessus de la surface du sol. On empile au fond de ce trou la pierre à plâtre avec des branchages servant de combustible, en s'arrangeant pour que le sommet du tas reste au-dessous du bourrelet de terre environnant la fosse. On met le feu par le bas et on laisse la cuisson se faire tranquillement.

La difficulté principale de ce mode de cuisson provient de l'action du *vent* qui s'oppose à la circulation verticale des gaz chauds. Lorsqu'une face d'un tas est frappée par un courant d'air, elle ne s'échauffe pas et il n'y a pas de cuisson de ce côté ; par contre, la face opposée, par où sortent les gaz chauds, est beaucoup trop chauffée et donne du plâtre surcuit, également impropre à l'usage. La pratique d'enterrer les tas en cuisson a précisément pour objet de les préserver contre l'action du vent.

Dans les installations plus perfectionnées, au lieu d'enterrer ainsi les tas, ce qui limite nécessairement leurs dimensions, on protège leurs faces latérales par des écrans de natures variées. Pour la cuisson des briques en tas, on construit des murs jointifs avec des déchets de briques provenant des cuissons précédentes et l'on badigeonne la surface extérieure avec de la terre délayée. On place en outre extérieurement, du côté du vent, des claies en paille, des toiles ou des planches, car les briques ne sont jamais complètement imperméables aux gaz.

Ces tas de briques dans certains pays, comme le nord de la France, atteignent des dimensions énormes, 10 et 15 m. de hauteur sur 30 m. de base. Le combustible employé est du menu charbon placé pendant l'empilage entre les assises de briques crues ; à la partie inférieure du tas, on a ménagé des canaux vides qui serviront pendant la cuisson à l'arrivée de l'air nécessaire à la combustion du charbon. Ils sont remplis au début de petit bois destiné à l'allumage.

La cuisson du plâtre dans le bassin parisien se fait en tas de 3 m. de hauteur, 5 à 6 m. de largeur et autant de profondeur mais alors la fabrication ayant lieu à poste fixe, dans les usines situées à proximité des carrières, on peut avoir des installations permanentes pour protéger les tas contre l'action du vent. On les entouré, sur trois de leurs faces latérales, par des murs en maçonnerie formant des stalles, dont un certain nombre sont placées à la suite l'une de l'autre. La face antérieure restée libre, pour permettre le chargement et le déchargement des tas, est protégée pendant la cuisson par de grandes plaques en tôle, qui s'opposent à la déperdition de la chaleur et maintiennent contre cette face libre les gaz chauds provenant de la combustion d'une certaine quantité de charbon placée sur le front du tas. La cuisson de la masse est obtenue au moyen de charbon, généralement de coke, chargé à la base des tas, dans des conduits horizontaux, maçonnés en pierre sèche avec de gros fragments de pierre à plâtre. On ne peut pas, comme dans la cuisson des briques, répartir uniformément le combustible dans la masse parce qu'il serait alors impossible de séparer les cendres, dont la présence nuirait à la blancheur du plâtre et que la température de cuisson 125° ne suffirait pas pour permettre la combustion du charbon.

Bas foyers. — Les bas foyers sont constitués par des cuves rectangulaires creusées en terre et maçonnées latéralement avec des produits réfractaires ; elles peuvent avoir une profondeur de 0,25 à 0,50 m., une largeur de 0,50 m. à 1 m. et une longueur de 1 m. à 1,50 m. Le combustible employé est du charbon de bois que l'on brûle au moyen d'air soufflé par une tuyère placée sur le bord supérieur d'un des petits côtés et légèrement inclinée vers le bas. On obtient ainsi, depuis la tuyère jusqu'à l'extrémité opposée du foyer une température et une composition de gaz variant régulièrement ; la flamme est oxydante près de la tuyère, réductrice à l'extrémité opposée, elle est neutre vers le milieu, en un point auquel correspond en même temps le maximum de température.

Cet appareil, presque complètement abandonné aujourd'hui, a pendant longtemps été très répandu dans la métallurgie du fer ; la *forge catalane* était un bas foyer où l'on plaçait le minerai dans la zone réductrice, puis on ramenait le fer réduit dans des régions plus chaudes pour fondre la scorie et faire des loupes de fer que l'on agglomérait ensuite par le forgeage ; plus tard, on a fabriqué le fer par oxydation de la fonte au *four comtois* qui est également un bas foyer ; on plaçait alors la fonte près de la tuyère, dans la région oxydante et on obtenait comme dans la forge catalane une loupe de fer qui était forgée. Ce procédé donnait du fer de qualité tout à fait supérieur, mais d'un prix de revient très élevé en raison de la consommation considérable de charbon de bois, combustible très coûteux.

Le même dispositif a été également employé pour différentes autres opérations métallurgiques, en particulier pour le traitement des minerais de cuivre.

Cet appareil est complètement abandonné aujourd'hui à cause de la dépense énorme de combustible qu'il entraîne, le charbon brûlé rayonnant à l'air libre la majeure partie de sa chaleur. Ce rayonnement rend en même temps le travail très pénible pour les ouvriers. Ce four semble avoir été l'origine du haut-fourneau, c'est-à-dire des fours à cuve. On a commencé par mettre une cheminée sur le bas foyer pour protéger l'ouvrier contre la flamme, puis on a chargé des matières dans cette cheminée pour utiliser les chaleurs perdues des flammes et la cheminée a fini par devenir la partie principale du four, auquel l'ancien bas foyer n'a plus servi que de creuset.

Fours à cuve. — La forme schématique d'un four à cuve est celle d'un cylindre vertical librement ouvert à son extrémité supérieure et fermé en bas par une grille ou tout autre dispositif permettant de faire entrer l'air et sortir à volonté les matières contenues dans le four. Les matières à cuire sont chargées pêle-mêle avec le charbon par l'ouverture supérieure appelée *gueulard*. L'air pénètre par la partie inférieure et vient brûler le charbon au milieu même de la matière à cuire. On règle le déchargement de la matière cuite à la partie inférieure, le chargement de la matière crue et du combustible à la partie supérieure de façon à maintenir autant que possible la zone de combustion à un niveau constant.

Le dispositif de sortie des matières à la partie inférieure varie suivant l'état des matières à extraire. Si elles sortent à l'état solide comme dans la cuisson de la chaux, ou dans le grillage du carbonate de fer, on emploiera soit une grille dont on peut remuer ou enlever quelques barreaux pour faire descendre la matière, soit simplement un talus latéral d'éboulement où la matière tombe d'elle-même quand on enlève celle qui est déjà sortie et forme la base du talus. Dans le cas au contraire de matières sortant à l'état liquide comme la fonte, le plomb et en général les métaux préparés par la fusion, on ménage à l'extrémité inférieure du four un creuset où s'accumule le métal liquide ; il suffit de percer de temps en temps la paroi du creuset pour faire couler le métal au dehors. L'air entre alors par des orifices spéciaux ou tuyères placés un peu au-dessus du creuset.

La circulation de l'air nécessaire pour assurer la combustion du charbon est considérablement retardée ou gênée par les matières solides qui remplissent le four sur toute sa hauteur. Le tirage naturel, provenant de la température des gaz chauds dans le four, suffit cependant dans bien des cas pour assurer la combustion, à condition de ne charger que des morceaux d'assez grosse dimension de façon à laisser de larges passages à l'air ; dans les fours à chaux, par exemple, qui ont 10 à 15 m. de hauteur, on ne charge guère que des morceaux pesant plus de 1 kg. Des fragments plus fins et surtout la poussière arrêteraient complètement le tirage. Quelquefois, on peut renforcer le tirage au moyen d'une cheminée placée au milieu du four ou même latéralement : mais dans ce cas, il faut maintenir le gueulard constamment fermé par un couvercle et ne l'ouvrir qu'au moment du chargement. L'installation des cheminées sur des fours déjà très élevés et parfois pas très stables en raison des dislocations produites dans la maçonnerie par l'action de la chaleur présente certaines difficultés. On préfère souvent produire le tirage au moyen d'un ventilateur aspirant ou d'un éjecteur tronconique au centre duquel on dirige un jet de vapeur ou d'air comprimé ; ce dernier dispositif a l'avantage de pouvoir fonctionner avec des fumées à toutes températures, mais son rendement mécanique est inférieur à celui des ventilateurs. Ceux-ci, par contre, ne peuvent pas aspirer de fumées à une température supérieure à 600°, et encore, pour atteindre sans inconvénients cette température, faut-il des dispositions spéciales et prendre des précautions multiples pour empêcher le chauffage des coussinets.

Au lieu de provoquer le tirage des fours à cuve par aspiration des fumées, on peut le provoquer par soufflage de l'air à la partie inférieure. Il faut dans ce cas une fermeture hermétique de la partie inférieure du four ; cette condition est naturellement remplie dans les fours servant à la préparation des métaux à l'état fondu et l'on emploie toujours alors le soufflage par des *tuyères*, c'est-à-dire par les tuyaux étroits pénétrant à travers la paroi du four. Avec les matières sortant à l'état solide le soufflage est d'une application très délicate. Il faut de très larges portes pour permettre aux ouvriers de faire le défournement, beaucoup plus larges que le gueulard servant au chargement. L'opération du défournement est beaucoup plus longue que celle du chargement et, par suite, nécessite des arrêts du soufflage beaucoup plus prolongés que dans le tirage par aspiration. Enfin, tous les résidus et déchets tombés par terre au moment du défournement rendent difficile la fermeture des portes. Il se produit par les joints des fuites d'air qui augmentent beaucoup les dépenses du soufflage.

Bilan thermique. — Le chauffage dans les fours à cuve est le plus économique de tous ceux que l'on peut employer industriellement. La circulation inverse des matériaux chauffés et du courant gazeux donne lieu à une récupération intéressante de la chaleur ; l'air froid traverse, en arrivant, les matières déjà cuites et reprend leur chaleur pour la ramener avec lui dans la zone de combustion et, par suite, de cuisson ; inversement à la partie supérieure, les matières froides chargées récupèrent la chaleur des fumées et empêchent celle-ci d'aller se perdre dans l'atmosphère ; ces matières arrivant ainsi chauffées dans la zone de combustion ont besoin, pour atteindre la température de cuisson, d'une moindre quantité de chaleur et, par suite, d'une moindre consommation de charbon. Certains fours à chaux bien conduits utilisent jusqu'à 60 % de la chaleur disponible dans le combustible.

On commet souvent au sujet de cette récupération, une erreur grave ; on suppose que théoriquement elle devrait permettre dans tous les cas de faire sortir les matières élaborées par le bas du four et les fumées par le haut à la température ambiante, c'est-à-dire sans emporter aucune partie de la chaleur fournie par le combustible et donner ainsi un rendement calorifique de 100 %, la totalité de la chaleur ayant été absorbée dans les réactions produites. Il n'en est pas ainsi parce que les chaleurs spécifiques des quantités de gaz ou de matières solides qui échangent mutuellement leur chaleur ne sont pas les mêmes ; il suffit de faire le calcul des poids de gaz et des poids de matière solide qui traversent en sens inverse dans l'unité de temps une même section horizontale du four pour en déduire, si l'on connaît leurs chaleurs spécifiques, les quantités de chaleur qui sont emportées inutilement à l'extérieur ; par exemple, dans un four à chaux, il est impossible avec un fonctionnement théoriquement parfait, de faire sortir les fumées au-dessous de 300°, et dans les conditions habituelles d'une bonne marche industrielle, elles ne sortent guère au-dessous de 600°. Ce calcul très simple donne l'explication d'anomalies qui surprennent parfois dans la marche des fours à cuve : On a, par exemple, souvent essayé d'augmenter leur hauteur dans l'espoir de faire sortir les fumées plus froides. Le résultat a toujours été négatif, car l'excédent de chaleur emporté par les fumées ne provient pas d'un contact insuffisant avec les matières solides, entraînant un mélange incomplet des quantités de chaleur, mais uniquement de la différence des chaleurs d'échauffement des deux courants de matière qui traversent le four en sens inverse. Autre fait également surprenant à première vue : si on laisse passer à travers un four à cuve, un four à chaux par exemple, une quantité d'air en excès par rapport à celle qu'exige la combustion du charbon, bien loin d'abaisser la température des fumées, comme cela semblerait naturel, on l'élève et la perte de chaleur croît doublement tant par l'augmentation de la masse de fumées chaudes que par l'élévation plus grande de leur température. Dans un four à chaux en effet, la masse des fumées et leur chaleur spécifique sont bien supérieures à celles du calcaire enfourné, elles ne peuvent lui céder toute leur chaleur et le font d'autant moins que leur masse augmente par adjonction d'un excès d'air. C'est pour ce motif que dans la plupart des fours à chaux la température des fumées ne peut guère tomber au-dessous de 600° comme on l'a indiqué plus haut.

La répartition de la température dans un four à cuve donne

lieu à des particularités curieuses, trop souvent ignorées. Lorsque l'on charge dans un semblable four une matière à cuire d'une nature déterminée avec un poids donné de charbon, et que le four est supposé en marche théorique parfaite, c'est-à-dire avec une tranche en combustion horizontale et maintenue à un niveau fixe dans le four, les températures se répartissent du haut en bas du four suivant une loi entièrement déterminée que l'on ne peut en aucune façon modifier. Le fait essentiel est que la combustion du charbon se produisant au contact de l'air déjà très fortement chauffé produit une température de combustion extraordinairement élevée. Nous avons scignalé ce fait dans l'étude des gazogènes ; on peut faire les calculs par bien des méthodes différentes et ils conduisent nécessairement tous au même résultat. Voici une forme de raisonnement particulièrement frappante dans le cas des fours à chaux. Le carbonate de chaux se décompose à 900°, sa décomposition absorbe 440 cal.-kg. par kilo de calcaire ; cette quantité de chaleur est fournie par les gaz chauds provenant du charbon dont la combustion s'est produite plus bas dans le four. Si on brûle 120 kg. de carbone pur par tonne de chaux cuite, ce qui est le minimum pratiquement nécessaire, soit 67 g. par kilo de calcaire décomposé, les fumées provenant de ces 67 g. de carbone devront être initialement à la température de 2.400° pour pouvoir céder en se refroidissant au carbonate de chaux la quantité de 440 cal. nécessaires à sa décomposition. En fait, il se produit dans la masse, par conductibilité, un certain nivellement des températures, comme cela a été indiqué à l'occasion des gazogènes, mais néanmoins la température devrait, dans tous les cas, rester supérieure à celle de la fusion de la chaux. Si ces températures énormes ne sont pas atteintes, cela tient à l'irrégularité habituelle de la marche des fours à cuves. Dès qu'on arrive à la régulariser un peu, il se produit de suite des ramollissements et des collages qui bloquent les matières contenues dans le four et arrêtent complètement son fonctionnement. C'est là une difficulté très grave dans certaines applications, comme celle de la fabrication de la chaux hydraulique et l'on s'en tire par des artifices plus ou moins compliqués, dont le plus simple est d'abandonner les fours à eux-mêmes et de leur laisser prendre une allure tout à fait irrégulière, ce qui augmente d'ailleurs la dépense de combustible.

Formation d'oxyde de carbone. — Les fours à cuve présentent au point de vue du chauffage, une difficulté spéciale résultant du contact prolongé du charbon avec les produits de la combustion. L'acide carbonique formé tend à réagir sur le charbon pour donner de l'oxyde de carbone, et les fumées emportent ainsi à l'état de chaleur latente une fraction considérable de la chaleur disponible dans le combustible, les 2/3 si la totalité de l'acide carbonique était transformée en oxyde de carbone, ce qui n'arrive d'ailleurs jamais. Ce dégagement d'oxyde de carbone au sommet des hauts-faurneaux était autrefois la cause d'une perte sèche, car on laissait ces gaz se dégager librement. On utilise aujourd'hui cet oxyde de carbone pour la production de la force motrice en le brûlant dans les moteurs à explosion ; néanmoins sa formation est encore une cause de perte, car on pourrait avoir à bien meilleur compte ce gaz combustible au moyen d'un gazogène qui brûlerait des combustibles deux fois moins coûteux que le coke des hauts-fourneaux. De plus, cette formation d'oxyde de carbone amène, au point où elle se produit, un refroidissement brusque qui peut entraîner des inconvénients graves, quand on se propose, comme dans les hauts-fourneaux, d'éliminer les matières élaborées à l'état fondu.

Par contre, il est vrai, cette formation d'oxyde de carbone est utile dans les fours de réduction. C'est précisément le cas du haut-fourneau où l'oxyde de fer est réduit par une partie de l'oxyde de carbone formé au voisinage de la zone de combustion. Cette formation de l'oxyde de carbone dépend de la température et aussi de l'étendue des surfaces de contact entre les fumées et le charbon. Il se fait très peu d'oxyde de carbone dans les fours à chaux, même bien conduits, où la température atteint facilement de 1.500 à 1.700° dans la zone de combustion, température bien supérieure à celle de réaction de l'acide carbonique sur le charbon. Mais dans ces fours le charbon est disséminé entre des morceaux de calcaire laissant entre eux de larges passages aux gaz. Au contact de chaque morceau de charbon incandescent, il doit se faire un peu d'oxyde de carbone, mais il est brûlé un peu plus loin par des gaz encore riches en oxygène qui le rejoignent après être passés dans l'intervalle des morceaux de calcaire.

Irrégularité d'allure. — La conduite des fours à cuve présente deux difficultés très graves, l'une résultant de l'*irrégularité* de la circulation des gaz qui entraîne des irrégularités correspondantes dans la combustion et l'autre résultant des *collages* qui se forment entre les matières chauffées jusqu'à ramollissement et les parois des fours.

L'irrégularité du passage des gaz est inévitable, car les différents morceaux de matières solides chargées par le sommet ont des formes et des dimensions irrégulières et s'enchevêtrent en tombant de façons inégales. L'air passe donc plus ou moins rapidement aux différents points d'une même section horizontale, le charbon brûle plus vite là où il arrive plus d'air et la zone de combustion s'élève ; en un point voisin où le courant d'air est plus lent elle restera au contraire plus basse ; on doit donc avoir des hauts et des bas dans la surface de combustion et, par suite, dans une même section horizontale, des régions à température variable. Il se fait alors des échanges horizontaux de chaleur et, grâce à ce mécanisme, la zone de température plus élevée, au lieu d'être un plan géométrique, s'étale sur une certaine hauteur en prenant une température moyenne inférieure à la température maxima correspondant à l'allure théorique.

Ces irrégularités, variables sans aucune loi n'ont pas grand inconvénient, elles seraient plutôt avantageuses dans certains cas en abaissant la température maxima. Mais il se produit en outre des irrégularités systématiques dans les passages de gaz et, par suite, dans la régularité de la combustion, qui dérangent totalement la marche du four, abaissent considérablement son rendement calorifique et donnent une cuisson très irrégulière. Il y a trois causes principales à ces irrégularités systématiques.

Les passages offerts à l'air sont toujours beaucoup plus grands au voisinage de parois contre lesquelles les pointes de fragments solides viennent buter au lieu de s'enchevêtrer avec les morceaux voisins, comme cela a lieu dans la masse ; l'air circule beaucoup plus rapidement et, par suite, le feu s'élève très rapidement contre les parois. La zone de combustion tend ainsi à prendre la forme d'un œuf dont l'équateur se trouve au gueulard du four ; on rencontre très souvent des fours à chaux ou à ciment marchant avec cette allure, parfois même la pointe inférieure de l'œuf arrive au niveau de la grille inférieure et alors il n'y a plus de combustion au centre du four, le charbon sort non brûlé. On remédie dans une certaine mesure à cet inconvénient en chargeant contre les vides offerts au passage de l'air.

Une seconde cause d'irrégularité systématique provient du mode de chargement. Les matières solides projetées par le gueulard s'éboulent en tombant à l'intérieur du four et les plus gros morceaux vont plus loin dans le sens de la vitesse acquise par leur chute. Dans une partie du four, les matériaux plus gros offrent un passage plus facile aux gaz et la zone de combustion tend alors, au lieu de rester horizontale, à s'incliner obliquement, à couper le four en diagonale. On observe fréquemment cette disposition dans certains fours servant à la cuisson du ciment à prise rapide. Pour éviter cet inconvénient, il faut s'astreindre à jeter successivement les matières de tous les côtés du gueulard, mais cela est souvent difficile, parfois même impossible quand on emploie des appareils à chargement mécanique ou qu'on amène les matériaux par des voies de chemins de fer arrivant d'un seul côté du gueulard. D'autre part, quand le chargement se fait à la pelle, les ouvriers ont la tendance très naturelle de répéter toujours les mêmes gestes. Enfin, dans quelques cas particuliers, le mode de déchargement des fours à cuve, très souvent dissymétrique, peut créer des irrégularités systématiques semblables, par exemple un tirage plus rapide de la pierre cuite et surtout des poussières vers le devant du four. Parfois aussi, dans les fours adossés au terrain, les pertes de chaleur par la face antérieure et les entrées d'air à travers les fissures des maçonneries contribuent à produire un effet analogue.

Une troisième cause de dissymétrie, plus difficile encore à éviter que les précédentes, résulte de ce que la marche théorique normale d'un four à cuve corespond à un équilibre instable de la masse gazeuse. En tous les points d'une même section horizontale, les vitesses d'ascension du gaz ne peuvent jamais être rigoureusement égales. Dans une région déterminée, la vitesse est plus grande que dans les régions voisines, la combustion aussi est plus active et, par suite, la température des fumées plus élevée ; il en résulte un accroissement local du tirage qui tend à exagérer encore cette inégalité et le feu monte de plus en plus vite. Ce phénomène a pour effet de multiplier l'influence de toutes les irrégularités systématiques précédemment indiquées. On peut remédier dans une certaine mesure à cet inconvénient, en maintenant la zone en combustion aussi près que possible du sommet de la charge en évitant cependant de laisser les fumées sortir trop chaudes. Ce mode de procéder est particulièrement avantageux dans les fours à chaux et à ciment où il permet en outre de détruire avec un ringard en fer les accrochages, aussitôt qu'ils commencent à se produire ; mais il faut pour cela des ouvriers très soigneux et très habiles.

Chauffage Eldred. — Un ingénieur américain, M. Eldred a préconisé un procédé de conduite des fours à cuve, assez singulier à première vue, qu'il justifie par des considérations d'une exactitude plus que douteuse. Il se pourrait cependant que ce procédé de chauffage donnât en pratique des résultats satisfaisants en levant précisément la difficulté relative au colage des matières surcuites. Il prend avec un ventilateur une partie des fumées s'échappant par le gueulard et les renvoie au bas du four, se mélanger avec l'air d'alimentation. Cette addition de fumées doit nécessairement abaisser la température maxima de la zone de combustion sans modifier aucunement les quantités de chaleur fournies par le combustible pour la décomposition du calcaire. Supposons que l'on fasse ainsi repasser un volume de fumées égal à celui que fournit la combustion du charbon ; ces fumées prises à 600° circulent constamment à travers le four en décrivant un cycle fermé. En chaque point du four la température sera sensiblement la moyenne entre celle de 600° et celle des fumées ordinaires. La température sera ainsi abaissée dans la zone de cuisson de 2.400 à 1.500°, ces fumées bien que plus froides fourniront cependant autant de chaleur à la décomposition du calcaire, parce que leur masse aura été doublée.

Profils des fours à cuve. — La forme des fours à cuve varie dans des limites extrêmement étendues, dépendant d'une part de la nature des opérations qu'ils sont destinés à accomplir et, d'autre

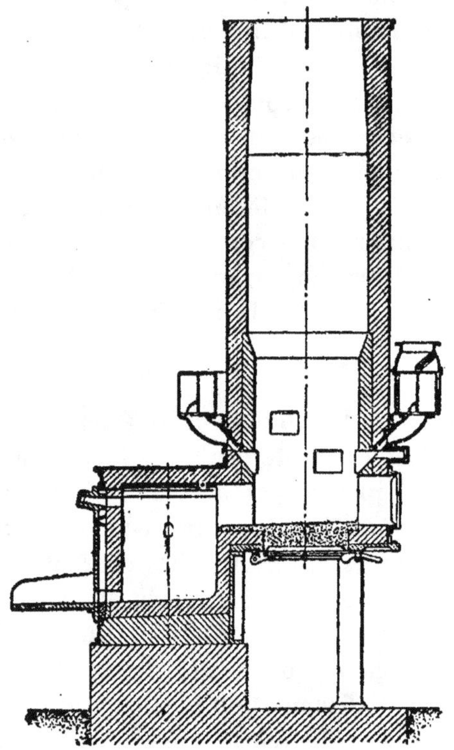

Fig. 67. — Cubilot avec avant-creuset. *Echelle* 0,02 m. par 1 m.

part, des tentatives souvent irréfléchies faites pour remédier à quelques-uns des inconvénients signalés plus haut.

Les *cubilots* (fig. 67), fours servant à la seconde fusion de la fonte, ont une forme exactement cylindrique, ils sont constitués par une enveloppe de tôle rivée, à l'intérieur de laquelle se trouve un mince revêtement réfractaire construit en briques ou en pisé. Ils ont de 0,50 m. à 1 m. de diamètre intérieur, et de 3 m. à 6 m.

de hauteur. Ce sont donc des appareils de petite dimension dont la masse totale est assez faible, cette disposition est nécessitée par leur marche discontinue ; dans bien des fonderies, ils travaillent seulement quelques heures par jour et sont ensuite éteints pour être rallumés le lendemain. En marche normale, la partie inférieure est remplie par une masse de combustible, du coke métallurgique, sur lequel les tuyères soufflent l'air de combustion ; les gouttelettes de fonte liquide s'écoulent à travers cette masse incandescente ; à la partie supérieure se trouve le mélange de coke et de fonte chargé par le gueulard. La proportion de combustible brûlé est assez faible, voisine de 10 %, il se forme cependant de l'oxyde de carbone tandis que dans les fours à chaux, où la proportion de combustible est plus grande et la température beaucoup plus élevée, il ne s'en forme pour ainsi dire pas. Cela tient à ce qu'à la partie inférieure du cubilot la fonte en fusion se sépare du combustible et laisse celui-ci remplir la totalité de la section du cubilot ; on est alors dans les conditions voulues pour la formation d'oxyde de carbone. Si la totalité de l'acide carbonique n'est pas réduit par le charbon, cela tient à la grosseur du coke employé et aussi à l'étroitesse du diamètre du cubilot. La zone à combustion complète s'élève notablement au-dessus du niveau des tuyères.

Le *haut-fourneau* servant à la réduction des minerais de fer pour la fabrication de la fonte est, de tous les fours à cuve, celui qui s'éloigne le plus de la forme cylindrique. Il présente cependant à la partie inférieure une région cylindrique, de faible hauteur et de diamètre relativement étroit où se trouvent placées les tuyères destinées à amener le *vent* ; c'est l'*ouvrage*. Son diamètre ne dépasse guère 2 à 4 m. ; ses dimensions sont fixées par la nécessité d'avoir en ce point la température la plus élevée possible pour obtenir la fusion des laitiers, souvent très réfractaires et fondant parfois au-dessus de 1.500°. Le diamètre de l'ouvrage doit être tel que la zone à combustion complète, c'est-à-dire à température maxima, se trouve sensiblement à son centre ; cette distance dépend à la fois de la grosseur et de la dureté du coke, de la pression et de la température du vent. A la partie supérieure, le haut-fourneau est relativement étroit, 3 à 5 m. de diamètre, pour permettre l'installation d'une fermeture métallique avec les appareils de chargement automatique et les prises de gaz. La partie centrale au contraire est renflée pour augmenter le volume intérieur du fourneau et permettre au minerai de séjourner le plus longtemps possible au contact des gaz réducteurs formés à la sortie de l'ouvrage ; la réduction des gros fragments de minerai est assez lente en raison du temps nécessaire à la pénétration par diffusion des gaz réducteurs jusqu'au centre des morceaux. On donnait autrefois aux hauts-fourneaux des formes géométriques, un tronc de cône pour la partie supérieure formant le *ventre* ; un tronc de cône renversé, les *étalages*, raccordaient le ventre à

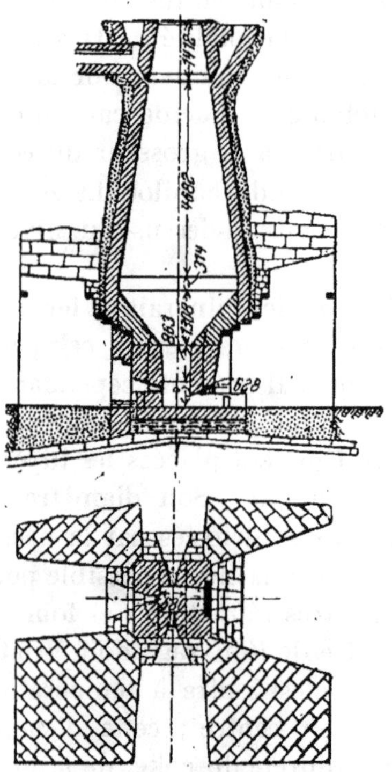

Fig. 68. — Ancien haut-fourneau (1858).

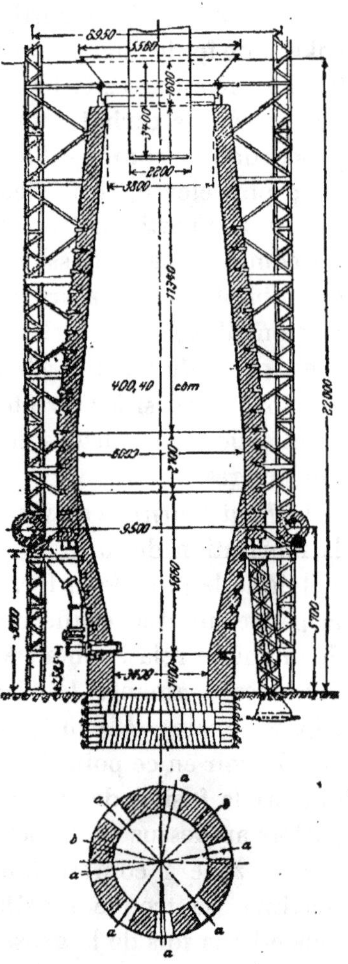

Fig. 69. — Haut-fourneau moderne (1902).

l'*ouvrage*, celui-ci, enfin, était cylindrique et prolongé par le *creuset* de même diamètre (fig. 68). Mais bientôt, à l'usage, les parois se rongeaient, tous les angles s'arrondissaient et le fourneau n'en marchait que mieux. Aujourd'hui on tend à donner au ventre une forme de plus en plus cylindrique en le raccordant par des surfaces courbes de grand rayon au gueulard d'une part et à l'ouvrage de l'autre, parfois même directement au creuset (fig. 69).

Pour terminer l'étude des fours à cuve, on donnera ici quelques données numériques montrant les limites extrêmes entre lesquelles varient les dimensions de ces fours et leur production.

Nature du four	Capacité en m^3	Section en m^2	Consom. en kg. de charb. par m^2 de section et par h.	Consom. de charb. o/o de matière	matière
Four à grillage de la sidérose.	45	8,0	4	5	sidérose
—	227	40,0	5	5	—
Four à chaux	8	3,0	19	15	chaux
—	150	12,0	17	12	—
Cubilot	3	0,5	288	6	fonte
Petit haut fourneau	170	2,6	697	100	—
Grand haut-fourneau . . .	580	8,5	1.400	85	—
Fours pour mattes cuivreuses	24	3,5	400	22	minerais
Petit four à plomb	3	1,0	44	11	—
Grand four à plomb . . .	30	5,0	100	12	—

Etude d'un cubilot. — Les dispositions et dimensions des fours généralement adoptées aujourd'hui, l'ont été à la suite d'un nombre inoui d'essais, conduits plus ou moins au hasard, et qui ont coûté des sommes folles. On ne s'en rend pas compte habituellement, parce que ces essais ayant été disséminés dans un grand nombre d'usines différentes et pendant un temps très long, on n'a pas la possibilité de les totaliser. Mais pour le comprendre, il suffit de relever les dépenses faites dans une usine, pendant une période de dix ans par exemple, pour perfectionner un appareil donné et de multiplier ce chiffre par le nombre des usines qui, dans le monde entier, emploient le même appareil.

Ce sont pourtant là des problèmes qui peuvent être étudiés méthodiquement. En recourant à des procédés d'investigation scientifiques, comme le demande F. Taylor, on peut réduire ces dépenses dans une proportion inouie. Cette méthode scientifique consiste à bien préciser tout d'abord le but auquel est destiné l'appareil étudié, à énumérer toutes les conditions qu'on doit lui demander, puis à analyser les différents facteurs dont dépendent ces qualités et enfin à établir par des expériences comparatives, par des mesures précises, quelle est la grandeur de ces facteurs qui assure le rendement optimum.

A titre d'exemple, nous donnerons ici les résultats d'un étude sur le cubilot pour fusion de fonte, étude faite par un disciple de Taylor, J. J. Porter.

Suivant la règle de Descartes, il a commencé par diviser le problème posé en ses différentes parties. L'étude d'un cubilot et en général de toute espèce d'appareil comporte trois parties :

1° La détermination des meilleurs *résultats* que peut donner un bon cubilot.

2° La recherche des *dispositions du cubilot* nécessaires pour obtenir ces résultats optima.

3° La définition des *conditions du travail des ouvriers* permettant d'obtenir avec le cubilot Standard les dits résultats.

Prenons successivement ces trois parties du problème :

Résultats. — Toujours suivant la même règle de Descartes, nous diviserons encore ce point particulier du problème en ses parties élémentaires ; elles sont au nombre de quatre.

a) Enumération des différentes qualités demandées au cubilot.

b) Recherche des méthodes de mesure nécessaires pour apprécier la grandeur de ces qualités.

c) Enumération complète des facteurs dont dépendent ces qualités.

d) Valeur optima de chacune de ces qualités.

Les qualités essentielles à demander à un cubilot sont au nombre de quatre. Nous prendrons immédiatement pour chacune d'elles l'étude des quatre points de vue indiqués ci-dessus.

a) Le cubilot doit donner une fonte qui après refroidissement soit à la fois *douce*, pour se laisser travailler, et *tenace*, pour ne pas se briser à l'emploi.

Ces qualités se mesurent par des essais mécaniques connus, sur lesquels il n'y a pas lieu d'insister ici.

Ces deux qualités dépendent avant tout de la composition chimique. Or celle-ci résulte surtout de la composition des matières premières soumises à la fusion et très peu des dispositions du cubilot, qui n'intervient que pour brûler un peu de carbone et de silicium, ajouter un peu de soufre.

La composition optima correspond à une teneur en carbone voisine de 3 % nécessaire pour assurer la fusibilité, une teneur en silicium voisine de 2 % pour assurer la séparation totale du carbone à l'état de graphite, condition essentielle de la douceur du métal. Enfin le moins possible de soufre et de phosphore qui diminuent la ténacité de la fonte. Le phosphore cependant a l'avantage d'augmenter la fusibilité et la fluidité du métal, ce qui facilite les moulages. Aussi, pour les objets qui n'ont pas d'efforts mécaniques importants à supporter, peut-on accepter jusqu'à près de 1 % de phosphore.

Cette considération de la qualité du métal n'a pas grand chose à faire dans l'étude d'un cubilot, parce qu'elle est en grande partie indépendante.

b) Le cubilot doit donner une grande *fluidité* du métal fondu pour faciliter les moulages.

Pour mesurer cette propriété, M. Porter propose de couler une baguette de fonte très mince dans un moule de longeur pratiquement indéfinie, c'st-à-dire assez long pour que le métal ne puisse pas la traverser sur toute sa longueur avant de commencer à se solidifier, ce qui limite la longueur de la baguette moulée.

Cette fluidité dépend de la *température* du métal et de sa teneur en *carbone*, accessoirement aussi de la teneur en *phosphore*, pour les métaux communs.

La température dépend de nombreux facteurs : poids de coke brûlé, formation plus ou moins importante d'acide carbonique ou d'oxyde de carbone ; hauteur du cubilot, dont dépend l'échauffement progressif du métal ; profondeur du creuset, où le métal se refroidit, etc.

La teneur en carbone dépend de la composition de la fonte brute. Celle-ci renferme toujours la quantité voulue de carbone. Mais si le cubilot fonctionne mal, la teneur peut parfois être réduite outre mesure et donner un métal pateux, difficile à mouler.

Cet accident se produit quand le métal solide descend devant les tuyères avant d'être complètement fondu. Il faut que la fusion soit achevée à 0,25 m. au-dessus des tuyères. Les gouttelettes traversent alors assez rapidement la zone oxydante pour n'avoir pas le temps de s'altérer.

Comme fluidité Standard, M. Porter indique que la baguette coulée dans son moule doit avoir au moins une longueur de 0,75 m. Mais il a négligé de donner le diamètre du moule employé, ce qui rend le chiffre indiqué sans valeur.

c) Le cubilot doit donner une *rapidité* suffisante de fusion, pour faciliter le moulage des grosses pièces et éviter de laisser les ouvriers inoccupés devant leurs moules.

La mesure de cette qualité est donnée par le poids de fonte chargée au cubilot pendant un temps donné.

Cette rapidité dépend de la *section* du cubilot et du *poids* de fonte produite par mètre carré de la section du cubilot. Ce poids dépend du volume d'air soufflé dans l'unité de temps. On est donc maître de la rapidité de la fusion.

D'après M. Porter la vitesse optima de fusion est de 150 kil. par m^2 et par minute. Aux vitesses supérieures, la consommation de coke croît. Dans la plupart des usines, on marche à des allures trop lentes, ne correspondant parfois qu'au tiers du chiffre indiqué ici.

d) Enfin le cubilot doit produire la fonte au prix de revient minimum, c'est-à-dire avec la plus faible dépense de coke possible. Accessoirement le déchet le plus faible sur la fonte, dû à la formation de la scorie. Mais le facteur dominateur est la consommation de coke.

On mesure la consommation de coke en le pesant au chargement.

Cette consommation dépend de la nature et de la grosseur du coke, de différents détails de disposition du cubilot.

M. Porter donne comme consommation optima avec un coke de bonne qualité à 10 % de cendres, le chiffre de 9 %. Bien des fonderies dépensent le double de cette quantité et parfois même le triple. Ce chiffre ne comprend pas le coke d'allumage.

Disposition du cubilot. — Pour obtenir les résultats standards indiqués précédemment, il a fallu déterminer les dimensions et dispositions du cubilot les plus convenables. L'étude expérimentale en eut été très coûteuse et très longue, s'il eût fallu construire, comme le veut la méthode scientifique rigoureuse, de nombreux cubilots ne différant l'un de l'autre que par un seul élément. M. Porter a pu réduire cette partie expérimentale de son étude, en la faisant précéder d'observations portant sur 25 types de cubilots existant dans différentes usines américaines, où il fut possible de relever toutes les conditions du fonctionnement. Il acheva de déterminer les points restés douteux par une étude réellement expérimentale, effectuée sur des cubilots de petite dimension.

Ici encore, il faut bien entendu, diviser le cubilot en ses différentes parties élémentaires et étudier chacune d'elles isolément. Nous ne retiendrons que celles qui exercent une action plus directe sur la qualité du métal produit.

a) la *section totale des tuyères* doit, dans les cubilots voisins de 1 m. de diamètre, être le 1/5 de la section du cubilot prise au niveau de la zone de fusion. Ce rapport décroît un peu quand le diamètre du cubilot augmente. De cette section des tuyères, combinée avec le volume d'air soufflé, qui est défini par le poids de charbon à brûler, on peut déduire la pression à donner au vent. De cette pression dépendent avant tout la grandeur et la position de la zone oxydante.

b) La *profondeur du creuset* au-dessous du rang inférieur des tuyères doit être de 0,30 m. Une trop grande hauteur refroidit trop le métal et diminue par suite la fluidité. Elle augmente en même temps la quantité de combustible logé au-dessous des tuyères, qui échappe à la combustion.

Dans les usines étudiées cette hauteur variait de 0,50 à 0,60 m.

c) La hauteur de la porte de chargement au-dessus des tuyères doit être de 4,50 m. pour assurer un échauffement convenable de la fonte et obtenir sa fusion avant l'arrivée devant les tuyères.

Dans les usines étudiées, cette hauteur variait de 2 m. à 4,50 m.

Travail des ouvriers. — Finalement le travail des ouvriers ne peut agir que sur un petit nombre de facteurs, dont deux seulement ont une importance considérable.

a) *La quantité d'air soufflé* doit être de 120 kil. par m^2 de section et par minute, ce qui correspond à une combustion de 15 kilogs de coke à 9 % de carbone réel, en admettant une consommation de 8 kil. d'air par 1 kil. de carbone brûlé. La combustion totale pour acide carbonique exigerait 10,4 kil. et celle pour oxyde de carbone 5,2 kil. Le chiffre intermédiaire 8 convient, quand on s'est conformé pour la construction du cubilot et pour sa conduite aux indications données ici.

Dans les usines étudiées, le poids d'air par 1 kil. de carbone variait de 6 à 9,5 kil.

Pour maintenir invariable la quantité d'air soufflé dans l'unité de temps, M. Porter installe dans l'une des tuyères un petit tube Pitot relié à un manomètre. L'ouvrier doit régler son vent de façon à maintenir invariable la hauteur du manomètre.

b) *Le rapport du poids de coke* à celui de la fonte chargée doit être maintenu rigoureusement invariable pendant toute la durée de l'opération. Il ne suffit pas de peser le poids total de fonte et de coke destinés à une opération complète ; il faut faire ces pesées pour chaque charge partielle. Si les conditions indiquées précédemment sont réalisées, on peut fixer cette proportion à 9 kil. de coke par 100 kilogs de fonte.

Dans les usines étudiées, la consommation de coke variait de 9 à 25 %.

Cet exemple du cubilot qui est un appareil relativement simple convient bien pour montrer le grand nombre des facteurs à prendre en considération et à mesurer pour appliquer la méthode scientifique de Taylor.

Four Hoffmann. — Les fours Hoffmann diffèrent complètement, par leur disposition générale, des fours à cuve et cependant ils en dérivent directement, leur disposition ayant pour but de permettre une récupération des chaleurs perdues analogue à celle des fours à cuve en évitant seulement de déplacer la matière chauffée pendant sa cuisson. Ces fours ont été imaginés pour la cuisson du ciment Portland dans le but d'éviter les difficultés résultant du collage dans les fours à cuve. En fait, ils servent plutôt pour la cuisson des briques ; leur conduite devient très difficile dans le cas de la fabrication du ciment.

Le four Hoffmann est composé d'une série de chambres juxtaposées formant un circuit continu fermé, leur nombre varie en général de 12 à 24 ; elles furent primitivement disposées sur une circonférence ; on préfère aujourd'hui, pour économiser les frais de construction et diminuer les pertes de chaleur, les disposer sur deux lignes parallèles formant un massif rectangulaire arrondi seulement aux extrémités. Le principe du fonctionnement de ces appareils est le suivant : une chambre étant en cuisson, c'est-à-dire en pleine combustion du charbon, envoie ses fumées chaudes dans les chambres voisines au nombre de deux ou trois placées à la suite l'une de l'autre et de là les fumées se rendent à une cheminée centrale. L'air nécesaire à la combustion traverse, avant d'arriver dans la chambre de cuisson, trois à six chambres renfermant des produits déjà cuits. On obtient ainsi la récupération des chaleurs des fumées pendant leur traversée de chambres renfermant des produits non encore cuits, et la récupération des chaleurs des produits cuits par le courant d'air frais qui reprend leur chaleur avant d'arriver sur le charbon. Lorsqu'une chambre est cuite, ce qui demande habituellement 24 heures, on avance partout d'une chambre et l'opération recommence de la même façon.

Pour réaliser cette marche et éviter en même temps la formation d'oxyde de carbone, on n'enfourne pas le combustible en même temps que les briques crues, mais on réserve dans l'empilage de ces dernières des vides verticaux, des sortes de cheminées, correspondant à des trous percés dans la voûte, bouchés en temps ordinaire par un tampon en fonte. Au moment de la mise en cuisson d'une chambre, on remplit de charbon tous ces puits par les ouvertures de la voûte. Pour régler la circulation du courant gazeux, il faut pouvoir mettre à volonté telle ou telle chambre en communication avec la cheminée et telle ou telle autre avec l'air extérieur. Toutes les chambres sont réunies à la cheminée centrale par des conduits habituellement fermés par un registre ou plutôt un clapet à joint de sable ; on peut ouvrir à volonté l'un ou l'autre au moyen d'une tige en fer sortant à travers la maçonnerie au-dessus du massif du four. Toutes les chambres présentent également des portes communiquant avec l'extérieur qui servent au passage des ouvriers pour l'empilage des briques crues et l'enlèvement des briques cuites. On mure ces portes une fois l'empilage des briques crues achevé ; celles qui ne sont pas encore fermées donnent le passage nécessaire à l'entrée de l'air frais. Mais il faut encore, pour assurer la circulation de l'air dans la bonne direction, un dispositif particulier qui est une des caractéristiques essentielles du four Hoffmann. La dépression produite dans la chambre en communication avec la cheminée y appelle l'air par les deux chambres adjacentes, et la majeure partie de l'air tend à arriver du côté où se fait l'empilage, parce que de ce côté le nombre des chambres à traverser avant d'arriver à une porte ouverte est bien moindre. On obtient la circulation de l'air dans la direction voulue au moyen de cloisons étanches placées momentanément en avant des chambres remplies de briques crues qui restent encore en dehors du cycle de cuisson. Chaque fois que l'on veut avancer ce cycle d'une chambre, on enlève une cloison et on déplace en même temps d'une chambre la communication avec la cheminée. Au début, on faisait cette cloison au moyen de grandes feuilles de tôle que l'on introduisait et que l'on enlevait par des fentes ménagées dans la maçonnerie. Mais les dislocations du four rendaient cette manœuvre très difficile ; les tôles se coinçaient, si on ne leur ménageait pas des passages de dimensions exagérées, facilitant alors les rentrées d'air froid. Comme cela arrive souvent, on a fini, après avoir essayé les dispositifs les plus compliqués, par en trouver un d'une simplicité et d'une perfection absolues ; on fait la cloison avec des feuilles de papier goudronné maintenues en place entre les briques de deux empilages successifs. Pour enlever le papier au moment voulu, il suffit d'avancer d'une chambre la communication à la cheminée sans se préoccuper de cette cloison. Le tirage appelle les gaz chauds à travers les fuites et les petits trous que présente toujours le papier, et celui-ci prend immédiatement feu.

Voici, à titre d'exemple, quelques données numériques relatives à un four circulaire à dix compartiments, de 35 m. de diamètre, chaque compartiment présentant les dimensions suivantes : 2,80 m. de hauteur, 3,50 m. de largeur et 6,40 m. de longueur, soit 50 m³ pouvant renfermer 22.000 briques ; la consommation de charbon était de 4 t. par 24 heures, soit 17 kg. par heure et par mètre carré de section. La hauteur de la cheminée était de 50 m., son diamètre intérieur à la base, de 3,75 m. Les sections des conduits reliant la cheminée à chaque compartiment sont déterminées de façon à ce que la vitesse des gaz chauds n'y dépasse pas 10 m. à la seconde. Le volume total des maçonneries du four était de 820 m³ et le poids des armatures de 5.500 kg. La répartition des températures dans les chambres successives du cycle de cuisson a été trouvée la suivante :

	Entrée d'air		Cuisson	Sortie des fumées	
300°	400°	670°	960°	530°	300 °

Irrégularités d'allure. — La récupération dans ce four n'est pas aussi complète que dans les fours à cuve en marche normale parce que le déplacement du point de la combustion nécessite l'échauffement périodique de tout le massif de maçonnerie. La récupération de la chaleur des briques et des maçonneries ne peut être complète, parce que la chaleur spécifique de la masse d'air froid à échauffer est bien inférieure à celle des matières solides à refroidir. Ce refroidissement incomplet a en outre l'inconvénient de rendre difficile l'enlèvement des briques cuites ; il faut ouvrir en grand les portes des chambres et les clapets des orifices de chargement du combustible, pour arriver à refroidir ces chambres par des courants d'air locaux de façon à permettre aux ouvriers d'y pénétrer.

Ces alternatives d'échauffement et de refroidissement ont en outre l'inconvénient de disloquer les maçonneries, qui gonflent et se dilatent au moment du chauffage. Il se produit, surtout aux extrémités du massif dans les parties courbes, des fentes de plusieurs centimètres d'ouverture ; on cherche parfois à les boucher en y introduisant du sable, du mortier réfractaire ou des fragments de briques. C'est une mauvaise pratique, qui empêche ces fentes de se refermer au refroidissement ; il faut simplement les obturer de l'extérieur pour empêcher les rentrées d'air en collant sur la surface libre de la maçonnerie des bandes de papier ou de toile.

La pénétration d'air résultant des défauts de construction, des fentes et de la perméabilité des maçonneries, est énorme ; on trouve généralement dans la cheminée des fours Hoffmann un excès d'air considérable, la quantité totale évacuée par la cheminée pouvant être de deux à quatre fois celle qui serait nécessaire pour la combustion du charbon brûlé. Cet air bien entendu ne passe pas dans la chambre en combustion, sans quoi le chauffage serait impossible, mais il réduit le tirage de la cheminée en y augmentant la masse des gaz et en diminuant ainsi leur température.

Cet air en excès pénètre principalement par les trois directions suivantes : les clapets formant la communication de la cheminée avec les chambres ne sont pas étanches, les clapets à frottement ou simple contact laissent toujours des ouvertures, les clapets à joints de sable, plus étanches quand ils sont neufs, peuvent à la longue cesser de fonctionner ; le sable est chassé du joint, le clapet se déforme et se perce sous l'action de la chaleur, etc... Pour vérifier l'étanchéité des clapets on colle une feuille de papier sur l'ouverture par laquelle le canal de fumées débouche dans chaque chambre, on perce cette feuille d'une ouverture de 1 dm^2 par exemple, et on mesure la dépression de part et d'autre de cette feuille de papier, on a ainsi tous les éléments pour calculer le volume d'air aspiré par les fuites. Cette vérification se fait successivement dans les différentes chambres, en profitant du moment où elles sont refroidies.

Les fentes existant dans la maçonnerie des chambres en chauffage donnent également accès à de l'air, on doit autant que possible les boucher, comme cela a été indiqué précédemment.

Enfin toutes les maçonneries de briques sont plus ou moins poreuses, tant par suite de l'ouverture partielle des joints que de la porosité même de la brique ; on réduit ce passage offert à l'air en badigeonnant fréquemment la surface extérieure avec un coulis argileux très liquide, mais on n'arrive jamais à le supprimer complètement. La pénétration de l'air à travers une maçonnerie de 1 m. d'épaisseur, pour une différence de pression de 1 cm. d'eau, par 1 m^2, ne peut guère tomber au-dessous de 10 l. à l'heure et peut, dans certains cas, s'élever à 100 l. Pour cette raison, on doit considérer un four Hoffmann dont les fumées ne renferment que de 10 à 20 % d'air en excès comme parfaitement conduit.

Il ne sera pas inutile de signaler en passant une difficulté à laquelle donne parfois lieu le fonctionnement des fours Hoffmann et que l'on peut être assez long à découvrir malgré sa simplicité extrême. Les ouvriers, dans le chargement des matières à cuire, oublient souvent de laisser un espace vide devant le canal de sortie des fumées et le bouchent même quelquefois complètement ; le tirage du four est coupé, la combustion n'avance pas et l'on cherche de tous les côtés la cause de cet arrêt, incriminant sans motifs la hauteur de la cheminée, la section des conduits de fumées, etc.

MATIÈRES CHAUFFÉES PAR LA FLAMME

Généralités. — Tous les fours où la matière est chauffée par le contact direct de la flamme, mais reste isolée du combustible solide, comprennent essentiellement trois parties : un *foyer* pour brûler le combustible, un *laboratoire* pour contenir la matière à chauffer et enfin un appareil de *tirage*, cheminée, ventilateur ou autre pour obliger d'abord l'air à venir au contact du combustible et ensuite la flamme produite à chauffer les matières élaborées. Ces trois parties des fours sont d'ailleurs absolument indépendantes ; il est possible de combiner un foyer quelconque avec un laboratoire et un appareil de tirage quelconques ; il suffit que leurs dimensions relatives soient proportionnées.

Chacune de ces parties des fours présente des dispositions variées qui peuvent se grouper autour d'un petit nombre de types distincts dont voici l'énumération :

Foyers :

Grille pour les combustibles solides en morceaux.
Foyers sans grille pour le bois.
Appareils à combustion de poussier de charbon.
Injecteurs-pulvérisateurs pour combustibles liquides.
Brûleurs à gaz.

Laboratoires :

Réverbères.
Chambres.
Tunnels.
Fours tournants.

Appareils de tirage :

Cheminées.
Souffleries.
Ejecteurs.

Nous ferons précéder l'étude de ces diverses parties des fours de quelques considérations générales relatives aux échanges de chaleur entre la flamme et les matières traitées.

Echanges de chaleur :

Rayonnement.
Convection.
Stratification des gaz chauds.

Echanges de chaleur. — Un des points capitaux du fonctionnement des fours à flamme est le passage de la chaleur de la flamme du combustible aux corps à échauffer.

Nous avons établi précédemment que, dans le chauffage direct, un combustible peut céder seulement à une matière étrangère la quantité de chaleur que les produits de sa combustion abandonnent quand leur température tombe de celle de combustion de la flamme à celle du corps. Moins l'écart entre ces deux températures est grand, moins la proportion de chaleur utilisée est considérable. On augmente cette proportion par le procédé de la récupération des chaleurs perdues des fumées, qui, sans apporter une quantité de chaleur nouvelle, élève la température de combustion de la flamme et augmente ainsi la proportion de chaleur utilisable par échange direct.

Ces échanges de chaleur entre la flamme et les corps à chauffer se font par deux mécanismes entièrement différentes : par *rayonnement* et par *convection*.

Enfin cet échange peut se faire directement, ou par l'intermédiaire d'un troisième corps qui est échauffé par la flamme et cède ensuite sa chaleur au corps à chauffer. C'est le cas des empilages de briques des récupérateurs Siemens et, dans une certaine mesure, des voûtes de tous les fours à réverbère.

Rayonnement. — Soit deux corps en présence, un corps chaud servant de source de chaleur et un corps moins chaud recevant la chaleur de la source chaude. Supposons les chacun à une température uniforme dans toute leur étendue. La quantité de chaleur arrivant dans l'unité de temps sur le corps froid varie proportionnellement aux surfaces de ces deux corps, mesurées perpendiculairement à la direction du rayonnement.

Soit L la distance, D le diamètre du corps froid mesuré perpendiculairement à la direction du rayonnement et d le diamètre de la source chaude mesurée dans les mêmes conditions. La quantité de chaleur rayonnée sera donnée par l'expression :

$$Q = K \cdot d^2 \cdot \frac{D^2}{L^2} = K \cdot D^2 \frac{d^2}{L^2}$$

D/L est ce que l'on appelle le diamètre apparent de l'objet chauffé vu de la source chaude ; de même d/L est le diamètre apparent de la source chaude vue du corps froid.

Un corps à la température ordinaire reçoit du soleil une quantité de chaleur égale à

$$K \cdot D^2 \cdot (0{,}008)^2$$

ou sur 1 cm² d'après Pouillet

$$K \cdot (0{,}008)^2 = 0{,}033 \text{ cal.}$$

$$\text{d'où } K = \frac{0{,}033}{64} \cdot 10^6 = 50 \text{ cal.}$$

La totalité de cette chaleur reçue par le corps froid n'est pas absorbée ; la proportion en varie avec la nature des corps. Les corps noirs, comme le charbon, en absorbent la totalité ; d'autres corps, une fraction plus ou moins faible. Cette fraction donne la mesure du pouvoir *absorbant*. Le pouvoir absorbant des corps est généralement d'autant plus élevé qu'ils sont plus chauds et nous pouvons dans une première approximation négliger d'en tenir compte, c'est-à-dire admettre que la totalité de la chaleur reçue est absorbée. Dans les fours industriels, le corps, dit froid, est toujours à une température très élevée, quoiqu'inférieure à celle de la flamme.

Cherchons maintenant à nous faire une idée de la grandeur du coefficient K. Celui-ci dépend de deux facteurs : d'abord de la température des corps en présence. Pour deux corps noirs rayonnant l'un vers l'autre, la loi, dite de Stephan, montre que le rayonnement est lié à la température des corps en présence par la formule

$$K = K' \ (T^4 - T_0^4).$$

T étant la température absolue de la source chaude et T_0 celle de la source froide. Si nous partons de la valeur de K donnée plus haut pour le soleil et si nous admettons que sa température soit de 6.000+273 et celle de la température ambiante de 273

$$K' = \frac{50 \ . \ 10^{-14}}{15{,}60} = 3{,}2 \ . \ 10^{-14}.$$

Le second facteur de la constante K est le pouvoir émissif du corps. A température égale, la quantité de chaleur rayonnée par différents corps dépend de leur nature. On appelle pouvoir émissif d'un corps, le rapport de la quantité de chaleur qu'il rayonne à celle que rayonnerait un corps noir pris à la même température. Or ce pouvoir émissif est rigoureusement égal au pouvoir absorbant. Pour les corps solides, le pouvoir émissif à haute température peut être pris, dans une première approximation, comme égal à l'unité.

Nous aurons alors pour la formule du rayonnement de corps noirs :

$$Q = 3{,}2 \ . \ 10^{-14} \ (T^4 - T_0^4) \ d^2 \ \frac{D^2}{L^2}$$

Appliquons cette formule au rayonnement d'une voûte sphérique sur une petite sphère plus froide d'une section transversale de 1 cm^2, la surface d'un hémisphère de rayon L est $2 \pi L^2$. Or la somme des surfaces rayonnantes D^2 est égale à cet hémisphère. Il vient donc pour la chaleur totale rayonnée sur le corps froid, en remarquant que $3{,}2 . 2\pi = 20$.

$$Q = 20 . 10^{-14} (T^4 - T_0^4).$$

Supposons une voûte de four d'aciérie à 1.700° rayonnant sur un bain d'acier à 1.500°. On a :

$$Q = 20 . 10^{-14} . 5 . 10^{+12} = 1 \text{ cal. gram. sec.}$$

La quantité de chaleur serait donc de 1 cal. gram. sec. pour une différence de température de 200°.

Si la température du bain d'acier était de 1.600°, soit un écart de 100° seulement, la quantité de chaleur rayonnée serait de 0,75 cal. Il résulte de cette formule du rayonnement que les quantités de chaleurs échangées varient beaucoup moins rapidement que les écarts de température ; pour chauffer un corps à une température déterminée, il n'y a pas intérêt à augmenter beaucoup l'excès de température de l'enceinte sur celle du corps.

Ces quantités de chaleurs rayonnées, quoique exprimées par des chiffres très faibles, sont en réalité énormes. Supposons un bain d'acier de 25 cm. d'épaisseur et attribuons au métal fondu une chaleur spécifique de 0,20, l'échauffement se ferait, en admettant qu'il n'y ait aucune perte au dehors, avec une vitesse de 0,2 degrés par seconde ou de 720° à l'heure. La durée d'une opération Martin est de 6 heures. En réalité la température de l'enceinte n'est pas uniforme, les parois verticales, les portes sont moins chaudes et il y a des pertes importantes de chaleur par la sole, pertes d'ailleurs nécessaires pour refroidir la sole et assurer sa conservation.

Revenons maintenant aux flammes. Leur rayonnement diffère du tout au tout de celui des corps solides. Leur pouvoir émissif est extrêmement faible. Le rayonnement d'une flamme bleue d'oxyde de carbone n'est peut-être pas la 1/100e partie de celui d'un corps solide à la même température. Les flammes très brillantes, comme celles du gaz d'éclairage et du pétrole ont également un pouvoir émissif très faible, inférieur à 0,1. On le constate aisément, en s'appuyant sur l'égalité du pouvoir émissif et du pouvoir absorbant. En plaçant une flamme éclairante devant une feuille de papier éclairée par le soleil, son ombre est à peine visible. Elle a donc un pouvoir absorbant et par suite un pouvoir émissif très faible. Cela tient à ce que les parcelles de carbone incandescentes, sont peu nombreuses dans la flamme ; elles sont très éloignées les unes des autres et leur pouvoir émissif ou absorbant est proportionnel à l'étendue de leur surface par rapport à la surface totale de la flamme.

Il en résulte cette conséquence très importante à noter que dans le chauffage des fours industriels, le rayonnement de la flamme ne joue qu'un rôle secondaire. L'absence de carbures dans le gaz combustible, résultant de son mode de préparation dans les gazogènes et de son passage dans les récupérateurs, s'oppose à toute précipitation de carbone solide pendant la combustion et donne des flammes à pouvoir émissif faible, bien inférieur à celui des flammes éclairantes, qui n'est déjà pas très élevé.

Convection. — En raison de leur faible pouvoir émissif, les flammes cèdent, aux corps qu'elles échauffent, la presque totalité de la chaleur par contact direct avec les matières, ce que l'on appelle par convection.

Cet échange au contact est instantané, ou du moins tellement rapide que nous ne pouvons apprécier aucune durée appréciable pour cette transmission. Le temps nécessaire aux échanges semblables est uniquement celui qui est nécessaire pour amener le gaz au contact du corps à chauffer. Avec le chalumeau oxyacétylénique, d'où le gaz sort avec une vitesse de 200 m. par seconde et ne reste par conséquent au contact du corps solide que pendant un temps de l'ordre des dix millièmes de seconde, on élève en quelques secondes une surface de 1 cm^2 d'acier à son point de fusion. Un chalumeau brûlant 200 litres d'acétylène à l'heure, cède ainsi à l'acier plusieurs centaines de calories grammes par seconde.

Une autre expérience, non moins probante pour montrer la rapidité de ces échanges de chaleur est celle qui a été faite sur les foyers de locomotive. En augmentant le tirage de façon à accélérer la combustion et à augmenter ainsi le volume de flamme traversant les tubes dans l'unité de temps, on constate que la température des fumées à la sortie des tubes reste invariable, c'est-à-dire qu'ils cèdent à la chaudière la même proportion de leur chaleur initiale, quelle que soit leur vitesse de circulation.

Toutes les circonstances qui accélèrent l'arrivée des gaz au contact du corps solide accélèrent cet échange. On le constate par l'expérience suivante. Si on place dans la flamme d'un bec Bunsen un couple thermo-électrique en fils de 0,5 mm. de diamètre, on constate qu'il prend une température de 1.350°. A cette température, il y a équilibre entre la chaleur perdue par rayonnement et la chaleur gagnée par convection au contact des gaz de la flamme. Si on souffle le brûleur à l'air comprimé pour accélérer la circulation de la flamme, on voit la température s'élever progressivement et atteindre bientôt le point de fusion du platine, soit 1.750°. En se reportant à la formule du rayonnement donnée plus haut, on voit que la quantité de chaleur rayonnée par 1 cm^3 de platine, supposé un corps noir, a crû de 1,3 à 5 Cal. gram., par 1 cm^2.

Ce calcul peut nous donner une idée de l'ordre de grandeur des échanges de chaleur par convection dans les fours. La vitesse de la flamme y est plus faible, ce qui réduit la masse de gaz venant frapper les surfaces solides dans l'unité de temps, mais d'autre part l'excès de la température de la flamme sur celle du corps à échauffer est généralement beaucoup plus grand, surtout dans les fours à récupération. La diminution de la masse des gaz cédant leur chaleur dans l'unité de temps est donc compensée par la quantité plus grande de chaleur que cède chaque unité de masse ; il peut y avoir, sensiblement compensation.

Stratification des gaz chauds. — Il se produit dans les fours chauffés à la flamme un phénomène depuis longtemps connu, mais dont l'étude complète a seulement été faite tout récemment par M. Groum Grjimailo (1), c'est la stratification des gaz par ordre de densité ; les gaz les plus chauds qui sont aussi les plus légers, s'accumulent dans le haut du four. Les vitesses de circulation de la flamme sont généralement assez lentes pour permettre

(1) GROUM GRJIMAILO, Théorie des fours à flamme basée sur les lois de l'hydraulique (Dunod et Pinat, Éditeurs, 1914).

ce classement des gaz par ordre de température. Une différence de 1.000° sur 1 mètre de hauteur, produit une pression motrice de 1 mm. d'eau, capable de comuniquer à ces gaz chauds une vitesse de 10 mètres par seconde.

Cette stratification a deux conséquences importantes :

En premier lieu l'utilisation de la chaleur des flammes dans un four est d'autant plus parfaite que le rampant conduisant à la cheminée débouche dans une partie plus basse du four, de façon à enlever seulement les gaz les plus froids, c'est-à-dire ceux dont la chaleur a été le plus complètement utilisée. Depuis longtemps, on emploie en céramique des fours à flamme renversée reposant sur ce principe. Mais trop souvent cette précaution est méconnue par les constructeurs de fours. M. Groum Grjimailo en cite de nombreux exemples.

Au point de vue qui nous occupe ici, cette accumulation des gaz chauds dans le haut des fours entraîne une autre conséquence très importante ; elle provoque un chauffage beaucoup plus intense de la voûte que des matières à chauffer. Celles-ci reçoivent surtout le rayonnement de la voûte. On essaie bien, en inclinant les brûleurs, de lancer la flamme vers la sole, mais au bout d'une fraction de seconde et, longtemps avant que les gaz ne soient sortis du four, les gaz les plus chauds sont remontés à la voûte.

Ce phénomène exerce une grande influence sur la marche des fours d'aciérie. Le bain de métal doit être chauffé au moins à 1.600° pour pouvoir être coulé sans se solidifier dans la poche et de là dans les lingotières. Il est d'ailleurs protégé contre l'échauffement par la couche de scorie qui surnage pendant l'affinage. D'autre part la voûte qui le chauffe par rayonnement ne peut pas dépasser la température de 1.700°, qui est celle de fusion des briques de silice, les plus résistants des matériaux réfractaires que nous possédons. Les voûtes s'usent avec une rapidité désespérante et la nécissité de les faire durer le plus possible complique énormément la fabrication de l'acier.

Peut-être pourrait-on remédier en partie à cette difficulté, en injectant dans le four un peu de goudron pulvérisé, pour augmenter le pouvoir émissif de la flamme, ou en lançant à travers la voûte de petits jets d'air comprimé à une très forte pression, de façon à provoquer des remous de la flamme au contact du bain de métal et accroître ainsi les échanges directs de chaleur par convection.

Réverbères. — Le réverbère (fig. 70) est un type de four disposé de façon à permettre aux ouvriers de remuer et de travailler pendant le chauffage les matières traitées. Cette condition impose l'obligation de disposer les matières sur une faible épaisseur, de laisser au-dessus d'elles et en dessous de la voûte du four un espace

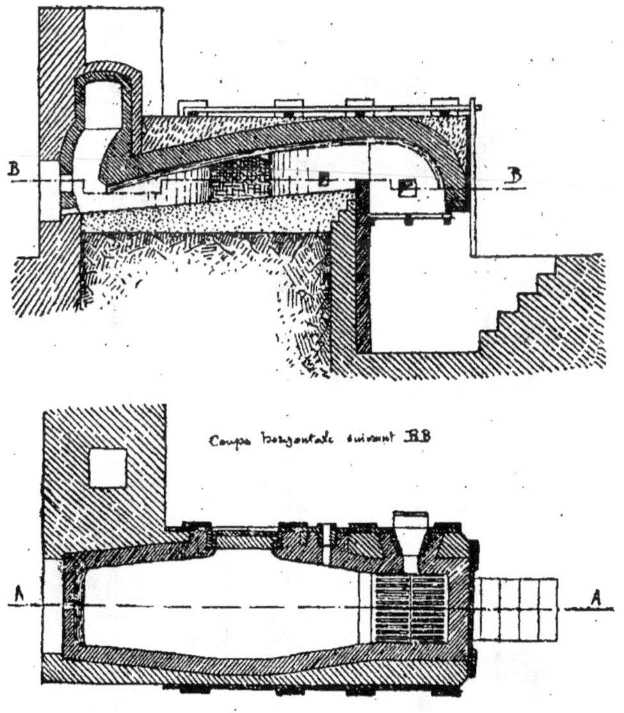

Fig. 70. — Four à réverbère pour la fusion de la fonte.

vide suffisant, et enfin d'avoir des portes par lesquelles les ouvriers introduisent les ringards ou les pelles servant au travail. Les dimensions de ces fours sont extrêmement variables, ils sont en général d'autant plus petits que le chauffage a besoin d'être plus uniforme, ce qui limite leur longueur à celle de la partie chaude de la flamme ; et que l'intervention de l'ouvrier doit être plus active et plus fréquente, ce qui limite leur largeur, ainsi que

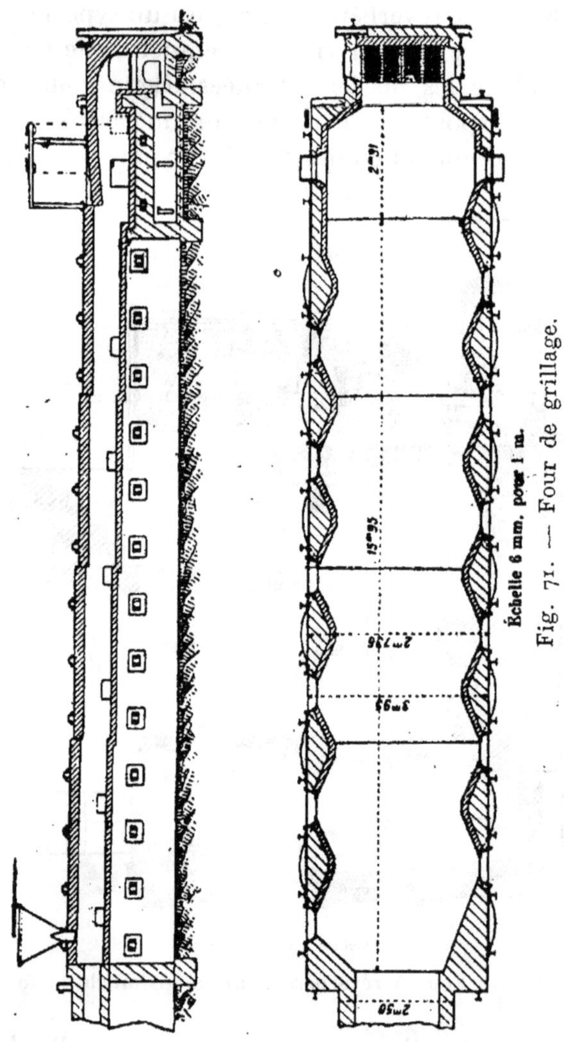

Échelle 6 mm. pour 1 m.

Fig. 71. — Four de grillage.

l'épaisseur de la couche de matière chauffée. Les fours à puddler où le travail de l'ouvrier doit être très actif auront 1,50 m. de largeur, 2 m. de longueur et une hauteur de la voûte au-dessus de la sole variant de 0,50 m. à 1 m. Vers l'une de ses extrémités la sole est séparée du foyer par un petit mur de 0,20 m. d'épaisseur sur 0,40 m. de hauteur, appelé *autel*, et à l'autre extrémité, elle communique avec la cheminée par un canal appelé *rampant*. Les fours à réchauffer les lingots d'acier ont une longueur beaucoup plus grande, pouvant atteindre une dizaine de mètres ; la température n'a pas besoin d'être uniforme, parce que l'on introduit les lingots froids vers le rampant dans la partie moins chauffée, et ensuite on les approche successivement vers l'autel, c'est-à-dire vers la partie plus chauffée, d'où on les enlève pour les porter au laminoir. Souvent dans ce cas, on incline la sole vers l'autel de façon à faciliter aux ouvriers le déplacement des lingots que la pesanteur aide à rouler vers les points les plus bas. Les fours de grillage (fig. 71) ont des dimensions plus grandes encore, leur largeur atteint 3 m. car ils présentent des portes sur les deux faces latérales pour le travail des ouvriers. Les longueurs de ces fours peuvent atteindre une vingtaine de mètres. Le travail de l'ouvrier est intermittent, il a seulement à retourner de temps en temps la matière pour renouveler son contact avec l'air et pour l'avancer progressivement vers le foyer.

Chambres. — Les fours à chambre sont constitués par de grandes chambres cylindriques ou rectangulaires, dans lesquelles on empile les matières à chauffer, quand elles ont besoin seulement de subir l'action de la chaleur sans nécessiter aucun travail de la part de l'ouvrier. Il y a intérêt à augmenter la capacité de ces chambres de façon à réduire les pertes de chaleur par les parois extérieures. Mais cette augmentation des dimensions rend très difficile l'obtention d'une température uniforme, absolument nécessaire cependant pour la cuisson de certaines matières comme le grès et la porcelaine. Ces produits céramiques fondent et se déforment, si la température est de 20° trop élevée ; ils présentent au contraire une pâte poreuse et non translucide, si la température est de 20° trop basse. On arrive cependant à régler assez exactement la température dans de grands fours à chambre pour qu'en fin de cuisson les écarts d'un point à l'autre n'atteignent pas 10° en plus ou en moins de la température normale.

Nous avons déjà vu l'emploi de ces chambres pour la fabrication du charbon de bois. On se sert alors de chambres rectangulaires atteignant jusqu'à 1.000 m^3 de capacité. Dans la cuisson de la porcelaine, au contraire, les petits fours ronds de Sèvres descendent jusqu'à 10 m^3 de capacité. Ce sont là, à peu près, les dimensions extrêmes de ce genre de fours.

Il y a une difficulté assez grande à obtenir, dans ces chambres, une température uniforme, car les régions voisines du foyer, qui reçoivent le coup de feu, tendent à être plus chaudes que les régions situées au voisinage des conduits de sortie des fumées. On remédie à cet inconvénient en employant le chauffage à flamme renversée ; on fait arriver les flammes et gaz chauds sortant du foyer directement sous la voûte de la chambre : ils s'y étalent en formant une nappe horizontale, puis on les fait descendre régulièrement à travers la chambre de chauffe en les aspirant par des ouvertures percées dans la sole inférieure de la chambre et communiquant avec une cheminée extérieure. Ce mode de chauffage est presque exclusivement employé dans tous les fours à laboratoire très vaste. Il ne suffirait pas cependant à assurer l'identité rigoureuse des températures du haut au bas de la charge ; on l'obtient dans la cuisson de la porcelaine en finissant le chauffage avec une flamme ayant juste la température maxima à obtenir. Celle-ci cesse alors d'échauffer les parties de la charge les plus chaudes et amène peu à peu les parties basses, plus froides, à la température du sommet du four. Ces échanges de chaleur sont nécessairement très lents et il faut prolonger assez longtemps cette dernière période de chauffage, et par suite dépenser pas mal de combustible pour obtenir un très faible échauffement final. Quelquefois on recourt, pour obtenir cette uniformité de la température, à un procédé plus perfectionné encore, consistant à placer à l'intérieur du four une double paroi intérieure séparée de 10 cm. du massif extérieur ; cette paroi est interrompue un peu avant le sommet du four (fig. 72). On envoie alors les flammes dans le bas de cet espace annulaire où elles commencent à chauffer la partie inférieure de la charge par transmission de la chaleur à travers la paroi. Cette double enveloppe a l'inconvénient de diminuer considérablement le volume utile du four occupé par les matières à cuire ; il en résulte un accroissement de la dépense de combustible, car celle-ci est fonction des dimensions extérieures du four, beaucoup plus que de son contenu.

Tous les fours à chambre ont une marche essentiellement discontinue, il faut les laisser refroidir pour pouvoir les décharger et ensuite les recharger, conformément aux fours à réverbère que

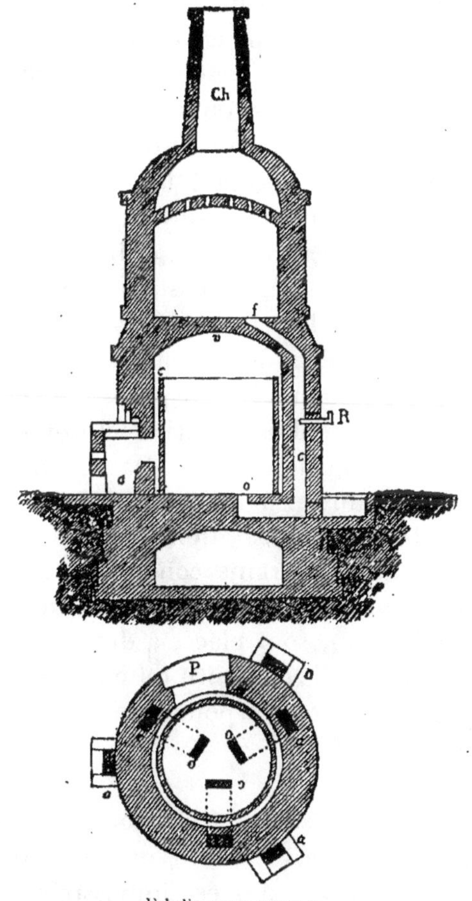

Échelle 5 mm. pour 1 m.

Fig. 72. — Four à porcelaine.

l'on charge en pleine chaleur par les portes de travail. Ces arrêts forcés limitent la production de chaque four ; ils ne peuvent faire plus d'une cuisson par semaine et parfois même une seulement par mois. Cela entraîne l'immobilisation d'un capital important. Mais il résulte en outre de cette intermittence de la marche des pertes de chaleur considérables, car la masse du four à chauffer est souvent plus importante que celle des objets à cuire. On peut, dans une certaine mesure, chercher à récupérer une partie de cette chaleur en faisant passer dans un four en refroidissement l'air nécessaire à la combustion d'un second four voisin en chauffage, et en même temps, on peut envoyer les flammes perdues encore très chaudes sortant du four en cuisson dans un four en préparation ; on groupe alors 4 fours voisins, 3 étant ainsi en marche pendant que le quatrième est en déchargement et chargement. Mais, la combinaison de ces 4 fours est assez délicate à réaliser, elle ne donne pas un temps suffisant pour les opérations du chargement et du déchargement. On a finalement adopté une solution beaucoup plus simple, consistant à prendre un four Hoffmann chauffé au gaz ; les chambres sont rangées sur deux lignes parallèles et entre elles deux court un conduit amenant le gaz combustible du gazogène. Des dispositifs variés permettent d'envoyer à volonté le gaz combustible dans telle ou telle chambre. L'air nécessaire à sa combustion arrive déjà chauffé par son passage à travers des chambres en refroidissement, et les fumées traversent des chambres en préparation avant de se rendre à la cheminée. Les conduits souterrains conduisant à la cheminée, au lieu d'être placés au milieu du massif du four, comme dans les anciens fours Hoffmann, sont placés à droite et à gauche des deux rangées de chambres. Ce dispositif est employé surtout pour la fabrication des grès cérames et pour la cuisson des charbons électriques.

Tunnels. — Malgré tous ces perfectionnements, les fours à chambres, comme les fours à réverbère, donnent une très mauvaise utilisation de la chaleur ; il est impossible de récupérer d'une façon satisfaisante la chaleur absorbée par les parois du four. Un dispositif d'un usage relativement récent, celui du four-tunnel donne une solution infiniment plus satisfaisante, au moins en théorie. Le principe en est le suivant : un long conduit horizontal présente au milieu de sa longueur un foyer pour le chauffage, autant que possible un gazogène qui envoie dans le tunnel son gaz combustible. Son gaz est brûlé dès sa pénétration dans le tunnel par le courant d'air qui entre par une extrémité du tunnel, tandis que les fumées sortent par l'autre extrémité. Il y a ainsi un courant gazeux continu traversant le tunnel dans toute sa longueur. En même temps les matières à cuire traversent le tunnel en sens inverse du courant gazeux ; elles commencent donc à se chauffer en récupérant des chaleurs perdues des fumées, puis après avoir traversé la zone de cuisson se refroidissent en cédant leur chaleur à l'air qui entre pour alimenter la combustion. La récupération peut donc théoriquement être aussi parfaite que dans un four à cuve, sans avoir l'inconvénient du bouleversement des matières et, par suite, de leur rupture. Le point du tunnel chauffé est toujours le même, il n'y a donc pas, comme dans les autres fours à chambre, à se préoccuper de la chaleur nécessaire pour échauffer les maçonneries, dont la température reste fixe.

Ce système de four présente cependant un inconvénient, on ne peut pas donner au tunnel une section considérable en raison de l'impossibilité de déplacer des masses trop pesantes. Cette étroitesse du canal entraîne des pertes de chaleur par rayonnement relativement considérables ; celles-ci en effet sont proportionnelles au périmètre du four, tandis que le poids de matière est proportionnel au carré de ce périmètre. Les pertes relatives de chaleur varient donc en raison inverse des dimensions linéaires du tunnel.

Ce système de four a été appliqué d'abord au recuit du verre nécessitant une température de 500° au plus. On plaçait les objets à recuire dans des petits wagonnets en fer, qui résistaient parfaitement à cette température. On a ensuite appliqué un dispositif semblable au chauffage des produits céramiques pour leur décoration : cuisson de la peinture et pose des émaux, qui nécessite une température d'environ 800°. On employait alors des boîtes en fer enduites de chaux pour les protéger un peu contre l'oxydation ; ces boîtes ne duraient pas longtemps et en l'absence de roues glissaient fort mal. On dut remplacer le tunnel rectiligne par trois branches à angle droit qui permettaient de ne déplacer à la fois que le 1/3 des boîtes contenues dans le tunnel. Mais une solution très simple finalement découverte a permis d'utiliser dans ces fours les températures les plus élevées et d'augmenter considérablement la masse des produits déplacés et, par suite, la section du tunnel, qui a pu être portée de 50 cm. jusqu'à 2 m. On emploie pour le transport et le déplacement de la matière à cuire, des wagonnets plats en fer montés sur roues et sur essieux comme des petits wagons de chemins de fer. On place sur ces wagonnets un bloc de terre réfractaire dont l'épaisseur va, dans certains cas, jusqu'à 60 cm. Tous ces blocs jointifs appuyés bout à bout les uns sur les autres forment la sole intérieure du tunnel au-dessus de laquelle passent les gaz chauds, tandis qu'un courant d'air froid passe en dessous pour refroidir les roues et les empêcher de s'abîmer par l'action de la chaleur. Il faut, pour le fonctionnement de ce dispositif, assurer latéralement une étanchéité complète entre la plate-forme des wagons et les parois verticales des tunnels. La plaque de tôle formant le dessus des wagons est recourbée à angle droit en cornière et descend verticalement pour pénétrer dans une rainure remplie de sable, formant joint étanche. On arrive avec ce dispositif à cuire les électrodes des grands fours électriques, employés aujourd'hui dans l'électrosidérurgie, dont la température de cuisson est 1.600°, c'est-à-dire de 200° supérieure à la cuisson de la porcelaine et de 400° à celle des grès cérames.

Fours rotatifs. — Il existe enfin des fours dans lesquels partie ou totalité du laboratoire est mobile ; l'intérêt de cette mobilité est multiple. Certains fours à réverbère pour la fusion de l'acier, comme le four Wellmann, tout en conservant la forme des fours à réverbère ordinaires, sont portés sur des chemins de roulement qui permettent de les faire osciller tout entiers de part et d'autre de la position horizontale. Cette disposition facilite beaucoup la coulée de l'acier et surtout celle des laitiers pendant le décrassage, elle permet en même temps de produire une certaine agitation qui, en renouvelant les surfaces de contact entre le métal fondu et le laitier, hâte l'affinage ; d'autres fois le même résultat est obtenu, comme dans les fours Pernod (fig. 73) en laissant la voûte fixe ainsi que les parois latérales et portant la sole sur un axe légèrement incliné par rapport à la verticale. La sole, dans ce cas, doit bien entendu être circulaire. On obtient, par la rotation continue de la sole le même mouvement de brassage que dans le cas de l'oscillation du four tout entier. Enfin, quand il s'agit

Echelle de 20 mm. pour 1 m.

Fig. 73. — Four à Pernod pour la fusion de l'acier.

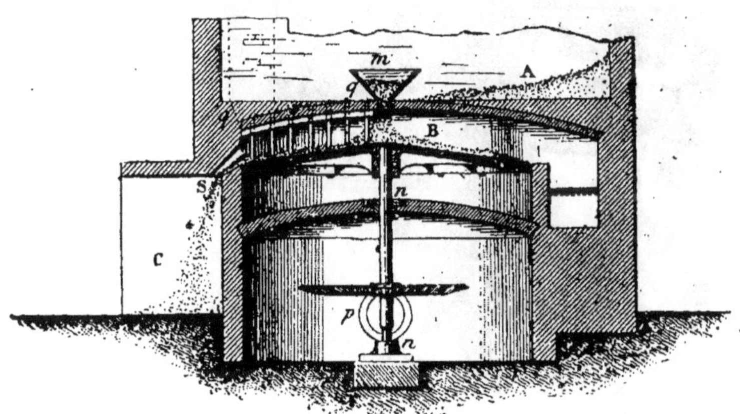

Echelle de 10 mm. pour 1 m.

Fig. 74. — Four de grillage à sole rotative.

de chauffage à des températures moins élevées que la fusion de l'acier, comme pour le grillage de certains minerais sulfureux, ou la fabrication du sulfate de soude, on obtient le même brassage en faisant tourner la sole autour d'un axe vertical (fig. 74) et faisant plonger dans la matière des ringards en fer fixés à la voûte qui creusent des sillons dans la matière entraînée par la sole.

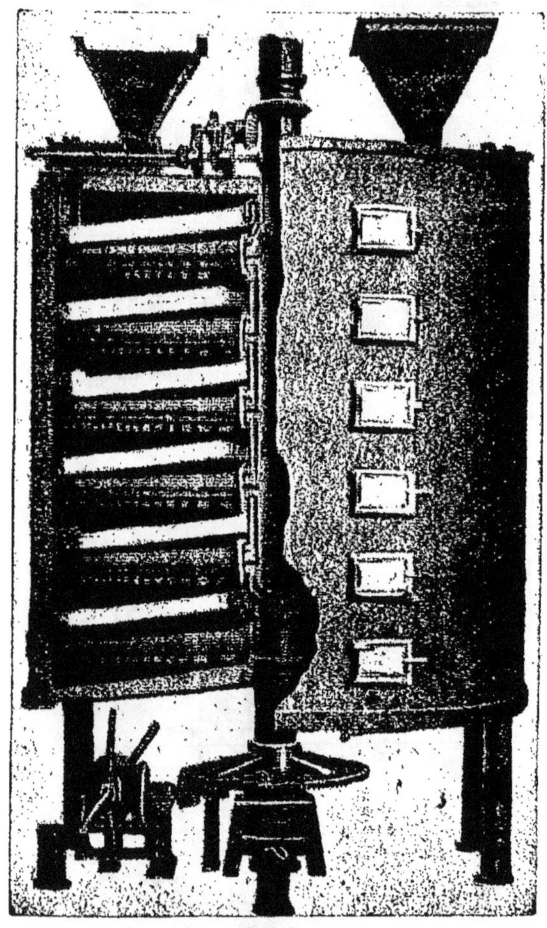

Échelle de 30 mm. pour 1 m.

Fig. 75. — Four Herreshoff.

Certains fours de grillage comme celui d'Herreshoff (fig. 75) présentent plusieurs soles semblables superposées, portées sur un même axe vertical et enfermées dans une enveloppe cylindrique. La matière tombe d'une sole sur l'autre, circulant en sens inverse du courant d'air oxydant.

Mais de tous les fours mobiles, les plus importants de beaucoup sont les fours constitués par des cylindres tournant autour de leur axe, la flamme entrant par une extrémité du cylindre et les fumées sortant par l'autre. Il existe deux types bien distincts de ces fours tournants : les uns, destinés à donner avant tout un brassage énergique et très régulier d'une matière en réaction, fonctionnent d'une façon intermittente. On les remplit par une

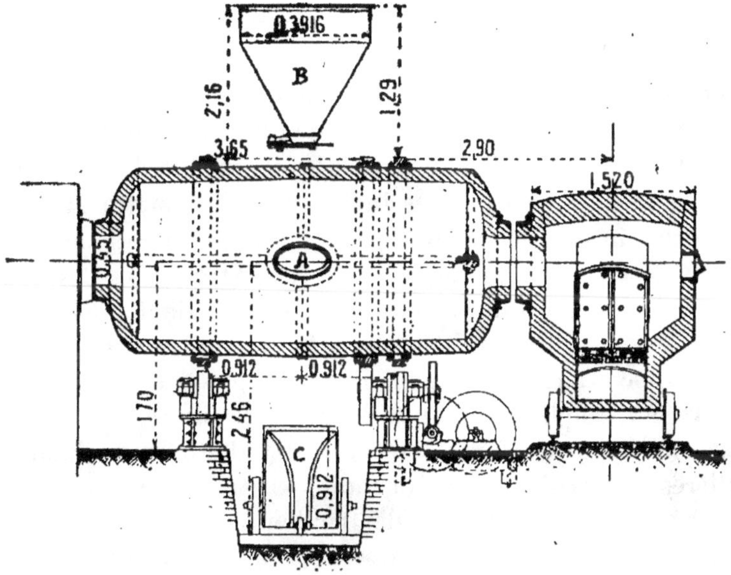

Échelle 10 mm. pour 1 m.

Fig. 76. — Four Brückner.

ouverture ménagée dans la paroi latérale, au moyen d'une trémie placée à la partie supérieure et on les vide ensuite quand l'opération est terminée dans un wagon placé à la partie inférieure. Le four Bruckner (fig. 76) servant au grillage des minerais de zinc en donne un bon exemple.

L'emploi de ces fours s'est surtout répandu au début dans l'industrie de la soude pour la fabrication du carbonate par le procédé Leblanc. Cette opération présente la particularité assez curieuse que la réaction cherchée :

$$Na^2\,O\,S\,O^3 + Ca\,O\,C\,O^2 + 2\,C = Na^2\,O\,C\,O^2 + Ca\,S + 2\,C\,O^2.$$

n'est qu'une étape intermédiaire dans la transformation qui tend vers la réaction finale définitive :

$$Na^2\,O\,S\,O^3 + Ca\,O\,C\,O^2 + 2\,C = Na^2\,S + Ca\,O + 3\,C\,O^2.$$

Il faut, pour arriver à avoir un bon rendement, que l'opération marche en tous les points de la masse avec la même vitesse de façon à ce que l'on puisse l'arrêter au moment fugitif où toute la soude est carbonatée. Dans ce cas, le four tournant a l'avantage de donner une régularité de brassage et une régularité de chauffage que l'on ne peut jamais obtenir par le travail à la main dans un four à réverbère à sole fixe. Ce type de four tournant fonctionne avec son axe placé horizontalement ; les diamètres des entrées et des sorties de flamme sont très inférieurs au diamètre du corps du cylindre afin que la matière fondue ou pulvérulente ne puisse pas venir s'échapper au dehors par les extrémités. Ces fours peuvent avoir de 4 à 6 m. de longueur, et 2 m. de diamètre intérieur ; ils sont portés par des chemins de roulement fixés sur leur enveloppe extérieure et appuyés sur des galets fixes, dispositif qui assure leur rotation autour de leur axe de figure.

Le second type des fours tournants est destiné au chauffage de matières pulvérulentes ou au moins en trop petits fragments pour que l'on puisse faire circuler facilement de l'air chaud ou des fumées au travers de la masse. Ces matières pulvérulentes sont d'ailleurs très mauvaises conductrices de la chaleur et ne pourraient pas être chauffées par conductibilité à partir de leur surface libre ou des parois d'un four qui les renfermerait. Les fours tournants servant à cet usage fonctionnent d'une façon continue et sont, par suite, légèrement inclinés sur l'horizontale pour permettre la circulation de la matière. On fait circuler les gaz chauds en sens inverse de la matière de façon à avoir un chauffage méthodique et à récupérer les chaleurs perdues des fumées. On peut, comme type extrême de ce genre de fours, citer d'une part les appareils de dessiccation demandant un chauffage peu supérieur à 100° et, d'autre part, les fours tournants à cuire le ciment Portland où la température dans la zone chaude doit atteindre 1.500°.

Les appareils dessiccateurs (fig. 77) sont essentiellement composés par des cylindres en tôle, présentant parfois à l'intérieur une lame hélicoïdale pour régler l'avancement de la matière ; la flamme arrive extérieurement au cylindre sous l'extrémité par laquelle entre la matière à sécher, circule autour du cylindre, rentre par l'extrémité opposée pour ressortir vers la cheminée, du côté de l'entrée des matières froides. Le passage de la flamme autour du cylindre évite les coups de feu, qui seraient nuisibles pour certaines matières altérables par un excès de chaleur. Ces appareils servent pour la dessiccation de toutes les matières natu-

Echelle 10 mm. pour 1 m.

Fig. 77. — Séchoir rotatif.

rellement humides qui sont destinées à être broyées ; quelques centièmes d'humidité suffisent, en effet, pour rendre tout broyage impossible. On les emploie dans l'industrie du ciment pour le séchage des calcaires et des laitiers granulés, dans l'industrie céramique pour le séchage des argiles réfractaires. Ces appareils ont un excellent fonctionnement à condition d'être conduits avec un certain soin ; mis entre les mains d'ouvriers négligents et non surveillés, ils sont rapidement détruits par les coups de feu se produisant inévitablement quand on laisse momentanément l'appareil marcher à vide ou cesser de tourner.

Les fours tournants (fig. 78) à ciment atteignent aujourd'hui des dimensions extraordinaires, on en a construit ayant 70 m.

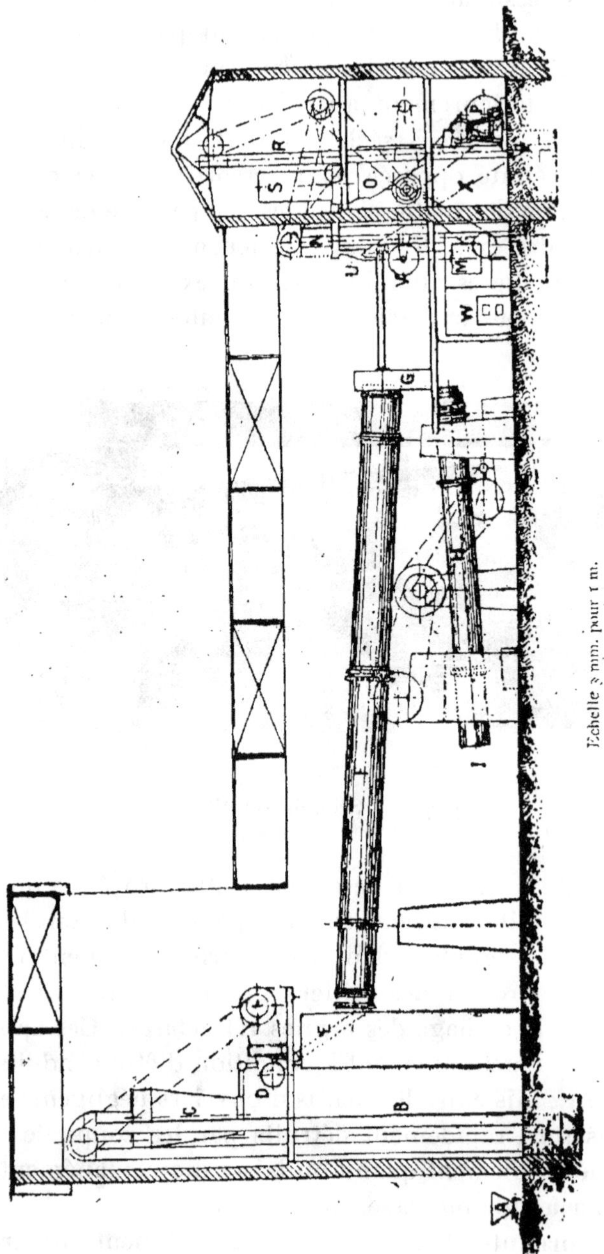

Échelle 3 mm. pour 1 m.

Fig. 78. — **Four rotatif à ciment.**

de longueur et 2 m. de diamètre intérieur. Il y a alors de grandes difficultés à supporter des masses aussi considérables et à les faire tourner sans écraser leurs chemins de roulement ni leurs galets porteurs. Cela complique la construction de mettre plus de deux chemins de roulement, car les déformations inévitables résultant de l'action de la chaleur exposent à ce que l'un d'eux cesse momentanément de porter et donne alors lieu à des flexions dangereuses pour le four. Il ne semble pas impossible cependant de lever cette difficulté en employant des galets montés sur des ressorts. En tous cas, pour diminuer la pression du chemin de roulement sur les galets, on double leur nombre, mais en les groupant par paire et en portant chaque paire de galets sur une sorte de balance articulée autour d'un axe, de telle sorte que la pression des deux galets d'un même groupe reste automatiquement égale. Ces fours tournants sont construits en tôle et présentent intérieurement un revêtement de 15 à 30 cm. d'épaisseur, fait généralement aujourd'hui en briques de ciment. La faiblesse de l'épaisseur de ce revêtement entraîne nécessairement des pertes de chaleur importantes. La consommation de charbon pour cuire une tonne de ciment Portland y est de 300 kg. au lieu de 150 dans les fours coulants à cuve, mais la conduite de ces fours est plus facile, elle donne lieu à une économie de main-d'œuvre considérable et, de plus, ces fours donnent un ciment de qualité tout à fait supérieure en raison de la régularité plus grande du chauffage et surtout du refroidissement brusque à la sortie du four, qui empêche certaines transformations chimiques nuisibles au ciment.

Consommation du combustible. — La consommation de combustible, nécessaire pour chauffer des fours à laboratoires indépendants du foyer, dépend d'une part de la température nécessaire pour réaliser l'opération industrielle en vue et, d'autre part, des dimensions des fours ; plus leur capacité intérieure est grande, moins les pertes relatives occasionnées par le chauffage des parois et par le rayonnement extérieur sont importantes. Mais généralement pour une opération industrielle déterminée, les dimensions à donner au four se trouvent déterminées par certaines conditions inhérentes au procédé lui-même : par exemple, on ne peut, pour le puddlage du fer, employer des fours de mêmes dimensions que pour la cuisson de la brique ; il en résulte que dans chaque industrie, il y a un rapport sensiblement fixe entre la capacité intérieure des fours et la quantité de combustible brûlé ; le tableau suivant donne le nombre de mètres cubes du volume intérieur des fours pour 1 t. de houille brûlée à l'heure.

Nature des opérations	Capacité en m.^{3} par tonne brûlée à l'heure
Brique ordinaire	1.000
Porcelaine	130
Brique réfractaire	35
Verre à bouteille	35
Puddlage du fer	11
Fusion de l'acier au creuset	3
Fusion de la fonte sur sole	2
Fusion de l'acier sur sole	1

La quantité de charbon brûlé dépend de la surface de grille du foyer ; voici quelques chiffres donnant le rapport entre la surface du laboratoire et celle de la grille.

Nature des opérations	Rapport de la surf. du laboratoire à celle de la grille
Grillage des minerais	15
Fusion de cuivre	5
Fusion de la fonte	3
Puddlage du fer	2
Fusion de l'acier sur sole	1

Foyers. — Le foyer est la partie du four où l'on brûle le combustible. Dans le cas de combustibles solides et liquides, il est extérieur au laboratoire et lui est juxtaposé ; dans le cas des gaz, il n'y a plus à proprement parler de foyer, l'air et le gaz débouchent directement dans le laboratoire et y brûlent progressivement, mais il y a généralement dans ce cas un appareil producteur de gaz extérieur, généralement un gazogène, car le gaz fourni par ces appareils est le plus économique de tous les gaz combustibles. Souvent aussi il y a, en plus, des appareils destinés au chauffage de l'air et du gaz avant leur entrée dans le four. Ce chauffage est obtenu en utilisant les chaleurs perdues des fours suivant le principe de la récupération découvert par Sir William Siemens, procédé qui a transformé les conditions économiques du chauffage dans l'industrie métallurgique et dans la verrerie.

Nous nous occuperons exclusivement dans cette étude des foyers destinés à brûler les combustibles les plus usuels, c'est-à-dire les moins coûteux : la *houille* ou le coke, le *bois*, le *pétrole* brut ou les goudrons de houille et enfin le *gaz de gazogène*.

Grilles pour la houille. — Pour la combustion de la houille ou du coke en morceaux, les foyers les plus usuels se composent essentiellement d'une cuve peu profonde dont le fond est constitué par une grille à barreaux horizontaux ; au-dessous de la grille se trouve le cendrier dans lequel tombe, à travers les barreaux, une partie des cendres du combustible et par lequel arrive en sens inverse, l'air nécessaire à la combustion. Les barreaux les plus simples sont à section carrée, de 30 mm. de côté, laissant entre eux un espace vide de 12 mm., au moins dans le cas de houille en gros morceaux ; avec du combustible plus fin, les intervalles vides sont réduis à 6 mm. Les barreaux carrés ont cependant l'inconvénient de s'échauffer rapidement au contact du charbon incandescent, ils se déforment alors, se brûlent et s'usent assez vite. On évite cet échauffement exagéré en donnant aux barreaux une section rectangulaire, dont la grande dimension est verticale ; les avantages de cette disposition résultent du fait suivant : la quantité de chaleur reçue dans l'unité de temps par un barreau dépend de l'étendue de sa surface en contact avec le combustible et est indépendante de sa hauteur. L'air froid qui pénètre entre les barreaux les refroidit et ce refroidissement seul empêche les barreaux de prendre la température du combustible. Ce refroidissement est d'autant plus énergique que la surface des barreaux léchés par l'air est plus considérable, c'est-à-dire que ces barreaux sont plus hauts. C'est le principe qui a été appliqué dans les becs Bunsen de laboratoires, du type Mecker. Depuis longtemps on avait essayé d'empêcher la flamme de rentrer dans les becs un peu larges au moyen d'une simple toile métallique ; mais avec le mélange théorique pour la combustion complète, les fils rougissaient immédiatement et laissaient rentrer la flamme. En remplaçant cette toile par un cloisonnement en lames de nickel de même épaisseur que les fils, mais de 10 mm. de hauteur, on supprime complètement cet inconvénient ; ces cloisons sont complètement refroidies par le passage du mélange gazeux froid.

Echelle 20 mm. pour 1 m.

Fig. 79. — Grille à gradins.

Pour brûler des combustibles maigres et très fins, les grilles ordinaires donnent lieu à une perte considérable de charbon qui passe entre les barreaux et tombe dans le cendrier, constituant ce que l'on appelle des *escarbilles*. Deux systèmes différents de foyer permettent d'obtenir la combustion de ces poussiers maigres. Les grilles à *gradins* (fig. 79), constituées par des lames de tôle ou de fonte placées horizontalement et disposées en retrait de façon à former une sorte d'escalier ; ces lames doivent en outre se recouvrir partiellement, la longueur du recouvrement étant à peu près le double de l'espace qui sépare les deux lames ; dans ces conditions le talus d'éboulement naturel du charbon menu n'atteint pas l'extrémité extérieure des barreaux plats, et rien ne tombe au dehors. Il faut, pour enlever les cendres, les tirer avec un crochet passé entre les barreaux. Ces grilles néanmoins ne donnent qu'une combustion très lente et produisent peu de chaleur par mètre carré de surface de chauffe parce que la finesse des grains du charbon oppose une très grande résistance au passage de l'air.

Le second dispositif qui permet au contraire d'obtenir une combustion très active, consiste à employer comme grille une tôle perforée ; on aura par exemple 1.200 trous au mètre carré, chaque trou ayant 8 mm. de diamètre à la surface supérieure de la tôle et 20 mm. en dessous. La section offerte au passage de l'air est, à surface égale de foyer, 5 fois moindre que dans une grille à barreaux ordinaire. Il faut donc, pour avoir le même débit d'air, une pression motrice 25 fois plus élevée, ce qui nécessite l'emploi de procédés mécaniques de soufflage, mais alors, la vitesse du courant d'air est telle que les grains de charbon sont soufflés en l'air, la masse est en ébullition constante et il est impossible au charbon menu de tomber à travers les vides.

Conduite du feu. — L'épaisseur du charbon sur la grille ne doit pas être trop épaisse, de façon à éviter la formation d'oxyde de carbone ; cette épaisseur moyenne peut varier de 10 à 20 cm., suivant la nature du combustible. La quantité de charbon brûlé par mètre carré et par heure dépend, bien entendu, de l'intensité du tirage ; par exemple, avec une dépression de 3 mm. de hauteur d'eau et une épaisseur de charbon de 8 cm. on brûlera 60 kg. par mètre carré et par heure. Avec une dépression de 10 mm. et une épaisseur de charbon de 15 cm. on brûlera 150 kg. à l'heure. Voici quelques chiffres indiquant les combustions obtenues dans des foyers servant à différentes opérations industrielles.

Chaudières ordinaires	40 à 120 kg.
Fours à puddler	150 à 200
Fours de fusion de l'acier	200 à 400
Foyers de locomotives	500 à 750

En général les chauffeurs ont la tendance de mettre une trop grande épaisseur de combustible, ce qui donne lieu à une formation d'oxyde de carbone entraînant des pertes de chaleur. Cela facilite il est vrai, le travail du chauffeur, car cela le dispense de recharger aussi souvent son foyer. Cette pratique fâcheuse est très fréquente parmi les chauffeurs de locomotives et c'est à cette cause que l'on doit attribuer les cas d'asphyxie produits dans les tunnels.

M. Audibert a fait des expériences systématiques sur la combustion du coke. Il a cherché à déterminer les conditions qui permettent d'obtenir la combustion complète, sans excès, ni défaut d'air, c'est-à-dire le maximum d'acide carbonique dans les fumées. Si l'on appelle :

Q – Le nombre de litres d'air traversant la grille par seconde et par mètre carré

e – L'épaisseur de la couche de combustible sur la grille, exprimée en centimètres

c—Le diamètre moyen des grains de coke brûlant dans le foyer, on obtient la combustion neutre, c'est-à-dire sans excès ni défaut d'oxygène, lorsque ces trois grandeurs sont reliées par la relation :

$$Q = 44 \, . \, e + 13 \, . \, c + 25$$

S'il s'agit d'un coke renfermant 20 % de cendres et donnant des mâchefers contenant 40 % de leur poids d'escarbilles de charbon, le poids P de ce coke brûlé par heure et par mètre carré de grille, évalué en kilogs, est relié au volume d'air, dans le cas de la combustion complète par la formule

$$P = 0{,}57 \, . \, Q$$

Au moyen de ces deux formules on a dressé le tableau suivant qui donne les conditions à remplir pour avoir avec le coke considéré la combustion neutre.

Tableau des épaisseurs de combustible à mettre sur la grille pour obtenir la combustion neutre.

Kilogs de coke par m2 de grille et par heure	Litres d'air par m2 de grille et par seconde	Calibrage du coke 5 - 10	10 - 20	20 - 30	30 - 50
80	140	5	7	10	15
150	260	7,5	10	13	17,5
200	350	9,5	12	15	19,5
250	440	12	14	17	21,5
300	525	13,5	16	19	23,5

La pression motrice nécessaire pour brûler un poids donné de combustible à l'heure croît nécessairement avec l'épaisseur de la couche de combustible et décroît avec le diamètre des morceaux. Elle est sensiblement proportionnelle à l'épaisseur de la couche de combustible. Pour une épaisseur de 10 cm. de combustible, on tire des nombres donnés par M. Audibert les chiffres suivants pour la pression motrice exprimée en millimètres de hauteur d'eau.

Volume d'air en litres par 1'' et par 1 m2	Grosseur du combustible en cm		
	1,5 cm	2,5 cm	4 cm
	—	—	—
250 litres	9 m/m	5 m/m	3 m/m
500	13	10	6
750	16	13	11

Décrassage. — La conduite d'un foyer à grille présente une difficulté très sérieuse résultant de la présence de cendres du combustible qui fondent et donnent des mâchefers dont l'accumulation sur la grille bouche les passages d'air et ralentit la combustion jusqu'à l'arrêter complètement. Dans les trains rapides de chemins de fer on est obligé de changer fréquemment la locomotive pour faire le décrassage du foyer. Cette opération nécessite toujours un arrêt du chauffage, parfois assez prolongé. Le procédé le plus simple, mais qui produit aussi l'arrêt le plus complet du chauffage consiste à jeter les feux bas, en enlevant les barreaux et faisant tomber dans le cendrier, mâchefer et charbon non encore brûlé. On préfère généralement éviter cet arrêt complet du chauffage ; pour cela on rejette tout le feu sur une moitié de la grille et on nettoie la moitié rendue ainsi libre avec des crochets au moyen desquels on tire les paquets de mâchefer qu'il est impossible de faire passer entre les barreaux. Le travail fini, on ramène le charbon sur la moitié de la grille nettoyée et on refait la même opération sur la seconde moitié. Différents artifices ont pour objet de faciliter le décrassage ; quelquefois par exemple, on constitue la grille avec des barreaux carrés pouvant tourner autour de leur axe de figure, et orientés en marche normale de façon à ce que un des plans diagonaux soit horizontal. Au moment du décrassage, on fait tourner le barreau de façon à mettre le côté du carré horizontal ; les espaces vides entre chaque barreau sont augmentés et cela facilite le passage des petits mâchefers. D'autres fois, on emploie comme barreaux de gros tubes en fonte perforés dont la rotation permet d'écraser, comme le feraient des laminoirs, les fragments de mâchefer pour les faire tomber dans le cendrier.

Les dispositifs semblables sont en nombre illimité, mais aucun d'eux ne présente une efficacité absolue et il reste toujours de gros paquets de mâchefer à enlever par le travail direct de l'ouvrier.

Chargement mécanique. — La combustion sur grille présente encore un autre inconvénient inhérent au procédé lui-même ; il donne un chauffage très irrégulier et cela pour deux raisons. Au moment où le combustible vient d'être chargé, il dégage brusquement ses matières volatiles qui, ne trouvant pas une quantité d'oxygène suffisante pour leur combustion, même si l'épaisseur de la couche n'est pas exagérée, donnent naissance à de la fumée ; ce dépôt visible de carbone est toujours accompagné de la présence

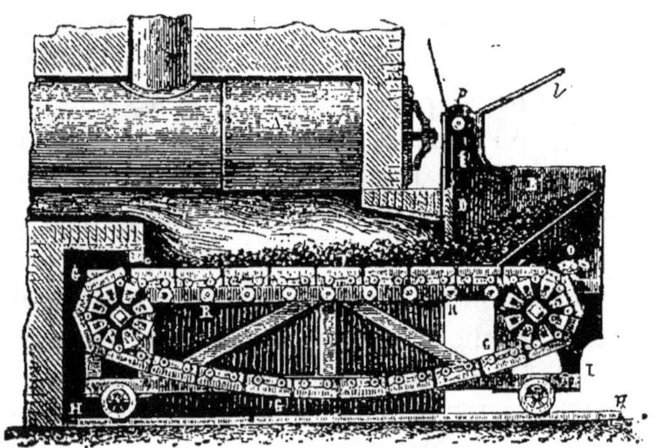

Echelle 10 mm. pour 1m.

Fig. 80. — Foyer fumivore à chargement mécanique.

de quantités beaucoup plus importantes d'oxyde de carbone et d'hydrogène. Puis la combustion avançant, l'épaisseur de la couche de combustible diminue et l'air passe en excès, la température de la flamme baisse, on a donc ainsi des variations continues et périodiques de température. D'autre part, au moment du chargement et du décrassage, l'ouvrier doit ouvrir en grand la porte du foyer et il se précipite brusquement dans le four des torrents d'air froid, si l'on n'a pas la précaution de couper le tirage pendant cette manœuvre.

Tous ces inconvénients relatifs à l'irrégularité du chauffage et même au décrassage des mâchefers peuvent être évités avec des foyers mécaniques à chargement continu (fig. 80), certainement plus compliqués et plus coûteux comme frais de première installation que les grilles ordinaires, mais qui donnent une telle régularité dans le chauffage et de telles économies de combustible que l'on est surpris de voir leur usage aussi peu répandu encore dans la grande industrie. Ces foyers comprennent un distributeur automatique du charbon, l'amenant d'une façon continue à la grille, le fonctionnement de ces distributeurs nécessite l'emploi de charbon en morceaux pas trop volumineux et, si possible, de dimensions pas trop irrégulières. La grille est animée d'un mouvement continu entraînant constamment le charbon de la région froide, où il a été chargé, vers les parties les plus chaudes, jusque près de l'autel. Les goudrons et gaz combustibles qui se dégagent à l'entrée du foyer vont brûler plus loin, là ou la majeure partie du combustible étant déjà disparue, il peut entrer un excès d'oxygène à travers la grille. La grille mobile nécessaire pour produire l'avancement continu du charbon, peut être disposée de bien des façons différentes ; un des types les plus simples est réalisé par l'emploi des chaînes sans fin, dont chaque chaînon est constitué par un petit barreau plat. Ces chaînons sont articulés sur des axes qui maintiennent leur écartement. Les brins supérieurs avancent vers l'intérieur du four, descendent un peu avant l'autel en précipitant dans une fosse les mâchefers et reviennent en-dessous vers l'entrée du foyer, où ils reprennent une nouvelle charge de charbon.

Charbon pulvérisé. — Un procédé très élégant pour brûler la houille, mais dont le prix élevé limite malheureusement les applications, consiste à pulvériser la houille très fine et à la faire arriver d'une façon continue au moyen d'un distributeur dans le courant d'air lancé par un ventilateur. Il est possible alors de régler exactement les proportions de combustible et d'air, de façon à avoir la combustion complète sans excès d'air ni de charbon et, par suite, de réaliser la température la plus élevée que puisse fournir le combustible. Les frais de la pulvérisation et du séchage préalable indispensable, s'élevent à peu près à 5 fr. par tonne (prix d'avant-guerre), on peut donc considérer que ce procédé majore en moyenne le prix du combustible de 20 %.

Le charbon pulvérulent est entraîné dans le four avec le courant gazeux ; cela occasionne certaines sujétions qui, indépendamment de la question de prix de revient, limitent les applications de ce mode de chauffage ; il est impossible, par exemple, de l'employer dans le cas où le contact des cendres du combustible avec la matière chauffée pourrait altérer celle-ci. D'autre part, pour obtenir la combustion du charbon, il faut que celui-ci séjourne pendant un temps suffisant, assez court d'ailleurs, quelques dixièmes de seconde environ, dans une enceinte à température très élevée. Dans le cas par exemple du chauffage des chaudières à vapeur au charbon pulvérisé, on doit ménager en avant de la chaudière une chambre de combustion à parois réfractaires qui prend une température assez élevée pour permettre à la combustion de s'y achever. La majeure partie des cendres, agglomérées en petite grenaille fondue, s'accumule dans le fond de cette chambre ; une fraction moindre est entraînée à l'état de poussière fine dans les carneaux de la chaudière. Ce mode de chauffage est surtout employé pour la cuisson du ciment dans les fours tournants, c'est même pour cet usage le seul procédé de chauffage employé en Europe.

Un point délicat dans ce mode de chauffage est d'avoir un bon distributeur qui donne un écoulement régulier du charbon et permette d'en régler à volonté la vitesse. On emploie suivant les cas une vis sans fin qui prend le poussier à la base d'une trémie, le débit est alors proportionnel à la vitesse de rotation de la vis ; ou bien un distrbuteur à plateau tournant, placé sous une trémie conique, on règle alors le débit en avançant plus ou moins le couteau qui vient prendre le poussier sur le plateau. On se sert encore d'une sorte de panier oscillant dont le fond formé par une plaque de tôle perforée glisse sur une seconde plaque de tôle semblable présentant des perforations en nombre égal ; suivant l'amplitude de l'oscillation, les trous se découvrent plus ou moins complètement et la quantité de charbon projetée à chaque mouvement varie comme cette ouverture. Enfin dans certains appareils, une brosse cylindrique animée d'un mouvement de rotation prend dans la trémie une quantité de charbon proportionnelle à sa vitesse de rotation. Le nombre des dispositifs semblables que l'on peut imaginer est illimité. Le débit ne dépend pas seulement du mécanisme distributeur mais aussi de son alimentation par la trémie. Le débit augmente quand le charbon tend à sortir plus rapidement de la trémie. Il se produit dans l'écoulement du charbon des temps d'arrêt par suite d'une demi-agglomération de la masse, suivis bientôt d'éboulements amenant au contraire un écoulement rapide ; cette irrégularité dans les mouvements est une propriété commune à tous les corps très fins. Dans les fosses d'extinction de la chaux, on voit quelquefois celle-ci se tenir en talus verticaux qui finissent par s'ébouler brusquement sur toute la hauteur du tas. Pour éviter cette cause d'irrégularités, on doit maintenir constamment le charbon de la trémie dans un certain état d'agitation, soit au moyen de bras tournants dans la masse de poussière, soit au moyen de chocs sur l'enveloppe de la trémie.

M. Audibert a fait des études très intéressantes sur la combustion du poussier de charbon. Il a d'abord déterminé la vitesse avec laquelle tombent dans l'air des grains de dimensions différentes ou ce qui revient au même la vitesse du courant ascendant nécessaire pour entraîner ces poussières. Cette vitesse U exprimée en centimètres est donné en fonction du rayon r des grains en centimètre, de la température t en degré centigrade et de la denisté d par la formule

$$U = 1230 . r . (1 - 25 . r) (d + 2,1) (1 + 0,75 . t . 10^{-3}$$

soit pour des grains de houille de 0,1 millimètre de diamètre (tamis 20°) dans de l'air à 1.000 degrés une vitesse de 15 cm. par seconde. Il suffit donc pour l'entraînement des poussières de vitesses relativement faibles.

Il a mesuré la vitesse de combustion pour des grains de 0,065 mm. et 0,175 mm. de diamètre, avec des quantités d'air allant depuis la quantité strictement nécessaire pour la combustion complète jusqu'à un excès d'air de 35 %.

En gros, la vitesse de combustion croît sensiblement en raison inverse du diamètre, c'est-à-dire qu'elle varie dans le rapport de un à trois pour les deux dimensions de grains étudiés. Elle croît avec l'excès d'air et est en moyenne double pour l'excès d'air de 35 % de ce qu'elle est pour le mélange à combustion complète.

Cette vitesse varie bien entendu avec la nature des charbons, sans qu'il ait été possible de trouver de relations simples entre la vitesse et la composition de la houille. Pour les grains les plus fins, sans excès d'air la durée de la combustion a été comprise entre 0,2 et 0,4 seconde et pour les plus gros entre 0,6 et 0,9 seconde.

D'après ces nombres, il suffirait pour brûler une tonne à l'heure d'une chambre de combustion d'une dizaine de mètres cubes, en supposant, bien entendu, la vitesse et la température uniforme dans toute la chambre. Pratiquement on emploie des chambres au moins 4 fois plus volumineuses et parfois même 6 fois. On le fait principalement pour éviter la fusion des parois de la chambre.

Foyers à bois. — La combustion du bois est extrêmement facile grâce à la faible proportion et à l'infusibilité de ses cendres, à la grosseur et à la régularité des bûches dans lesquelles on le découpe. Il n'est pas nécessaire d'employer de grille comme pour le charbon, le passage de l'air à travers les morceaux pouvant se faire dans n'importe quelles conditions. Les dispositifs varient d'une industrie à l'autre. Dans la verrerie les creusets chauffés au bois sont placés sur deux banquettes séparées par une fosse de 1 m. de profondeur au plus, dans laquelle on lance par les deux extrémités du four les bûches de bois. L'air entre par des orifices ménagés dans le bas de cette fosse à ses deux extrémités. On tire de temps en temps avec un crochet les cendres accumulées sur la sole et on les fait tomber par un trou dans une seconde fosse inférieure qui sert de cendrier. Dans les scieries on emploie souvent au chauffage des chaudières les déchets de planches et la sciure de bois. Le foyer est une fosse cubique, communiquant par la partie inférieure avec les carneaux de la chaudière ; on jette pêle-mêle par la partie supérieure les déchets de bois et la sciure, en évitant cependant de boucher les passages d'air par un excès de cette dernière. L'air aspiré descend à travers le bois et la combustion se produit dans le fond de la cuve, sous une couche de bois froid qui masque le feu.

L'emploi du bois comme combustible se prête à des dispositions de foyers, parfois assez singulières, dont nous citerons deux exemples particuliers. Pour employer au chauffage des poêles d'appartements la sciure de bois, très abondante au voisinage des scieries, on place au milieu d'un poêle en fonte, une bûche verticale et on tasse la sciure tout autour, puis on enlève la bûche et on met le feu dans l'espace vide ainsi ménagé ; la combustion progresse lentement à travers toute la masse de sciure et donne un chauffage régulier. La cuisson de la porcelaine s'est longtemps faite au bois parce que ce combustible ne donne pas, comme la houille, des fumées nuisibles à la belle qualité du produit. On emploie encore exclusivement ce combustible à la Manufacture de Sèvres, malgré son prix bien généralement supérieur à celui de la houille. Ces foyers au bois, ou *alandiers*, sont de petites cuves cubiques analogues à celles qui servent au chauffage des chaudières, mais de dimensions beaucoup plus petites, 0,50 m. à 0,80 m. de côté seulement. On commence le chauffage, comme pour les chaudières, en projetant pêle-mêle le bois en grosses bûches dans l'alandier ; la flamme diluée d'abord dans un grand excès d'air pénètre par des ouvertures ménagées dans la paroi latérale du four. Mais lorsque l'on veut, à la fin de la cuisson, obtenir la température la plus élevée nécessaire, voisine de 1.400°, et la régulariser dans le four, on change complètement le mode de combustion du bois. On prend des bûches fendues en fragments de 4 à 5 cm. d'épaisseur, dont la longueur soit supérieure de quelques centimètres à la largeur de l'alandier. On pose ces bois jointifs sur le sommet de l'alandier, l'air se précipite dans les fentes subsistant entre chacun d'eux à cause de l'irrégularité de leur surface. Ces morceaux brûlent par la partie inférieure, qui est soumise au rayonnement intense de toute la partie intérieure de l'alandier. Aussitôt mis en place, ces bois prennent feu, puis lorsqu'ils sont un peu plus d'à moitié consumés, ils se cassent, tombent au fond de l'alandier où ils achèveront leur combustion ; on les remplace aussitôt par de nouveaux bois frais. On peut tenir la main sur cette grille en bois, sous laquelle, à quelques centimètres de profondeur seulement, la température dépasse 1.500° C'est là un mode de chauffage extrêmement curieux à voir fonctionner.

Combustibles liquides. — Les combustibles liquides présentent, comme le poussier de charbon et les gaz, l'avantage de pouvoir être envoyés dans le four avec un débit rigoureusement constant ; cela permet, grâce à la combustion complète, sans excès d'air ni de corps combustible, d'obtenir le maximum de température, mais ces combustibles ont l'inconvénient, dans les pays non producteurs de pétrole, de coûter très cher ; en France les droits sur le pétrole rendent l'emploi de ce combustible à peu près impossible pour les fabrications industrielles. Par contre, le goudron de houille et surtout les huiles lourdes, résidus de la fabrication du gaz d'éclairage, se vendent à un prix plus abordable ; peut-être pourrait-on les utiliser plus souvent qu'on ne le fait. La combustion de ces liquides, très riches en carbone, présente une assez grande difficulté, analogue à celle que présente la combustion du poussier de charbon, mais plus difficile à vaincre. Sous l'action de la chaleur, le liquide donne par simple vaporisation ou par décomposition, de grosses bulles gazeuses qui se mêlent lentement à l'air et la combustion incomplète produite au premier moment provoque un abondant dépôt de noir de fumées qui doit ensuite brûler, après s'être mélangé avec la quantité d'air nécessaire. Si ce mélange est trop lent à se produire, et que ces masses fuligineuses arrivent dans une partie du four trop refroidie, à une température inférieure à 800 ou 900°, la combustion du charbon devient trop lente et n'a pas le temps de s'achever. Il se produit alors des torrents de fumées que la cheminée déverse dans l'atmosphère, mais de plus ce noir de fumée commence à se déposer à l'intérieur du four au voisinage des coudes et des changements de section des conduits de fumées ; les passages se rétrécissent, l'afflux d'air diminue, et, par suite, la formation du noir de fumée augmente de plus en plus rapidement, si bien que le four se bloque complètement et tous les conduits se bouchent hermétiquement. Cet accident, lorsqu'il commence à se produire, s'achève avec une rapidité incroyable, parfois en quelques minutes seulement. Il faut alors laisser refroidir le four pour le vider et le nettoyer ; on trouve tous les passages étroits absolument remplis par un bloc compact de noir de fumée ; cette difficulté est un des obstacles les plus sérieux à l'emploi des combustibles liquides.

Pour remédier à cet inconvénient, il faut brasser la masse gazeuse de façon à mêler le plus rapidement possible les parties charbonneuses à l'air comburant ; ce brassage doit être d'autant plus énergique que le four est moins chaud et que la flamme y séjourne moins longtemps. Dans les usines à gaz on emploie souvent au chauffage des cornues une partie du goudron produit,

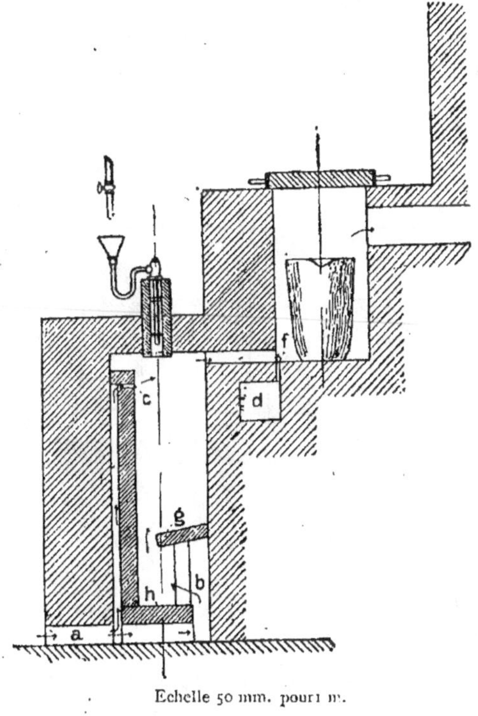

Echelle 50 mm. pour 1 m.

Fig. 81. — Four à pétrole.

pour éviter d'en mettre en vente une trop grande quantité et de déprécier ainsi les cours. Comme ces fours sont de très grandes dimensions et possèdent une température sensiblement uniforme dans toute leur étendue et un peu supérieure à 1.000°, la combustion s'y fait aisément. On ménage à la partie inférieure du four, sur la paroi antérieure une ouverture pour l'entrée de l'air, de 1 dm^2 de section environ et on fait arriver le goudron en un filet continu par un tube débouchant à travers la paroi à 50 cm.

environ au-dessus de cette ouverture ; le chemin considérable parcouru par la flamme autour des cornues avant de redescendre aux carneaux d'échappement des fumées, donne tout le temps nécessaire à la combustion. Lorsqu'il s'agit de chauffer un four de plus petites dimensions, comme un four à creuset pour fondre l'acier, on doit créer dans le courant gazeux une série de chicanes qui augmentent le brassage ; de plus, on fait arriver l'air sur le goudron en lames aussi fines que possible. Les figures 81 et 82 montrent quelques dispositifs employés à cet usage ; il est cepen-

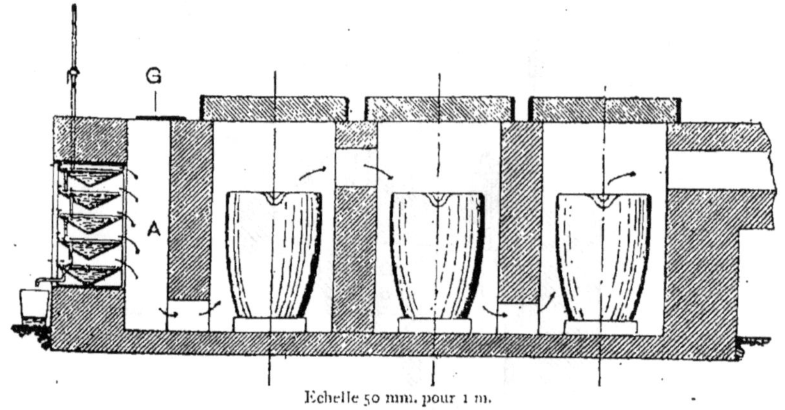

Echelle 50 mm. pour 1 m.

Fig. 82. — Four à pétrole.

dant très difficile dans ce cas d'éviter la formation d'une certaine quantité de fumées.

Lorsqu'on emploie les combustibles liquides à chauffer les chaudières, comme cela se fait fréquemment dans les pays producteurs de pétrole et plus rarement dans d'autres pays pour les chaudières de certains navires de guerre à grande vitesse, on est obligé, pour obtenir une combustion rapide et une flamme très courte, de pulvériser le liquide en gouttelettes extrêmement fines au moyen d'appareils spéciaux. Les pulvérisateurs sont essentiellement des appareils dans lesquels un corps gazeux, la vapeur d'eau ou l'air suivant les cas, vient frapper et entraîner avec une grande vitesse une nappe liquide très mince arrivant d'une façon continue dans le courant gazeux. La pulvérisation est d'autant plus parfaite que la vitesse d'écoulement du fluide gazeux et, par suite, sa pression, est plus grande ; on emploie dans certains cas des pressions allant jusqu'à 20 atm. Les figures 83 et 84 montrent parmi les types innombrables de pulvérisateurs essayés,

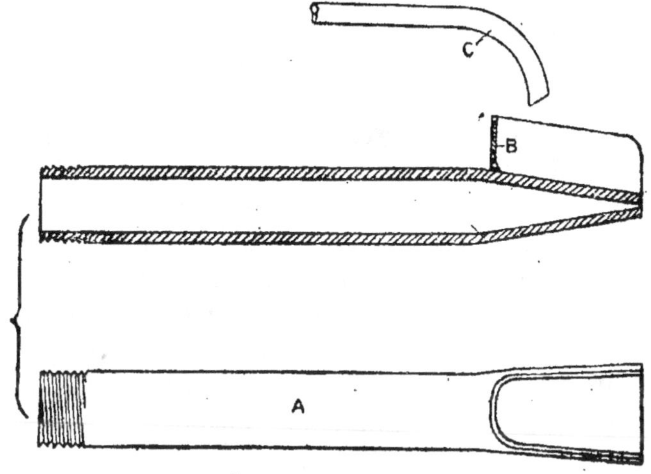

Echelle 200 mm. pour 1 m.

Fig. 83. — Brûleur à pétrole.

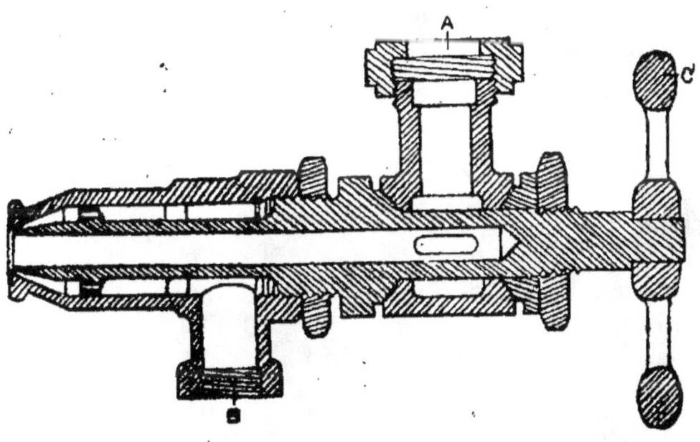

Echelle 400 mm. pour 1 m.

Fig. 84. — Brûleur à pétrole.

les deux extrêmes comme complication. Le plus simple de tous (fig. 83) est constitué par un tube aplati laissant échapper l'air par une fente rectiligne ; le liquide combustible arrive goutte à goutte par un tube C et tombe dans un godet B d'où il s'écoule librement devant la fente par où s'échappe l'air. La figure 84 montre un pulvérisateur plus perfectionné, se prêtant mieux à l'emploi de combustibles naturellement épais comme les goudrons ou les pétroles bruts. Le liquide arrive par le branchement A, pénètre dans le tube central et vient s'écouler par l'orifice circulaire de ce tube ; l'air ou la vapeur arrivent par l'ajutage B et s'échappent par un orifice annulaire très étroit qui enveloppe le tuyau d'échappement du combustible liquide. On peut régler l'ouverture de cette fente au moyen du petit volant C dont la rotation déplace le tube central. L'emploi de vapeur d'eau diminue un peu la température de la flamme, ce qui est d'ailleurs sans inconvénient pour les chaudières, mais sa présence contribue à empêcher la formation de noir de fumée, car elle réagit au premier moment sur le carbone en donnant de l'oxyde de carbone et de l'hydrogène, gaz dont la combustion peut s'achever dans des parties du foyer relativement moins chaudes.

Combustibles gazeux. — Les seuls combustibles gazeux que l'on emploie pour le chauffage des fours sont les gaz de gazogènes et les gaz de hauts-fourneaux, dont les compositions sont d'ailleurs très voisines. Les analyses ci-dessous donnent une idée de la composition moyenne de ces gaz.

Gaz	Ht-fourneau	Gazogène au coke	Gazogène à la houille
Méthane	»	»	2
Oxyde de carbone	26	22	25
Hydrogène	3	14	10
Acide carbonique	10	5	4
Vapeur d'eau	8	2	3
Azote	53	57	56
	100	100	100

Le dispositif servant dans les fours à la combustion des gaz est d'une simplicité extrême ; il consiste en deux orifices voisins, percés l'un près de l'autre dans une même paroi du four, l'un sert à l'arrivée du gaz combustible et l'autre à l'arrivée de l'air ; suivant les dimensions du four on juxtapose un certain nombre de brûleurs semblables, comprenant chacun leurs deux orifices, l'un pour le gaz et l'autre pour l'air. La section de ces orifices détermine pour une pression donnée du gaz la quantité qui en est brûlée dans l'unité de temps. On peut, bien entendu, brûler la même quantité de gaz avec une seule ouverture de grande dimension ou un grand nombre d'ouvertures de petites dimensions. Dans les deux cas le débit du gaz et, par suite, la quantité de chaleur apportée aux fours dans l'unité de temps restent alors les mêmes, mais cependant cette différence dans la disposition des orifices amène une modification très importante de la flamme, elle en change la longueur. Beaucoup de petits orifices de sortie du gaz alternant avec des orifices d'écoulement pour l'air, donneront une flamme beaucoup plus courte qu'un seul grand orifice pour le gaz et un pour l'air. La distance qui sépare les orifices d'air et de gaz, le parallélisme plus ou moins complet des deux courants gazeux, enfin la vitesse d'arrivée du gaz, influent également sur la longueur de la flamme. Or, cette longueur de la flamme a une très grande importance pour maintenir une répartition convenable de la température dans les différentes parties d'un four. Pour la fabrication de l'acier, où l'on cherche à obtenir une température uniforme, la longueur de la flamme doit être notablement supérieure à la longueur du four, c'est-à-dire que la combustion s'achève en dehors du four. Il n'est guère possible de donner de règles précises pour définir les dispositions des orifices d'entrée de gaz et d'air capables de donner une flamme de longueur donnée ; on procède par tâtonnements en s'aidant de la connaissance que l'on a du fonctionnement de fours analogues. Lorsqu'il s'agit de construire des fours de dispositions très spéciales et nouvelles, les plus habiles constructeurs commettent souvent de lourdes erreurs dans la disposition des brûleurs.

Récupération des chaleurs perdues. — Le grand intérêt du chauffage au gaz, qui donne l'explication de son emploi si général dans l'industrie métallurgique, est qu'il se prête à l'application des procédés de récupération des chaleurs perdues, inventés il y a un demi-siècle par Sir William Siemens. Nous avons donné plus haut la théorie de cette opération (page 174), nous dirons seulement ici quelques mots des dispositifs employés pour réaliser cette récupération.

Il existe deux dispositifs différents permettant de faire passer

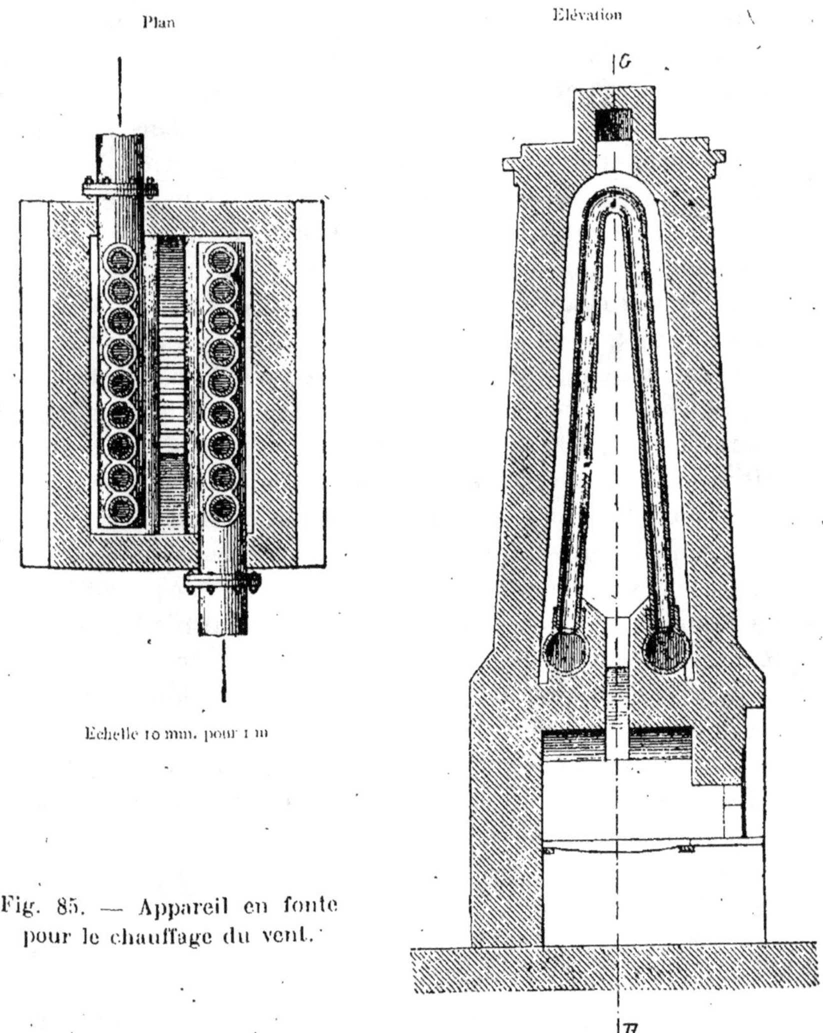

Fig. 85. — Appareil en fonte pour le chauffage du vent.

sur l'air froid arrivant au four une partie de la chaleur emportée par les fumées. Le plus simple à concevoir et le premier employé consiste à se servir d'une sorte de calorifère, constitué par des tuyaux dans lesquels circule l'air à échauffer et autour desquels passent au contraire les fumées. Les premiers appareils (fig. 85) de chauffage de l'air des hauts-fourneaux à l'aide de la chaleur disponible dans le gaz sortant par le gueulard était de simples tuyaux en fonte en forme d'U renversé, enfermés dans une chambre en maçonnerie où passaient les produits de la combustion d'une partie des gaz riches en oxyde de carbone dégagés par le haut-fourneau. Ces appareils ne permettaient guère de chauffer l'air au-dessus de 400° ; la température des tuyaux doit naturellement être notablement plus élevée pour pouvoir céder à l'air de la chaleur. Le chauffage de l'air à 400° suppose une température des tuyaux voisine de 600°. C'est la limite de ce que peuvent supporter des tuyaux en fonte appelés à faire un service un peu prolongé. La surface des tuyaux doit être alors de 3 m^2 par 1 m^3 d'air à chauffer par 1 seconde.

Pour obtenir des températures plus élevées, on a essayé dans certains cas de remplacer les tuyaux en fonte par des tuyaux minces en terre cuite, mais ceux-ci se fendent rapidement et permettent alors le mélange de l'air et des fumées. Dans des expériences comparatives faites à la Compagnie parisienne du Gaz, on avait été frappé de voir la température très basse à laquelle sortaient les fumées avec ce système de récupérateurs, 400° au lieu de 700° avec les récupérateurs Siemens. Au premier moment on avait cru à une meilleure récupération de la chaleur, inexplicable d'ailleurs car elle n'était accompagnée d'aucune économie de combustible. Une étude plus précise de ces appareils montra que les fumées contenaient 50 % de leur volume d'air aspiré à la cheminée par les fentes des poteries. La température était plus basse parce que un mélange à volumes égaux d'air froid et de fumées chaudes possède nécessairement une température intermédiaire entre celles des corps mêlés, sans qu'il y ait pour cela plus de chaleur cédée à l'air entrant réellement dans le four.

On n'est arrivé à un fonctionnement satisfaisant des récupérateurs par transmission de chaleur à travers les parois en terre cuite, qu'en donnant à ces parois une très grande épaisseur et en même temps des formes très simples, ne se prêtant pas facilement aux fissures. Dans l'industrie du gaz, où ce mode de récupération possède aujourd'hui la faveur générale, en dehors de la Cie Parisienne, on constitue le récupérateur par des cloisons planes

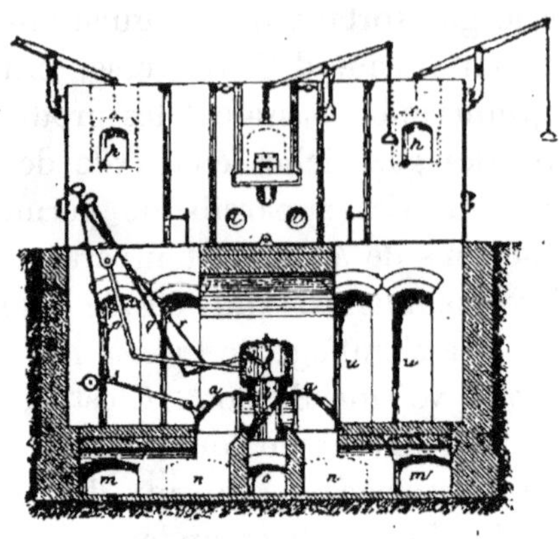

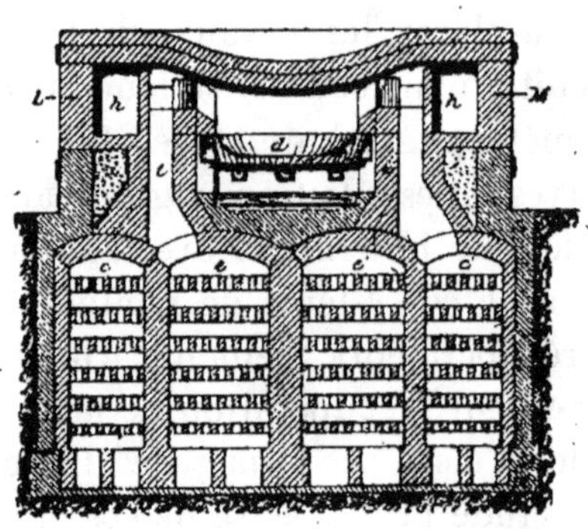

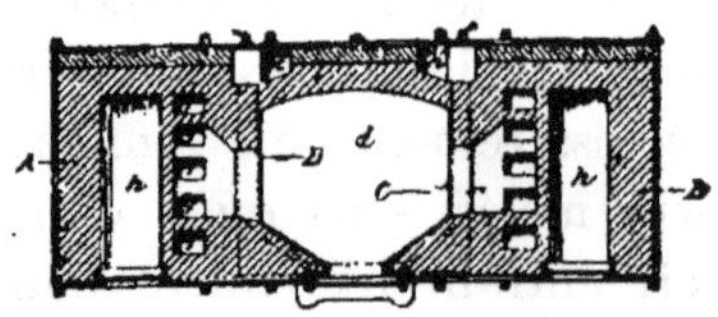

Échelle 4 mm. pour 1 m.

Fig. 86. — Four Siemens pour la fusion de l'acier.

et verticales en briques réfractaires, d'une dizaine de centimètres d'épaisseur, laissant entre elles des espaces vides où circulent les fumées et l'air. Les compartiments destinés à l'entrée de l'air et à la sortie des fumées alternent ainsi de telle sorte que chaque conduit réservé à l'air se trouve placé entre deux conduits de fumée. Des chicanes horizontales placées dans chacun de ces compartiments assurent la montée régulière de l'air ou la descente des fumées. On chauffe ainsi l'air dans les fours à gaz à la température de 700° avec des fumées sortant du four à 1.000° Malgré la lenteur des échanges de chaleur à travers des parois aussi épaisses, on obtient une récupération satisfaisante en raison de l'excès considérable de chaleur dont on dispose dans les fumées, quand on ne fait porter la récupéartion que sur l'air secondaire. On a entre les deux parois servant à la transmission de la chaleur un écart de température de 300° au sommet et de 600° à la base. Ces récupérateurs ne permettent pas cependant d'obtenir régulièrement le chauffage de l'air aux températures supérieures à 800°. A ces températures les parois en maçonneries arrivent rapidement à se fendre et à se déjeter, ce qui amène la destruction du récupérateur.

Régénérateurs Siemens. — Le système de beaucoup le plus généralement employé, et même exclusivement dans le cas des fours à température élevée comme les fours à acier et les fours de verrerie, est celui qui a été dès le début préconisé par Sir William Siemens pour ses fours à fondre l'acier (fig. 86). Il consiste essentiellement à faire passer les fumées chaudes dans de grandes chambres appelées *récupérateurs* qui sont remplies d'empilages de briques réfractaires. Les fumées cèdent à ces briques leur chaleur. Les fumées arrivent par le sommet des récupérateurs de telle sorte que les briques en ce point prennent la température la plus élevée. Il se fait un échange méthodique des températures et les fumées sortent relativement très froides, vers 300° par exemple. On fait ensuite passer l'air froid par les mêmes chambres, mais en le faisant arriver par le bas des récupérateurs, de façon à récupérer méthodiquement la chaleur emmagasinée. Ce remplacement d'un courant de fumées par un courant d'air s'obtient facilement au moyen de l'inversion simultanée de deux valves. Les récupérateurs des fours à acier sont toujours associés par paire ; pendant que les fumées passent dans l'une des deux,

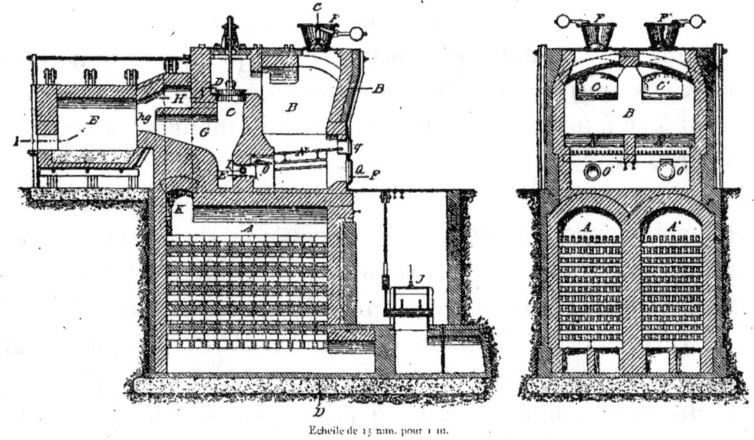

Echelle de 13 mm. pour 1 m.

Fig. 87. — Four Biedermann-Harvey.

l'air et le gaz passent par la seconde. Au moment de l'inversion les

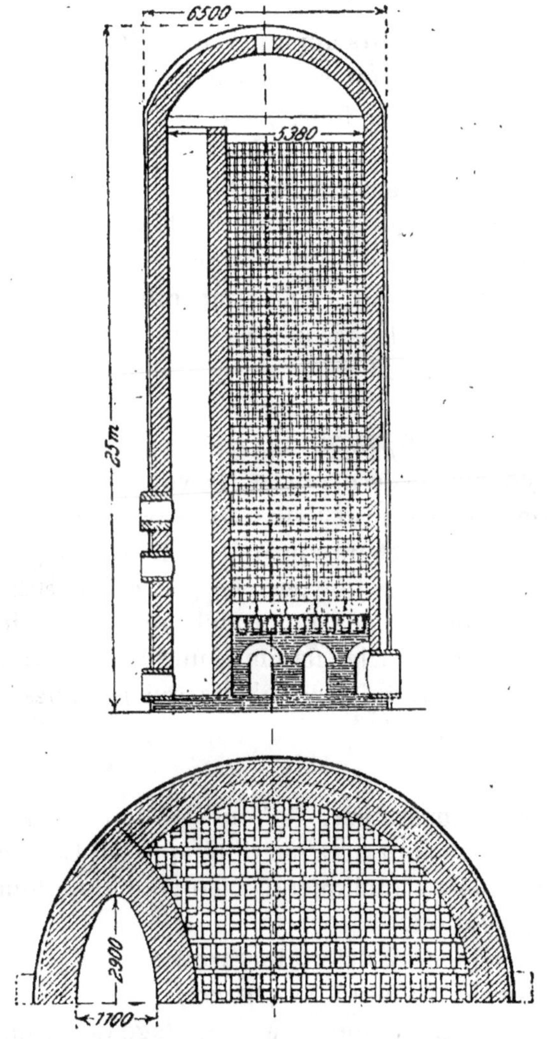

Échelle ; élévation 3,5 mm. pour 1 m. Plan 7 mm. pour 1 m.

Fig. 88. — Appareil Cowper.

deux groupes de récupérateurs changent simultanément de fonction ; celui qui recevait de la chaleur des fumées commence au contraire à céder de la chaleur au gaz combustible et à l'air ;

réciproquement pour le second récupérateur de l'autre paire. Il n'y a au contraire qu'un seul récupérateur de chaque côté, quand on se contente de réchauffer l'air et pas le gaz.

Avec ces récupérateurs appliqués à la distillation de la houille, on obtient, en chauffant seulement l'air, la même température d'entrée de l'air dans le four, 700°, qu'avec les récupérateurs par transmission de chaleur. Dans les fours à acier dont les fumées sortent à 1.600° on peut chauffer l'air à 1.000° et le gaz combustible venant du gazogène à 1.200°. La température du gaz est un peu plus élevée que celle de l'air parce que ce gaz arrive déjà chaud du gazogène, soit à une température comprise entre 600° et 300° suivant que le gazogène est au voisinage immédiat du récupérateur ou lui est relié par le siphon refroidisseur de Siemens.

Les deux figures 87 et 88 représentent, la première un four à acier du système Biedermann et Harvey, dans lequel la récupération porte seulement sur l'air secondaire, comme dans les fours à distiller la houille et un appareil à chauffer le vent des hauts-fourneaux du système Cowper. Le gaz combustible venant du haut-fourneau brûle dans un grand conduit vertical placé sur le côté de l'appareil et les flammes une fois arrivées au sommet redescendent à travers les empilages qui remplissent les 4/5 de la section de l'appareil.

Calcul d'un récupérateur. — Nous donnerons à titre d'exemple la marche à suivre pour le calcul d'un appareil Cowper semblable. La même méthode s'appliquerait bien entendu à tout autre appareil de récupération.

Les trois grandeurs à déterminer sont :

1° Le poids de briques à employer ;

2° La surface libre à donner à l'empilage des briques ;

3° La quantité de gaz à brûler.

Soit une quantité donnée de coke brûlée à l'heure égale à 10 t., ce qui correspond à un grand haut-fourneau à allure rapide. Nous supposerons que le chauffage du récupérateur dure deux heures et le chauffage du vent une heure.

Le *poids de briques* à employer dépend des facteurs suivants :

1° *De la quantité d'air à chauffer.* — Elle est, pour 1 kg. de coke, à 75 % de C réel, de 3 m³, soit 3,9 kg. ; par suite, pour 10 t., de 30.000 m³, soit 39 t. ;

2° *De la chaleur spécifique relative de l'air et des briques entre* o *et* 800° — Les chaleurs spécifiques de ces deux corps sont identiques et égales à 0,25 cal.-kg. pour 1 kg. de chaque corps ;

3° *De la chute de chaleur admise pour les briques entre deux inversions.* — On admet généralement une chute de chaleur de 100° pour la surface des briques, ce qui ne correspond qu'à une chute de chaleur moyenne de 50° pour toute la masse des briques, parce que l'intérieur de la brique ne suit que très lentement les variations de températures superficielles en raison de la faible conductibilité calorifique des matières, tant briques que poussières accumulées à la surface.

Par conséquent, pour échauffer l'air de 0° à 800° avec une variation de 50° de la température des briques, il faudra un poids de ces dernières égal à 16 fois le poids d'air, soit, pour 39 t. d'air, 624 t. de briques, c'est-à-dire un poids égal à 62 fois celui du charbon brûlé. Mais comme deux appareils sont en chauffage pendant que l'un est en refroidissement, il faut au total un poids triple de briques réfractaires, soit, en nombre rond dans l'ensemble des appareils, 180 fois le poids du combustible brûlé entre deux inversions de l'air, c'est-à-dire en une heure.

La densité apparente des briques est sensiblement égale à 2 et le volume du vide dans les empilages est sensiblement égal à celui du plein, de telle sorte que le volume utile des appareils à vent chaud doit avoir un nombre de mètres cubes égal au poids en tonnes des briques contenues.

L'appareil de la figure 88, de 25 m. de hauteur et 5,40 m. de diamètre intérieur renferme 400 t. de briques y compris l'épaisseur superficielle de l'enveloppe qui concourt également à la récupération, et peut être évalué à 3 cm.

La *surface* libre à donner aux briques doit, à *priori*, dépendre à la fois de leur coefficient de conductibilité et en même temps du coefficient de transport de la chaleur du gaz à ces mêmes briques. Le coefficient de conductibilité intérieur des briques réfractaires est, d'après les expériences de M. Wologdine, de 0,004 cal.-g. par centimètre carré de section et centimètre d'épaisseur pour 1° de différence de température. Pour une brique de 1 dm^3 pesant 2 kg. chauffée seulement par deux des faces extrêmes et pour une différence de température de 100° entre la surface et le centre, on trouverait que la quantité de chaleur transmise au centre, c'est-à-dire 5 cm. de profondeur serait, en une heure, de 60 cal. environ, quand il en faudrait seulement 50 pour élever de 100° la température de toute la brique. Par conséquent la différence de température entre le centre et la surface ne devrait atteindre qu'une valeur bien inférieure à 100°.

Le coefficient de conductibilité des briques ne permet donc pas de rendre compte de l'écart signalé plus haut entre la température superficielle des briques et la température moyenne de la masse. Cette différence résulte du dépôt sur les briques des poussières apportées par les gaz du haut-fourneau, la conductibilité de ces poussières est environ dix fois moindre que celle des briques.

Le second facteur dont dépend la surface à donner aux briques est la vitesse d'échange de la chaleur entre les gaz chauds et les briques. On admet que pour une différence de 250° entre la température des gaz et celle de la surface des briques l'échange de chaleur peut être de 650 cal.-kg. par mètre carré et par heure. Les dimensions des briques de construction ordinaire, soit 5,5 × 110 × 220 donnent une surface plus que suffisante. On prend souvent même des briques plus épaisses de 7,5 cm. d'épaisseur. Dans cette dernière hypothèse, un récupérateur renfermant 400 t. de briques présente une surface libre de contact avec les gaz de 5.000 m^2.

Le calcul de la *quantité de gaz* à brûler dépend des trois facteurs suivants :

1° Chaleur d'échauffement de l'air, soit, pour 39 t. à 800°

$$39.000 \times 0,25 \times 800 = 7.800.000 \text{ cal. kil.}$$

2° Quantité de chaleur perdue par rayonnement de l'appareil qui peut être évaluée à 15 % de la chaleur fournie à l'air, soit :

1.150.000 cal. kil.

3° Pouvoir calorifique du gaz combustible fourni par le haut-fourneau ;

4° Enfin chaleur sensible emportée par les fumées provenant de la combustion de ce gaz à la sortie du récupérateur.

La température de sortie de ces fumées est en moyenne de 350° et elles emportent un tiers de la chaleur disponible dans la combustion du gaz.

Tous calculs faits, on trouve qu'il faut brûler 22.600 m³ de gaz, soit plus de la moitié du volume total de gaz produit par la combustion des 10 t. de coke à l'heure ,laquelle peut être évaluée à 42.000 m³.

Appareils de tirage. — Le passage de l'air à travers la masse de combustible et à travers tous les conduits et passages étranglés, que la flamme doit traverser pour se rendre au four et être ensuite évacuée au dehors, nécessite une pression motrice parfois importante, généralement comprise entre 10 et 100 mm. d'eau pour les fours industriels les plus usuels. Cette pression motrice est obtenue au moyen d'appareils spéciaux placés tantôt sur le parcours de l'air avant son arrivée au foyer, tantôt sur le parcours des fumées après leur sortie du four. Les premiers appareils procèdent par *soufflage* et les seconds par *aspiration*.

Pour souffler l'air on emploie des ventilateurs ou des éjecteurs à vapeur. Nous avons déjà parlé de ces appareils à l'occasion des gazogènes et nous n'y reviendrons pas ici. Pour aspirer les fumées on peut employer des procédés variés : par exemple des *ventilateurs* ; il faut alors que les fumées ne soient pas trop chaudes, aient une température inférieure à 600° et l'on doit en outre prendre des précautions spéciales pour le refroidissement des paliers du ventilateur. On peut encore employer plus facilement, mais avec un rendement mécanique moindre encore, des éjecteurs actionnés par un jet de vapeur ou mieux par de l'air lancé au moyen d'un ventilateur, sous une pression un peu forte, 1 mètre d'eau par exemple (fig. 89). Mais le plus souvent on emploie des cheminées dont le fonctionnement ne coûte que l'intérêt du capital engagé et n'expose pas, comme les machines à des arrêts accidentels. Ce sont les seuls appareils de tirage que nous étudierons ici.

Cheminées. — Les cheminées produisent une dépression qui résulte de la différence de poids entre les gaz chauds de la cheminée et une égale hauteur de l'air froid qui entoure cette cheminée.

Fig. 89. — Ejecteur pour chaudières à vapeur consommant 10 tonnes à l'heure d'une houille très cendreuse.

Calculons d'abord le tirage statique, c'est-à-dire la dépression qui existait au bas d'une cheminée remplie de gaz chauds et fermée par la partie inférieure.

Cette dépression H, exprimée en mètres d'eau a pour valeur

$$H = L\,\frac{1{,}3}{1.000}\cdot\frac{273}{273+\theta} - L\cdot\frac{1{,}3}{1.000}\cdot\frac{273}{273+t} \qquad (30)$$

ou

$$H = L\,.\,\frac{1{,}3}{1.000}\cdot\frac{273\,(t-\theta)}{(273+t)\,(273+\theta)} \qquad (31)$$

formules dans lesquelles les lettres ont les significations suivantes :

1,3, valeur approchée du poids en kilog. de 1 m^3 d'air à 0° et 760 mm. (valeur exacte 1,293). 1,3/1000 est donc la densité de l'air par rapport à l'eau.

d densité des fumées par rapport à l'air. On peut la prendre égale à 1, car la présence simultanée de CO^2 et de H^2O produit une compensation à peu près exacte. La densité réelle des fumées ne dépasse pas 1,05 et est généralement moindre.

L, hauteur de la cheminée en mètres.

t température moyenne dans la cheminée. Cette température est sensiblement constante dans les cheminées en briques peu conductrices de la chaleur. Elle peut varier d'une centaine de degrés du bas au haut des cheminées en acier.

θ, température de l'air extérieur à la cheminée.

Le tableau suivant donne les résultats du calcul de cette dépression exprimée en millimètres d'eau pour une température extérieure de 15°, pour des hauteurs variables de cheminées ainsi que des températures différentes des fumées.

Température des fumées	Hauteur de la cheminée en mètres			
	25	50	75	100
100°	7	14	21	28
200	12	24	36	48
400	17,5	35	52,5	70
600	20,5	41	61,5	81
Infinie	30,7	61,5	92,2	123

Le tirage tend vers une limite finie, quand la température croît à l'infini. Le tirage serait alors égal au poids de la colonne d'air extérieure à la cheminée.

On voit donc que l'effet utile d'un même accroissement de température des fumées décroît très rapidement à mesure que la température des fumées est déjà plus élevée.

L'accroissement de tirage pour 100° est le suivant aux différentes températures :

Températures moyennes.	50°	150°	300°	500°
Accroissement du tirage.	33 mm.	20 mm.	11 mm.	6 mm.

Débit. — La dépression produite par les cheminées n'a en réalité d'intérêt que par la circulation des gaz qu'elle produit, par la grandeur du débit des fumées évacuées à l'extérieur. On fait parfois un calcul théorique basé sur la supposition que les fumées prennent dans la cheminée la vitesse due à la totalité de la dépression. Ce calcul est dépourvu d'intérêt, car une cheminée ne se présente jamais sans aucun obstacle à la circulation des gaz. C'est là une supposition contradictoire avec l'objet même des cheminées. Leur emploi a pour seul but de faire circuler les gaz à travers des conduits plus ou moins résistants, d'abord à travers la masse de combustible, puis par les carneaux se rendant au four et ensuite à la cheminée ; les coudes et frottements contre les parois opposent un obstacle considérable à la circulation des gaz.

On démontre que ces différentes résistances peuvent être remplacées par un orifice unique en mince paroi à travers lequel le débit restera constamment égal à celui de l'appareil réel, quand on fait changer la dépression motrice à la base de la cheminée. On l'appelle l'orifice équivalent.

Soit s sa section en mètres carrés et 0,67 le coefficient de contraction de la veine gazeuse ;

T la température des gaz au moment de leur écoulement par le dit orifice.

Les densités de l'air et des fumées sont toujours supposées égales entre elles.

On a pour la vitesse V en mètres par seconde à travers l'orifice :

$$V = \sqrt{2\,g\,H\,\frac{273 + T}{273}\,\frac{1.000}{1,3}}$$

dans laquelle H est comme précédemment la dépression statique à la base de la cheminée, les frottements étant supposés nuls dans celle-ci.

Le débit P en kilogs par seconde sera :

$$P = 0{,}67 \cdot s \cdot \frac{1{,}3}{1.000} \frac{273}{273+T} \sqrt{2\,g\,H \frac{1.000}{1{,}3} \cdot \frac{273+T}{273}} \tag{33}$$

ou :

$$P = 0{,}67 \cdot s \sqrt{2\,g\,H \frac{273}{273+T} \cdot \frac{1{,}3}{1.000}} \tag{34}$$

Il vient enfin en reportant dans cette formule la valeur de H calculée plus haut :

$$P = 0{,}67 \cdot s \cdot \frac{1{,}3}{1.000} \sqrt{2\,g \cdot L \frac{273 \cdot 273\,(t-\theta)}{(273+\theta)\,(273+t)\,(273+T)}} \tag{35}$$

D'après cette formule le débit croît d'une façon continue avec la température des gaz dans la cheminée. Si l'on prend en effet la différentielle logarithmique de l'expression précédente :

$$2\frac{dP}{P} = \frac{dt}{t-\theta} - \frac{dt}{273+t} = dt\,\frac{273+\theta}{(t-\theta)\,(273+t)} \tag{36}$$

on voit qu'elle ne s'annule pour aucune valeur de la température t et par suite il n'y a pas de maximum. Mais l'accroissement relatif du débit est d'autant plus faible, pour une même élévation de température, que cette température est déjà plus élevée.

On trouve cependant dans tous les ouvrages l'affirmation contraire, appuyée sur un raisonnement complètement faux, qui semble avoir été donné pour la première fois par Péclet. Ce calcul conduit à un maximum de débit pour une température voisine de 273°. On part dans ce calcul de la supposition inadmissible que les gaz ont, dans tout leur circuit, exactement la même température que dans la cheminée. En fait les gaz ont dans le foyer une température bien plus élevée ; de plus la température a nécessairement, en chaque point du four, une valeur entièrement déterminée par l'opération elle-même effectuée dans le four : on ne peut donc pas considérer cette température comme une variable.

Une fois admis ce point de départ inexact, qui revient à poser dans l'équation du débit :

$$T=t.$$

La différentielle logarithmique donne

$$2\frac{dP}{P}=\frac{dt}{t-\theta}-\frac{2\,dt}{273+t}=dt\frac{273-t+2\,\theta}{(t-\theta)\;(273+t)} \qquad (37)$$

qui s'annule pour

$$t=273+2\,\theta.$$

Je le répète, cette solution correspond à des conditions incompatibles avec celles de la pratique. La température T est une constante et t seule est une variable.

Pertes de charge. — La discussion précédente concerne exclusivement l'influence de la température sur la grandeur du débit. Une question plus importante encore est celle de la détermination de l'influence sur ce débit de chacune des résistances isolées que le gaz rencontre sur son passage. On peut suivre dans cette étude deux méthodes différentes : ou bien chercher à calculer l'orifice équivalent, c'est-à-dire l'orifice en mince paroi qui opposerait au courant gazeux une résistance égale à la somme de celles qu'il éprouve en réalité. Ou bien garder comme orifice réel celui de la cheminée et calculer les pertes de charge qui viennent réduire la dépression totale H produite par la cheminée, en ne laissant finalement qu'une pression motrice h pour produire la vitesse de sortie réelle par le haut de la cheminée. Cette méthode est la plus habituellement suivie et nous l'emploierons en empruntant au traité de Ser (1) les données numériques nécessaires pour son application.

Les chutes de pression dans la circulation des fumées sont principalement occasionnées par les résistances suivantes :

1° Frottement contre parois donnant une perte de pression H_0 ;

(1) L. Ser, *Traité de Physique industrielle* (Masson, éditeur).

2° Coudes brusques donnant une perte de pression H_1 ;

3° Etranglements et changements de section donnant des pertes de pression H_2 (registres, foyers, etc.).

Nous avons pour la valeur cherchée de la pression motrice h la valeur :

$$h = H - H_0 - H_1 - H_2 \tag{38}$$

Et la vitesse de sortie V par le haut de la cheminée est liée à la pression motrice h, exprimée en mètres d'eau et à la densité D des fumées, rapportées à celle de l'eau, par la relation :

$$V = \sqrt{\frac{2\,gh}{D}}. \tag{39}$$

Le tableau suivant donne pour différentes températures la correspondance des vitesses avec la grandeur de la pression motrice, exprimée en millimètres d'eau pour se conformer aux usages, et non en mètres comme dans la formule

Vitesse en mètres par seconde	Températures		
	0°	273°	546°
2	0,26	0,13	0,09
4	1,06	0,53	0,35
6	2,38	1,19	0,79
8	4,24	2,12	1,41

Il s'agit maintenant de déterminer les grandeurs H_0, H_1, H_2 en fonction des dispositions des appareils et de la vitesse du courant gazeux.

L'expérience montre qu'en un point donné du circuit, chacune de ces pertes de pression varie proportionnellement au carré de la vitesse en ce point et proportionnellement à la densité des fumées, variable elle-même avec la température. On sait d'autre part qu'en chaque point la pression motrice du courant gazeux, c'est-à-dire celle qui communiquerait la même vitesse au même fluide s'écoulant à travers un orifice en mince paroi, est proportionnelle aux deux mêmes grandeurs : carré de la vitesse et densité. Il y a donc aussi par suite proportionnalité en chaque point entre les pertes de pressions H_0, H_1, H_2 et les pressions motrices correspondant à la vitesse du fluide en ces mêmes points : h_0, h_1, h_2. On peut donc poser :

$$H_0 = r_0\, h_0 \qquad H_1 = r_1\, h_1 \qquad H_2 = r_2 h_2. \tag{40}$$

D'un point à l'autre du circuit ces pressions motrices varient comme les densités et le carré des vitesses aux mêmes points, c'est-à-dire dans le rapport inverse des carrés des sections et proportionnellement aux températures absolues. Si S est la section et t la température de la cheminée au sommet et s_0 s_1 s_2, les sections et t_0 t_1 t_2 les températures aux différents points considérés, on peut écrire :

$$h_0 = h\,\frac{S^2}{s_0^{\,2}}\,\frac{273+t_0}{273+t} \quad h_1 = h\,\frac{S^2}{s_1^{\,2}}\,\frac{273+t_1}{273+t} \quad h_2 = h\,\frac{S^2}{s_2^{\,2}}\,\frac{273+t_2}{273+t} \tag{41}$$

Par suite, en reportant ces valeurs de h_0 h_1 h_2 dans les équations (40) et posant

$$R_0 = r_0\,\frac{S^2}{s_0^{\,2}}\cdot\frac{273+t_0}{273+t} \quad R_1 = r_1\,\frac{S^2}{s_1^{\,2}}\cdot\frac{273+t_1}{273+t} \quad R_2 = r_2\,\frac{S^2}{s_2^{\,2}}\cdot\frac{273+t_2}{273+t}. \tag{42}$$

il vient :

$$H_0 = R_0 h \qquad H_1 = R_1 h \qquad H_2 = R_2 h. \tag{43}$$

Reportant ces valeurs de H_0, H_1, H_2 dans l'expression (38) qui donne h en fonction de la dépression totale et des pertes de pression locales, on a :

$$h = \frac{H}{1+R_0+R_1+R_2} \tag{44}$$

Reportons maintenant cette valeur de h dans la formule qui donne le débit P :

$$P = S\,.\,V\,.\,D = S\,.\,D\sqrt{\frac{2gh}{D}} = S\sqrt{2\,gh\,D}$$

$$= S\sqrt{\frac{2\,g H\,.\,1\,.\,3\,.\,273}{(1+R_0+R_1+R_2)\ (273+t)\ 1.000}} \tag{45}$$

Pour appliquer cette formule il n'y a plus qu'à déterminer la grandeur des coefficients r d'où l'on déduira les coefficients R en multipliant les premiers par le rapport des températures absolues et par l'inverse des carrés des sections pris aux points considérés et au sommet de la cheminée, conformément aux relations (42).

Frottement contre les parois. — Les expériences nombreuses qui ont été faites sur le frottement du gaz d'éclairage dans les conduites circulaires en fonte ont conduit à la formule moyenne :

$$r_0 = 0{,}024\ \frac{L}{K} \tag{46}$$

en appelant L la longueur du conduit, la hauteur de la cheminée par exemple, et K le diamètre supposé uniforme.

En fait, le coefficient 0,024 varie avec le diamètre, il peut doubler pour les petits diamètres et tomber à moitié pour les grands diamètres, comme ceux des cheminées. D'autre part, il augmente avec les rugosités de la surface intérieure du tuyau ; pour une cheminée en maçonnerie il prendrait ainsi une valeur double. La compensation entre l'influence du grand diamètre et celle de la rugosité des surfaces est sensiblement exacte et l'on peut garder le coeffcient de la formule (46). Voici un tableau, calculé au moyen de cette formule, donnant les valeurs de r_0 pour différents diamètres et différentes hauteurs de cheminées :

Diamètres	Hauteur de la cheminée			
	25	50	75	100
—	—	—	—	—
0,50 m.	1,2	2,4	3,6	4,8
1	0,6	1,2	1,8	2,4
2	0,3	0,6	0,9	1,2
4	0,15	0,3	0,45	0,6

On remarquera que, en se reportant à la formule (40), ces nombres donnent en millimètres d'eau la perte de pression produite par le frottement dans une cheminée où la vitesse des fumées correspondrait à une pression motrice de 1 mm. d'eau, c'est-à-dire serait de 4 m. pour de l'air froid et 6 m. pour des fumées à 300°.

Coudes brusques. — Le coefficient r_1, correspondant à un coude brusque, est sensiblement proportionnel au carré du sinus de l'angle des deux conduits. Voici les résultats obtenus dans d'anciennes expériences de Weissbach :

Angle	20°	45°	60°	80°	90°
r_1	0,05	0,19	0,34	0,74	0,98

Changements brusques de section. — Lorsqu'un courant gazeux passe brusquement d'un conduit plus large dans un conduit plus étroit, la perte de pression résultante est égale à l'inverse du carré du coefficient de contraction de la veine gazeuse diminué de l'unité. Ce coefficient de contraction tend vers l'unité quand les deux diamètres tendent à devenir identiques et en sens inverse vers la chaleur constante 0,83 quand la différence des diamètres devient très grande. Le tableau suivant donne les valeurs du coefficient r_2, rapporté à la pression motrice correspondant à la vitesse du fluide dans le conduit *le plus étroit.*

Rapport des diamètres . . .	0,1	0,3	0,5	0,7	0,9
r_2	0,45	0,45	0,35	0,20	0,05

Quand au contraire, le courant gazeux passe brusquement d'un conduit plus étroit dans un conduit plus large le coeffcient r_2, rapporté à la pression motrice correspondant à la vitesse du fluide dans le conduit *le plus étroit* est égal au carré du rapport de la différence des deux sections à la section du conduit le plus large. Voici les résultats du calcul :

Rapport des diamètres . . .	0,1	0,3	0,5	0,7	0,9
r_2	0,98	0,83	0,56	0,26	0,04

Enfin un diaphragme, l'ouverture laissée par un registre peuvent être assimilés à la succession d'un rétrécissement suivi d'un élargissement égal et l'on calcule la résistance totale en faisant la somme des résistances isolées se rapportant à ces deux cas particuliers. Voici les valeurs de r_2 calculées toujours par rapport à la pression motrice correspondant à la vitesse dans le passage le plus étroit, c'est-à-dire dans le *diaphragme* :

Rapport des diamètre	0,1	0,3	0,5	0,7	0,9
r_2	1,43	1,28	0,91	0,46	0,09

Si on voulait au contraire rapporter ces coefficients à la pression motrice correspondant à la vitesse dans le conduit *le plus large*, c'est-à-dire dans le *tuyau* au milieu duquel on suppose placé le diaphragme, il faudrait multiplier les nombres du tableau précédent par le carré du rapport des sections :

Rapport des diamètres . . .	0,1	0,3	0,5	0,7	0,9
r_2	14.300	142	14,5	1,8	0,135

La résistance offerte par une masse de combustible placée sur une grille peut, dans une certaine mesure, être assimilée à une série de diaphragmes superposés, à condition de tenir compte de l'élévation considérable de la température au milieu de la masse de charbon en combustion. Mais on ne peut pas mesurer les orifices variables d'un point à l'autre de la masse et l'on possède seulement quelques indications vagues sur l'ensemble des résistances opposées au passage des gaz à travers la masse du combustible.

Voici quelques données numériques déduites de très anciennes expériences de Peclet et de Ser pour de l'air froid traversant une couche de coke, en fragments de la grosseur d'une noix, de 1 m. de hauteur : le coefficient r_2 serait de 1.200 ; avec de la houille fine la résistance serait 6 fois plus considérable.

Enfin, pendant la combustion de la houille grasse, la résistance deviendrait de 2 à 4 fois plus considérable, prenons 3 fois en moyenne. La résistance bien entendu est proportionnelle à l'épaisseur l de la couche de combustible.

On aurait donc alors :

	A froid	A chaud
Coke en noix	$r_2 = 1.200\ l$	$r_2 = 3.600\ l$
Houille fine.	$r_2 = 7.200\ l$	$r_2 = 21.600\ l$

Ces coefficients sont rapportés à la pression motrice correspondant à la vitesse de l'air froid qui arrive sous la grille. Si l'on admet que la température des gaz au sommet de cheminée est de 283°, soit une température absolue double de celle de l'air froid supposée de 10°, et si l'on admet de plus que la section totale de la grille est égale à 5 fois celle de la cheminée, ce qui est un nombre moyen pour les chaudières à vapeur, on a pour le coefficient R_2 rapporté à la pression motrice des gaz sortant au sommet de la cheminée :

$$R_2 = \frac{r_2}{50}.$$

Enfin si on donne une épaisseur de combustible de 10 cm., soit l 0,1 on aura les valeurs suivantes de R_2 :

	A froid	A chaud
Coke en noix	R= 2,4	R= 7,2
Houille fine	R=14,4	R=43,2

Des expériences directes de Peclet l'ont conduit à un nombre sensiblement égal à 10. Ce nombre représente à peu près la moitié des pertes de charge totale que rencontre la circulation des fumées dans le chauffage d'une chaudière à vapeur.

Ces différentes valeurs de R reportées dans la formule générale du tirage (45) donnent tous les éléments nécessaires pour calculer les dimensions à donner à une cheminée qui doit servir à entretenir la combustion dans un appareil de chauffage déterminé.

Construction des cheminées. — Il y a trois grandeurs à déterminer pour établir le plan d'une cheminée :

La section au sommet ;

La hauteur ;

L'épaisseur des maçonneries.

La section d'une cheminée dépend essentiellement, abstraction faite des conditions de stabilité, des deux facteurs suivants :

La *vitesse maxima* du courant gazeux que l'on fixe *à priori* de façon à éviter une trop grande perte de charge dans la cheminée.

Le *débit de fumées* qui dépend de la nature et de l'importance des appareils de chauffage reliés à la cheminée.

On doit éviter une vitesse trop grande du courant gazeux dans la cheminée qui amènerait la consommation inutile d'une fraction trop importante de la dépression totale due au tirage statique. On se posera par exemple comme condition que la perte provenant tant des frottements que de la vitesse à communiquer aux gaz ne dépassera pas 10 % de la dépression totale. Faisons le calcul au moyen des formules précédemment données pour des températures de fumées de 200° et 400° et pour des vitesses de 5 et 10 mm. par seconde, sur des cheminées de 25 et 75 m. hauteur avec des diamètres de 1 et de 4 m. Les lettres en tête des colonnes ont les mêmes significations que dans les formules précédentes, à cela près que les dépressions sont exprimées en millimètres et non en mètres d'eau.

Caractéristiques de la cheminée			Vitesse	Dépressions			Rendement
L	d	t	V	H	h	r . h	$\frac{h + r . h}{H}$
25	1	200°	5	12,0	0,94	0,56	0,12
»	»	»	10	»	3,75	2,24	0,50
»	»	400	5	17,5	0,65	0,39	0,06
»	»	»	10	»	2,65	1,58	0,24
»	4	200	5	12,0	0,94	0,13	0,09
»	»	»	10	»	3,75	0,56	0,36
»	»	400	5	17,5	0,65	0,10	0,04
»	»	»	10	»	2,65	0,40	0,17
75	1	200	5	36,0	0,94	1,70	0,06
»	»	»	10	»	3,75	6,70	0,29
»	»	400	5	57,5	0,65	1,17	0,03
»	»	»	10	»	2,65	4,75	0,14
»	4	200	5	36,0	0,94	0,42	0,04
»	»	»	10	»	3,75	1,68	0,15
»	»	400	5	52,5	0,65	0,29	0,02
»	»	»	10	»	2,65	1,20	0,07

On voit donc qu'en se limitant à des vitesses maxima de 5 m. on peut en général remplir la condition de ne dépenser dans la cheminée qu'une fraction inférieure à 10 % de la pression motrice totale.

Le débit de fumées dépend à la fois du poids de combustible brûlé dans l'unité de temps et de l'excès d'air mêlé aux produits de la combustion. 1 kg. de carbone exigerait pour sa combustion complète 9 m³ d'air mesurés à 0° et 760 mm. Les houilles toujours hydrogénées exigent une quantité d'air un peu supérieure parce qu'à poids égal l'hydrogène absorbe en brûlant 3 fois plus d'oxygène que le carbone ; par contre la présence des cendres non combustibles diminue la consommation d'oxygène. Ces deux effets de signes contraires se compensent partiellement. L'on peut admettre en tenant compte du léger excès d'air absolument inévitable dans les fumées, en raison de la perméabilité et des fentes de la maçonnerie, que 1 kg. de combustible ordinaire donne 10 m^3 de fumée. Cette combustion à peu près parfaite réalisée avec le minimum d'air s'obtient couramment dans les fours chauffés avec des gazogènes. Au contraire, avec la combustion directe sur grille, comme cela se pratique pour le chauffage des chaudières à vapeur, il est impossible d'éviter un excès considérable d'air, le volume des fumées est souvent le double de celui indiqué plus haut soit 20 m^3 par kilogramme de combustible. Dans certains fours Hoffmann en mauvais état d'entretien, l'excès d'air est bien plus considérable encore en raison des fuites des nombreux clapets isolant la cheminée des chambres et en raison des fissures fréquentes dans des maçonneries alternativement chauffées et refroidies. Le volume total des fumées peut s'élever à 50 m^3 par kilogramme de combustible. Bien entendu cet air ne pénètre dans le courant gazeux qu'après la chambre en combustion, sans quoi la température y serait tellement abaissée qu'il n'y aurait plus de cuisson possible.

Ces volumes de fumées sont mesurées à 0° ; pour calculer la vitesse réelle dans la cheminée il faut tenir compte de leur dilatation par l'élévation de la température. Ces volumes doivent être doublés pour une température dans la cheminée de 273° et triplés pour une température de 546°.

Comme exemple prenons une grille de chaudière à vapeur de 1 m^2 de surface et brûlant 90 kg. à l'heure. Admettons une température dans la cheminée de 273°. A raison de 20 m^3 de fumées par kilogramme de charbon, cela fera par heure 3.600 m^3 de fumées chaudes ou 1 m^3 par seconde. Pour avoir une vitesse dans la cheminée de 5 m. par seconde il faudrait prendre une section de 1/5 de m^2.

Le plus souvent cependant on est amené à donner aux cheminées des sections plus considérables, donnant par suite des vitesses inférieures à 5 m. Deux points de vue sont à prendre en considération : il faut prévoir d'une part le développement possible des appareils de chauffage commandés par une même cheminée et par suite ne pas demander dès le début à celle-ci le maximum de travail qu'elle est capable de produire ; de plus, les conditions de stabilité discutées plus loin, exigent une largeur de base et par suite une ouverture au sommet proportionnée avec la hauteur. Son diamètre intérieur au sommet ne doit pas descendre au-dessous du 1/25 de la hauteur.

Il ne faut pas cependant que la vitesse devienne par trop faible et tombe en dessous de 1 m., surtout dans les cheminées très larges, parce qu'il se produirait au sommet des rentrées d'air froid formant un contre-courant à l'intérieur de la cheminée et annulant ainsi pour le tirage l'effet d'une partie de la hauteur de celle-ci. On prétend aussi qu'aux faibles vitesses l'action du vent peut agir plus énergiquement pour couper le courant ; cet effet semble cependant douteux ; l'action du vent ne doit devenir sensible que pour des dépressions statiques trop faibles et celles-ci sont indépendantes de la vitesse ; elles sont déterminées par la hauteur de la cheminée et la température des fumées.

Pour calculer la hauteur de la cheminée on peut se servir de la formule de débit donnée plus haut (45) ou plus exactement de la formule du tirage statique (31)

$$H = D_0 \frac{t-\theta}{273+\theta} \cdot \frac{273}{273+t} \cdot L$$

jointe à la formule qui donne la définition des résistances totales Σ R traversées par le courant gazeux (44).

$$H = (1 + \Sigma R) h.$$

L'élimination de H entre ces deux formules donne l'expression

$$h = \frac{1{,}3}{1.000} \; \frac{t-\theta}{273+\theta} \; \frac{273}{273+t} \; \frac{L}{1+\Sigma R}. \qquad (47)$$

formule dans laquelle les lettres ont la signification suivante :

L = hauteur de la cheminée en mètres ;

h = dépression en mètres d'eau correspondant à la vitesse des fumées ;

t = température des fumées ;

θ = température de l'air ;

R=coefficient de résistance totale rapporté à la pression h.

Si l'on se donne h, c'est-à-dire la vitesse des fumées déterminée par la section donnée à la cheminée, t température des fumées résultant de l'utilisation admise pour la chaleur et les coefficients Σ R dépendant de la disposition des appareils de chauffage, on peut immédiatement calculer L.

Mais on pourrait aussi bien se donner L *à priori*, calculer R d'après la formule et construire les appareils de chauffage de façon à satisfaire aux conditions de résistance ainsi déterminées, ce qui est toujours facile par l'addition d'un registre mobile. Il n'y aurait rien d'illogique par exemple à adopter 4 types de cheminées de 12,50 m., 25,50 m., et 75 m. parmi lesquels on choisirait suivant les circonstances en proportionnant la hauteur au diamètre, les hauteurs moyennes étant les plus usuelles pour la plupart des applications industrielles.

On donne souvent pour la construction des cheminées certaines règles empiriques dont il peut être utile d'expliquer l'origine.

En premier lieu on prend parfois la hauteur de la cheminée exprimée en mètres égale au coefficient $1+\Sigma$ R.

$$L=1+\Sigma R$$

Pour se rendre compte de la signification de cette condition il n'y a qu'à se reporter à la formule (47) et y suprimer le terme $\frac{L}{1+\Sigma R}$ devenu égal à l'unité ; il reste

$$h=\frac{1,3}{1.000}\cdot\frac{t-\theta}{273+\theta}\cdot\frac{273}{273+t}$$

c'est-à-dire que h et par suite la vitesse v des fumées est déterminée *à priori* pour chaque température. Voici aux températures de 200°, 300° et 400° les résultats du calcul de h et de v :

t	200°	300°	400°
h	0,5	0,6	0,7 mm d'eau
v	3,60	4,30	5,10 m.-sec.

Dans le cas des chaudières à vapeur, on écrit souvent *à priori* la condition que la surface de la cheminée soit égale au cinquième de la surface de la grille. On brûle en général de 60 à 120 kg. de charbon par heure et par mètre carré de grille. Il en résulte un certain volume de fumées qui traverse la section de la cheminée avec une vitesse facile à calculer. Nous avons donné précédemment ce calcul pour une combustion de 90 kg. à l'heure et une température des fumées de 273° ; la vitesse trouvée a été de 5 m. par seconde. Cette relation de 1 à 5 entre la cheminée et la grille donne donc précisément, dans ce cas, les vitesses de fumées les plus convenables.

On formule encore la règle suivante : donner à la section de la cheminée autant de fois 1 m² que le foyer brûle 500 kg. de charbon. Cette règle est identique à la précédente quand la combustion du charbon se fait à raison de 100 kg. par mètre carré et par heure.

Ces deux dernières règles ne s'appliquent qu'aux chaudières à vapeur, elles seraient en défaut dans le cas d'un four chauffé par gazogène où la combustion est en moyenne de 50 kg. par mètre carré de section et où le volume des fumées est seulement de 10 m³ par kg. de charbon. Il suffirait dans ce cas de donner à la cheminée une section égale au 1/20 de celle du gazogène.

Ces trois règles empiriques tendant à fixer la section intérieure de la cheminée peuvent se remplacer l'une et l'autre ; elles sont sensiblement équivalentes pour les chaudières, mais elles ne peuvent pas être appliquées simultanément ; elles conduiraient à des résultats contradictoires.

Construction des cheminées. — La construction des cheminées présente une difficulté spéciale résultant de leur grande hauteur et de leur faible diamètre, elle sont peu stables et exposées à être renversées par le vent. Le point de départ essentiel pour leur établissement est la connaissance exacte de l'effort que peut produire le vent sur un obstacle fixe.

Le vent frappant sur une surface plane perpendiculaire à sa direction produit sur la face avant de cette surface une pression précisément égale à celle qui pourrait communiquer à l'air sa vitesse actuelle. Cette presion exprimée en millimètres de hauteur d'eau ou kilogrammes par mètre carré (grandeurs dont les valeurs numériques sont égales) est à la température de 17° égale à

$$h = \frac{1,22\ V^2}{2\,g}.$$

formule dans laquelle 1,22 est le poids en kilogrammes de 1 m³ d'air à 17°.

Cela fait par exemple pour une vitesse de 4 mètres, correspondant à une brise à peine sensible, une pression de 1 mm. de hauteur d'eau soit 1 kg. par mètre carré ; et pour une vitesse de 40 m. par seconde dépassant celle des vents d'ouragan les plus violents, une pression de 100 mm. ou 100 kg. par mètre carré.

Derrière la même face plane, c'est-à-dire du côté opposé à l'arrivée du vent, il se produit une dépression égale et de signe contraire à la pression antérieure. C'est-à-dire que l'effort total tendant à déplacer le plan est égal au double de la pression calculée plus haut soit 2 kg. par mètre carré pour le vent de 4 m. et 200 kg. pour le vent de 40 m.

L'effort exercé par le vent sur une cheminée est toujours inférieur à celui que supporterait le plan diamétral du cylindre circonscrit frappé normalement par le vent. Le coefficient de réduction est 0,7 pour la forme carrée, 0,8 pour la forme octogonale et 0,67 pour la forme circulaire. Cette dernière est à peu près la seule employée aujourd'hui, cer elle réunit les avantages de présenter au vent la résistance minima, d'offrir au passage des fumées la section maxima et d'être la plus facile à construire.

L'effort total F exercé par le vent sur une cheminée cylindrique ou conique a pour expression

$$F = \frac{Ld}{12} \cdot V^2,$$

formule dans laquelle L est la hauteur de la cheminée ; d son diamètre extérieur moyen et V la vitesse en mètres par seconde. La température est supposée égale à 17°.

Pour le calcul des cheminées, on admettra que, dans les lieux habités où les remous diminuent la violence du vent et où le bas des cheminées et protégé par les édifices voisins, l'effort total du vent ne dépasse jamais 125 kg. par mètre carré. On doit doubler ce chiffre pour les très grandes cheminées construites dans des lieux isolés. C'est celui que l'on adopte également pour la construction des phares.

Les matériaux servant à la construction des cheminées sont de deux natures essentiellement différentes. La maçonnerie, généralement faite en briques, dont la caractéristique essentielle est de ne pouvoir travailler utilement à l'arrachement ; elle peut seulement résister à la compression, et les constructions métalliques : tôles rivées ou ciment armé qui peuvent au contraire travailler à l'arrachement.

Les cheminées métalliques sont relativement minces, on les encastre dans leurs fondations et elles résistent par flexion à l'action du vent. On peut les consolider au moyen de haubans en chaînes ou câbles d'acier.

Les cheminées en maçonnerie empruntent au contraire leur stabilité à la pesanteur. Il faut que la résultante de leur poids et de l'action du vent vienne rencontrer le sol à l'intérieur du cercle de base et assez loin de la circonférence extérieure, pour que la maçonnerie ne s'écrase pas aux points les plus comprimés. On admet comme effort limite à l'écrasement acceptable dans une cheminée en briques 5 kg. par centimètre carré avec du mortier de chaux et 10 kg. avec du mortier de ciment. On peut admettre comme une règle pratique parfois suffisante que la résultante des deux forces doit rencontrer le sol à l'intérieur de la partie vide de la cheminée. Le calcul exact se fait en employant les formules classiques de la résistance des matériaux.

Ces cheminées en maçonnerie présentent, bien entendu, une épaisseur de paroi décroissante depuis le niveau du sol jusqu'au sommet. Le plus souvent la partie vide présente également un diamètre décroissant. Ces deux conditions concourent à élargir le diamètre de la base et à augmenter la stabilité.

Voici quelques données numériques relatives aux dimensions des cheminées.

Le diamètre extérieur du cercle de base doit être au moins égal au 1/10 de la hauteur de la cheminée.

L'inclinaison du parement extérieur est de 3 cm. par 1 m. de hauteur, celui du parement intérieur de 1,25 cm. par mètre ; de telle sorte que l'épaisseur de la maçonnerie décroît de 1,75 cm. par 1 mètre.

L'épaisseur au sommet croît avec la hauteur et avec le diamètre de la cheminée ; elle est au moins d'une demi brique, soit 12 cm. par 25 m. de hauteur.

En combinant ces conditions avec celles du diamètre de base, égal au moins au 1/10 de la hauteur, on trouve pour le diamètre *intérieur* les valeurs minima :

Diamètre intérieur de base > 0,060 de la hauteur
— sommet > 0,035 —

Les chiffres indiqués ici pour l'épaisseur des parois et pour les grandeurs qui en dépendent, comme le diamètre intérieur, correspondent à des valeurs moyennes sur toute la hauteur. En réalité les épaisseurs de maçonneries ne varient pas d'une façon continue avec la hauteur, mais d'une façon discontinue par épaisseur d'une demi brique, soit 12 cm. La surface extérieure est exactement celle d'un cône dont la génératrice est inclinée de 3 % sur la verticale. L'intérieur est fourni par une série de surfaces coniques parallèles, en retrait les unes sur les autres de 12 cm. tous les 8 m. environ. L'épaisseur reste donc constante sur chacune de ces sections de 8 m. et change brusquement en passant de l'une à l'autre. De même par conséquent le diamètre intérieur éprouve des variations brusques à chaque changement de section.

Voici à titre d'exemples quelques données numériques relatives à un type de cheminée employé dans les établissements des manufactures de l'Etat.

Hauteur, 45 m.

Diamètre intérieur sommet	1,60 m.
— base	2,70
Diamètre extérieur sommet	2,10
— base	4,60
Densité de la maçonnerie	1,87
Poids total de la cheminée	1.220 t.
Pression statique par cm²	1,5 kg.
Effort maximum par cm² du point le plus chargé sous un vent exerçant un effort de 225 kg. par 1 m²	7,62 kg.

Voici un second exemple provenant d'une usine allemande et correspondant à une construction plus légère, prévue pour résister à une pression effective du vent sur la cheminée de 100 kg. par mètre carré :

Hauteur, 35 m.

Diamètre intérieur sommet	1,16 m.
— base	2,08
Diamètre extérieur sommet	1,60
— base	3,38
Densité de la maçonnerie	1,60
Poids de la cheminée	163 t.
Pression statique par cm²	3 kg.

CHAUFFAGES DIVERS

En dehors des procédés de chauffage étudiés précédemment, il en existe encore quelques autres, dont les applications industrielles, quoique limitées, sont trop importantes pour être passées sous silence. Classés ici sous un même titre, celui de chauffage divers, ils ne présentent cependant entre eux aucun point de contact. Ce sont :

1° Chauffage en enveloppe close ;
2° Convertisseur ;
3° Four électrique.

Chauffage en enveloppe close. — Certaines matières doivent être chauffées à l'abri du combustible et des fumées servant à la production de la chaleur. C'est le cas dans la métallurgie des corps isolés de leurs minerais à l'état de vapeur, par exemple des métaux volatils comme le zinc et le mercure. D'autres fois, il s'agit des matières fondues ou solides, qui pourraient être détériorées par l'action des fumées ou des cendres du combustible, comme le verre ou la porcelaine. Enfin pour la préparation des métaux et alliages à l'état fondu, il est préférable, au moins lorsqu'on opère sur de petites quantités, de les enfermer ainsi pour les protéger contre l'action oxydante ou sulfurante des gaz de la combustion ou contre l'action carburante du charbon solide luimême. Trois dispositifs différents d'enveloppe closes peuvent être employés :

La cornue ;
Le creuset ;
Le moufle.

La cornue est essentiellement constituée par un tube prismatique, dont la longueur est considérable par rapport au diamètre et dont la section, variable suivant les applcations, peut être circulaire, elliptique ou de toute autre forme. La cornue est généralement fermée par une extrémité et ouverte par l'autre ; l'ouverture est nécessaire pour permettre le chargement et le déchargement des matières ou le dégagement des vapeurs. Dans la fabrication du gaz d'éclairage, nous avons vu l'emploi de cornues semblables (fig. 42) dont l'extrémité ouverte, sortant au dehors du four, porte une tête métallique fermée en avant par un couvercle articulé et présentant sur le côté, un tuyau de dégagement pour le gaz.

L'usage des cornues présente deux difficultés relatives, l'une à leur détérioration sous l'action de la chaleur, et l'autre à leur perméabilité aux vapeurs.

Le fer ou la fonte peuvent être employés facilement, sans s'altérer notablement, jusqu'à la température de 400° et plus difficilement jusqu'à 600°. Au delà l'oxydation du métal devient très rapide et de plus la fonte se déforme en raison des gonflements considérables qui accompagnent toujours la cristallisation du graphite résultant du dédoublement de la cémentite. Aux températures élevées, on emploie exclusivement la terre cuite. On ne peut pas employer le grès ni aucune pâte céramique vitrifiée, parce que ces matières sont trop sensibles aux variations brusques de température, inévitables quand on charge une matière froide dans une cornue chauffée au rouge. La terre cuite elle-même finit par se fendre plus ou moins rapidement sous l'action répétée de ces variations de température et d'autant plus vite que la température moyenne de chauffage est plus élevée. Les cornues à distiller la houille pour la fabrication du gaz d'éclairage à 900°, durent de 1 à 2 ans, celles employées pour la fabrication du zinc, à 1.200°, quelques semaines seulement. La résistance à ces variations de température dépend de la proportion d'argile crue et d'argile cuite, ou *ciment*, employée dans la fabrication de la pâte et dans une large mesure également de la dimension des grains du ciment, qui ne doivent pas être trop fins.

Toutes les fois qu'il s'agit de recueillir des gaz ou des vapeurs, la porosité des parois est un inconvénient très grave. Le fer et la fonte sont imperméables aux basses températures, mais vers le rouge ces métaux laissent passer l'hydrogène, comme l'ont montré d'anciennes expériences de Sainte-Claire Deville ; ce phénomène ne devient cependant important qu'à des températures supérieures à celles où l'on peut employer habituellement les cornues métalliques. Les cornues en terre réfractaire sont toujours au contraire très poreuses ; elles ne peuvent servir à recueillir des gaz ou des vapeurs que dans les cas où quelque réaction chimique parasite de l'opération effectuée vient obturer les pores de la cornue. Dans la fabrication du gaz d'éclairage, les goudrons et carbures volatils pénètrent dans la pâte et s'y décomposent en bouchant tous les vides par un dépôt de carbone. De même dans la fabrication du zinc, la vapeur du métal se perd en quantités importantes dans les premiers temps de la mise en service des cornues, mais bientôt la vapeur de zinc rencontrant dans l'épaisseur de la paroi l'air et les fumées, qui entrent en sens inverse, donne une précipitation d'oxyde qui bouche peu à peu les pores.

Le chauffage des cornues, placées le plus souvent horizontalement, se fait dans l'un quelconque des fours à flamme qui ont été précédemment étudiés, soit les fours à réverbère ordinaire, soit les fours à récupération. L'absence de portes de travail s'ouvrant dans la chambre, où circulent les flammes, facilite beaucoup la conduite de ces fours ; on peut faire agir la cheminée sur le foyer, en laissant la chambre de combustion en dépression, ce qui est impossible avec des portes de travail. Ici les ouvertures de travail donnent dans la cornue, dont les parois peu perméables suppriment toute communication directe entre le foyer et les ouvertures extérieures.

Les creusets ont généralement une forme tronconique ; ils ont leur axe placé verticalement. La base supérieure plus large est ouverte, mais peut être fermée soit par un couvercle mobile, comme dans les creusets à fondre l'acier, soit par un couvercle fixe, comme dans certains creusets de verrerie. Les creusets sont principalement destinés à renfermer des matières liquides : métaux fondus ou verres. L'imperméabilité de la pâte aux gaz, sans être aussi importante que dans le cas des cornues est toujours avantageuse, particulièrement dans le cas de la fusion de l'acier, où elle a pour effet d'empêcher la pénétration des gaz sulfureux qui altéreraient le métal.

La pâte des creusets est faite tantôt en argile réfractaire, tantôt en graphite lié par un peu d'argile. Les creusets, appelés en général à être déplacés quand ils sont pleins de matières, doivent présenter une résistance mécanique suffisante et par suite, dans le cas des pâtes argileuses, être confectionnés avec un mélange riche en argile crue ; par exemple 2 parties d'argile crue pour 1 partie d'argile déjà cuite ou ciment. Il faut alors une dessiccation très lente pour éviter les fentes pouvant résulter d'un retrait inégal entre la surface et les parties centrales; la dessiccation d'un creuset de verrerie, d'une épaisseur au fond de 1 décimètre demande plusieurs mois.

Dans le cas des creusets en graphite, l'argile ajoutée pour servir de liant n'a pas besoin d'être particulièrement réfractaire, car elle doit en fondant à la surface extérieure, servir de vernis réfractaire pour s'opposer à la combustion du charbon. Ce dernier étant complètement infusible assure une tenue suffisante au creuset, quand même l'argile est déjà ramolie. Les creusets à acier sont assez mous au moment de la fusion du métal, pour qu'en les jetant par terre violemment, comme le font les ouvriers pour s'en débarrasser aussitôt après la coulée, ils se déforment sous le choc sans se briser.

Le chauffage des creusets se fait de trois façons différentes. Pour la fusion des alliages : laitons, bronzes, aluminium, etc., on entoure le creuset de charbon, généralement de coke, en proportionnant la hauteur du creuset et la grosseur du combustible de façon à ce que la zone la plus chaude, celle de combustion complète se trouve à mi-hauteur du creuset. Après la fusion on enlève le creuset avec une pince en fer tenue à main d'homme pour les petits creusets, soutenue par une grue ou un pont roulant pour les grands creusets. On transporte ainsi le creuset et on va le vider dans des lingotières ou des moules. L'espace laissé vide entre le creuset et les parois du four doit être aussi étroit que le

Fig. 90. — Four creuset à charbon.

permet la grosseur du combustible, de façon à réduire la dépense de combustible brûlé dans l'unité de temps. Ce mode de chauffage est toujours très onéreux, car les flammes et gaz combustibles sortent du foyer avec toute leur chaleur et sont perdus dans l'atmosphère.

Dans le cas d'une production importante, comme pour la fabrication du verre ou la fusion de l'acier, le chauffage se fait toujours à la flamme en appliquant le plus généralement le principe de la régénération des chaleurs perdues de Siemens. Même dans ce cas et malgré l'emploi de procédés des chauffages perfectionnés, la dépense de combustible est considérable ; aussi tend-on de plus en plus, tant pour l'acier que pour le verre, à remplacer la fusion au creuset par la fusion sur sol. On n'obtient peut-être pas ainsi des produits aussi purs, aussi pour certaines matières de choix, comme les glaces en verrerie ou les aciers à outils, donne-t-on encore aujourd'hui la préférence au creuset.

Fig. 91. — Four-creuset à pétrole.

Un dispositif, relativement récent, qui tend à se répandre dans les fonderies de métaux, consiste à relier d'une façon fixe le four au creuset en donnant aux parois du four une très faible épaisseur, de telle sorte que pour vider le métal fondu on incline à la fois le four et le creuset qu'il renferme. La paroi extérieure du four doit, bien entendu, dans ce cas, être constituée par une enveloppe métallique qui consolide l'enveloppe réfractaire intérieure. Ce creuset est placé pendant le chauffage sur un foyer circulaire de même diamètre rempli de combustible solide ; l'impossibilité d'adapter une cheminée à ce foyer mobile oblige à employer une soufflerie. Le même dispositif de la réunion du creuset au four s'applique plus aisément encore aux fours chauffés par le pétrole ou par le gaz. La figure 90 représente un four semblable chauffé au charbon et la figure 91 un four chauffé à l'huile.

Les moufles sont des chambres en matériaux réfractaires, de forme plus ou moins rectangulaire qui sont chauffés de toutes parts par la flamme qui les environne. A ce point de vue ils ressemblent à des creusets ; ils en diffèrent surtout en ce qu'ils sont constitués par la juxtaposition de pièces assemblées entre elles et reliées, pour former un système rigide, aux parois de la chambre de combustion qui les enveloppe ; les dimensions en sont extrêmement variables ; leur capacité est de quelques litres seulement dans les fours de laboratoires, ils sont souvent alors formés d'une seule pièce ; ils peuvent atteindre 1 m^3 lorsqu'ils doivent servir à la décoration de la porcelaine et une dizaine de mètres cubes lorsqu'ils sont destinés à l'émaillage de matériaux communs comme les grès et les faïences destinés à la construction architecturale. La

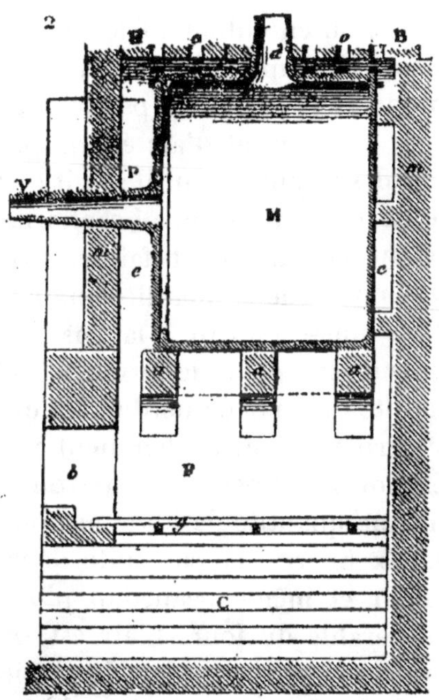

Fig. 92 — Moufle pour la décoration de la porcelaine.

figure 92, représente un moufle servant à la décoration de la porcelaine. La flamme s'élève de la grille *g* autour du moufle M, s'échappe par les orifices *o* d'une voûte H B et pénètre de là dans une cheminée qui n'est pas représentée sur le dessin ; le tuyau *d* met en communication l'intérieur du moufle avec la cheminée dans le but de produire à l'intérieur par le regard V, une légère aspiration d'air froid pour s'opposer à la rentrée des gaz réducteurs de la flamme ; les vides *e* sont les passages de flammes ménagés entre les entretoises servant à consolider les parois du moufle.

Convertisseur. — Les convertisseurs sont des appareils de chauffage essentiellement caractérisés par les deux points suivants :

1° La chaleur est produite par la combustion d'une partie des constituants des matières traitées et non par un combustible indépendant ;

2° Ces appareils enfermés dans une enveloppe métallique très résistante sont montés sur un axe horiontal qui permet, par une simple rotation, de vider rapidement l'appareil, en faisant écouler les matières fondues ou en culbutant les matières restées solides.

L'application de beaucoup la plus importante des convertisseurs est celle de la production de l'acier par le procédé Bessemer. La fonte traversée par un courant d'air énergique s'échauffe par la combustion même des impuretés qu'il s'agit d'éliminer, principalement par celle du silicium et du phosphore. La proportion de ces impuretés étant généralement faible, l'opération doit être menée rapidement pour que la quantité totale de chaleur dégagée par leur oxydation puisse fournir à la fois la chaleur nécessaire pour élever la fonte de son point de fusion 1.300° à celui de l'acier 1.600°, et la quantité de chaleur perdue à l'extérieur par refroidissement. Cette dernière croît évidemment proportionnellement au temps. L'opération Bessemer dure environ un quart d'heure ; pour affiner la même quantité de fonte au four Siemens-Martin, il faut au moins six heures, et par suite dépenser vingt-quatre fois plus de chaleur et même beaucoup plus, en raison de la surface plus considérable du four. L'air est envoyé à travers le bain de métal fondu sous une pression de plusieurs atmosphères. Les premières cornues Bessemer avaient la contenance correspondant à la production de 1 t. d'acier ; elles traitent aujourd'hui dans une opération jusqu'à 20 t. Le volume intérieur doit être environ de 1 m^3 par tonne de fonte traitée en raison du bouillonnement de la masse provoqué par le passage du courant d'air ; le métal au repos ne remplit donc le convertisseur que sur une faible partie de sa hauteur, 0,50 m. environ.

Le revêtement réfractaire placé à l'intérieur de l'enveloppe métallique a une épaisseur de 0,40 m. à 0,50 m. Il s'use peu à peu ; on doit le remplacer lorsque son épaisseur est tombée à moitié ; la tôle extérieure commence alors à rougir. Suivant la nature des fontes traitées, siliceuses ou phosphoreuses, le revêtement doit être acide ou basique. Le revêtement dit *acide* est constitué par un mélange naturel ou artificiel de quartz et d'argile, dans lequel la proportion d'alumine apporté par l'argile doit être comprise entre 5 et 10 % du poids total du mélange, ce qui représente 15 à 30 % d'argile proprement dite ou de *kaolinite* dans le mélange.

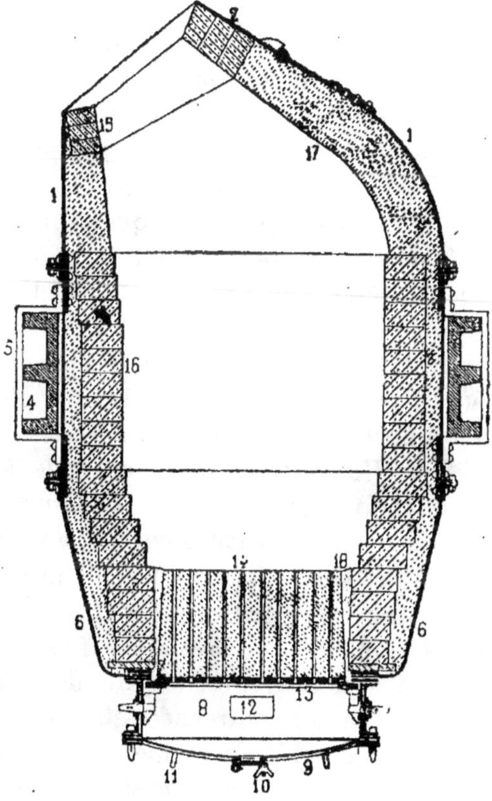

Fig. 93. — Convertisseur basique.

Certaines roches naturelles, comme le Ganister des environs de Sheffield, renferment la proportion voulue d'alumine ; ailleurs on fait des mélanges d'argile et de roches quartzeuses, broyées pures. On constitue le revêtement, partie avec des briques, partie avec un pisé battu sur place. Il faut avoir soin, quand les briques n'ont pas été suffisamment cuites pour transformer le quartz en silice à faible densité ou quand on emploie du pisé frais, de ménager les vides nécessaires au gonflement de la silice. On les obtient en mettant entre l'enveloppe métallique et le revêtement réfractaire une épaisseur convenable de paille ou des planches qui disparaissent sous l'action du feu.

1° Le revêtement *basique* est constitué par un mélange de dolomie calcinée, mise en pâte avec 10 % de goudron déshydraté. On en fait soit des briques comprimées à la machine, soit du pisé qui est battu sur place. Les briques sont faites à la presse hydraulique à froid ; on commence la compression sous une pression de 35 kg. par centimètre carré et on l'achève sous une pression de 350 kg. Les briques sont mises crues en place dans le convertisseur, contrairement à ce qui se fait pour les briques siliceuses qui doivent être cuites à l'avance, comme les produits réfractaires argileux.

La figure 93 représente la coupe verticale d'un convertisseur basique empruntée à l'excellent ouvrage de M. Noble sur la fabrication de l'acier [1]. L'axe de rotation perpendiculaire au plan de la figure n'est pas visible. L'air arrive par l'axe de l'un des tourillons qui est porté par la couronne en fonte 4 ; il pénètre dans la boîte à vent 8 par l'ouverture 12, et il entre de là dans la cornue par les tuyères qui traversent le fond 14. La figure indique quelles sont les parties du revêtement faites en briques ou en pisé.

Le second type de convertisseur est celui qui sert au grillage des sulfures de cuivre. On grille les mattes de cuivre dans un petit Bessemer, en opérant sur la matière fondue, comme on le fait dans l'affinage de fonte. C'est le procédé Manhès. La faible chaleur de combustion du soufre nécessite la présence dans la matte d'une quantité notable de ce métalloïde, tandis que pour l'affinage de la fonte il suffit de 2 % de silicium ou de phosphore.

Plus récemment on a utilisé une forme spéciale de convertisseur pour le grillage des minerais de plomb, permettant d'opérer à basse température pour éviter la fusion de la matière. On obtient la limitation de la température par des additions de carbonate de chaux dont la dissociation qui se produit à 900° empêche la tem-

(1) Noble, *Fabrication de l'acier* (Dunod et Pinat, éditeurs).

pérature d'atteindre celle de fusion de la galène. La figure 94 montre le premier type des appareils Hutington Heberlein ; c'est une cuve conique en tôle portant à la partie inférieure une plaque métallique perforée, à travers laquelle l'air est soufflé. Deux tourillons permettent de culbuter l'appareil un fois l'oxydation terminée. La cuve elle-même est portée sur un chariot pour aller faire le culbutage au point de l'atelier où l'on veut déposer le minerai grillé en attendant son passage au four de fusion.

Four électrique. — Le chauffage des fours par l'électricité, employé depuis longtemps dans les laboratoires, a pris un développement considérable dans l'industrie. La fabrication de l'acier au four électrique, jugée irréalisable au début s'est répandue avec une rapidité imprévue. Le four électcrique était cependant

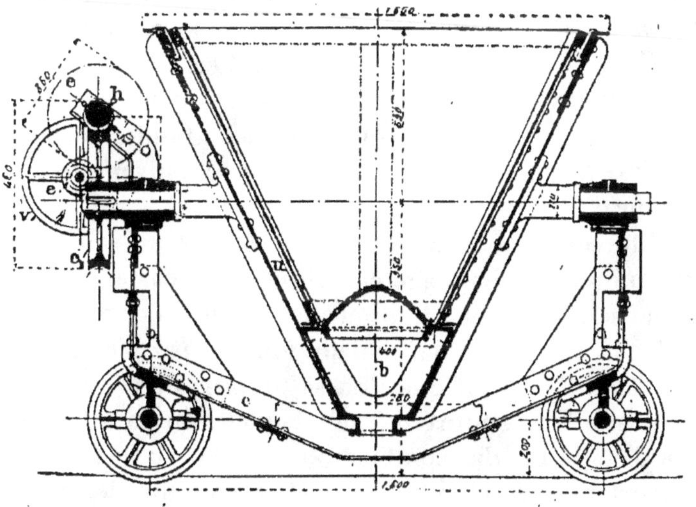

Fig. 94. — Convertisseur à plomb.

déjà employé depuis longtemps à la fabrication du carbure de calcium et de nombreux ferro-alliages : ferro-chrome, ferro-silicium, ferro-tungstène, etc., sans parler des procédés électrolytiques dans lesquels le chauffage dû à l'électricité n'intervient pas ou joue seulement un rôle secondaire, comme dans la fabrication de l'aluminium.

Le *prix de revient* élevé de l'unité de chaleur obtenue aux dépens de l'électricité est le seul obstacle à la diffusion du chauffage électrique. Le kilowatt-heure fournit 860 Cal. On pouvait compter en 1914 comme prix minimum du kilowatt-heure 2 centimes dans les grandes installations hydro-électriques et 4 centimes dans les usines produisant l'électricité avec le charbon, soit un chiffre moyen de 3 centimes. Les 1.000 Cal. reviennent alors à 3,5 centimes ; or en les produisant avec du charbon à 25 fr. la tonne, rendant brut 7.500 Cal. au kilog., le coût des 1.000 Cal. serait du fait de la consommation de combustible de 0,33 centime soit dix fois moindre que celui des 1.000 Cal. électriques.

Les laboratoires des établissements universitaires situés dans les grandes villes payent le kilowatt-heure à un tarif vingt fois plus élevé, soit 60 centimes ; les 1.000 Cal. électriques reviennent alors à 70 centimes ; si l'on compare ce mode de chauffage à l'emploi du gaz compté à 30 centimes le mètre cube pour un dégagement de 5.000 Cal., les 1.000 Cal. reviennent à 6 centimes, soit dix fois moins cher qu'avec l'électricité ; nous avons donc le même rapport pour le prix de revient que dans les grandes installations industrielles. Aujourd'hui, en 1924, ces prix doivent être triplés en moyenne.

En réalité cependant, même en s'en tenant au seul point de vue économique, le chauffage électrique n'est pas aussi désavantageux que sembleraient l'indiquer les chiffres donnés ici. C'est qu'en effet la totalité de la chaleur fournie par l'électricité est utilisable dans l'appareil que l'on se propose de chauffer et elle est fournie à la température même à laquelle on en a besoin ; au contraire dans le cas des combustibles solides ou gazeux, les fumées emportent avec elles une partie importante de la chaleur dégagée par la combustion, la proportion laissée dans le four diminue à mesure que la température de celui-ci augmente et se rapproche de la température théorique de combustion. Dans un four à acier, la quantité de chaleur laissée dans le laboratoire, même avec les dispositifs de récupération les plus perfectionnés ne dépasse guère 25 %, de telle sorte qu'à chauffage égal d'un four à acier l'emploi de l'électricité ne sera pas dix fois plus coûteux mais seulement deux fois et demie plus coûteux que celui du charbon. S'il s'agit de fondre des ferro-chromes bien moins fusibles encore que l'acier, l'emploi de l'électricité devient moins coûteux que celui du charbon. Dans le laboratoire, tous les appareils de chauffage au gaz ont un rendement bien inférieur encore à celui des fours industriels, aussi l'infériorité économique du four électrique disparaît dès qu'il s'agit d'obtenir des températures supérieures à 1.200°.

La transformation de l'électricité en chaleur est toujours obtenue par le passage de l'électricité à travers des corps plus ou moins résistants. La quantité de chaleur dégagée dans un conducteur donné est équivalente au produit de l'intensité i du courant par la différence e de force électromotrice. En appelant Q le nombre de calories-kilogs dégagées, on a, d'après la loi de Joule, la relation :

$$Q = \frac{1}{4.000}\, e\,.\,i.$$

Mais en tenant compte de la relation donnée par les lois de Ohm, on a, si on appelle r la résistance en ohms du circuit considéré, la relation :

$$e = r\,.\,i.$$

Introduisant cette relation dans la loi de Joule on a les deux nouvelles expressions de la quantité de chaleur

$$Q = \frac{1}{4.000}\, r\,.\,i^2 = \frac{1}{4.000}\,\frac{e^2}{r}.$$

Ces formules montrent que suivant la résistance des conducteurs chauffés par le courant, il faudra, pour obtenir une quantité de chaleur donnée, de très grandes intensités si le conducteur est peu résistant, et de très grandes forces électromotrices s'il est résistant. Cette seconde condition est de beaucoup la plus avantageuse, car l'utilisation de fortes intensités, atteignant plusieurs milliers d'ampères, comme cela a lieu dans certains grands fours industriels, exige l'emploi de conducteurs de forte section et surtout des machines extrêmement coûteuses.

Nous passerons rapidement en revue ici les différents types de conducteurs employés pour la production de la chaleur. Dans les fours à arc, ceux dont l'usage est le plus fréquent, le conducteur extrêmement résistant, traversé par le courant électrique, est l'atmosphère gazeuse du four ; sa résistance croît avec la longueur de la colonne d'air traversée, c'est-à-dire avec la distance des électrodes entre lesquelles jaillit l'arc. Une force électromotrice de 50 volts peut donner une longueur d'arc de 50 mm. ; cette longueur s'élève à 300 mm. avec une force électromotrice de 150 volts. Dans les fours, cet arc peut jaillir soit entre deux électrodes de charbon, comme dans le four de laboratoire de Moissan, soit entre une électrode de charbon et un bain métallique fondu comme dans l'ancien four de laboratoire de Siemens ; on peut enfin avoir, comme dans les fours Héroult, deux arcs successifs et voisins placés sur le même circuit électrique, l'un jaillissant d'une électrode de charbon au bain de métal et l'autre revenant du même métal à une seconde électrode en charbon. Les fours à arc tendent, dans un grand nombre d'applications industrielles, à prendre l'avance sur les autres procédés de chauffage électrique. Ils sont depuis longtemps exclusivement employés pour la fabrication des ferro-alliages, du carbure de calcium et dans la plupart des usines électro-sidérurgiques.

Passant à l'extrême opposé, on peut employer, comme conducteur des corps très peu résistants : les métaux. On les emploie de deux façons différentes : dans les laboratoires, surtout pour le chauffage des tubes, sous forme de fils très fins et très longs, de façon à pouvoir utiliser directement le courant sous 110 volts, sans que les intensités consommées soient trop considérables. On prend du fil de platine de 0,25 à 0,50 mm. de diamètre, noyé, pour le protéger, dans un enduit de chaux et d'aluminate de chaux ou des fils de fer et de nickel, ou mieux d'alliages de nickel et de chrome de 1 à 2 mm. de diamètre, noyés sous un enduit de sable quartzeux et silicate de soude, tout le four étant plongé lui-même dans une masse de charbon de bois pulvérulent qui empêche l'action de l'oxygène sur les fils métalliques ; enfin on trouve depuis quelque temps dans le commerce des bandes étroites et très minces d'un alliage fer-nickel-chrome [1] beaucoup moins facilement oxydable que le fer et le nickel. On peut avec ces dispositifs obtenir des températures s'élevant jusqu'à 300° environ au-dessous du point de fusion du métal constituant le fil de chauffage. On laisse en général entre les spires successives un intervalle égal au diamètre du fil. L'enroulement se fait très facilement au moyen d'un peigne métallique à quatre dents dont les trois premières sont guidées par les spires déjà posées et dont la dernière met en place le fil au moment de son enroulement.

Dans l'industrie, les essais faits pour chauffer un bain de métal fondu en le faisant traverser par un courant produit au moyen de machines ont complètement échoué, il aurait fallu des intensités de courant absolument irréalisables ; on a tourné la difficulté en disposant le métal dans le four sous la forme d'un anneau fermé qui constitue le circuit secondaire d'un transformateur. On arrive ainsi, en partant d'un courant primaire distribué sous une tension de plusieurs milliers de volts, à obtenir dans le métal à chauffer des courants de plusieurs dizaines de mille d'ampères sous une force électromotrice d'une dizaine de volts seulement. L'inconvénient de ce procédé de chauffage est l'obligation de donner à la masse métallique une surface libre considérable qui tend à augmenter les pertes de chaleur par rayonnement et l'étendue des parois des fours soumis à l'action corrosive du laitier.

Entre ces deux extrêmes, air et métaux, il existe toute une série de conducteurs de résistance moyenne. Il faut d'abord mentionner les charbons agglomérés, semblables à ceux que l'on

[1] Cet alliage a pour composition :

Nickel	60
Chrome	12
Fer	25
Manganèse	2
Carbone et divers	1
	100

emploie pour l'éclairage électrique, par incandescence. A raison d'un ampère par millimètre carré de section des charbons, on arrive facilement à obtenir des températures voisines de 2.000°, même sans prendre de précautions bien spéciales pour l'isolement calorifique ; le professeur Tammann, de Göttingen, à combiné sur ce principe un four électrique de laboratoire, d'un usage extrêmement commode. Un tube en carbone aggloméré de 20 à 30 mm. de diamètre intérieur, 4 mm. d'épaisseur de paroi et 150 mm. de longueur est mis en relation avec un transformateur actionné par le courant de 110 volts et débitant du courant transformé sous 15 volts. On obtient en quelques minutes la fusion du platine avec une dépense d'électricité sur le primaire de 5 kw. Ce procédé ne semble pas avoir reçu d'applications industrielles importantes.

On peut augmenter beaucoup la résistance des conducteurs en charbon et par suite diminuer encore les intensités nécessaires en remplaçant les masses continues agglomérées par des fragments de la même matière de 2 à 5 mm. de diamètre, versés simplement entre deux enveloppes cylindriques. On obtient ainsi des résistances environ décuples de celles du charbon compact ; c'est le procédé de chauffage dit au *kryptol*. Son inconvénient le plus grave résulte de ce que la conductibilité de la matière est extrêmement variable avec le nombre et l'étendue des points de contact des fragments, avec la pression qu'ils supportent ; il est difficile d'obtenir un chauffage régulier d'un point à l'autre de la masse. Ce procédé de chauffage à travers une colonne de fragments discontinus est employé industriellement dans le procédé Acheson pour la fabrication du carborundum ; le courant traverse une masse de fragments de coke mêlés de sable et la porte jusqu'à une température voisine de 2.000°.

Il existe enfin une dernière catégorie de corps qui ne deviennent conducteurs qu'à une température élevée.

Leur emploi pour le chauffage exige un procédé spécial de mise en train qui soit capable d'élever, au début de l'opération, la température des matières jusqu'au point où elles deviennent conductrices de l'électricité. On peut signaler par exemple la cryolithe fondue, employée comme dissolvant de l'alumine pour la fabrication électrolytique de l'aluminium ; dans cette opération le passege du courant employé pour l'électrolyse suffit à maintenir le bain à sa température de fusion. Au début on provoque la fusion en faisant jaillir l'arc entre les deux électrodes en charbon destinées à servir ensuite d'anode et de cathode dans l'électrolyse.

Enfin un certain nombre d'oxydes métalliques, en particulier la *magnésie*, employée sous forme de briques réfractaires dans les fours électriques ou l'*yttria* constituant le filament des lampes Nernst, deviennent conducteurs, tout en conservant l'état solide, dès qu'ils sont portés au rouge. Cette propriété est parfois un inconvénient dans les fours électriques parce que les voûtes ou parois trop chauffées peuvent établir des courts-circuits entre des électrodes voisines. D'autres fois au contraire le passage du courant dans les parois d'un four peut être utilisé pour le chauffage. M. Igevski a combiné un four électrique rotatif où le chauffage serait totalement produit de cette façon. Dans le four à arc Stassano, dans le four à induction de Rochling, un tiers de l'énergie électrique dépensée peut, dans certains cas, être ainsi utilisé.

Il faut enfin signaler l'emploi des courants à haute fréquence pour le chauffage de masses métalliques renfermées dans des creusets circulaires. On ne prévoit pas pour le moment la possibilité d'employer économiquement dans l'industrie ce mode de chauffage, mais quand il sera mis au point, il rendra certainement de grands services dans les laboratoires d'usines sidérurgiques, en permettant de préparer au laboratoire de petites masses d'acier. Il est indispensable d'effectuer la fusion dans des récipients à parois basiques, or les matériaux basiques n'on pas assez de cohésion pour permettre la fabrication de creusets résistant à chaud. Avec le chauffage à haute fréquence, on peut appuyer la paroi basique du creuset contre un massif froid, possédant alors toute la solidité voulue.

Nous passerons ici rapidement en revue quelques-uns des types de fours les plus usuellement employés aujourd'hui dans l'électrométallurgie.

Chauffage à arc. — Les premiers fours électriques devenus d'un usage réellement industriel et restés aujourd'hui encore les plus répandus sont les fours imaginés par l'ingénieur français Héroult : le four à une seule électrode employé d'abord à la fabrication du carbure de càlcium, puis le four à deux électrodes, auquel il donne la préférence pour la fabrication de l'acier.

Dans le four à une électrode la sortie du courant a lieu à travers la masse fondue, par la partie inférieure de la sole du four que l'on rend conductrice au moyen d'artifices variés. Dans le cas du carbure de calcium, le conducteur inférieur est un bloc de charbon ; pour la fabrication de l'acier, on noie dans la sole en pisé magnésien des barres métalliques dont l'extrémité supérieure vient fondre dans le bain de métal ou bien encore on ménage un canal vide en communication avec l'extérieur, qui se remplit de métal fondu. Dans les parties les plus froides de ce canal, le métal

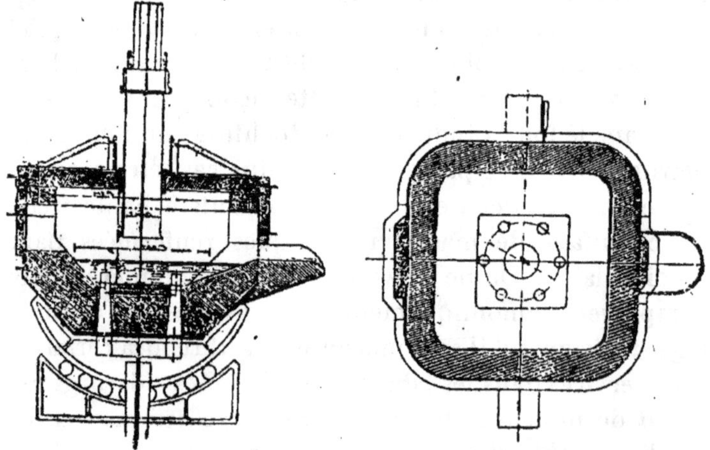

Fig. 95. — Four à une seule électrode.

reste solide, tandis que dans les parties plus chaudes, il conserve l'état fondu ; la surface de séparation des deux zones se déplace un peu suivant l'allure du four. Ce type à un électrode est celui qui a été adopté par les usines du Gif, d'Allevard et d'Ugine. La figure 95 représente le dispositif d'un four de petit modèle, dans lequel il n'y a qu'une seule électrode servant à l'entrée du courant; cette disposition convient pour les fours dont la puissance ne dépasse pas 200 à 300 kw. ; pour les fours de puissance quadruple on en met quatre. Le courant entre toujours parallèlement par chacune de ces électrodes dont l'ensemble est toujours équivalent

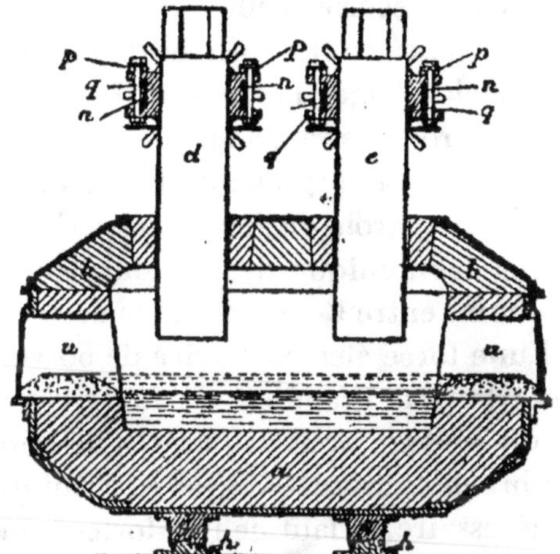

Fig. 96. — Four à deux électrodes.

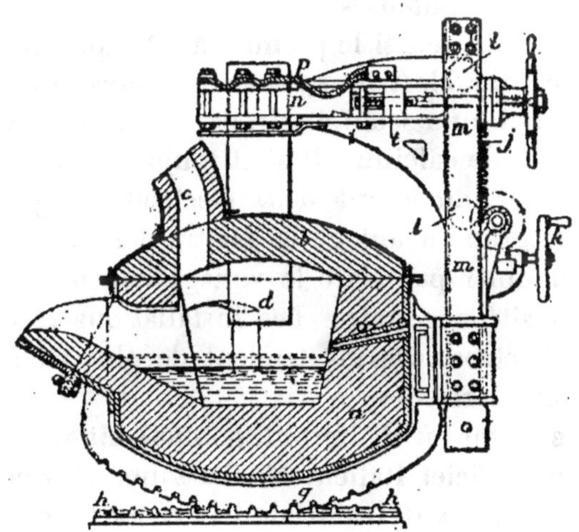

Fig. 97. — Four à deux électrodes

à une seule électrode ; cette subdivision a seulement pour but de mieux répartir le chauffage sur toute la section du four.

La sortie du courant par la sole a l'avantage de simplifier les manœuvres d'électrodes, d'éviter les chances de court circuit entre électrodes voisines, soit au niveau de la voûte du four, soit plus encore à la surface du bain métallique, lorsqu'on y projette des matières solides froides, comme des gueuses de fonte.

Lorsque l'arc jaillit entre l'électrode de charbon et le bain métallique à travers la scorie, celle-ci est violemment repoussée vers les parois et la surface du bain se découvre complètement, ce qui facilite son chauffage. Les scories forment une espèce de mur autour des électrodes et arrêtent le rayonnement de la chaleur produite dans l'arc, l'empêchant ainsi d'aller se perdre inutilement à chauffer les parois du four. L'expérience a montré que la marche la plus économique de ces fours correspondait à un écartement de 50 mm. entre l'électrode et le bain métalique entraînant l'emploi d'une force électromotrice de 50 volts environ.

L'inconvénient le plus grave de ces fours résulte précisément de la faiblesse du voltage sous lequel ils fonctionnent. Pour y dépenser le nombre de kilowatts voulus et produire ainsi la quantité de chaleur nécessaire, il faut de très fortes intensités s'élevant à plusieurs milliers d'ampères, ce qui entraîne l'emploi de machines électriques coûteuses.

M. Héroult qui a réussi le premier à fabriquer industriellement de l'acier au four électrique, a au contraire abandonné dès le début les fours à une seule électrode, qu'il employait cependant pour le carbure de calcium. Il s'est toujours servi, dans la fabrication de l'acier, du four à deux électrodes (fig. 96 et 97). Ce dispositif a le grand avantage de mettre deux arcs dans le même circuit, de doubler par suite le voltage dépensé et de réduire à moitié l'intensité nécessaire. Les installations récentes de fours destinés à l'électrosidérurgie tendent de plus en plus à adopter le four à deux électrodes.

A l'époque même où M. Héroult poursuivait ses études à l'usine de la Praz, un officier italien, M. Stassano, cherchait également de son côté à obtenir la fusion de l'acier au four électrique. Son four (fig. 98) utilise un arc jaillissant directement entre deux électrodes opposées en charbon. Cet arc chauffe par rayonnement à la fois le bain métallique et les parois du four, qui réverbèrent à leur tour cette chaleur vers le métal. L'arc est maintenu à 6 cm. environ au-dessus du laitier recouvrant l'acier. Contrairement à ce qui a lieu dans les fours précédents, l'arc employé est de grande longueur ; il atteint 300 mm. avec une force électromotrice de 150 volts. Le nombre des électrodes est de 2 ou de 3 suivant que le courant employé est alternatif ou triphasé. Les électrodes passent à travers les parois verticales du four. Cette disposition a le grand avantage de permettre l'emploi d'une voûte fixe en magnésie, convenablement isolée à l'extérieur, ce qui réduit beaucoup les pertes de chaleur. Des précautions spéciales doivent être prises si l'on veut éviter le passage du courant à travers les parois magnésiennes du four. Mais cette dérivation n'a pas grand inconvénient ; les électrodes étant opposées aux deux extrémités

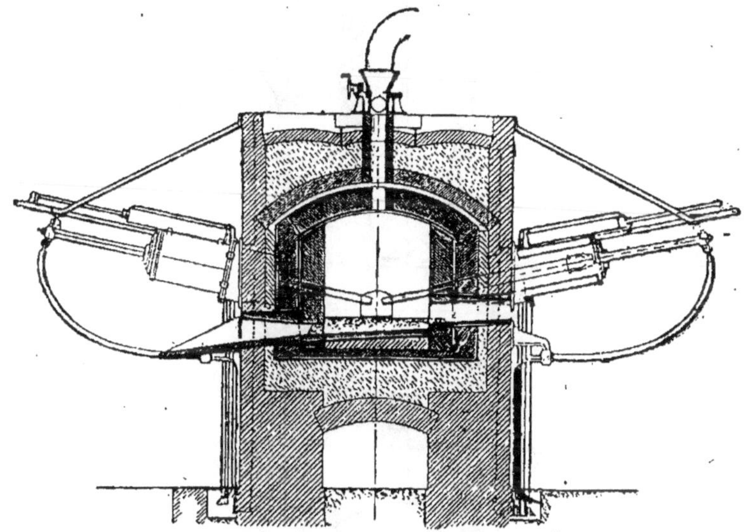

Fig 98. — Four Stassano.

d'un même diamètre, il ne peut se produire de courts-circuits et la quantité de courant ainsi dérivée contribue elle aussi au chauffage du four, comme celle qui est produite dans l'arc.

Ce four est identique en prinicipe au four de Moissan où le chauffage se fait également par rayonnement d'un arc. Dans ce dernier four destiné uniquement aux travaux de laboratoire, les électrodes ont déjà 40 mm. de diamètre et dans les petits fours industriels de Stassano ce diamètre ne dépasse pas 80 mm. Ces dimensions résultent de la faiblesse de l'intensité des courants, rendue possible par l'élévation du voltage. Dans les fours à une seule électrode et à bas voltage on emploie couramment, au contraire, des charbons de 300 mm. de côté.

Le four à électrodes a récemment été appliqué, non plus seulement à la fusion et à l'affinage de l'acier, mais encore à la réduction directe du minerai. Il existe actuellement en Suède, à l'usine de Trollhattan, de petits hauts-fourneaux électriques (fig. 99) dont le rendement est assez satisfaisant pour que l'on songe à généraliser en Suède et en Laponie cette nouvelle méthode de

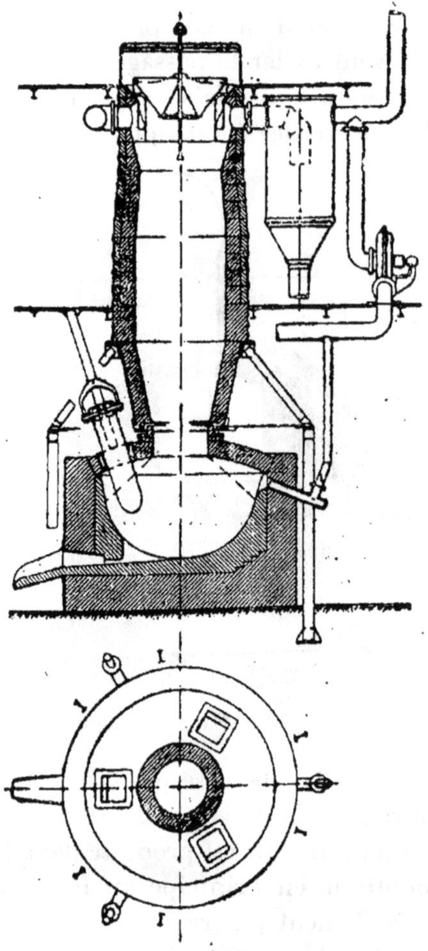

Fig. 99. — Haut-fourneau électrique.

traitement des minerais de fer. Les 600.000 t. de fer actuellement fabriquées en Suède nécessiteraient la consommation de 200.000 chvx électriques ; cela ne représente pas la dixième partie des ressources disponibles dans ces pays.

Dans ce haut-fourneau, le four électrique proprement dit possède trois électrodes pour l'emploi du courant triphasé ; le creuset est surmonté d'une cuve dans laquelle la réduction du minerai commence à se faire aux dépens de l'oxyde de carbone dégagé dans la zone de réduction finale et de fusion.

Fours à induction. — Les fours à induction (fig. 100) pour la fusion de l'acier ont été essayés pour la première fois en Suède à Gysinge ; mais les expériences furent bientôt abandonnées. L'étude de ce procédé fut reprise à l'usine de Volklingen par M. Rookling, et a conduit à l'établissement d'un four très bien compris dans ses détails ; il a été adopté dans quelques grandes usines malgré certaines difficultés d'emploi résultant de la forme annulaire du bain et du développement de la sole.

Le chauffage est obtenu par un transformateur annulaire qui enveloppe une des sections du bain métallique et y développe par induction des courants très intenses. Il faut, bien entendu, avoir soin de ne jamais vider complètement le métal fondu ; il est indispensable d'en laisser sur la sole la quantité nécessaire pour former un anneau continu ; sans cela il n'y aurait plus de courant d'induction et par suite plus de chauffage possible.

Tous les fours électriques destinés à l'électrosidérurgie sont disposés pour pouvoir osciller. La souplesse qu'il est possible de laisser aux conducteurs électriques facilite beaucoup l'emploi de ce dispositif, avantageux non seulement pour la coulée finale du métal, mais aussi pour les décrassages du bain de scories renouvelés à plusieurs reprises pendant la durée de l'affinage.

La généralisation de l'emploi du four électrique dans la métallurgie de l'acier a causé quelque surprise ; on pensait que le prix de revient de la chaleur électrique serait prohibitif ; contrairement à ces prévisions défavorables, il commence, après avoir remplacé le creuset dans la fabrication des aciers de choix, à être employé pour des produits relativement grossiers, comme les tôles et les rails. Il doit ce succès d'une part à la supériorité de qualité des produits obtenus, ce qui augmente leur valeur marchande et d'autre part à la possibilité d'employer des matières premières

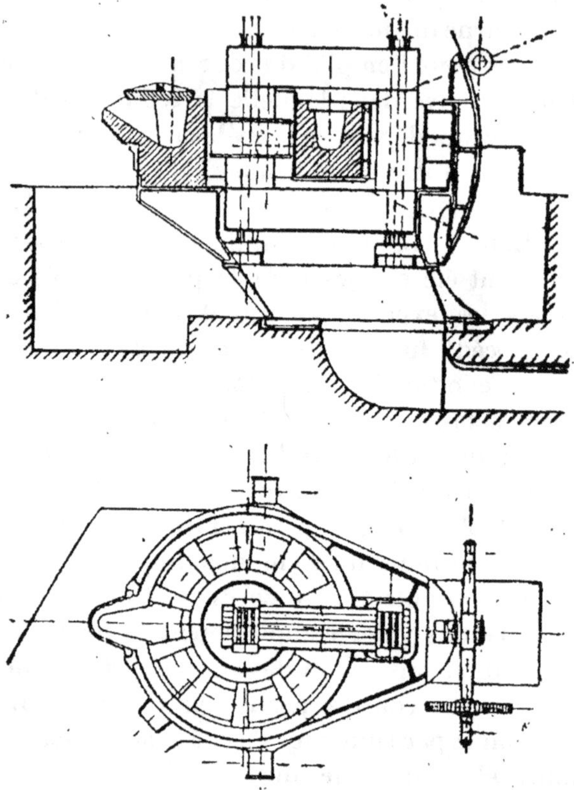

Fig. 100. — Four à induction.

très communes, à bon marché, ce qui diminue le prix de revient et compense en partie les dépenses supplémentaires de chauffage.

Les avantages du four électrique sont les suivants :

1° Il permet de régler à volonté la température, beaucoup plus facilement et plus rapidement qu'avec les autres procédés de chauffage ; il permet, en outre, d'élever en cas de besoin cette température, comme on le désire, par exemple, pour la fusion de laitiers plus calcaires dont l'emploi assure une meilleure épuration ;

2° L'absence de circulation de fumées dans le four entraîne une neutralité de l'atmosphère qui permet à volonté d'employer dans le même appareil et d'une façon successive ou même alternée des laitiers oxydants ou réducteurs, nécessaires les uns pour l'élimination du phosphore et du silicium, les autres pour celle du soufre et de l'oxygène ;

3° Cette même absence de circulation des gaz dans le four évite la présence des composés sulfureux provenant de la combustion du charbon, toujours absorbés en partie par le bain métallique du four Martin et la présence de la vapeur d'eau qui cède si facilement de l'hydrogène au fer, en en diminuant notablement, semble-t-il, la qualité.

En raison de ces avantages et malgré un prix de revient plus élevé de l'unité de chaleur, le four électrique semble devoir se généraliser de plus en plus rapidement dans la métallurgie du fer ; ce n'est plus une simple curiosité, comme il y a quelques années, c'est maintenant un appareil industriel.

TABLE DES MATIÈRES

CHAPITRE TROISIEME

RENDEMENT CALORIFIQUE

CHAPITRE QUATRIEME

COMBUSTIBLES NATURELS

CHAPITRE CINQUIEME

CARBONISATION DES COMBUSTIBLES

CHAPITRE SIXIEME

ACÉTYLÈNE ET GAZ À L'EAU

CHAPITRE SEPTIEME

GAZ D'ÉCLAIRAGE ET HYDROGÈNE

Pages

CHAPITRE HUITIEME

GAZ DE GAZOGÈNE, DIT GAZ PAUVRE

CHAPITRE NEUVIEME

MATÉRIAUX RÉFRACTAIRES

CHAPITRE DIXIEME

LES FOURS

Imp. Georges THONE, Liége (Belgique)

Achevé d'imprimer le 30 juin 1925

BUFFET ET LECLERC, 72, RUE DU CHATEAU-D'EAU PARIS. — 1925

www.ingramcontent.com/pod-product-compliance
Lightning Source LLC
Chambersburg PA
CBHW061954220326
41599CB00019BA/2746
* 9 7 8 2 3 2 9 0 3 5 2 3 9 *